国家"十二五"规划重点图书

中国地质调查局
青藏高原1:25万区域地质调查成果系列

中华人民共和国

区域地质调查报告

比例尺 1:250 000

杂多县幅

(I46C004004)

项目名称： 1:25万治多县幅、杂多县幅区域地质调查

项目编号： 200313000007

项目负责： 王毅智

图幅负责： 王毅智　刘生军　祁生胜

报告编写： 王毅智　刘生军　祁生胜　许长青
李善平　王永文　李金发

编写单位： 青海省地质调查院

单位负责： 杨站君(院长)
张雪亭(副院长)

中国地质大学出版社
ZHONGGUO DIZHI DAXUE CHUBANSHE

内容摘要

1∶25 万杂多县幅(I46C004004)区域地质调查报告是区调成果的总结。该图区位于青藏高原北羌塘盆地和“中央隆起带”及双湖-澜沧江结合带。

本书系统介绍了测区的地层序列，涉及(构造)岩石地层单位、侵入岩序列及火山活动、变质作用等特征。重点对特提斯海西—印支期两期造山旋回(两个威尔逊旋回)做了系统研究。总结了研究区的成矿规律、生态地质、灾害地质、旅游地质等专项成果。

本书内容丰富，资料翔实，观点、思路新颖，新发现并取得了许多珍贵野外资料、测试数据，特别是中元古代变质侵入体的新发现及晚二叠世同碰撞花岗岩的发现、早二叠世超镁铁质、镁铁质岩的新发现等研究成果为羌塘地块研究增加了新的内容，为青藏高原特提斯演化研究提出了一些新观点，对科研生产、教学等方面有较大的参考价值。

图书在版编目(CIP)数据

中华人民共和国区域地质调查报告 · 杂多县幅(I46C004004)：比例尺 1∶250 000/王毅智等著. —武汉：中国地质大学出版社，2014.6

ISBN 978-7-5625-3383-2

Ⅰ.①中…
Ⅱ.①王…
Ⅲ.①区域地质调查-调查报告-中国②区域地质调查-调查报告-杂多县
Ⅳ.①P562

中国版本图书馆 CIP 数据核字(2014)第 131890 号

中华人民共和国区域地质调查报告
杂多县幅(I46C004004) 比例尺 1∶250 000

王毅智　等著

责任编辑：李　晶　刘桂涛　　　　责任校对：张咏梅

出版发行：中国地质大学出版社(武汉市洪山区鲁磨路 388 号)　　　　邮政编码：430074
电　话：(027)67883511　　传　真：67883580　　E-mail：cbb@cug.edu.cn
经　销：全国新华书店　　http://www.cugp.cug.edu.cn

开本：880mm×1230mm 1/16　　字数：487 千字　印张：14.625　图版：7　插页：1　附图：1
版次：2014 年 6 月第 1 版　　印次：2014 年 6 月第 1 次印刷
印刷：武汉市籍缘印刷厂　　印数：1—1500 册

ISBN 978-7-5625-3383-2　　定价：490.00 元

前　　言

青藏高原包括西藏自治区、青海省及新疆维吾尔自治区南部、甘肃省南部、四川省西部和云南省西北部，面积达 260 万 km^2，是我国藏民族聚居地区，平均海拔 4500m 以上，被誉为“地球第三极”。青藏高原是全球最年轻、最高的高原，记录着地球演化最新历史，是研究岩石圈形成演化过程和动力学的理想区域，是“打开地球动力学大门的金钥匙”。

青藏高原蕴藏着丰富的矿产资源，是我国重要的战略资源后备基地。青藏高原是地球表面的一道天然屏障，影响着中国乃至全球的气候变化。青藏高原也是我国主要大江大河和一些重要国际河流的发源地，孕育着中华民族的繁生和发展。开展青藏高原地质调查与研究，对于推动地球科学研究、保障我国资源战略储备、促进边疆经济发展、维护民族团结、巩固国防建设具有非常重要的现实意义和深远的历史意义。

1999 年国家启动了“新一轮国土资源大调查”专项，按照温家宝总理“新一轮国土资源大调查要围绕填补和更新一批基础地质图件”的指示精神。中国地质调查局组织开展了青藏高原空白区 1∶25 万区域地质调查攻坚战，历时 6 年多，投入 3 亿多，调集 25 个来自全国省（自治区）地质调查院、研究所、大专院校等单位组成的精干区域地质调查队伍，每年近千名地质工作者，奋战在世界屋脊，徒步遍及雪域高原，实测完成了全部空白区 158 万 km^2 共 112 个图幅的区域地质调查工作，实现了我国陆域中比例尺区域地质调查的全面覆盖，在中国地质工作历史上树立了新的丰碑。

青海 1∶25 万杂多县幅（I46C004004）区域地质调查项目，由青海省地质调查院承担，工作区位于青藏高原玉树地区的三江带。目的是通过对调查区进行全面的区域地质调查，参照造山带填图的新方法，应用遥感等新技术手段，以区域构造调查与研究为先导，合理划分测区的构造单元，对测区不同地质单元、不同的构造-地层单位采用不同的填图方法进行全面的区域地质调查。最终通过对盆地建造、岩浆作用、变质变形及盆山耦合关系研究，建立工作区构造格架，反演区域地质演化历史。其中西金乌兰湖-金沙江结合带与甘孜-理塘结合带在图区东北部重接，红湖山-双湖结合带与乌兰乌拉湖结合带在工作区西南反接，并发育南北双弧火山岩带，是研究古特提斯构造带的有利地段，也是多金属有利成矿部位，羌塘盆地又是青藏高原含油盆地，在加强多金属成矿地质调查的同时，注意油气地质前景调查研究，全面提高本区基础地质研究程度，为地方经济发展提供基础地质资料。

杂多县幅（I46C004004）地质调查工作时间为 2003—2005 年，累计完成地质填图面积为 15 823km^2，实测地质剖面 63km。地质路线 2152km，采集种类样品 626 件，全面完成了设计工作量。主要成果：①通过多重地层单位划分，建立了全区的岩石地层及构造地层（岩石）单位，生物地层单位、年代地层单位，对测区分布最广泛的晚三叠世地层，划分出 Norian 期 *Oxycolpella-Rhaetinopsis* 腕足类组合，*Neomegalodon-Cardium*（*Tulongocardium*）- *Pergamidia* 双壳类组合等生物地层单位，*Hyrcanopterissinensis-Clathropteris* 植物组合带。Carnian 期 *Koninckina-Yidunella-Zeilleria lingulata* 腕足类组合和 *Neocalamites* sp. 植物层等生物地层单位。②首次对晚古生代地层进行系统的岩石化学及年代学研究，早中二叠世尕笛考组钙碱性系列火山岩构造环境为岛弧环境，具有多岛弧特征；

开心岭群诺日巴尕日保组火山岩属碱性系列，具有初始弧后盆地伸展构造环境特征。提出了三江成矿带发现的然者涌、东莫扎抓铅锌银多金属矿成矿地质背景为伸展构造环境的岛弧与弧后(间)盆地火山喷流控矿，具有很好的铅锌银成矿地质背景。③杂多地区解曲一带澜沧江-双湖或乌兰乌拉湖结合带的交会部位新发现超镁铁质岩、镁铁质岩，从辉石橄榄岩中取角闪石的$^{39}Ar/^{40}Ar$同位素测年获得 Total age＝277.7Ma、非常平坦的坪年龄 275.3±1.9Ma 及 275.6±3.1Ma$^{39}Ar/^{40}Ar$等时线年龄值，为研究澜沧江结合带地质演化提供了资料。④在羌塘陆块中央隆起带吉塘岩群变质地层中新发现白花岗片麻岩变质侵入体，获得 1245±24Ma U-Pb 锆石等时线上交点年龄。⑤阿多一带的碱性岩体，侵位于中晚侏罗世雁石坪群地层中，其上被新近纪上新世的曲果组砂砾岩层不整合覆盖。在霓辉石正长斑岩中$^{39}Ar/^{40}Ar$的同位素测年，获得 10.71±0.08Ma 和 10.26±0.16Ma 的坪年龄、K-Ar 同位素年龄为 8.99Ma，其侵位时代为中新世晚期。对于研究青藏高原隆升形成机制及演化具有十分重要的地质意义。

2006 年 4 月，中国地质调查局组织专家对项目进行最终成果验收，评审认为，成果报告资料齐全，工作量达到(或超过)设计规定，技术手段、方法、测试样品质量符合有关规范、规定。报告章节齐备，论述有据，在地层、古生物、岩石和构造等方面取得了较突出的进展和重要成果，反映了测区地质构造特征和现有研究程度，经评审委员会认真评议，一致建议项目报告通过评审，杂多县幅成果报告被评为良好级(88 分)。

参加报告编写的主要有王毅智、刘生军、祁生胜、许长青、李善平、王永文、李金发，由王毅智、刘生军、祁生胜、许长青、李善平编纂定稿。地质图编绘有王毅智、刘生军、祁生胜；地质矿产图编绘许长青、王毅智、李善平；生态环境地质图编绘有李善平、王毅智。

先后参加野外工作的有王毅智、刘生军、祁生胜、王永文、许长青、李善平、马延虎、安守文、丁玉进、古建青、王洪洲、尚显。在整个项目实施和报告编写过程中，始终得到了中国地质调查局西安地质调查中心李荣社教授级高级工程师、青海省地质调查院张雪亭高级工程师、阿成业高级工程师等的大力支持与无私的帮助，对项目进行了全程监督、指导。数字制图由青海省地质调查院计算中心李萍完成，孟红、祁兰英等参与了数字制图；薄片岩矿鉴定由范桂兰完成。另外，在野外作业中，医生刘文忠，驾驶员潘国利、李瑾、李健、林任祥、曾建国、白云剑，炊事员王兵等不辞辛劳地协助项目组完成各项野外调查任务，在此表示诚挚的谢意。

为了充分发挥青藏高原 1∶25 万区域地质调查成果的作用，全面向社会提供使用，中国地质调查局组织开展了青藏高原 1∶25 万地质图的公开出版工作，由中国地质调查局成都地质调查中心组织承担图幅调查工作的相关单位共同完成。出版编辑工作得到了国家测绘局孔金辉、翟义青及陈克强、王保良等一批专家的指导和帮助，在此表示诚挚的谢意。

鉴于本次区域地质调查成果出版工作时间紧、参加单位较多、项目组织协调任务重以及工作经验和水平所限，成果出版中可能存在不足与疏漏之处，敬请读者批评指正。

“青藏高原 1∶25 万区调成果总结”项目组

2010 年 9 月

目　录

第一章 绪 言

第一节 目的与任务

青藏高原素有世界屋脊之称，被誉为"地球第三极"，自然地理条件恶劣。该地区基础地质调查薄弱，随着国民经济生产的需要，以适应大调查提速的要求，加快青藏高原北部空白区的基础地质调查与研究，根据《中国地质调查局地质调查工作内容任务书》(编号：基[2003]001—14)，由中国地质调查局下达、西安地质矿产研究所实施的1∶25万治多县幅(I46C003004)、杂多县幅(I46C004004)区域地质调查(联测)项目，由青海省地质调查院具体承担完成。项目工作周期为3年(2003年1月—2005年12月)，总填图面积为31 300km^2，其中杂多县幅面积为15 823km^2。2003年完成10 000km^2，2005年7月提交野外验收，2005年12月提供最终成果。

1∶25万I46C004004(杂多县幅)项目总体目标任务是：按照《1∶25万区域地质调查技术要求(暂行)》和《青藏高原空白区1∶25万区域地质调查要求(暂行)》及其他相关的规范、指南，参照造山带填图的新方法，应用遥感等新技术手段，以区域构造调查与研究为先导，合理划分了测区的构造单元。对测区不同的地质单元、不同的构造-地层单位采用不同的填图方法进行了全面的区域地质调查。最终通过对盆地建造、岩浆作用、变质变形及盆山耦合关系研究，建立了工作区构造格架，反演了区域地质演化历史。

西金乌兰湖-金沙江结合带与甘孜-理塘结合带在图区东北部重接，红湖山-双湖结合带与乌兰乌拉湖结合带在工作区西南反接，并发育南北双弧火山岩带，是研究古特提斯构造带的有利地段，也是多金属有利成矿部位。羌塘盆地又是青藏高原含油盆地，在加强多金属成矿地质调查的同时，注意油气地质前景调查研究，全面提高本区的基础地质研究程度，为地方经济发展提供了基础地质资料。

预期提交的主要成果：印刷地质图件及报告、专题报告，并按中国地质调查局编制的《地质图空间数据库工作指南》提交以ARC/INFO、MAPGIS图层格式的数据光盘及图幅与图层描述数据、报告文字数据各一套。

第二节 交通位置及自然地理概况

测区地处青海省唐古拉山北坡，地理坐标：东经94°30′—96°00′；北纬32°00′—33°00′。行政区划隶属于青海省玉树藏族自治州杂多县、囊谦县及西藏自治区丁青县、巴青县(图1-1)。

图区位于澜沧江源区杂多县，属唐古拉山的东延部分，常年雪山纵横连绵，天然地貌屏障构成了青、藏两省的分界线，区内有县级公路和简易乡级公路可通行，大部分地段山高谷深、河流纵横、湖沼发育，特别是西藏境内一些季节性便道只能靠驮牛、马匹运输方可通行，交通极为不便，由于受交通、气候环境、人文等因素影响，外部工作环境极差。

测区地处青藏高原腹地，唐古拉山横贯全区，山势陡峻，沟谷纵横，图区中部和南西部有云遮雾绕的赛莫谷、色的日、岗拉等常年雪山高耸，其间多为连绵不断、险峻雄伟的山峰，少有河谷宽浅的沉积盆地。区内平均海拔多在4600～5200m之间，且相对高差大，最高峰位于测区中部卖少色勒哦，海拔为5876m，在东部囊谦的吉曲卡沙塘一带，海拔仅有3906m，高差悬殊，山势险峻，沟谷深切，多有悬崖峭壁、飞湍流瀑，当地流传"杂多的山，治多的滩"，地势的复杂名不虚传。

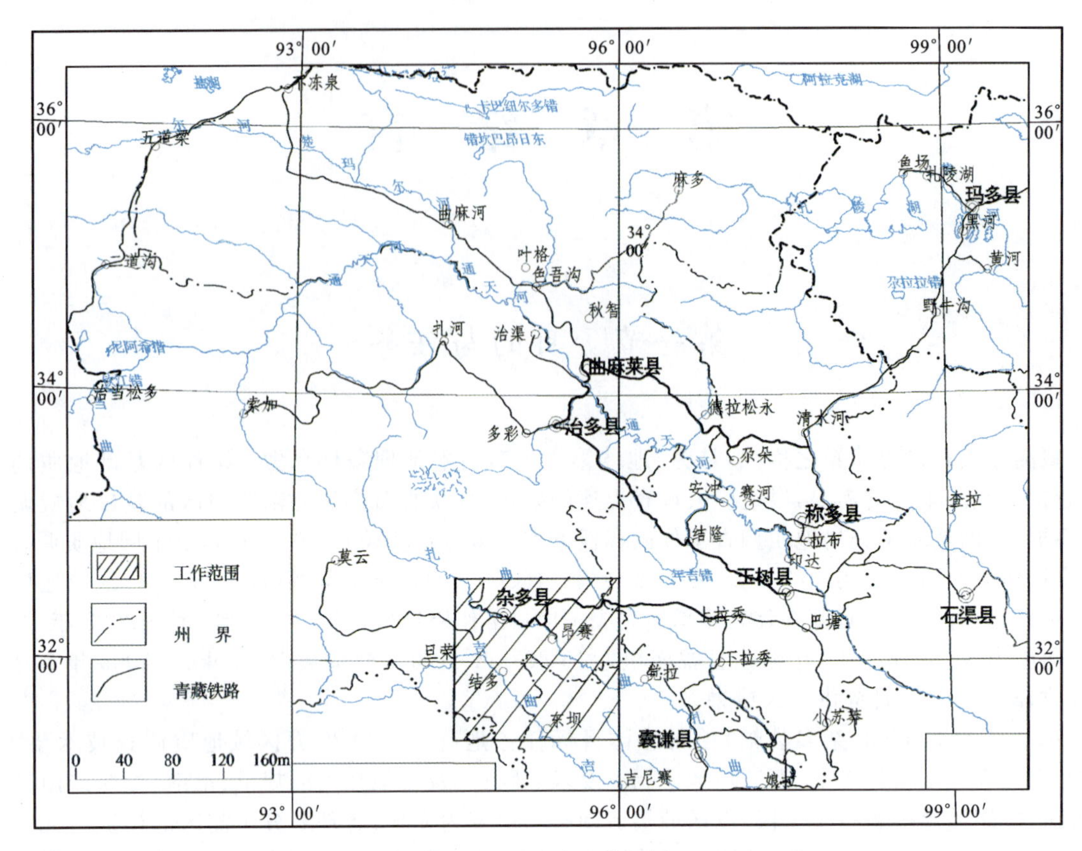

图 1-1 测区交通位置图

河流多属澜沧江水系，图区西南为澜沧江的发源地，北有子曲，中有扎曲，南有吉曲，“三曲”水势湍急，浪泻水奔，汇成澜沧江。测区的河水源于高山冰雪融化与季节性降水，水源丰富，水量较大，且季节性明显，夏、秋两季河水暴涨暴落，大雨雪后洪水泛滥。冬季则水量较小，全为外流河。

测区为中纬度高海拔山区，地处高寒，空气稀薄，属典型的高原大陆性气候，气候多变，四季不分明，冷冻期长，年最高气温为24℃，最低气温为－30℃，昼夜温差大；每年10月至次年5月多西风，6—9月多偏北风。年降水量一般在400～500mm左右，降水以雨、阵雪、冰雹为主，主要集中在6—9月份暖季，为测区洪水期，冰川消融、洪水泛滥。

测区人口稀少，世居民族为藏族，居民点主要集中于杂多县及附近的乡镇周围，居住着藏、汉、回等民族，其中藏族以游牧为生，多过着随草逐流的游牧生活，主要以畜牧业为主，在尕羊、着晓一带的河谷低洼地带有少量的青稞、油菜等农作物种植。

测区属青藏高原高寒区，土壤类型以高山草甸土、高山荒漠土为主，植物多为草本，牧草覆盖率占30%～80%，部分地区水草丰美。区内有岩羊、黄羊、鹿、棕熊、褐马鸡、麝、藏狐、狼等野生动物。特别是在青海省杂多县苏鲁乡、西藏丁青县布塔乡草原上产的冬虫夏草、贝母等有名的经济植物，个大、产量高，在全国有名，每年的5—6月，来自全国的几十万人到此挖冬虫夏草。

第三节 地形图质量评述

一、1:10万地形图(野外手图)

野外采用1:10万地形图作为本次填图工作的基本工作手图，该图由中国人民解放军总参谋部测绘局依据1969年11月航摄，采用1971年版图式；于1971年10月调绘；1972年出版第一版。地形图绘制采用1954年北京坐标系，1956年黄海高程系，等高距均为40m，共计18幅。野外使用结果认为该地形图地物准确，精度较高，完全满足1:25万地质制图的要求。

二、1:25万地形图

项目使用的1:25万地形图依据1972年和1974年出版的1:10万地形图，由四川省测绘局于1984年编绘，1985年出版。地形图采用1954年北京坐标系，1956年黄海高程系，地形等高线为100m，1984年版图式。地形地势满足1:25万制图要求，可直接作为制作原图的地理底图。

三、卫片

1:25万杂多县幅(I46C004004)区域地质调查项目均配有1:25万ETM图像和比例尺1:10万分幅假彩色ETM工作手图图片一套。ETM数据是2000年12月中国卫星地面站接收美国陆地资源卫星的数据，由7、4、8、1波段融合而成ETM图像，分辨率达15m，可用于大比例尺图像制作及详细解译。像片清晰、反差较好，易于判读，实际使用效果较好，除部分地段受积雪覆盖影响外，其他地区的地质体及褶皱断裂系统反映较清楚。

第四节 地质调查历史及研究程度

测区解放前为地质空白区，已有的地质调查研究成果始于建国以后，主要完成了1:100万温泉幅区域地质调查，1:20万杂多县幅、吉多县幅区域地质调查及化探扫面等区域性调查工作及专题研究，其主要的地质工作量及其成果见表1-1，研究程度见图1-2。

表1-1 测区区域性地质调查一览表

工作时间	工作单位	主要成果
1957年	玉树地质队(原黄南地质队)	对群报矿点进行了踏勘检查并编写了青海玉树地区东部地质初探报告及附图
1965—1968年	青海省地质局区测队	开展了1:100万温泉幅区调，对本区的地层、构造、岩浆岩做了系统总结，确定了测区的基本地质格架
1975年9—12月	国家地质总局航空物探大队902队	进行了1:50万航空磁测，并提供了相应的图件
2001年	陕西省第二物探队	1:100万重力测量
1994年	青海省地质勘查局遥感站	1:100万青海玉树—果洛地区金矿遥感地质解译
1975—1980年	青海省第二区域地质调查大队	完成了1:20万杂多县幅区域地质矿产调查并提交报告及图件
1985—1987年	青海省第二区域地质调查大队	完成了1:20万吉多县幅区域地质矿产调查并提交报告及图件
1982—1985年	青海地质科学研究所和南京古生物所	青海玉树地区泥盆纪—三叠纪地层和古生物
1975—1979年	青海省地质局化探队	进行了莫云幅、尕吾措纳幅、治多幅、杂多县幅1:20万低密度化探扫面并提交成果报告及图件
1980—1983年	青海省地质局化探队	完成了1:20万吉多县幅化探扫面及异常检查
2001—2002年	青海省地质调查院	完成了1:20万治多县幅、杂多县幅化探2幅扫面及异常检查
2001—2002年	青海省地质调查院	提交了三江北段成矿潜力遥感分析报告
2002—2003年	青海省地质调查院	对买曲—尕涌—下日啊千碑进行了1:5万水系沉积普查

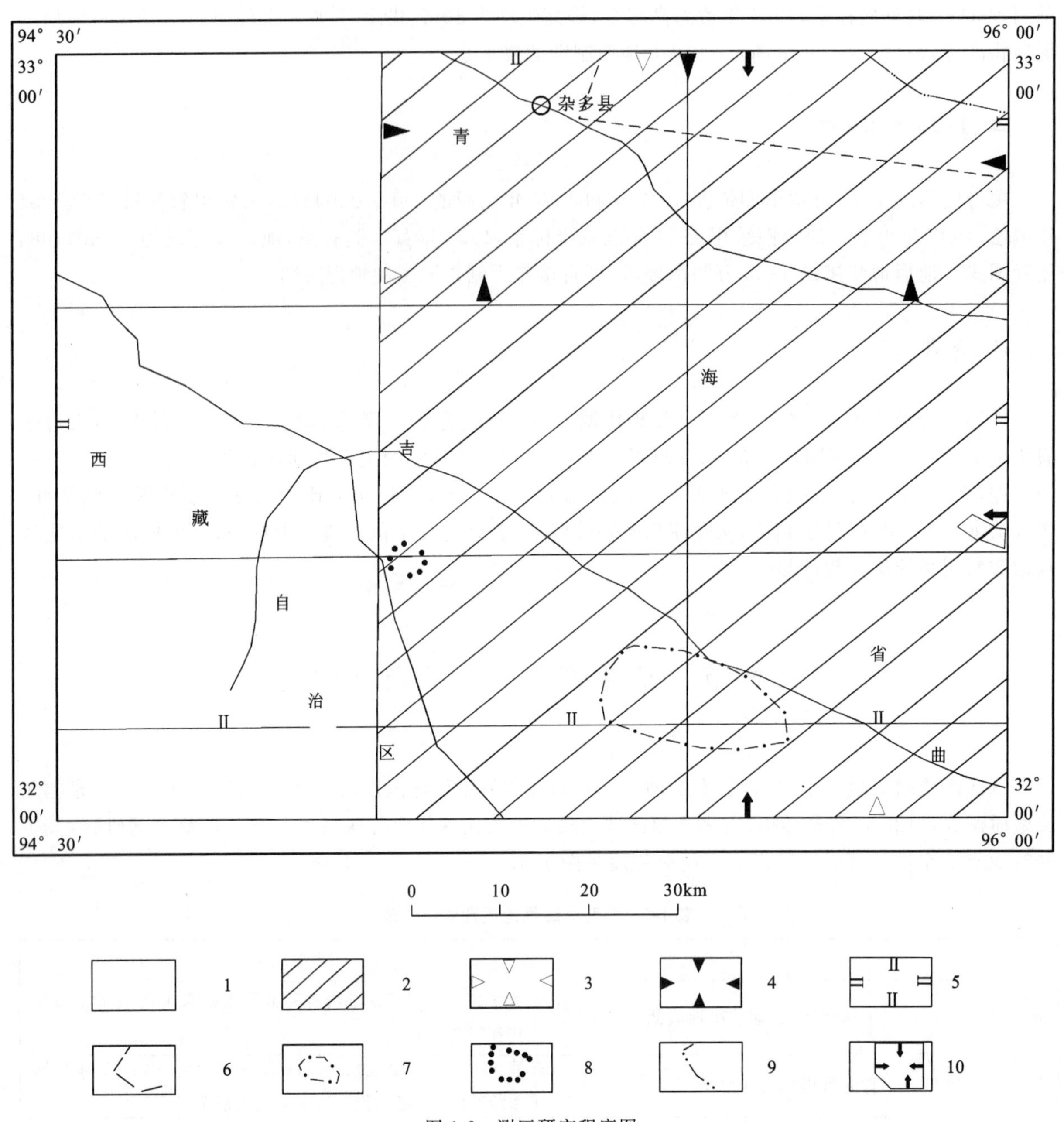

图 1-2　测区研究程度图

1. 1∶20 万区调空白；2. 1∶20 万区调覆盖；3. 1∶20 万低密度化探；4. 1∶20 万化探；5. 1∶50 万航磁重力；6. 1∶5万矿产普查；7. 1∶5万水系沉积物扫面；8. 1∶1万分散流普查；9. 1∶10 万分散流普查；10. 三江北段矿产资源潜力遥感分析

1966—1968 年青海省地质局对测区进行了 1∶100 万区域地质调查，简单完成了 1∶100 万温泉幅地质编图，对全区出露的地层进行了对比，概略地建立了地层序列，确定了岩浆侵入期次，但地质路线过于稀疏，精度较差，研究程度很低。

测区的 1∶20 万区域地质调查完成于 20 世纪 80 年代中期，限于当时的研究水平及装备等原因，地层系统不甚完善，地层之间的接触关系依据不足，一些重要的地质信息被遗漏，部分地层缺乏时代依据，特别对中新生代地层，以及侵入体的划分缺乏生物学、年代学等资料。

矿产调查先后对阿夷则玛黄铁矿床、解嘎银铜矿点进行了普查，仅以矿点为主，其主要的地质工作量及其成果见表 1-2。

表 1-2 测区矿产调查一览表

工作时间(年)	工 作 单 位	主 要 成 果
1957	玉树地质队	对群报矿点进行了踏勘检查，著有青海省玉树地区东部地质初探报告及图件
1965—1968	青海省地质局区测队	1∶100 万温泉幅区域地质调查报告及图件
1968	青海省地质局第九地质队	杂多县子曲河 1∶10 万区域化探扫面报告
1975	国家地质总局航空物探大队 902 队	进行了 1∶50 万航空磁测，并提供了相应的图件及说明书
1975—1980	青海省第二区域地质调查大队	1∶20 万杂多县幅区域地质调查报告及相应附图
1978—1980	青海省地质矿产局第十五地质队物探队、冶金五队	先后在然者涌、东角涌曲、吉那、希县嘎等地，进行了航磁异常地面评价和普查找矿工作，并提交了相应的报告及附图
1975—1979	青海省地质局化探队	进行了莫云幅、尕吾措纳、治多县幅、杂多县幅 1∶20 万低密度化探扫面和水系重砂测量，并提交了成果报告及图件
1988	青海省第二区域地质调查大队	青海省囊谦县尕羊乡银矿普查报告
1994	青海省地质勘查局遥感站	进行了 1∶100 万青海省玉树—果洛地区金矿遥感地质解译，并提交了相应的成果报告及图件
2001—2002	青海省地质调查院	提交了三江北段矿产资源潜力遥感分析报告
2001—2002	青海省地质调查院	完成了 1∶20 万治多县幅、杂多县幅化探扫面及异常检查，并提交了地球化学图说明书及图件
2001	陕西第二物探队	1∶100 万重力测量，并提交了相应的报告及图件
2002—2003	青海省地质调查院	对买曲—尕涌—下日啊千碑进行了 1∶5万水系沉积物测量及异常检查

第五节 质量评述

该项目是中国地质调查局直属西部大开发项目之一，其质量保证是完成该项目的关键，实施单位应用良好的、具有可操作的、完善的质量体系管理方法进行质量监控。

一、实施方法

本项目建立地质调查院、区域地质调查分院、项目组三级质量保证体系，严格遵循 ISO9001 质量体系的质量管理，开展经常性、年度性质量检查工作。项目组设质量监督员一名，负责监督填图过程及各个环节的质量监督工作。

经常性检查在组长的领导下进行，对所获原始资料进行自检、互检。自检、互检率达 100%。自检由各作业组内部进行，经常性检查本作业组所收集资料的准确性及记录、手图和航卫片的一致性。互检由各作业组之间相互进行，发现问题由作业组长和技术负责人共同解决。

阶段性检查在项目负责人的领导下进行，在自检、互检的基础上重点检验原始资料是否丰富、真实可靠。

年度性检查在每年野外工作结束前在总工程师的领导下着重检查重大地质问题的解决程度及其质量。

项目组、区调分院路线抽查率分别为 10%和 3%～5%。

野外成果验收和最终成果验收由上级主管局主持进行，本项目严格执行验收决议。

二、执行情况

该项目从 2003 年 3 月 1 日起按照 GB/T 19000、ISO9000《质量管理和质量保证》质量管理体系执行。对项目的 7 个实施阶段，即立项→设计编写→野外填图→野外验收→报告编写→资料汇交→质量评价进行了严格的质量管理，对各类资料、成果进行了自检、互检、集中检查(带抽检)，每年由院主管部门进行了质量监督检查，保证了项目质量的可靠性。

根据3年阶段性的质量跟踪检查，发现了一些问题，但同时按照问题解决的质量管理程序进行了实地追索、复查、研究讨论解决，将问题消除在了生产第一线，保证了质量检查的及时性、真实性，完全达到任务书的质量管理要求。

第六节 地质调查概况

一、工作条件

测区位于青海省与西藏自治区交会部位的唐古拉地区，气候条件恶劣，交通状况差，部分地段人员稀少，每年的7月份大雪纷飞，同时也是地质空白区。特别是高寒缺氧的环境，对作业人员身体损耗极大，高原心脏病、肺心病等疾病威胁作业人员，因此，必须具备良好的医疗保健措施，配备输氧设备，并有专职医护人员保障。

二、工作进展情况

1. 野外踏勘及设计书编写

2003年3月1日青海省地质调查院组成区调八分队，受命承接该项目的填图任务。分队立即着手，收集有关的测区各类地质、矿产资料，在详细分析研究前人资料的基础上，经室内遥感解译及综合分析研究，于同年5—9月历时4个月的野外踏勘工作，对测区各填图单位、构造格架、影像特征及测区地貌进行了实地观察了解，厘定了测区存在的主要问题，完成填图面积达10 000km²。认为该项目地处青藏高原腹地特提斯-喜马拉雅构造域的东段，位于冈瓦纳古陆与欧亚古陆强烈的碰撞、挤压地带，经历了漫长的构造演化历史，地质构造复杂，其建造与改造的研究、微观与宏观的研究，以及新理论、新技术、新方法的应用，同时加强找矿意识，注意成矿地质背景研究是本次1∶25万区调工作成败的关键。

2003年10—12月，分队按照项目任务书要求，在全面系统分析研究的基础上，组织力量进行了设计书编写，并于2003年12月25日经中国地质调查局西北地质调查中心评审验收，同意转入下一步工作阶段，其设计评定为优秀级(93.5分)。

2. 野外填图

从2004年4月12日—2005年5月底该项目实施野外调查填图阶段，圆满地完成了全部填图面积21 300km²。在野外工作阶段，测制了代表性的地层剖面、侵入岩剖面，系统采集了样品，确定了填图单位；按照任务书及设计书的要求，全面采集了各类样品，样品的采集工作程序包括：布样、采样、编号、填写标签、样品登记、包装、填写送样单、送测试单位分析化验及鉴定。

3. 野外验收及补课

2005年6月8—15日由中国地质调查局西安地质矿产研究所组成的专家组在玉树地区对本项目进行了最终野外检查，通过实地检查、室内抽查等形式，确认本项目工作扎实，进展明显，所取得的实际资料扎实，各种资料收集齐全，工作到位，符合中国地质调查局有关技术规定，确认最终项目评审杂多县幅为良好级(88分)。

分队在野外验收结束后，项目组对取得的成绩与不足进行了系统的总结，对于存在的问题，在2005年9月3日—2005年10月15日进行了野外路线追索、补采样品等实地补课工作。主要针对测区内缺少化石的地层，组织人员进行了专门的野外工作。

4. 报告编写及验收

2005年10月—2006年1月转入报告编写、图件编绘。2006年4月5—9日在中国地质调查局西安地质调查中心组织了西北地区1:25万区调项目成果报告评审会，对本项目进行了最终报告评审验收，通过专家提前审阅和会议审阅等形式，确认本项目报告内容丰富翔实，进展明显，所取得的实际资料扎实，各种资料收集齐全，工作到位，符合中国地质调查局有关技术规定，确认项目最终报告评审治多县幅为优秀级(93.5分)。

2006年5—6月，项目组依据中国地质调查局西安地质调查中心西北地区1:25万区调项目成果报告评审会最终报告评审意见书要求，对报告中存在的问题和不足进行了详细、认真地修改，并进行了详细说明。

5. 资料归档及数据库建设

在2006年4月项目最终报告验收评审意见书的基础上，于2006年1—12月按照中国地质调查局资料归档及数据库建设的规范要求，完成项目各种实际资料、图件的资料归档及数据库建设，待审查意见批复后，于2006年12月底前完成资料汇交工作。

三、完成工作量

经过3年的野外工作与室内综合整理，按照设计任务书要求，项目组完成了设计要求所规定的主要实物工作量，共测制剖面14条，完成了3幅1:10万大中比例尺空白区的实测填图及6幅1:10万、1:20万区调工作的修测填图任务，完成填图面积达15 650km²，实测路线长2190km。在野外工作阶段，根据测区出露的地质体实际情况，对部分样品进行了适当调整，重点对测区重要的地质内容进行了以实测为主的填图研究，在充分收集野外一线资料的同时，加大了对已往实际资料的应用，增大了如部分同位素样品、硅酸盐、稀土元素等的分析。

该项目完成的主要工作量见表1-3，在项目实施阶段选定了具有国家资质的可信实验室完成了所有样品的测试工作，详见表1-4。

表1-3　主要工作量

工作项目			单位	项目总设计工作量	设计完成工作量	本幅完成工作量
填图面积			km²	31 300	31 300	15 823
路线长度			km	4000	4390	2152
地质剖面			km	120	155	63
遥感解译			覆盖全区：1:10万TM图像9张，1:25万TM图像1张			
样品	化学分析		样	50	40	14
样品	稀土分析		样	100	156	50
样品	薄片		片	500	716	316
样品	光片		片	20	12	5
样品	粒度分析		件	50	38	12
样品	电子探针		件	30	15	5
样品	大化石古生物		件	50	53	31
样品	微体古生物		件	30	34	13
样品	硅酸盐分析		件	100	156	50
样品	微量元素分析		件	400	258	90
样品	同位素测年	Sr、Nd、Pb同位素示踪	件	10	15	5
样品	同位素测年	Sm-Nd	件	12	15	5
样品	同位素测年	Ar-Ar	件	10	15	6
样品	同位素测年	U-Pb	件	20	23	8
样品	同位素测年	热释光	件	30	15	8
样品	同位素测年	裂变径迹	件	10	10	4
样品	同位素测年	Re-Os	件	1	1	
样品	^{16}O		件	5	10	4

表 1-4　样品类别及测试单位

序号	样品	测 试 单 位
1	薄片	青海省地质调查院岩矿室
2	化学样、试金样	青海省地质中心实验室
3	硅酸盐、定量光谱、稀土分析	武汉综合岩矿测试中心
4	粒度分析	成都理工大学
5	热释光、光释光	地质矿产部环境地质开放研究实验室
6	^{14}C	中国地质调查局海洋地质实验室
7	裂变径迹	中国地震局地质研究所新构造年代学实验室
8	Ar－Ar	中国地质科学院地质研究所同位素室
9	Sm－Nd	中国地质调查局宜昌地质矿产研究所
10	K－Ar	中国地震局地质研究所
11	U－Pb	中国地质调查局宜昌地质矿产研究所、天津地质矿产研究所
12	Rb－Sr	中国地质调查局宜昌地质矿产研究所
13	化石、微体古生物	中国科学院南京地质古生物所
14	孢粉	中国科学院南京地质古生物所
15	人工重砂、锆石对比	青海省地质调查院岩矿室

四、人员组成

该项目工作从 2003 年 1 月开始至 2005 年 12 月 31 日结束，周期 3 年。由中国地质调查局项目管理，青海省地质调查院区调八分队实施全过程，在 3 年的时间里所有参加该项目地质技术人员见表 1-5。

表 1-5　参加该项目的地质技术人员

年度	工作性质	管理单位	项目负责	技术负责	地质人员
2003	野外踏勘	青海省地质调查院	王毅智	刘生军、祁生胜、王永文	马延虎、安守文、许长青、李善平、王宏州、尚显
2004	野外填图	青海省地质调查院	王毅智	刘生军、祁生胜、王永文	许长青、李善平、丁玉进、古剑青、王宏州
2005	野外填图 野外验收	青海省地质调查院	王毅智	刘生军、祁生胜、王永文	许长青、李善平、索生飞、俞建

以野外项目组的形式编制，设立项目负责 1 人，技术负责 3 人，大多具备中、高级职称。项目组下设地测组 8 个、矿产与资源组 2 个、后勤组(兼职)1 个，在项目组的统一领导下分工负责，密切配合，开展各项工作。

最终参加报告编写的人员有王毅智、刘生军、祁生胜、许长青、李善平、王永文。各章节执笔人：第一章、第二章、第七章、第八章由王毅智编写；第三章由祁生胜编写；第四章、第六章第一节由许长青编写；第五章由刘生军编写；第三章第三节，第六章第二节、第三节由李善平编写；第三章第三节部分内容由王永文编写。地质图编绘由王毅智、刘生军、祁生胜完成，数字制图由青海省地质调查院计算中心李萍完成，祁兰英、孟红等参与了数字制图。薄片岩矿鉴定由青海省地质调查院岩矿鉴定室范桂兰完成。另外，在野外作业中医生刘文忠、驾驶员潘国利、李瑾、李健、林任祥、曾建国、白云剑及炊事员王兵等不辞辛劳协助项目组完成了各项野外调查任务。

在项目运行的过程中始终得到了张雪亭高级工程师、阿成业高级工程师等的大力支持与无私的帮助，他们对项目进行了全程监督、指导。

第二章 地 层

测区地层分布广泛，主要以石炭纪、二叠纪及三叠纪沉积岩为主，占测区总面积的90%以上。地层分区属羌北-昌都-思茅地层区唐古拉-昌都地层分区；羌南-左贡-保山地层区索县-左贡地层分区(图2-1)(《青海省岩石地层》,1997)。除中元古代吉塘岩群酉西岩组(Pt_2y)构造-岩石地层单位以外，总体为成层有序的地层(表2-1)。

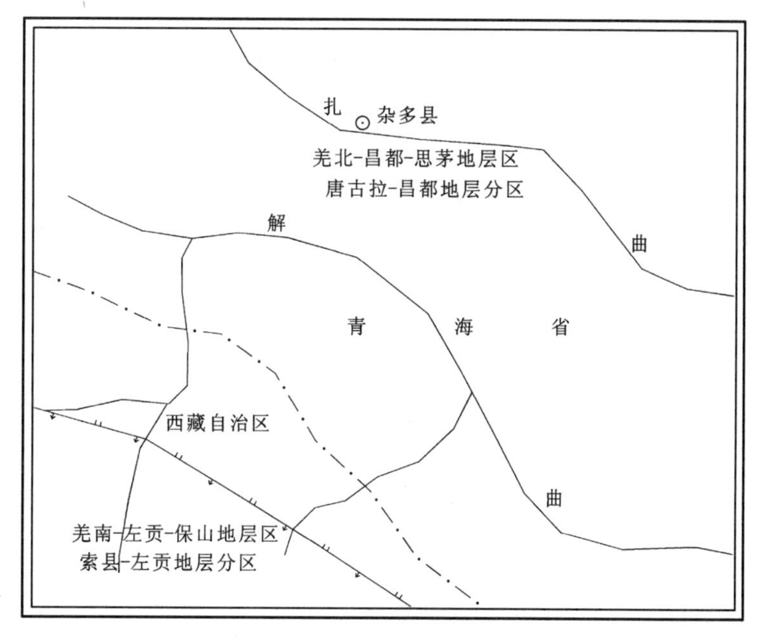

图2-1 调查区岩石地层区划示意图

测区地层由老到新有中元古代吉塘岩群酉西岩组(Pt_2y)；石炭纪杂多群(C_1Z)、加麦弄群(C_2J)；中二叠世开心岭群诺日巴尕日保组(P_2nr)、九十道班组(P_2j)；早中二叠世尕笛考组($P_{1-2}gd$)；中三叠世结隆组(T_2j)；晚三叠世结扎群甲丕拉组(T_3jp)、波里拉组(T_3b)；侏罗纪雁石坪群雀莫错组(Jq)、布曲组(Jb)、夏里组(Jx)；白垩世风火山群错居日组(Kc)、洛力卡组(Kl)；古近纪—新近纪古—渐新世沱沱河组(Et)、始新世—中新世雅西措组(ENy)、中新世五道梁组(Nw)、上新世曲果组(Nq)及各种成因的第四纪地层。

本次1:25万区域地质调查工作收集了丰富的地层资料，实测地层剖面6条，修测地层剖面5条，利用1:20万杂多县幅、吉多县幅地层剖面3条，各时代的地层填图单位均有1～2条地层剖面控制，满足编写地层报告的要求。

第一节 中元古代地层

测区中元古代地层只见于测区西南木曲上游、布塔乡以南亚龙能—岗拉—嘎拉等地区，约占总面积的488km²，控制厚度大于884.43m，属羌南-左贡-保山地层区索县-左贡地层分区，呈断块状产出。区内出露的是中元古代吉塘岩群酉西岩组(Pt_2y)。

表 2-1　测区地层表

时代		地层分区			
纪	世	羌北-昌都-思茅地层区			羌南-左贡-保山地层区
		唐古拉-昌都地层分区			索县-左贡地层分区
第四纪	Qh	冲积 Qh^{al}			
		沼积 Qh^{h}			
		冰积 Qh^{gl}			
	Qp_3	冲积 Qp_3^{al}			
		洪冲积 Qp_3^{pal}			
		冰积 Qp_3^{gl}			
	Qp_2	冰川堆积 Qp_2^{gl}			
新近纪	上新世	曲果组 Nq			
	中—始新世	五道梁组 ENw			
		雅西措组 ENy			
古近纪	古—渐新世	沱沱河组 Et			
白垩纪	晚白垩世	风火山群 KF	洛力卡组 Kl		
	早白垩世		错居日组 Kc		
侏罗纪	晚侏罗世	雁石坪群 JY	夏里组 Jx		
			布曲组 Jb		
	中侏罗世		雀莫错组 Jq		
	早侏罗世				
三叠纪	晚三叠世	结扎群 T_3J	波里拉组 T_3b		
			甲丕拉组 T_3jp		
	中三叠世	结隆组 T_2j			
	早三叠世				
二叠纪	晚二叠世				
	中二叠世	开心岭群 $P_{1-2}K$	九十道班组 P_2j	尕笛考组 $P_{1-2}gd$	
			诺日巴尕日保组 P_2nr		
	早二叠世				
石炭纪	晚石炭世	加麦弄群 C_2J	碳酸盐岩组 C_2J_2		
			碎屑岩组 C_2J_1		
	早石炭世	杂多群 C_1Z	碳酸盐岩组 C_1Z_2		
			碎屑岩组 C_1Z_1		
中元古代					吉塘岩群西西岩组 Pt_2y

李璞(1959)称其为吉塘变质岩,1∶100 万昌都幅区调报告(1974)、西藏地质一队(1977)将其划为古生界。周云生等(1981)、雍永源等(1989)称其为北澜沧江变质岩,前者划为古生界,后者将下部命名为吉塘岩群、上部命名为酉西群。1∶100 万怒江、澜沧江、金沙江地质图及说明书按地层规范将其称为吉塘岩群,时代定为前石炭系。杨暹和等(1986)、艾长兴等(1986)仍称其为吉塘岩群,前者将下部称为恩达组,上部称为酉西岩组,时代归属于前寒武纪;后者定为泥盆—石炭系,《西藏自治区区域地质志》沿用吉塘岩群,下部称为恩达组,上部称为酉西岩组。《西藏自治区岩石地层》(1997)采用地质志划分方案,命名为吉塘岩群。

测区内吉塘岩群仅见其上部的酉西岩组出露,分布于图幅西南角的西藏自治区境内,呈带状断块出露于区域上双湖-澜沧江断裂以南的羌塘盆地中央隆起带上,出露面积为 625km²,控制厚度大于884.43m。该地层为一套无层无序的构造-岩石地层,故采用吉塘岩群酉西岩组。

1. 剖面描述

西藏自治区丁青县布塔乡亚龙能中元古代吉塘岩群酉西岩组实测剖面(Ⅷ004P5)(图 2-2),该剖面起点坐标:东经 95°16′04″,北纬 32°56′47″,海拔 4479m;终点坐标:东经 95°56′50″,北纬 32°28′03″,海拔4105m。

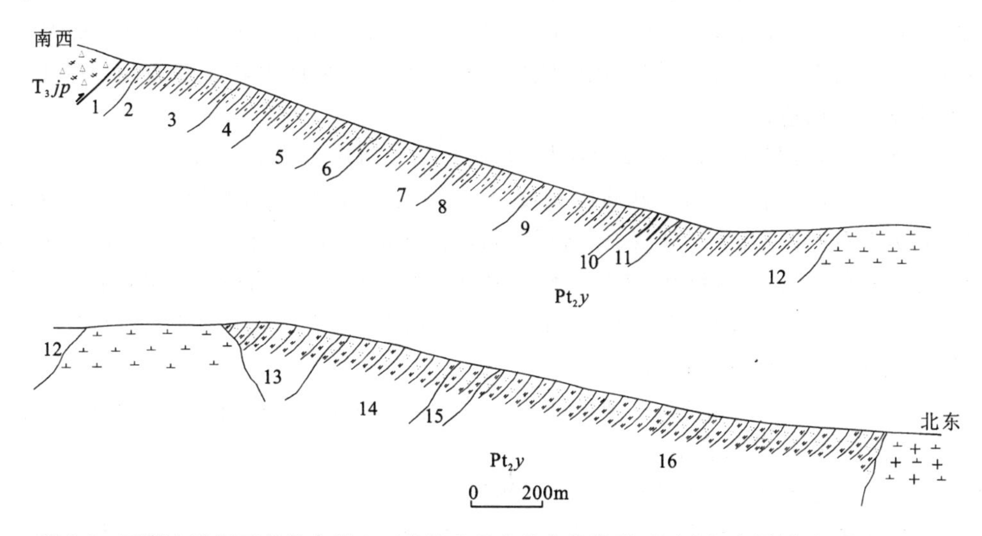

图 2-2　西藏自治区丁青县布塔乡亚龙能中元古代吉塘岩群酉西岩组实测剖面(Ⅷ004P5)

晚三叠世结扎群甲丕拉组(T_3jp):灰紫色英安岩

═══════ 断层 ═══════

吉塘岩群酉西岩组(Pt_2y)	**厚度＞884.43m**
16. 灰黑色绿泥白云石英片岩	16.16m
15. 浅灰色二云更长片麻岩	34.06m
14. 浅灰色白云母石英片岩	152.55m
13. 浅灰色绿泥白云石英片岩	55.65m
12. 灰色白云石英片岩夹灰色中厚层状白云石英岩	7.66m
11. 灰色条纹状二云石英片岩	60.07m
10. 浅灰色片状白云石英岩夹灰色条纹白云石英岩	49.18m
9. 灰色白云石英片岩	51.68m
8. 浅灰色白云石英片岩夹浅灰色白云石英岩	34.88m
7. 深灰色白云石英片岩夹灰白色中层状大理岩	122.60m
6. 深灰色白云石英片岩夹灰色白云石英岩	45.66m
5. 浅灰色白云石英片岩	73.76m
4. 灰色含石榴白云石英片岩	63.01m

3. 浅灰色白云石英片岩 60.01m

2. 浅灰色含石榴白云石英片岩 48.22m

1. 浅灰色白云石英片岩夹浅灰色含石榴白云石英片岩 36.28m

———— 侵入接触 ————

中元古代片麻状石英闪长岩

2. 岩石组合

吉塘岩群酉西岩组北侧与早石炭世杂多群呈断层接触，南侧与侏罗纪雁石坪群断层接触，东侧被中元古代变质侵入体和新元古代变质侵入体吞食，西段其上被晚三叠世结扎群甲丕拉组和古近纪沱沱河组角度不整合覆盖。

在区内亚龙能—岗拉—嘎拉等地岩性为褐灰色—灰白色白云石英片岩、钠长片岩、二云石英片岩，局部夹大理岩、斜长角闪片岩透镜体。

在木曲上游一带以褐灰色—灰白色白云石英片岩、钠长片岩、二云石英片岩，局部夹大理岩透镜体为主，夹灰色条带状、眼球状黑云斜长片麻岩、含石榴石黑云斜长片麻岩。

白云石英片岩：浅灰绿色、褐灰色，中细粒鳞片粒状变晶结构，片状构造、眼球片状构造。变晶矿物在0.1～2.1mm之间，石英为37％～49％，白云母为26％～39％，长石为21％，绿泥石为3％～4％；少量磷灰石、电气石、锆石、绿帘石、褐铁矿化磁铁矿。较大的长石呈似眼球状变斑晶。绿泥石、白云母定向排列。残余眼球状构造。

绿泥二云石英片岩：灰绿色，斑状变晶结构，基质具细粒鳞片粒状变晶结构，片状构造。变斑晶大小多在1.3～2.1mm之间，为钠长石。基质由石英(46％)、白云母(17％)、黑云母(15％)、钠长石(13％)、绿泥石(7％)、方解石(2％)及少量磷灰石、锆石、榍石、褐铁矿组成。钠长石多数呈变斑晶出现。

石榴石白云石英片岩：浅灰绿色，中细粒鳞片粒状变晶结构，片状构造。变晶矿物为石英(60％)、白云母(31％)、石榴石(4％)及少量榍石、磷灰石、绿帘石、锆石、褐铁矿化铁矿物、绿泥石绢云母集合体。石榴石呈粉红色锰铝榴石或铁铝榴石。

绿帘石绿泥钠长片岩：灰绿色，中细粒鳞片粒状变晶结构，片状构造。变晶矿物大小多在0.1～2.0mm之间，为钠长石(36％)、石英(23％)、绿泥石(17％)、黑云母(15％)、绿帘石(9％)、少量磷灰石及榍石，绿泥石，黑云母定向排列，形成岩石的片状构造。

绿泥白云钠长片岩：浅灰色，斑状变晶结构，基质具显微—细粒鳞片粒状变晶结构，片状构造。变晶矿物钠长石在1.1～2.0mm之间，常包含细小矿物，钠长石为变斑晶。基质由0.05～0.3mm的石英、白云母、绿泥石及少量磷灰石、电气石、磁铁矿组成。

3. 变质变形特征和原岩研究

吉塘岩群酉西岩组为一套变质岩系，岩性为褐灰色—灰白色白云石英片岩、钠长片岩、二云石英片岩，局部夹大理岩透镜体。与周围岩石呈断层接触。其特征是经历多期构造的改造和不同构造层次叠加的复杂地质体。其特征变质矿物为白云母、黑云母、石榴石、钠长石和更长石，据其变质矿物组合认为是其变质程度为高绿片岩相变质。原岩以其岩石中石英含量高和大理岩夹层的出现认为其原岩建造以沉积岩为主。地质体多为糜棱质岩石，发育条带状、眼球状旋转碎斑，“N”、“M”褶皱，钩状无根褶皱等构造变形形迹。

4. 岩石化学、地球化学特征

中元古代吉塘岩群酉西岩组地层岩石化学、地球化学特征反映出原岩建造为一套成熟度较高的碎屑岩、中基性火山岩夹碳酸盐岩建造。微量元素特征见表2-2。由表2-2中可看出，不同岩类的微量元素平均值与泰勒值的地壳丰度值相比较，片岩中除Cu、Pb、Ba、Pb、Au、Ta、Cb、Zr、Th显示不同程度地高出泰勒值外，其他元素均低于或偏低于泰勒值。与碎屑岩原岩特征基本一致。

表 2-2 中元古代吉塘岩群酉西岩组微量元素表($w_B/10^{-6}$)

样号	Li	Be	Sc	Ga	Th	Sr	Ba	V	Co	Cr	Ni	Cu	Pb	Zn	W	Mo	Ag	As
DY2-1	22	2.5	13	21	15	41	608	116	16	54	45	32	21	123	1.7	1.3	0.066	36
DY8-1	17	2.6	12	20	17	24	534	88	15	59	34	76	7.1	59	2.2	0.23	0.056	27
DY11-1	25	2.9	13	25	15	49	971	84	18	56	41	30	46	104	2	0.27	0.088	49
DY15-1	22	3	12	32	14	36	601	106	21	63	47	19	20	109	3.6	0.2	0.021	2.3
DY24-1	20	3.2	12	29	14	49	1011	61	12	30	25	11	18	96	2.3	<0.2	0.032	5.5
DY27-1	32	2.6	13	37	7.3	87	1176	61	12	24	23	21	23	95	2	0.23	0.051	1.5
DY30-1	70	1.2	10	18	6.2	109	78	102	20	20	45	165	9.5	78	0.55	0.3	0.27	13
DY369-1	5	1	3.2	8	4.9	6	241	23	2.8	24	6.6	6	4.2	16	0.55	<0.2	0.028	1.5

Sn	Hg	Bi	F	B	Rb	U	Hf	P	Te	Zr	CI	Ta	Ce	Nd	Yb	Ti	Sb
3.5	0.02	0.35	648	74	154	2.8	7.6	688	0.059	282	0.014	1.3	92	34	2.3	2111	2.9
3.5	0.012	0.16	660	76	173	1.9	8.3	738	<0.05	306	0.016	1.5	95	38	2.7	1851	1.9
3	0.024	0.89	702	27	84	2	5.3	813	0.062	195	0.013	1.3	93	36	2.8	2091	7
4.2	0.022	0.34	823	81	143	2	5.5	695	<0.05	207	0.017	1.6	86	33	2.3	3639	0.55
3.7	0.012	0.1	746	59	123	1.5	6.7	540	<0.05	211	0.01	1.5	78	32	3.3	2898	2.4
3.1	0.013	0.45	713	41	50	1	8.5	692	0.059	291	0.015	1.2	79	35	5.3	2416	0.4
2.3	0.03	1.6	974	2	15	0.6	5.1	643	0.133	191	0.014	0.47	93	27	2	3188	3.6
1.1	0.016	0.12	210	30	44	0.8	5.1	211	0.067	199	0.017	1	21	12	1.1	1127	0.25

5. 区域地层对比及时代讨论

在丁青-类乌齐构造带上，相似的岩石见于聂荣、类乌其、他念他翁等地区，认为是南羌塘的构造基底。与《西藏自治区岩石地层》指定的察雅县吉塘区多穷沟层型剖面对比，区内该地层可完全与吉塘岩群酉西岩组中下部地层的白云石英片岩、钠长片岩对比，其岩性层序特征相似，区内未出现该组的下部砾岩层。区域上在其下部存在一套吉塘岩群恩达组片麻岩为主的变质地层，与该地层存在很大差异，但在测区新发现建立的中元古代花岗片麻岩与恩达组中花岗片麻岩具有非常好的相似性。

本次工作在吉塘岩群酉西岩组白云石英片岩中选用白云石采用 Ar-Ar 法测定年龄为 251.5±2.6Ma，反映出变质年龄。在新发现的侵入于吉塘岩群酉西岩组中的变质侵入体中获得 U-Pb 锆石法同位素等时线上交点同位素年龄为 1245±24Ma，该变质侵入体直接侵入于吉塘岩群酉西岩组地层中，其时代早于或在中元古代。区域上在西藏羌南酉西地区片岩中获得 Rb-Sr 等时线同位素年龄为 757.1±268.4Ma，在聂拉木群黑云母片麻岩中获得锆石 U-Pb 法同位素年龄为 718±158Ma。

以上特征说明分布在测区的吉塘岩群酉西岩组变质地层的形成时代为中元古代较适宜。

第二节 石炭纪地层

测区内石炭纪地层由早石炭世杂多群和晚石炭世加麦弄群组成，分布在西金乌兰-金沙江结合带以南、澜沧江结合带以北的杂多晚古生代活动陆缘构造带中，属唐古拉-昌都地层分区。

一、早石炭世杂多群(C_1Z)

青海省第二区调队(1982)创名杂多群于杂多县地区。原义包括:"下部碎屑岩组,下部碳酸盐岩组,上部含煤碎屑岩组与上部碳酸盐岩组"。早在1970年青海省区测队将唐古拉山的早石炭世沉积自下而上分为下部碎屑岩组、中部灰岩组、上部含煤层。1988年刘广才分析了各岩组的岩石特征、岩石组合方式、各岩组内所含化石总貌及各岩组之间的接触关系后,将杂多群划为两个岩组,即(下部)含煤碎屑岩组和(上部)碳酸盐岩组。1989年青海省区调综合地质大队1∶20万沱沱河幅、章岗日松幅区域地质调查报告中引用刘广才的划分方案。青海省地质局在《青海省区域地质志》(1991)中沿用杂多群,自下而上建立那容浦组、俄群嘎组与查然宁组,但这3个组既无剖面依据又无接触关系,实际涵义难以理解和应用。《青海省岩石地层》(1997)采用刘广才的划分方案,并定义杂多群为:"位于唐古拉山北坡,下部称含煤碎屑岩组,由岩屑砂岩、粉砂岩、炭质页岩、变质碎屑岩、板岩夹灰岩及煤层组成,偶夹火山岩;上部称碳酸盐岩组,由灰—深灰色灰岩夹少许碎屑岩组成,含腕足类、珊瑚、苔藓虫及植物化石,未见底,与上覆加麦弄群呈平行不整合。"杂多县苏鲁乡解曲上游杂多群正层型剖面分布在调查区内。

本次工作中依据岩石组合、岩性特征、古生物面貌、沉积环境、变质变形特征及区域对比、前人提出的杂多群三分、四分方案,通过野外调查分析,是由于地层褶皱后断层重复叠置而成,故沿用《青海省岩石地层》(1997)划分方案为杂多群,并进一步划分为2个非正式组级岩石地层单位,自下而上为碎屑岩组(C_1Z_1)和碳酸盐岩组(C_1Z_2)。

(一)碎屑岩组(C_1Z_1)

该组主要分布于图区扎曲一带的杂多县城、杂多县昂赛乡、子曲南及着晓乡北及解曲上游西藏自治区木曲—杂多县苏鲁乡—尕羊乡一带的解曲流域。与二叠纪开心岭群的诺日巴尕日保组(P_2nr)、九十道班组(P_2j)及尕笛考组呈断层接触,其上被晚三叠世结扎群甲丕拉组(T_3jp)、白垩纪风火山群和第三纪沱沱河组(Et)呈角度不整合覆盖,分布面积为2300km²,控制最大厚度为1113.85m。下部未见底,顶以碎屑岩的消失、大套碳酸盐岩的出现为标志。

1. 剖面描述

(1)青海省杂多县扎青乡乳日贡早石炭世杂多群实测剖面(Ⅷ004P12)(图2-3)

该剖面起点坐标:东经95°07′03″,北纬33°15′30″,海拔4608m;终点坐标:东经95°06′07″,北纬33°14′15″,海拔4463m。

a. 剖面1

波里拉组(T_3b):灰色块层状含藻团粒微晶灰岩,产腕足类:*Halobia ganziensis* Chen, *Halobia* sp.

═══════ 断层 ═══════

碳酸盐岩组(C_1Z_2)

5. 浅灰色中厚层状碎裂微晶含团粒生物碎屑灰岩,产珊瑚:*Syringopora* sp., *Diphyphyllum* sp.　　155.36m

——————— 整合 ———————

碎屑岩组(C_1Z_1)　　**厚度>306.12m**

4. 灰色薄层状含粉砂泥质板岩夹煤层,产植物碎片　　161.05m
3. 深灰色粉砂质泥质板岩夹深灰色中厚层状细粒岩屑石英砂岩　　50.93m
2. 灰色中—厚层状中细粒石英砂岩夹灰色—深灰色粉砂质板岩　　11.44m
1. 深灰色粉砂质泥质板岩夹深灰色泥钙质板岩(背斜构造)　　82.70m

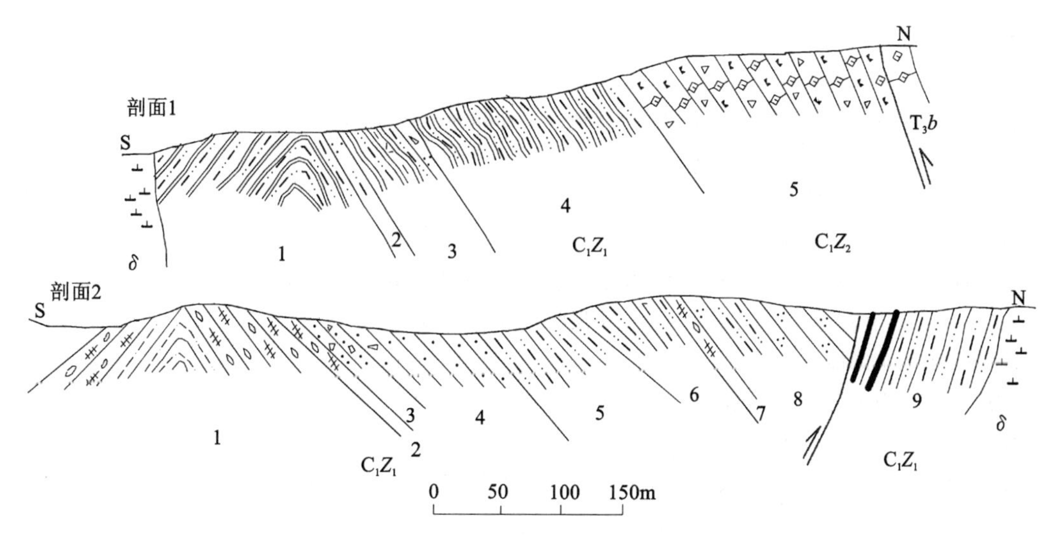

图 2-3 青海省杂多县扎青乡乳日贡早石炭世杂多群实测剖面(Ⅷ004P12)

b. 剖面 2

碎屑岩组(C_1Z_1)

9. 灰黑色中层状含炭质粉砂质细砂岩夹灰黑色泥质胶结长石石英粉砂岩夹煤层,产植物碎片 6.13m

═══ 断层 ═══

碎屑岩组(C_1Z_1) **厚度>481.10m**

8. 灰褐色中层状钙质胶结中细粒岩屑长石砂岩夹灰褐色薄—中层状泥钙质粉砂岩 90.01m
7. 灰色—灰褐色中层状钙质胶结复成分砾岩 8.98m
6. 灰紫色中—厚层状中粒岩屑长石砂岩夹泥钙质粉砂岩及少量细粒岩屑石英砂岩 50.95m
5. 灰紫色中—厚层状轻变质钙质粉砂质泥岩夹细粒长石石英砂岩 101.06m
4. 灰紫色中—厚层状中粒岩屑长石砂岩夹细粒岩屑杂砂岩 128.88m
3. 灰黄色中—厚层状含粉砂微晶灰岩夹青灰色中层状含粉砂亮晶砂屑灰岩 17.01m
2. 灰紫色中—厚层状泥钙质粉砂质中粒岩屑长石砂岩夹泥钙质粉砂岩及中层状复成分细砾岩 8.01m
1. 灰紫色厚层状钙质复成分细砾岩夹中—厚层状中粒岩屑长石砂岩 66.11m

(未见底)

(2) 青海省杂多县苏鲁乡巴纳涌早石炭世杂多群修测剖面(Ⅷ004P13)(南带)(图 2-4)

该剖面为青海省早石炭世杂多群正层型剖面所在位置,起点坐标:东经 95°01′23″,北纬 32°23′39″,海拔 4930m;终点坐标:东经 95°02′30″,北纬 32°26′04″,海拔 4628m。

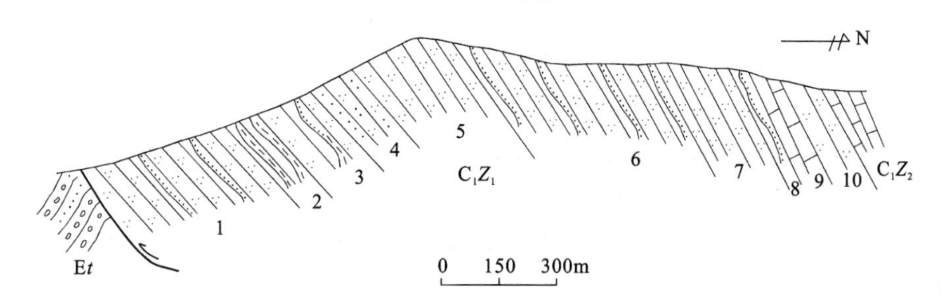

图 2-4 青海省杂多县苏鲁乡巴纳涌早石炭世碎屑岩组修测剖面(Ⅷ004P13)

碳酸盐岩组(C_1Z_2):灰色—深灰色中厚层状含团粒生物灰岩,产双壳类 *Limipeten* sp.,腕足类 *Gigantoproductus* cf. *semiglobosus* (Paecklman)

——— 整合 ———

碎屑岩组(C_1Z_1)　　**厚度＞1113.85m**

10. 浅灰色中厚层状中细粒石英砂岩　30.6m
9. 灰黑色中厚层状含团粒生物碎屑灰岩，产珊瑚：*Thysanophllum cicculocysticum*；腕足类：*Megachonetes* (*Megachonetes*) *zimmerimani*　7.83m
8. 深灰色中厚层状钙质粉砂岩　15.9m
7. 灰黄色—浅灰色薄层状细粒石英砂岩　108.3m
6. 灰色中层状中粗粒石英砂岩夹灰色薄—中层状石英砂岩及灰色粉砂质板岩　404.8m
5. 淡灰色薄层状细粒石英砂岩夹灰褐色中—中层状中细粒石英砂岩　149.7m
4. 灰色薄层状石英细砂岩　57.8m
3. 灰褐色薄层状石英砂岩夹灰色薄层状粉砂质板岩　60.2m
2. 深灰色薄—中层状含粉砂粘土质板岩　18.1m
1. 深灰色薄层状泥质石英细粉砂岩夹深灰色薄层状粉砂质板岩　260.5m

════ 断层 ════

沱沱河组(Et)：紫红色砂岩

2. 地层综述

本次工作对分布在测区内的杂多县苏鲁乡解曲上游杂多群正层型剖面及分布地层进行了详细的调查研究，测区早石炭世杂多群碎屑岩以扎曲—着晓乡断裂为界，存在明显的南北差异。北带为一套海陆交互相的灰色、灰紫色含煤碎屑岩地层，代表地层剖面为青海省杂多县扎青乡乳日贡早石炭世杂多群实测地层剖面(Ⅷ004P12)；南带为一套浅海相灰色碎屑岩夹火山岩地层，不含煤，代表地层剖面为青海省杂多县苏鲁乡巴纳涌早石炭世杂多群修测地层剖面(Ⅷ004P13)。北带、南带的杂多群二者呈断层接触。

北带主要分布于图区杂多县城、昂赛乡—着晓乡以北扎曲流域一带，呈东西向展布，分布面积1000km^2，控制厚度大于481.10m。岩性在杂多县城以西由灰色、灰褐色、灰紫色中粒岩屑长石砂岩、钙质粉砂岩组成；杂多县城以东以灰色、灰褐色砂岩、钙质粉砂岩为主，灰紫色砂岩、钙质粉砂岩相对减少。与上覆碳酸盐岩组(C_1Z_2)呈整合接触，与开心岭群的诺日巴尕日保组(P_2nr)、九十道班组(P_2j)呈断层接触，其上被结扎群甲丕拉组(T_3jp)、沱沱河组(Et)呈角度不整合接触。

该组主要岩性由灰色—深灰色夹有褐色中薄层状粉砂质板岩、炭质板岩及煤层、灰岩，以及灰紫色、灰色中厚层状岩屑长石砂岩、粉砂岩夹紫红色长石砂岩、灰岩两套岩石组成，该带中发育煤层及煤线。该岩石以细粒为特征，夹有少量粗砾岩石，颜色以灰色—深灰色、灰紫色、褐色为特征，纵向上自下而上岩石粒度由粗变细，属海进层位沉积，层理清楚，层位稳定，单层厚度为中厚层状，见有冲刷波痕、水平层理、交错层理，横向上相变不大，仅在图西边岩石颜色由紫色逐渐变为杂色，岩石粒度由粗变细。反映出海陆交互相沉积环境。

南带主要分布于图区阿多、杂多县、解曲流域一带，呈断块体产于断层带中，分布面积为3600km^2，控制厚度大于1113.85m。与上覆碳酸盐岩组(C_1Z_2)呈整合接触，南、北西侧与结扎群甲丕拉组(P_2jp)、开心岭群的诺日巴尕日保组(P_2nr)、九十道班组(P_2j)、沱沱河组(Et)呈断层接触，局部与沱沱河组(Et)、结扎群甲丕拉组(T_3jp)呈角度不整合接触。分布面积为252km^2，控制厚度大于1113.85m。《青海省岩石地层》杂多县苏鲁乡解曲上游杂多群正层型剖面分布在该区内，其正层型下部的碎屑岩组(C_1Z_1)不含煤层。

在杂多县南、木曲一带碎屑岩组(C_1Z_1)顶部与上部碳酸盐岩组(C_1Z_2)的接触带中断续出露灰绿色英安质岩屑晶屑凝灰岩火山岩夹层(图2-5)。延展不均匀，在杂多县南厚50m左右，小层厚20～30cm的，在木曲一带的西藏境内发育厚度大于500m的褐色中薄层状粉砂质板岩与灰绿色英安质岩屑晶屑凝灰岩的韵律层(图2-6)。

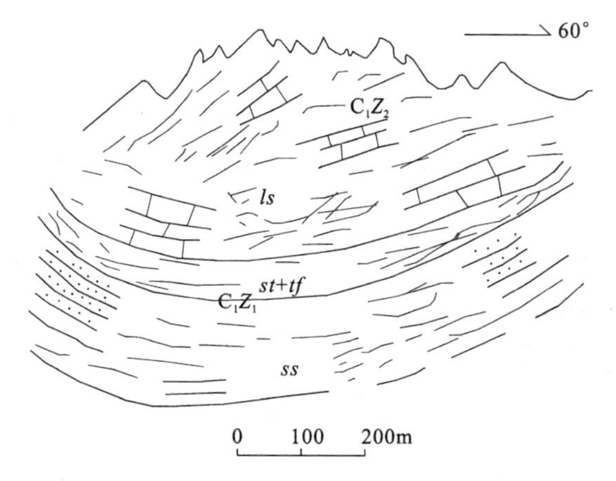

图 2-5 杂多群碎屑岩组顶部火山岩素描图

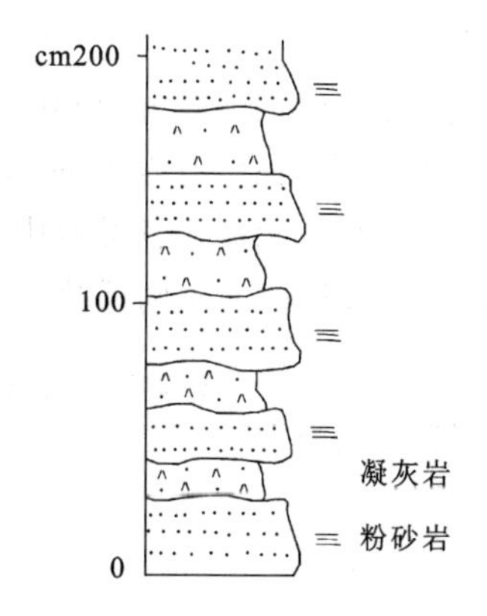

图 2-6 早石炭世杂多群碎屑岩组中粉砂岩与凝灰岩基本层序图

该地层主要岩性为灰色—深灰色夹有褐色中薄层状粉砂质板岩、炭质板岩，其次为灰黑色中厚层状长石石英砂岩、石英砂岩、石英粉砂岩，少量灰绿色霏细岩、紫红色薄层灰岩，本组岩石以细粒为特征，夹有少量粗砾岩石，颜色以灰色—深灰色夹褐色为特征，纵向上自下而上岩石粒度由粗变细，属海进层位沉积，层理清楚，层位稳定，单层厚度为中厚层状，见有冲刷波痕、水平层理、交错层理，横向上相变不大，仅在图西边岩石颜色由紫色逐渐变为杂色，岩石粒度由粗变细，所夹膏岩层及灰岩层增多。

3. 沉积环境分析

(1) 基本层序特征

碎屑岩组(C_1Z_1)的基本层序是由中粗粒长石石英砂岩、石英砂岩、粉砂岩、粉砂质板岩、炭质板岩的自旋回沉积韵律层构成，平行层理及正粒序发育(图 2-7)，代表了沉积作用过程中不同阶段沉积物的变化特征，而每层沉积物由不同成分、不同粒级的岩石叠加而成，总之，自下而上由粗变细的自旋回对称性层序上叠覆成高一级对称或不对称旋回性层序。

粉砂岩的粒度分析(图 2-8)说明，粒度分布范围比较狭窄，多集中于 3.5ϕ～6.5ϕ 之间[$\phi=-\log_2^d$(d 为最大视直径的毫米值)]，其中粉砂为 50%～90%，多为粗粉砂，极细砂为 10%～50%，平均粒度为 3.5ϕ～5ϕ，粗截点多在 4ϕ 左右，细截点在 4.5ϕ，推移细分含量低于 20%，跃移组分约占 40%～50%，平均组分为 30%～50%，由于三总体的斜率均陡(60°～70°)，故三线段曲线在图上近于一条直线，反映沉积环境中水动力不强，仅有微弱、强度变化不大的底流活动，说明沉积环境为海陆交互相特征。

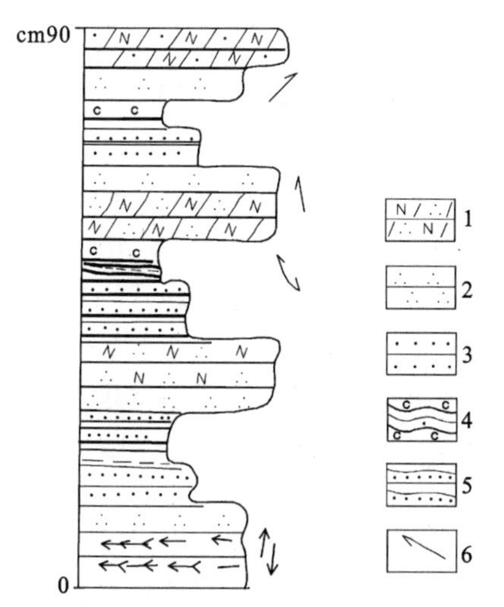

图 2-7 杂多群碎屑岩组基本层序图

1. 长石石英砂岩具交错层理；2. 石英砂岩具水平层理；3. 粉砂岩具水平层理；4. 粉砂质板岩具水平层理；5. 泥质板岩；6. 古水流方向

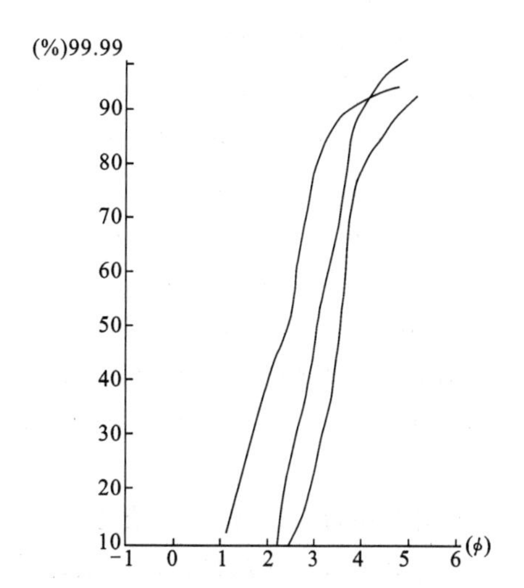

图 2-8 杂多群碎屑岩组(C_1Z_1)粉砂岩粒度分布累计概率曲线图

(2) 微量元素特征

杂多群碎屑岩组的微量元素特征见表 2-3。由表 2-3 可知，碎屑岩组中不同岩类的微量元素平均值与泰勒值的地壳丰度值相比，砂岩、粉砂岩中的 Th、Hf、Zh、Rb、Ca、Cu 显示不同程度地高出泰勒值，其他元素较低或偏低于泰勒值，泥岩中的 Hf、Th、Pb、Ca、Zn 高出泰勒值，灰岩中的 Hf、Zr、Th、Rb、Ca、Pb、Zn 高出泰勒值，其他元素在各类岩中均较低或偏低于泰勒值，变化系数较大的高值元素表明元素局部呈集中分布，大多低值元素则反映了元素呈分散状态赋存于地壳中。

表 2-3　杂多群碎屑岩组微量元素特征表($w_B/10^{-6}$)

岩类	样品数	Hf	Zr	Sc	Th	Rb	Pb	Nb	Cr	Ca	Zh	Cc	Ni	Cu
砂岩类	10	5.6	175	9.7	14.2	113	8.2	17.9	89.2	13.1	114	13.8	37.2	154
粉砂岩类	11	4.85	146	10.35	10.75	148.5	10.6	18	98	16	113	15	39	45
泥岩类	5	5.1	151	11.6	12	160.5	9.5	19.5	78.9	14	95	15	40	19
灰岩类	1	5.8	179	9.13	11.03	99	24.9	15.9	72.5	13	75	13	31.5	35
泰勒值(1964)		3	165	22	9	90	12	20	100	4	70	25	75	55

在 Th-Sc-Zr/10 和 Th-Co-Zr/10 图解中杂多群碎屑岩组砂岩样品投点落入活动大陆边缘物源区(图 2-9)，结合岩石组合、沉积构造等特征，该地层形成的大地构造环境应该是活动大陆边缘附近的浅海陆棚区。

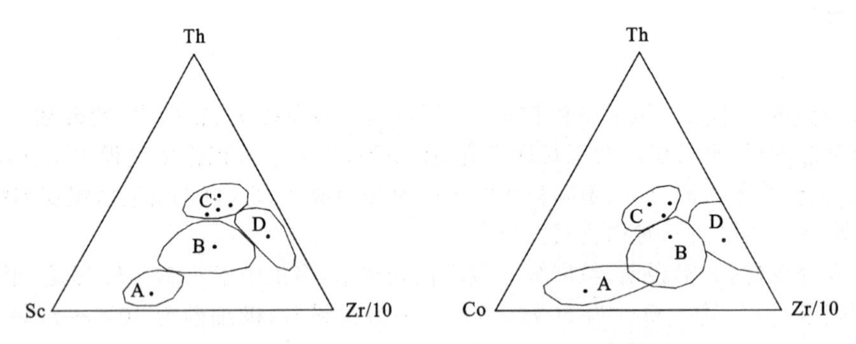

图 2-9　Th-Sc-Zr/10 和 Th-Co-Zr/10 图解

A. 大洋岛弧；B. 大陆岛弧；C. 活动陆缘；D. 被动陆缘

(3) 古生物化石特征

下石炭统杂多群碎屑岩组中产有各类化石，腕足类：*Gigantoproductus* cf. *giganteus*(Sowerby)，*Striatifera* cf. *angusta* (Janischewsky)，*Delepinea depressa* Ching et Liao，*Megachonetes* cf. *zimmerimani*(Paeckelmann)，*Pustula altaica* (Tolmatchwva)，*Eomarginifera* cf. *viseeniana*(Chao)，*Cancrinella* cf. *rostrata* Liao，*Overtonio biseriata* (Hall)，*Crurithyris suluensis* Ching et Ye，*Cleiothyridina expansa* (Phillips)；珊瑚：*Kueichouphyllum* sp.，*Lithostrotion pingtangense* H. D. Wang，*Yuanophyllum* sp.，*Palaeosimilia* sp.，*Dibunophyllum* sp.，*Thysanophyllum* sp.；菊石：*Muensteroceras nandanense* Chao et Ling；腹足类：*Holopea* cf. bomiensis Pan Y. T.。其中 *Gigantoproductus* cf. *giganteus*(Sowerby)，*Striatifera* cf. *angusta* (Janischewsky)，*Muensteroceras nandanense* Chao et Ling 为常见的早石炭世 Visean 期分子。因而将这套岩石归为早石炭世早期较适宜。

根据上述岩石组合、剖面描述、基本层序及微量元素特征综合分析，碎屑岩组表现微滨海相特征，其沉积物主要由灰—深灰色粉砂质板岩、炭质板岩，长石石英砂岩、石英砂岩、石英粉砂岩，少量灰绿色霏细岩、紫红色薄层灰岩堆积而成。其中在灰—深灰色砂岩中发育冲刷波痕，水平层理、交错层理。表明冲刷侵蚀作用较明显，水动力环境较强，由粗变细的退积-加积型沉积，说明沉积环境具海陆交互相滨海相特征。

4. 区域对比及时代讨论

《青海省岩石地层》(1997)定义的杂多群正层型剖面位于测区杂多县苏鲁乡解曲上游，与测区内苏鲁乡解曲上游、西藏境内布塔乡一带、昂歉县尕羊乡附近的杂多群碎屑岩组(C_1Z_1)较一致，而与杂多县南、木曲一带杂多群碎屑岩组(C_1Z_1)对比，层型剖面缺顶部的褐色中薄层状粉砂质板岩与灰绿色英安质岩屑晶屑凝灰岩互层地层层序，沉积环境均反映浅海相特征。杂多县城以北的杂多群碎屑岩组与杂多群正层型剖面对比存在一些差异，而与青海省昂歉县自家蒲次层型剖面对比，岩石组合比较相似，均发育反映海陆交互相的含煤层位。

测区早石炭世杂多群碎屑岩组(C_1Z_1)地层生物比较发育，种类较多，有腕足类：*Gigantoproductus* cf. *giganteus*(Sowerby)，*Striatifera* cf. *angusta*(Janischewsky)，*Delepinea depressa* Ching et Liao，*Megachonetes* cf. *zimmerimani*(Paeckelmann)，*Pustula ltaica*(Tolmatchwva)，*Eomarginifera* cf. *viseeniana*(Chao)，*Cancrinella* cf. *rostrata* Liao，*Overtnoio biseriata*(Hall)，*Crurithyris suluensis* Ching et Ye，*Cleiothyridina expansa*(Phillips)；珊瑚：*Kueichouphyllum* sp.，*Lithostrotion pingtangense* H. D. Wang，*Yuanophyllum* sp.，*Palaeosimilia* sp.，*Dibunophyllum* sp.，*Thysanophyllum* sp.；菊石：*Muensteroceras nandanense* Chao et Ling；腹足类：*Holopea* cf. *bomiensis* Pan Y. T.。其中 *Gigantoproductus* cf. *giganteus*(Sowerby)，*Striatifera* cf. *angusta*(Janischewsky)，*Muensteroceras nandanense* Chao et Ling 为常见的早石炭世 Visean 期分子。因而将这套岩石的沉积时代归为早石炭世早期较适宜。

腕足类：*Striatifera strata*(Fischer)，*Stratifera* cf. *recurva* Ching et Ye，*Gigantoproductus semiglobosus*(Paeckelmann)，*Megachonetes zimmerimani*(Paeckelmann)，*Eomarginifera viseemina*(Chao)，*Overtonia biseriata*(Hall)，*Echinoconchus punctaus*(Martin)，*Linoproductus* cf. *corrugatus*(M'Coy)；珊瑚：*Lithostrotion irregulare* Phillps，*Palaeosmilia murchisoni* Edwards et Haime，*Palaeosmilia* Edwards et Haime，*Palaeosmilia tanggulaensis* Li et Liao，*Clisiophyllum hunanense* Yu，*Thysanophyllum shaoyangenes* Yu，*Diphyphyllum platiforme* Yu；苔藓：*Polypora* sp. 大体可与贵州的对比，除 *Lithostrotion* sp.，*Diphyphyllum* sp.，*Dibunophyllum* sp. 及 *Gigantopro ductus* sp. 等化石在两岩组中均出现外，其他化石具有一定的层位，*Lithostrotion* sp.，*Diphyphyllum* sp. 及 *Caninia* sp. 在贵州地区一般始于岩关晚期，一直延续到摆佐组，甚至在晚石炭世也有出现，*Thysanophyllum* sp. 和 *Pugilis* sp. 在贵州以大塘阶旧司段为代表，其中 *Gigantoproductus*，*Edelburgensis* 在贵州大量出现于摆佐组，*Striatifera striata*(Fischer)为摆佐组中上部常见的化石分子。

从上述化石总面貌分析及与贵州地区的化石对比，本图中早石炭世主要相当于大塘组—摆佐组，因此，其时代应属早石炭世维宪期晚期。

(二) 碳酸盐岩组(C_1Z_2)

该组地理分布位置基本上与碎屑岩组(C_1Z_1)相随，分布面积为 2300km^2，控制最大厚度为 1005.58m。底部与碎屑岩组(C_1Z_1)呈整合接触，大部分与开心岭群呈断层接触，局部沱沱河组角度不整合于其上。

1. 剖面描述

青海省杂多县苏鲁乡巴纳涌石炭纪碳酸盐岩组实测剖面(Ⅷ004P13)(图 2-10)，起点坐标：东经 95°01′23″，北纬 32°23′39″，海拔 4930m；终点坐标：东经 95°02′30″，北纬 32°26′04″，海拔 4628m。

沱沱河组(E*t*)：深灰色中厚层状含砾含生物中细粒石英砂岩夹灰色薄层状粉砂质板岩

———— 整合 ————

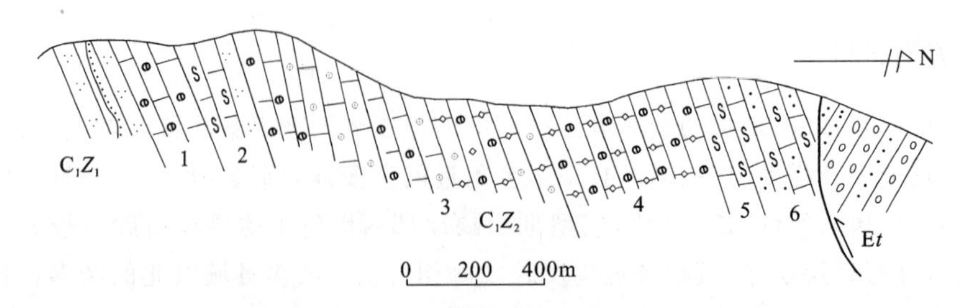

图 2-10　青海省杂多县苏鲁乡巴纳涌石炭纪碳酸盐岩组(C_1Z_2)实测剖面(Ⅷ004P13)

杂多群碳酸盐岩组(C_1Z_2)　　**厚度＞1151.26m**

6. 灰色中厚层状含细粉砂泥灰岩　　170.9m
5. 紫红色薄层状含粉砂泥灰岩，产腕足类：*Crurithris* cf. *planoconvesa* (Shumard)，*Cleiothyridina* sp.　　12.38m
4. 深灰色亮晶含生物微晶灰岩，产腕足类：*Argentiproductus* cf. *margaritaceus* (Philips)，*Megachonetes zimmermanni* (Packelmann)，*Blalkhonia grabau* (Ozaki)，*Avonia* sp.，*Striatifera strata* (Fischer)，*Dielasma* cf. *indentum* Grabau，*Linoproductus* cf. *simensis* (Tschernyschew)，*Terebratuloidea elegantula* (Grabau)；珊瑚：*Dibunophyllum* sp. *Protodurhamina*；三叶虫：*Cummingella* sp.　　326.6m
3. 深灰色薄—中层状含生物灰岩夹灰黑色薄层状鲕粒灰岩，产腕足类：*Striatifera* cf. *plana* Yang，*Gigantoproductus* sp.；珊瑚：*Lithostrotion* cf. *yaolingense*(Chu)；三叶虫：*Cummingella* sp.(小库明虫)　　417.3m
2. 黄褐色薄—中层状中细粒石英砂岩夹浅灰黄色中层状含砾石英砂岩及灰黄色薄层泥灰岩　　39.8m
1. 灰色—深灰色中厚层状含团粒生物灰岩，产双壳类：*Limipeten* sp.；腕足类：*Gigantoproducts* cf. *semiglobosus* (Paecklman)　　38.6m

———— 整合 ————

杂多群碎屑岩组(C_1Z_1)：浅灰色中厚层状中细粒石英砂岩

2. 地层综述

根据上述剖面及路线资料分析，该组属浅海环境下沉积的一套碳酸盐岩地层，受后期断层破坏，地层出露不完整，横向上岩性、岩相变化不大，只在西图边的打龙压赛地区角砾状灰岩、大理岩透镜体明显增多。纵向上，下部以灰色厚—巨厚层状砂屑灰岩及鲕粒灰岩、微晶灰岩为主，夹少量泥质灰岩；上部碳酸盐岩结晶粒度变细，灰岩中普遍含泥质、炭质及生物碎屑灰岩为特征，其中在砂屑灰岩中发育沙纹交错层理、水平层理(图 2-11)。

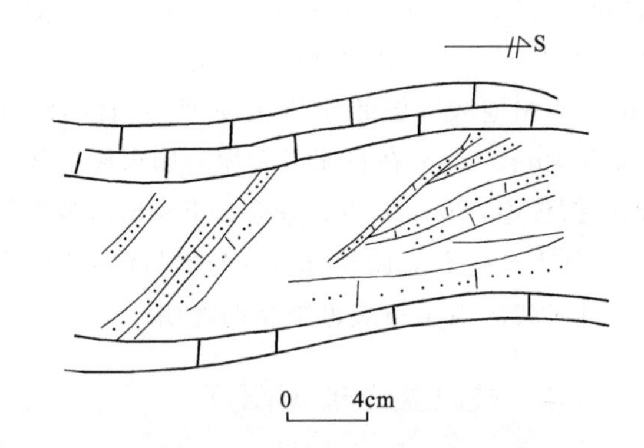

图 2-11　砂屑灰岩条带中的沙纹交错层理素描图

基本层序表现为：由含砾灰岩、鲕粒灰岩、砂屑灰岩、生物碎屑灰岩、泥质灰岩的自旋回沉积韵律构成(图 2-12a)，其中 a、b 代表了沉积过程中不同阶段形成的层序特征，而每个层序由若干个不同成分、不同粒级的基本层序叠置而成，较完整的层序不同(图 2-12b)，反映了沉积物的多阶段性持续变化，所形成的厚度及基本层序的对称性显然有所不同。

3. 微量元素

杂多群碳酸盐岩组的微量元素特征见表 2-4，由表 2-4 可知，碳酸盐岩中不同岩类的微量元素平

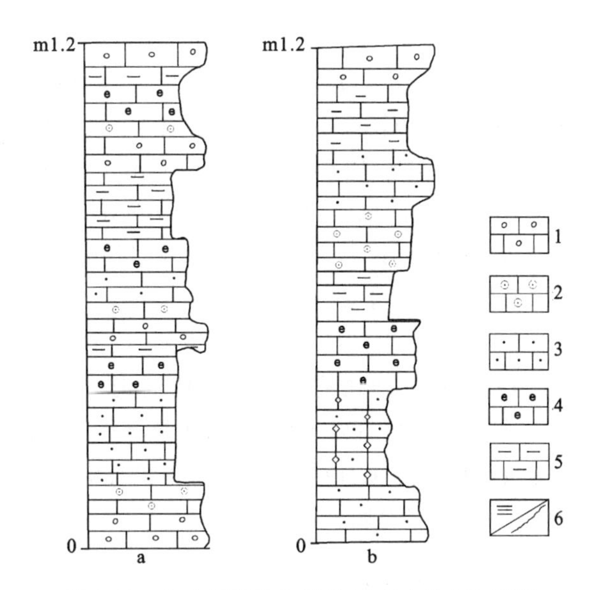

图 2-12 杂多群碳酸盐岩组(C_1Z_2)基本层序图

1. 含砾灰岩;2. 鲕粒灰岩;3. 砂屑灰岩;4. 生物灰岩;5. 泥质灰岩;6. 平行层理/缝合线构造

均值与泰勒的地壳丰度值相比,生物灰岩中的 Pb、Ti、Rb、Zr 显示不同程度地高出泰勒值,其他元素较低或偏低于泰勒值,泥灰岩中的 Ti、Rb、Zr 高出泰勒值,其他元素在各类岩中较低于或偏低于泰勒值。

表 2-4 杂多群碳酸盐岩组微量元素特征表($w_B/10^{-6}$)

岩组	岩性	Cu	Pb	Cr	V	Ti	Ni	Rb	Sc	Zr
碳酸盐岩组	生物灰岩	7	23	10	13	227	33.8	499	9.8	267
	泥灰岩	21	14	40	60	2629	38.96	153	12.8	290
泰勒值(1964)		55	12	100	150	200	75	90	22	165

4. 沉积环境

根据上述岩石组合、剖面描述、基本层序及微量元素特征综合分析,碳酸盐岩组表现为浅海陆棚碳酸盐相特征,其沉积物主要由生物碎屑灰岩、亮晶生物碎屑灰岩及含砂粒屑、鲕粒灰岩、团粒灰岩、泥灰岩及细粒石英砂岩和泥岩堆积而成。其中在砂屑灰岩、石英砂岩中发育水平层理、交错层理。生物灰岩中含有大量腕足类、珊瑚、苔藓虫及其生物碎屑或生物碎片,整体生物面貌反映了它们具浅海低栖生活特征,尤其多苔藓虫化石说明它们生活在水深 100m 左右的热带或亚热带平静正常浅海中,而其灰岩中含有大量砾屑、砂屑,其磨圆度及分选性较好,同时混入较多石英砂岩,沉积物质也较纯,表明冲刷侵蚀作用较明显,水动力环境较强,地层层序有底无顶,剖面层序及基本层序则反映了由粗变细的退积—加积型沉积,属潮下浅水高能环境—较深水低能环境,具浅海—陆棚碳酸盐相(台地浅缘斜坡相—盆地边缘相)特征。

5. 生物化石特征及时代讨论

早石炭世杂多群碳酸盐岩组中生物发育,种类较多,腕足类:*Striatifera strata* (Fischer), *Stratifera* cf. *recurva* Ching et Ye, *Gigantoproductus semiglobosus* (Paeckelmann), *Megacho netes zimmerimani* (Paeckelmann), *Eomarginifera viseemina* (Chao), *Overtonia biseriata* (Hall), *Echinoconchus punctaus* (Martin), *Linoproductus* cf. *corrugatus* (M' Coy);珊瑚:*Lithostrotion irregulare* Phillps, *Palaeosmilia murchisoni* Edwards et Haime, *Palaeosmilia* Edwards et Haime,

Palaeosmilia tanggulaebsis Li et Liao, *Clisiophyllum hunanense* Yu, *Thysanophyllum shaoyangenes* Yu, *Diphyphyllum platiforme* Yu；苔藓：*Polypora* sp. 大体可与贵州的对比，除 *Lithostrotion* sp.，*Diphyphyllum* sp.，*Dibunophyllum* sp. 及 *Gigantoproductus* sp. 等化石在两岩组中均出现外，其他化石具有一定的层位，*Lithostrotion* sp.，*Diphyphyllum* sp. 和 *Caninia* sp. 在贵州地区一般开始出现于岩关晚期，一直延续到摆佐组，甚至在晚石炭世也有出现，*Thysanophyllum* sp. 和 *Pugilis* sp. 在贵州以大塘阶旧司段为代表，其中 *Gigantoproductus*, *Edecburgensis* 在贵州大量出现于摆佐组，*Striatifera striata*（Fischer）为摆佐组中上部常见的化石分子。

另外，本次工作在该层型剖面上采到三叶虫：*Cummingella* sp.（小库明虫）（Ⅷ004P13H23－1），反映时代为杜内期—维宪期晚期。1∶20 万区调在扎格涌入扎曲河沟口附近拣的化石转石，经鉴定为：*Spirifer* sp.，*Cyrtospirifer* sp.，属杜内期化石分子，说明测区早石炭世杂多群存在杜内期沉积层位。

从上述化石总面貌分析及与贵州地区的化石对比，本图中含早石炭世主要相当于大塘组—摆佐组，因此，其时代应属早石炭世杜内期—维宪期晚期。

（三）早石炭世古生物特征及区域对比

区内早石炭世盛产海相无脊椎动物化石，尤以珊瑚和腕足类最为丰富，并广泛分布于各岩组中。

1. 碎屑岩组古生物

珊瑚：*Diphyphyllum* sp.，*Corwenia* sp.，*Bothrophyllum* sp.，*Carcinophyllum* sp.，*Arachnolasmc* sp.，*Palaeosmiliae fralerna*（Reed），*Neoclisiophyllum minor* Wu，*Amplexus* sp.，*Lonsdaleia* sp.，*Kueichouphyllum* sp.，*Kominckophyllum* sp.，*Lithostrotion irregulare* Phillps，*Palaeosmilia murchisoni* Edwards et Haime，*Palaeosmilia* Edwards et Haime，*Palaeosmilia tanggulaensis* Li et Liao，*Clisiophyllum hunanense* Yu，*Thysanophyllum shaoyangenes* Yu，*Diphyphyllum platiforme* Yu；腕足类：*Gigantoproductus* sp.，*Pugilis* sp.，*Delepinea depressa* Ching et Liao，*Gigantoproductus semigJobosus*（Paeckelmann），*Gigantoproductus edelburgensis*（Phillips），*Proboscidella* sp.，*Striata*（Fischer），*Buxtonia* sp.，*Phricodothyris* cf. *asatica*（Chao），*Linoproductus cora*（Orbigny）等。

2. 碳酸盐岩组古生物

珊瑚：*Kueichouphyllum* sp.，*Gangamophyllum* sp.，*Carcinophyllum* sp.，*Neoclisipphyllum minor* Wu，*Dibunophyllum* sp.，*Amplexus* sp.，*Lonsdaleia* sp.，*Diphyphyllum* sp.，*Kueichouphyllem* sp.，*Kominkophyllum* sp.，*Caninia* sp.，*Syringopora taluensis* Reed，*Dibunophyllum* sp.，*Arachnolasma simplex* Yu，*Lithostrotion yaolingense*（Chu），*Lithostrotion irregulare*（Phiflips），*Bothrophyllum* sp.，*Clisiophyllum* sp.，*Thysanophyllum* sp.，*Yuanophyllum* sp. 等；腕足类：*Gigantoproductus edelburgensis*（Phillips），*Striatiferal striata*（Fischer），*Gigantoproductus semillobosus*（Paeckelmann），*Gigantoproductus semiglobosus*（Paeckelmann）。

3. 早石炭世古生物特征及区域对比

早石炭世杂多群地层中化石比较丰富，但腕足类、珊瑚化石无法在剖面上具体划分生物组合，但路线中的腕足类化石分子相当于刘广才（1988）建立的 *Gigantoproductus* cf. *giganteus*（Sowerby）－*Striatifera* 组合，与《青海省岩石地层》（1997）划分的 *Gigantoproductus edelburgensis* － *Semiplanus latissimus* 组合一致；珊瑚 *Lithostrotion irregulare* Phillps，*Yuanophyllum* sp. 化石分子相当于刘广才（1988）建立的 *Lithotrotion irregulare* － *Yuanophyllum* sp. 组合，与《青海省岩石地层》建立的 *Yuanophyllum* － *Hexaphyllum* 组合吻合，其地质年代为 Visean 中晚期。

早石炭世杂多群所产珊瑚和腕足类化石，大体可与贵州、甘肃、新疆等地的进行对比。除 *Lithostrotion* sp.，*Diphyphyllum* sp.，*Dibunophyllum* sp. 及 *Gigantoproductus* sp. 等化石在两个岩组中均出现外，其他化石具有一定的层位。*Lithostrotion* sp.，*Diphyphyllum* sp. 和 *Caninia* sp. 在贵州地区一般始于岩关晚期，一直延续到摆佐组，甚至在晚石炭世也有出现。*Thysanophyllum* sp. 和 *Pugilis* sp. 在贵州为大塘阶旧司段的代表。*Kueichouphyllum* sp.，*Neoclisiophyllum* sp.，*Lithoslrotion yaolingense*（Chu）等化石在贵州多见于大塘阶旧司段、甘肃迭部的略阳组。*Yuanophyllum* sp. 多见于旧司段的中上部至摆佐组的下部。*Palaeosmilia* sp. 多见于大塘阶旧司段至摆佐组。"*Gigantoproduclus* sp."在本区四个岩组中均有出现，其中 *Gigantoproductus edelburgensis*（Phillips）在贵州大量出现于摆佐组。*Striatifera*，*Gigantoproductus* 和 *Palaeosmilia* 等为摆佐组的顶界，*Striatifera striata*（Fischer）为摆佐组中上部常见的化石分子。

另外，本次工作在该层型剖面上采到三叶虫：*Cummingella* sp.（小库明虫）（Ⅷ004P13H23－1），反映其时代为杜内期—维宪期晚期。1∶20 万区域地质调查工作在扎格涌入扎曲河沟口附近拣的化石转石，经鉴定为：*Spirifer* sp.，*Cyrtospirifer* sp.，属杜内期化石分子。

从上述化石总面貌分析、对比，其地质年代应属早石炭世杜内期—维宪期中晚期。

二、加麦弄群（C_2J）

该群由刘广才（1988）创名于囊谦县加麦弄，指"碎屑岩夹灰岩组和石灰岩组，前者由灰黑色板岩、粉砂岩夹泥灰岩、灰岩及煤线组成，后者主要由灰色结晶灰岩、角砾灰岩、生物灰岩和生物碎屑灰岩组成，二者为连续沉积，含鏇及腕足类等化石，与下覆杂多群为假整合关系，与上覆下二叠统或结扎群为不整合接触"。1∶20 万杂多县幅区调将其三分，自下而上分为含煤碎屑岩组、碳酸盐岩组、碎屑岩组。《青海省岩石地层》（1997）采用刘广才的划分方案。在测区选有次层型剖面（囊谦县东坝乡巴浪俄嘎剖面）。

区内只分布在结多乡—东坝乡北西的解曲与班涌的山脊及其南侧沙群涌—扎格涌、莫海下游、东莫涌—自曲、冷龙尕白—日麻牙耐一带，分布面积为 280km^2，控制最大厚度为 1186.20m。该地层通过剖面控制由两部分组成，1∶20 万杂多县幅区调划分的三分中的灰岩为大透镜体，是石炭纪地层存在 30°～40°的东南方向倾斜的倾伏褶皱而形成。故本书沿用《青海省岩石地层》（1997）采用刘广才的划分方案，自下而上分为碎屑岩组、碳酸盐岩组。

该地层与晚石炭纪杂多群、二叠纪开心岭群呈断层接触，其上被晚三叠世结扎群甲丕拉组和古近纪沱沱河组呈角度不整合覆盖。

1. 剖面描述

（1）青海省囊谦县着晓乡角寨晚石炭世加麦弄群实测剖面（Ⅷ004P4）（图 2-13）

该剖面起点坐标：东经 95°46′59″，北纬 32°18′08″；终点坐标：东经 95°48′34″，北纬 32°19′17″。

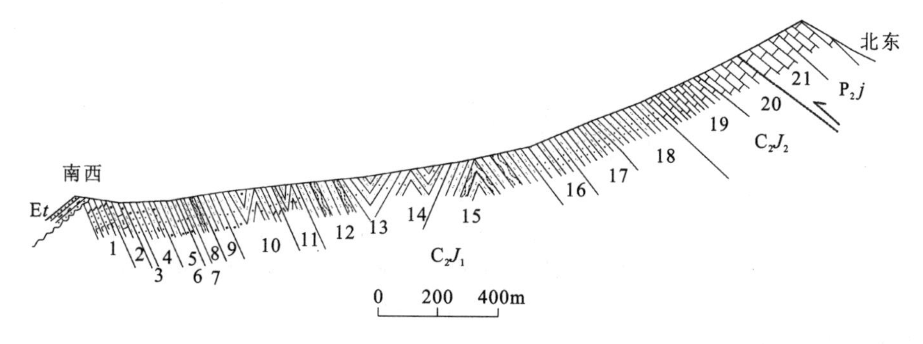

图 2-13　青海省囊谦县着晓乡角寨晚石炭世加麦弄群实测剖面（Ⅷ004P4）

中二叠世开心岭群九十道班组(P_2j):灰色厚块层状白云岩化生物碎屑微晶灰岩，产腕足类 *Crurithyris pusilla* Chan

断层

加麦弄群碳酸盐岩组(C_2J_2)　**厚度>217.52m**

20. 浅灰色中厚层状含生物微晶灰岩夹灰色中层状生物碎屑灰岩，产植物 *Knorria*；珊瑚 *Syingopora* sp.；双壳类 *Heteropecten* sp.　124.65m
19. 灰色薄—中层状微晶灰岩　92.87m

整合

加麦弄群碎屑岩组(C_2J_1)　**厚度>901.10m**

18. 浅灰色中层状细粒石英砂岩夹深灰色中层状粉砂岩　75.97m
17. 浅灰色薄—中层状细粒石英砂岩夹深灰色中层状粉砂岩　62.28m
16. 灰色薄层状细粒长石石英砂岩夹深灰色薄层状粉砂岩　59.26m
15. 深灰色薄层状粉砂岩夹灰黑色绢云千枚岩，产植物 *Lepidodenclron aolungpylukense*，*Knorria*　14.63m
14. 灰色薄—中层状细粒长石石英砂岩夹灰色薄—中层状粉砂岩　70.91m
13. 灰色中层状细粒长石石英砂岩夹深灰色薄层状粉砂岩　88.74m
12. 深灰色薄层状粉砂岩夹灰黑色绢云千枚岩　91.91m
11. 灰色薄—中层状细粒石英砂岩夹深灰色薄层状粉砂岩及灰色泥质粉砂岩　59.93m
10. 暗灰色中层状细粒长石石英砂岩夹深灰色薄层状粉砂岩　108.18m
9. 深灰色中层状细粒石英砂岩夹深灰色薄层状粉砂岩　34.42m
8. 深灰色薄层状粉砂岩夹深灰色千枚岩　32.55m
7. 深灰色薄层状粉砂岩　8.17m
6. 深灰色薄层状粉砂岩夹少量灰色薄层状细粒石英砂岩　8.17m
5. 灰色薄层状细粒长石石英砂岩夹深灰色粉砂岩　50.51m
4. 灰色薄—中层状中粒长石岩屑砂岩夹深灰色泥质粉砂岩　51.62m
3. 灰色薄—中层状中粒长石岩屑砂岩　11.96m
2. 浅灰色中层状钙质粉砂岩夹黄褐色含泥质微晶灰岩　39.94m
1. 浅灰色中层状铁钙质细粒岩屑砂岩　31.95m

(未见底)

(2) 青海省杂多县苏鲁乡巴纳涌晚石炭世加麦弄群修测剖面(图 2-14)

该剖面起点坐标：东经 95°01′23″，北纬 32°23′39″，海拔 4930m；终点坐标：东经 95°02′30″，北纬 32°26′04″，海拔 4628m。该剖面存在明显的 30°～40°东南方向倾斜的倾伏向斜构造。

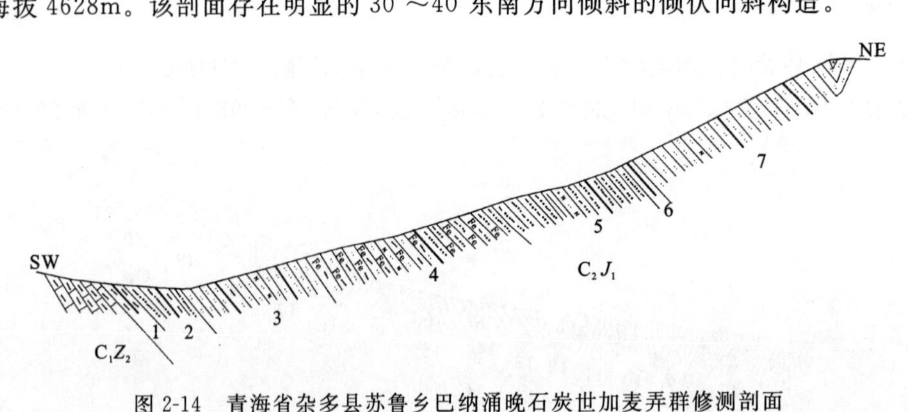

图 2-14　青海省杂多县苏鲁乡巴纳涌晚石炭世加麦弄群修测剖面

加麦弄群碎屑岩组(C_2J_1)　**厚度>1307.80m**

7. 深灰色细石英砂岩夹黑色炭质板岩　350.10m

6. 深灰色含细粉砂粘板岩　18.07m
5. 灰色薄层状泥质石英细粉砂岩夹深灰色粉砂质板岩及长石石英变砂岩　260.15m
4. 黑褐色细粒粉砂岩夹石英砂岩及煤层，产植物：*Stigmaria ficoides*(Sternb) Brongniart，*Calamites* sp.　351.71m
3. 深灰色中薄层状中细粒石英砂岩夹灰色粉砂质板岩及黑色炭质板岩　219.48m
2. 深灰色薄层状泥质石英粉砂岩夹黑色炭质板岩　91.41m
1. 灰色粘板岩夹深灰色细粒长石石英砂岩　16.88m

——————— 整合 ———————

杂多群碳酸盐岩组(C_1Z_2)：灰色中厚层状含细粉砂泥灰岩

2. 地层综述

(1) 加麦弄群碎屑岩组

该组分布在沙群涌—扎格涌、莫海下游、东莫涌—自曲、冷龙尕白—日麻牙耐一带，分布面积为 200km²，控制最大厚度为 901.10m。在巴纳涌有少量出露，整合接触分布在早石炭世杂多群碳酸盐岩组之上(图 2-15)，分布面积为 20km²，控制最大厚度为 957.70m。该地层特征纵向变化不大，只是东侧煤层比西侧要厚。岩石组合以细粒石英砂岩夹粉砂质板岩为主，夹有长石石英砂岩、石英质粉砂岩、千枚岩、灰岩及炭质板岩。

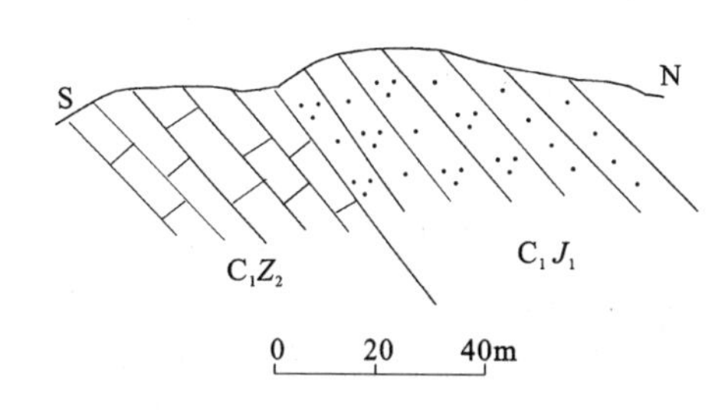

图 2-15　巴纳涌加麦弄群与杂多群整合接触关系(Ⅷ004P13)

碎屑岩组在测区中纵向变化较小，但也存在一定的差异。在东坝乡和苏鲁乡一带岩石组合中粉砂质板岩、炭质板岩含量增高，形成煤线，部分地段达到可采厚度并具有一定的规模。在着晓乡和结多乡一线岩石组合中砂岩比例稍大，炭质板岩夹层很少且薄，没有煤层。碎屑岩组与下伏杂多群区域上是平行不整合接触，局部为整合接触。与上覆碳酸盐岩组为整合接触。

石英砂岩：灰褐色、灰色—灰黑色—深灰色，中—细粒砂状结构、变余中粗粒—细粒砂状结构。接触-孔隙胶结。薄—厚层状构造。由碎屑(79%～95%)和胶结物(5%～21%)组成。碎屑为次棱角—次圆状，分选较好，粒径在 0.1mm。成分以石英(85%～98%)为主，少量长石(1%～6%)、岩屑(板岩、火山岩、千枚岩、粘土岩、变粉砂岩等)、云母(白云母为主)、电气石、磷灰石、锆石、绿帘石。胶结物为泥质(粘土矿物、绢云母)和铁质(氧化铁)。

石英粉砂岩：暗灰色、灰黑色、深灰色，粉砂状结构，薄层状构造、层状构造。由碎屑(63%～70%)和胶结物(30%～37%)组成。碎屑呈棱角—次棱角状，分选较好，粒径在 0.1～0.2mm。碎屑成分以石英为主(85%～93%)，长石(5%～9%)、少量白云母、电气石、磁铁矿、锆石。胶结物以泥质(8%～19%，粘土矿物和绢云母)为主及炭质(2%～5%)。

板岩：灰色—深灰色，变余泥质结构、变余含细粉砂粘土结构、变余显微层状构造、板状构造。岩石主要由粘土矿物组成，含有细粉砂级石英、白云母碎屑和质点状氧化铁。

灰岩：灰色—深灰色，厚—中厚层状构造，粉晶—微晶结构。由方解石(85%～90%)组成，含少量方解石质生物碎屑化石、少量氧化铁和微量细粉砂级石英碎屑。

粉砂质板岩：深灰色—灰黑色，变余粉砂质泥状结构，板状构造。岩石主要由粉砂碎屑和泥质物组成，少量的炭质物和铁质物。粉砂碎屑大小一般为 0.01～0.03mm，主要由石英组成，少量白云母、电气石和含铁矿物；泥质物已重结晶变为粘土矿物和绢云母鳞片，定向排列。

泥炭质板岩：深灰色—灰黑色，变斑状结构，基质具泥状结构，板状构造。变斑晶由堇青石(30%)组成，堇青石纵切面呈长柱状，具明显的对称双晶，集合体常呈放射状。基质由隐晶状泥炭质及微量石英组成。

(2) 加麦弄群碳酸盐岩组

该组分布在结多乡—东坝乡北西的解曲与班涌的山脊及其南侧沙群涌—扎格涌、莫海下游、东莫涌—自曲、冷龙尕白—日麻牙耐一带，分布面积 60km^2，控制最大厚度为 217.52m。与下伏碎屑岩组为整合接触，与上覆结扎群和沱沱河组为角度不整合接触，与二叠纪地层多呈断层接触。岩石组合以灰色厚层状鲕粒灰岩夹生物碎屑灰岩为主，夹有细粒石英砂岩和泥灰岩、夹板岩及白云岩化灰岩。岩层产状很稳定。

鲕粒灰岩：灰色—深灰色，厚—块层状构造，鲕粒结构，填隙物为亮晶方解石。岩石由微晶方解石(60%～80%)和亮晶方解石(3%～10%)填隙物组成，含少量自形微细粒自生石英、微量氧化铁，含少量方解石质团块。鲕粒大小在 0.11～0.41mm 之间，为球形—卵形，由微晶方解石组成。

生物碎屑灰岩：灰色，中厚—块层状构造，生物碎屑或生物介壳结构，胶结物具微晶结构。岩石由碎屑(60%～85%)和胶结物(15%～40%)组成。生物碎屑(93%～95%)较为发育，种类繁多，可见有孔虫类、介形虫、䗴、珊瑚、双壳类、腕足类等碎片或介壳及海绵骨针、棘皮动物碎片及藻类等。胶结物由微晶方解石及少量硅质物组成。孔隙式或基底式胶结类型。

3. 沉积环境分析

(1) 加麦弄群碎屑岩组

该组的粒度分析(图 2-16)反映粒度普遍偏细，平均值在 4ϕ 以上，分布区间为 2.5ϕ～6ϕ，无牵引总体，悬浮总体达 50%以上，跳跃总体最低仅 10%左右，图 2-16 中的曲线表示为一段或二段，冲刷间断点在 4ϕ，两个样品的粒度平均值均在 4ϕ 上，标准偏差为 0.5734～0.6516，表明砂岩具较好的分选性，显示河流砂极海滨砂特征，偏度值较小，具负偏或近对称，峰态极窄。

岩石组合反映是一套以海相浅海—滨海相为主，底部有海陆交互相的岸海滨相环境。炭质板岩中有丰富的植物化石，反映出一个温暖湿润的环境。从层序上反映砂岩—板岩韵律型海侵退积型基本层序特征(图 2-17)，是一个海进过程。砂岩中发育水平层理、交错层理等沉积构造，具滨海相特征。

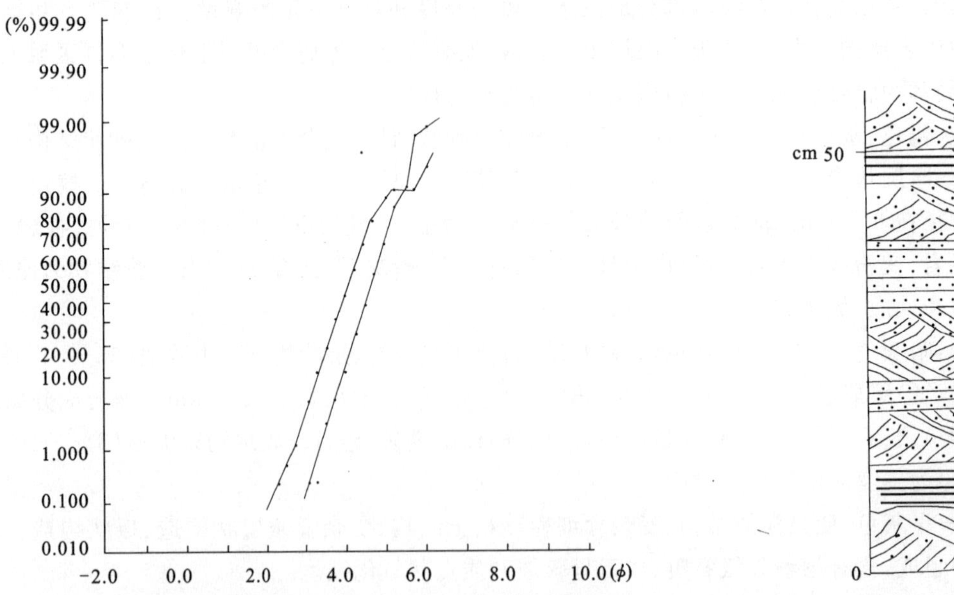

图 2-16　加麦弄群碎屑岩组砂岩粒度分布累计概率曲线图　　图 2-17　加麦弄群砂岩中基本层序图

(2) 加麦弄群碳酸盐岩组

该组的沉积物主要由生物碎屑灰岩、鲕粒灰岩、泥灰岩堆积而成。生物灰岩中含有大量腕足类、珊瑚及其生物碎屑或生物碎片，岩石中的沉积构造和岩石组合显示为水体能量较高的浅海相，生物也较为发育，具浅海—陆棚碳酸盐相特征。

4. 地层微量元素

晚石炭世地层的微量元素统计见表 2-5，碎屑岩组中 Mn、Zr 元素的平均含量较高，铅元素的平均含量大于克拉克值，碳酸盐岩组中 Ti、Mn 元素的含量较高，修正低于克拉克值。而 Zr 元素的则与克拉克值相近。

表 2-5　晚石炭世地层中微量元素含量统计表（$w_B/10^{-6}$）

岩组		统计个数	Cu	Pb	Cr	Ni	V	Ti	Mn	Ba	Sr	Y	Zr
碳酸盐岩组	灰岩	22	20	14	63		73	3586	284			29	348
	泥灰岩	9	55	35	49	63	68	59	64	56	96	56	49
	生物灰岩	18	100	50			104	135	84		71		
碎屑岩组	砂岩	33	16	11	41		74	2853	510			27	327
	板岩	22	100	16	200		150	6000	900	400		28	200
	粉砂岩	23	62	56	46	61	36	28	84	50	80	21	34
	火山岩	6	36		25		62	55	26	100	136	44	56
克拉克值			100	16	200	80	150	6000	900	500	400	82	200

5. 古生物特征及时代讨论

加麦弄群中化石丰富，碎屑岩组中产腕足类：*Chonetes* cf. *carbonifera*，*Keyserling*，*Choristites* cf. *trautscholdi*（Stuchenberg），*Dictyoclostus* cf. *weiningensis* Ching et Liao，*Martinia* cf. *semiglobosa*（Tschernyschew），*Neospirifera* cf. *orientalis*（Chao），*Linoproductus* cf. *planata* Ching et Liao，*Phricodothyris echinata*（Chao），*Plicatifera chaoi* Grabau，*Stenoscisma* cf. *mazhalaicum* Ching et Shi；菊石：*Eoasianites* sp.；苔藓：*Fenestella* sp.；腹足类：*Loxonema* sp.；植物：*Archaeocalamites* cf. *scrobiculatus*（Schloth），*Lepidodendron aolungpylukense* Sze，*Neuropteris ovata* Hoffm，*Rhodea* cf. *tenuis* Goth，*Rhodea hsianghsiangensis* Sze，*Sphenopteris* cf. *obiusiloba* Brongn，*Stigmaria ficoides*（Sternb）Brongn。

碳酸盐岩组中产有腕足类：*Alexenia* cf. *mucronata* Liao，*Alexenia mucronata* Liao，*Avonia* cf. *subtuberculatus*（Grabau），*Choristites* cf. *pavlovi*（Stuckenberg），*Plicatifera chaoi* Grabau，*Martinia* cf. *semiglobosa* Tschernyschew，*Linoproductus cora linealus* Ivanov，*Linoproductus simensis*（Tschernyschew）；珊瑚：*Syrigonpora* sp.，*Lophophyllidium* sp.；海百合：*Cyclocyclisus* sp.；䗴：*Pseudoschwagerina* sp.，*Triticites* sp.，*Rugosofusulina* sp.。分析这些化石组合归晚石炭世。

其中植物化石 *Archaeocalamites* cf. *scrobiaulatus*（Schloth），*Lepidodendron aolungylukense* Sze，*Neuropteris ovata* Hoffm，*Rhodea* cf. *tenuis* Goth，*Rhodea hsianghsiangensis* Sze，*Sphenopteris* cf. *obiusiloba* Brongn，*Stigmaria ficoides*（Sternb）Brongn 为《青海省岩石地层》（刘广才，1988）建立的 *Archaeocalamites scrobiaulatus* – *Cardiopteridium spetsbergense* – *Triphylopteris collumbiana* 组合，*Rhodea hsianghsiangensis* – *Lepidodendron aolungylukense* 组合的标准化石分子，其地质年代属 Namurian 期。

䗴类化石 *Pseudoschwagerina* sp.，*Triticites* sp.，*Rugosofusulina* sp. 为《青海省岩石地层》李璋荣建立的 *Pseudoschwagerina* sp. 䗴化石带，*Triticites* sp. 䗴化石带的标准化石分子，其地质年代属晚石炭世中晚期。

第三节　二叠纪地层

二叠纪地层在区内分布于通天河构造混杂岩带以南的唐古拉-昌都地层分区，由早中二叠世开心岭群诺日巴尕日保组及九十道班组、早中二叠世尕笛考组组成。其中早中二叠世开心岭群扎日根组未见出露。另外，依据接触关系、成因、同位素年龄，将前人划分的杂多群火山岩归入早中二叠世尕笛考组，是本次工作的重要地质成果。

（一）早中二叠世开心岭群（PK）

该群由青海省石油局632队（1957）创名于唐古拉山开心岭，原指："上部为淡灰色致密块状灰岩，中部为黑灰色砂岩、页岩，局部夹薄层砾岩及泥质砂岩，下部为黑灰色厚层及灰白色薄层—厚层致密状页岩，富含䗴及其化石痕迹，底部为青绿色砂岩夹灰黑色页岩及厚达1m的煤层"。青海省区测队（1970）在1∶100万温泉幅中将"下二叠统"自下而上划分为下碎屑岩组、石灰岩组、上碎屑岩及火山岩组。1980年青海省地层表编写小组沿用开心岭群并引用后三个岩性组。1989年青海省区调综合地质大队在1∶20万沱沱河幅、章岗日松幅中将开心岭群自下而上分为下碳酸盐岩组、碎屑岩组和上碳酸盐岩组。1993年刘广才将该群的碳酸盐岩组创名为扎日根组，将碎屑岩组创名为诺日巴尕日保组，上碳酸盐岩组另立九十道班组。《青海省岩石地层》（1997）基本沿用刘广才的划分方案，给该群的定义是："指分布于唐古拉山北坡、位于乌丽群之下的地层体。下部为碳酸盐岩、中部为杂色碎屑岩夹灰岩及火山岩，上部为碳酸盐岩夹少许碎屑岩。富含䗴、次为腕足类及珊瑚等化石，未见底界，以本群上部的灰岩顶层面为界与上覆乌丽群含煤碎屑岩整合接触或与结扎群为平行不整合接触。该群由老自新包括扎日根组、诺日巴尕日保组及九十道班组。沉积时代为晚石炭世晚期—早中二叠世"。

本书沿用《青海省岩石地层》的划分方案，将其三分，但采用全国地层委员会（2001）新的石炭纪二分、二叠纪三分的划分方案。

在测区出露为其上部两个组即诺日巴尕日保组和九十道班组，分布于杂多南山—昂赛乡一带和着晓乡南金切尕—达曲—普茸茸一带，出露面积为945km²，层厚大于1090.90m。该地层与石炭纪杂多群呈断层接触，其上被晚三叠世结扎群甲丕拉组和古近纪沱沱河组呈角度不整合覆盖。

1. 诺日巴尕日保组（P_2nr）

刘广才（1993）创名诺日巴尕日保组于格尔木市诺日巴尕日保，原指"灰色、灰绿色厚层中—细粒岩屑长石砂岩、长石石英砂岩、长石砂岩、偶夹粉砂岩、粘土岩及泥晶灰岩组成，仅见双壳类化石，与上覆九十道班组为连续沉积"。《青海省岩石地层》沿用此名，并定义为："指分布于唐古拉山北坡，位于九十道班组之下的地层体，由杂色碎屑岩夹泥岩、灰岩及不稳定火山岩组成。含䗴、珊瑚及双壳类等化石，与下伏扎日根组接触关系不清，以碎屑岩的顶层面为界，与上覆九十道班组灰岩呈整合接触"。

区内诺日巴尕日保组出露在南山—昂赛乡一带和着晓乡南金切尕—达曲—普茸茸一带，出露面积为600km²，层厚大于885.8m，未见底。与上伏九十道班组呈整合接触，与石炭纪杂多群呈断层接触，其上被晚三叠世结扎群甲丕拉组和古近纪沱沱河组呈角度不整合覆盖。其岩性组合为一套灰色、灰绿色、灰紫色岩屑长石砂岩、长石石英砂岩夹泥质粉砂岩、泥晶生物灰岩及少量火山岩。纵向变化表现为自下而上由粗—细的退积型地层结构，横向上变化有西粗东细的趋势，沉积时代笼统为中二叠世。

1）剖面描述

（1）青海省杂多县昂赛乡扎格涌二叠纪开心岭群诺日巴尕日保组、九十道班组实测剖面（图2-18）

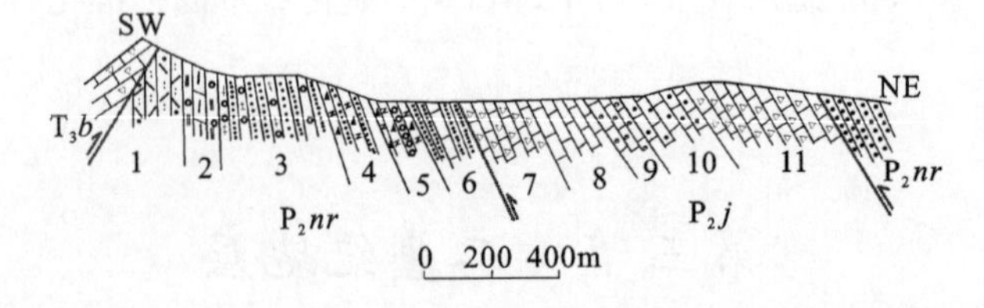

图2-18 青海省杂多县昂赛乡扎格涌二叠纪开心岭群诺日巴尕日保组、九十道班组实测剖面

该剖面代表杂多县南—昂赛乡一带的二叠纪开心岭群诺日巴尕日保组、九十道班组地层。岩性以

紫色碎屑岩为主，夹有少量泥灰岩。岩性在纵横向上变化较大，岩石粒度总体是下粗上细，属海进期产物；厚度大于885.8m。路线中在该处灰岩中采到䗴类 *Schwagerina* sp.，*Parafusulina* sp.，腕足类 *Dictyoclostus* sp.，等化石。

九十道班组(P_2j)：灰色角砾状灰岩

══════ 断层 ══════

诺日巴尕日保组(P_2nr)	**厚度>885.8m**
6. 紫红色厚层状粉砂岩夹灰色含砂质灰岩	144.9m
5. 紫色厚层状中粒长石杂砂岩夹灰白色细砾岩	103.5m
4. 紫色厚层状泥质粉砂岩及长石硬砂岩	149.8m
3. 紫色厚层状粉砂岩夹复成分砾岩及含砾长石杂砂岩	308.1m
2. 紫色中厚层状泥钙质含砾杂砂岩夹泥灰岩	114.3m
1. 紫色厚层状沉凝灰岩(由于断层破坏，地层出露不全)	65.2m

══════ 断层 ══════

结扎群波里拉组(T_3b)：灰色角砾状灰岩

(2) 青海省昂歉县着晓乡马英嘎二叠纪开心岭群诺日巴尕日保组、九十道班组实测剖面(图2-19)

该剖面代表着晓乡南马英嘎一带的二叠纪开心岭群诺日巴尕日保组地层。

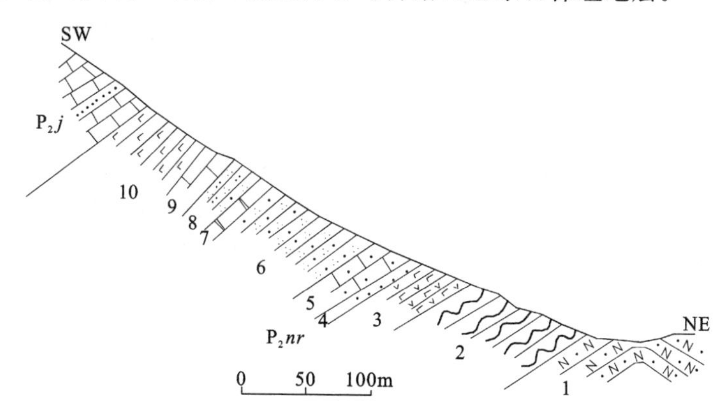

图2-19 青海省昂歉县着晓乡马英嘎二叠纪开心岭群诺日巴尕日保组、九十道班组实测剖面

九十道班组(P_2j)：灰色—深灰色中厚层状灰岩夹钙质石英粗粉砂岩

—————— 整合 ——————

诺日巴尕日保组(P_2nr)	**厚度>356.06m**
10. 灰绿色蚀变玄武岩	49.87m
9. 浅灰色中—厚层状亮晶鲕粒灰岩(透镜体)	19.46m
8. 灰色薄层状含粉砂石英细砂岩	28.85m
7. 深灰色中厚层状白云岩化亮晶鲕粒灰岩	7.48m
6. 浅灰绿色中细粒硬砂质石英砂岩夹含砾砂岩	95.97m
5. 深灰色厚层状亮晶细粒灰岩	19.95m
4. 灰紫色厚层状砾岩	3.98m
3. 暗紫色蚀变安山玄武岩	36.49m
2. 灰绿色粘土质板岩夹暗绿色中基性凝灰质熔岩	69.72m
1. 灰色厚层状中粗粒长石岩屑砂岩	24.32m

(未见底)

2) 地层综述

在本区岩性横向上变化不大，空间上受断层围限呈断块体产于断裂带中，总体呈北西-南东向向南倾的单斜构造，其岩性组分为灰色中粒岩屑砂岩、灰色中细粒长石石英砂岩、灰黑色薄层状细砂质复矿物粉砂岩、灰黑色粉砂质板岩夹有灰色细砾岩、灰色厚层状泥晶生物碎屑灰岩夹有灰绿色蚀变玄武岩、

凝灰熔岩，颜色以灰绿色为特征。岩性组合表现出地层所夹火山岩、灰岩厚度、层位均不稳定，从西向东逐渐变薄的趋势。

紫色中细粒长石砂岩：紫色，中细粒砂状结构，块层状构造。碎屑占90%，其中岩屑占30%。主要由石英、长石、岩屑组成，尚有少量云母、方解石、磁铁矿和锆石、磷灰石、电气石等矿物。岩屑成分复杂，由粘土岩、变粉砂岩、硅质岩、中酸性熔岩组成。多呈次圆—次棱角状，而石英、长石磨圆度较差。分选性良好，粒度一般在0.2～0.3mm之间，为中细粒。胶结物占10%，以铁质为主，有少量泥钙质。呈孔隙式-接触式胶结类型。

浅灰色泥钙质石英粉砂岩：浅灰色，粉砂结构，中厚层状构造。碎屑为石英，占72%，少量泥板岩、硅质岩碎屑。磨圆度为棱角状—次棱角状。分选良好，粒度多在0.035～0.1mm之间。以粉砂为主。胶结物占28%，主要为泥质和钙质，呈孔隙式胶结类型。

生物碎屑灰岩：灰白色，生物介壳结构，致密块状。主要由占80%的生物介壳组成。生物为有孔虫，呈圆形或椭圆形单体，外壳由隐晶方解石构成，内部由微晶状方解石充填。胶结物的成分为隐晶方解石和微晶方解石，呈孔隙式胶结。南山—昂赛乡一带诺日巴尕日保组岩性组分以灰色、紫红色为特征，岩性由岩屑砂岩、长石石英砂岩、粉砂质板岩组成，夹紫红色复成分砾岩、生物碎屑灰岩及紫红色凝灰熔岩。

着晓乡南金切尕—达曲—普茸茸一带诺日巴尕日保组岩性组分以灰色、灰褐色为特征，岩性由岩屑砂岩、长石石英砂岩、粉砂质板岩、生物碎屑灰岩组成，夹凝灰熔岩。在柏树嘎一带夹石膏层。西普茸茸一带夹少量砾岩、含砾砂岩。

3）微量元素特征

诺日巴尕日保组的微量元素含量见表2-6。灰岩中的Sr含量较高在230×10^{-6}～1240×10^{-6}，其他元素含量普遍很低，砂岩、粉砂岩中的V稍高于上地壳丰度值，其他元素与下地壳丰度值接近，其余元素含量和上地壳丰度值相近。Sr/Ba比值均小于1，反映沉积物环境处于海洋环境。

表2-6　诺日巴尕日保组微量元素含量表（$w_B/10^{-6}$）

岩性	样品数	Cu	Pb	Zn	Cr	Ni	Co	V	Ca	Ti	Ma	Ba	Sr
岩屑砂岩	5	40	15	70	50	30	17	95	26 000	3000	80	5500	346
粉砂岩	10	30	14	60	50	20	16	100	24 500	3500	70	5400	370
泥灰岩	15	25	8	30	30	25	15	18	3000	5600	20	2500	280
砾岩	2	93	0	40	28	47	14	82	4530	94	106	141	13
玄武岩	25	59	40	60	78	71	18	29	300	22	43	63	45
凝灰熔岩	3	71	33	59	71	46	23	100	480	43	47	87	130
维氏值(1962)		47	16	83	83	58	18	90	29 600	4500	1000	6500	340

4）沉积环境

诺日巴尕日保组是一套碎屑岩石组合，以细粒石英砂岩夹粉砂岩、粉砂质板岩为主，夹有砾岩、岩屑砂岩、钙质粉砂岩、泥钙质板岩和薄层状生物灰岩、灰岩，在测区中多夹有中—酸性火山岩及其凝灰岩，局部地段夹有薄层石膏层。区域上岩石组合变化较明显，测区南部岩石以细粒砂岩夹粉砂岩、粉砂质板岩、板岩和灰岩为主。从南向北岩石粒度变粗，出现砾岩夹层，灰岩也多为角砾状构造的灰岩或生物碎屑灰岩。在测区中多夹有中—酸性火山岩及其凝灰岩，局部地段夹有薄层石膏层，反映环境以滨海相为主，局部可能有泻湖相。

基本层序特征见图2-20，总体层序由砾岩、砂岩、粉砂岩组成退积型层序，反映海进特征（图2-20a）。其中层序中的砂岩基本层序见图2-20b，由岩屑砂岩、粉砂岩组成韵律型基本层序，发育交错层理、水平层理。

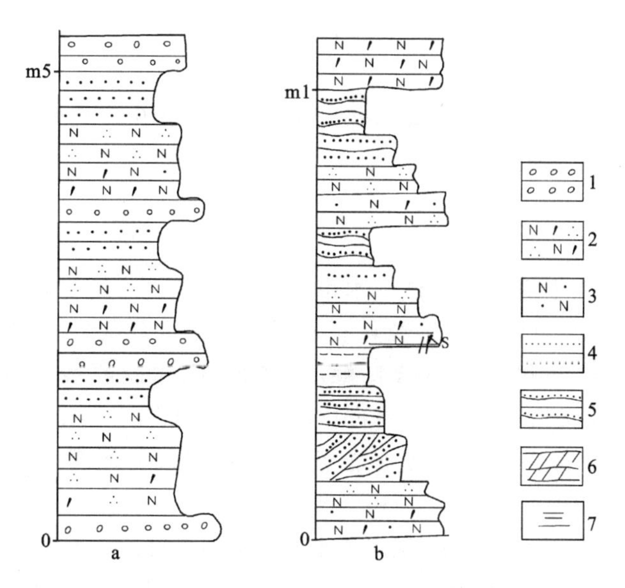

图 2-20　诺日巴尕日保组(P_2nr)基本层序图

1.细砾岩;2.岩屑砂岩;3.长石石英砂岩;4.粉砂岩;5.粉砂质板岩;6.交错层理;7.水平层理

测区北侧治多县幅粒度分析资料(图 2-21)中砂岩沉积概率曲线图反映出,砂岩粒度普遍偏细,Ⅷ003P7LD12－1、Ⅷ003P7LD16－1 跳跃总体在 89%以上,悬浮总体次之,无牵引总体具沉积间断,后者截点在 4ϕ,区间在 1ϕ～5ϕ;标准偏差为 0.676 38～0.8455,分选性较好,偏度近对称式粗偏,峰态很窄 LD15－2 样粒度相对偏细,峰态极窄,其值>4ϕ,表现为沉积物的混合形态。

从岩性组合分析,碎屑岩夹有复成分砾岩,反映滨、浅海的沉积环境;着晓乡南一带碎屑岩粒度变细,至顶部为粉砂岩的正粒序韵律层,具复理石的特征,反映海水逐渐变深,浅海—半深海的沉积环境。

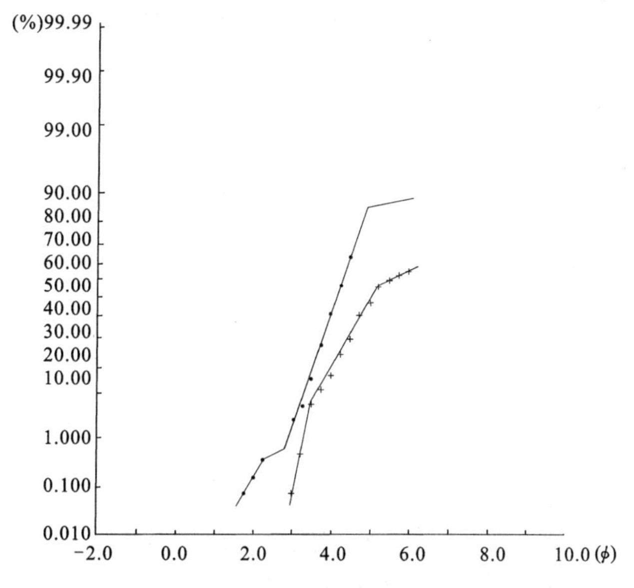

图 2-21　诺日巴尕日保组砂岩粒度分布累计概率曲线图

5) 时代讨论

诺日巴尕日保组中产有化石,腕足类:*Martinia* sp.,*Marginifera* sp.,*Orthotichia indica* Waagen,*Squamularia* sp.,*Athyris* sp.,*Spirifer* sp.,*Crurithyris* sp.,*Dielasma* sp.;珊瑚:*Liangshanophyllum* sp.,*Wentzella* sp.,*Waagenophyllum* sp.;䗴:*Neoschwagerina douvilina* Ozawa,*Parafusulina* cf. *yabei* Hanzawa,*Yabeina kwangsiania* (Lee),*Pseudofusulina yunnanensis* Zhang,*Pachyphloia* sp.,*Reichelina* sp.;菊石:*Agathiceras suessi* Gemmmellaro,*Attinskia* sp.。其中,

Wentzelella 是我省东昆仑山南坡下二叠统上部 *Ipcipyllum* - *Wentzelella* 组合中的重要特征，也见于西倾山和南祁连山分区。

Neoschwagerina douvilina Ozawa，*Yabeina kwangsiania* 为中二叠世的茅口期标准分子。将诺日巴尕日保组归为中二叠世茅口期比较适宜。

2. 九十道班组(P_2j)

由刘广才(1993)创名九十道班组于格尔木市唐古拉山乡九十道班，原指："灰色、深灰色粉晶灰岩、生物亮晶砾屑灰岩夹深灰色厚层中细粒长石岩屑砂岩组成。灰岩中富含䗴及少量珊瑚、双壳类及菊石等化石，与上二叠统乌丽群为整合接触，二者岩性、生物界线清晰"。《青海省岩石地层》(1997)沿用此名，并重新定义为：指分布于唐古拉山北坡、位于诺日巴尕日保组和那益雄组之间的地层体，由灰色—深灰色碳酸盐岩夹少许碎屑岩组成。富含䗴、少量珊瑚、菊石、双壳类及腕足类等化石。

区内九十道班组出露面积为 345km^2，层厚大于 805.1m，未见顶。与下伏诺日巴尕日保组呈整合接触，与尕笛考组、石炭纪杂多群呈断层接触，其上被晚三叠世结扎群甲丕拉组和古近纪沱沱河组呈角度不整合覆盖。其岩性主要为深灰色粉晶、泥晶灰岩夹少量的灰色砂岩、粉砂岩，为一套浅海相灰岩。岩性、层位稳定，相变不大，化石丰富，具有良好的对比性。

(1) 剖面描述

青海省杂多县结扎乡二叠纪诺日巴尕日保组及九十道班组实测剖面(图 2-18)。

该剖面为 1:20 万杂多县幅区调资料应用，基本满足本次 1:25 万区调对地层的要求，底部与早中二叠世开心岭群诺日巴尕日保组呈整合接触，其上与诺日巴尕日保组呈断层接触，未见顶，厚度大于 805.1m。

诺日巴尕日保组(P_2nr)：深灰色粉砂岩

═══ 断层 ═══

九十道班组(P_2j)	**厚度>805.1m**
11. 灰白色中厚层块状角砾状灰岩	315.80m
10. 灰白色中厚层状亮晶砂屑灰岩	101.00m
9. 灰色厚层状生物碎屑灰岩	80.05m
8. 灰白色中厚—块层状灰岩	135.40m
7. 浅灰色厚层状角砾状灰岩	168.80m

——— 整合 ———

下伏地层：诺日巴尕日保组(P_2nr)　灰色中层状细粒长石石英砂岩

(2) 地层综述

根据剖面和路线资料，该组在区内横向上岩性变化不大，空间上受断层围限，呈断块体产于断裂带中，总体呈南西-北东向单斜产出，由于出露面积局限，纵、横向上变化小，未进一步划分为下部浅灰色亮晶生物碎屑灰岩。上部深灰色粉晶、砂屑、含鲕粒生物碎屑灰岩。该组岩石基本上未见有重结晶现象，仅在断裂带附近及岩石内部见受构造挤压导致的局部碎裂现象，因此变质程度轻微，岩石类型为内碎屑、生物碎屑灰岩，并见有少量砂屑、鲕粒灰岩，结合该组岩石中产有丰富的䗴、腕足类、珊瑚等生物化石，可见其沉积环境属稳定陆台区滨浅—陆棚海的高能环境。

(3) 微量元素特征

九十道班组的微量元素含量见表 2-7。微量元素除 Sr、La 含量高出维氏值的 1 倍外，其他元素含量均低，将 Sr、La 值与涂费值比较，Sr 含量接近碳酸盐岩的平均值，La 含量则高出 4～5 倍，但其在岩石中变化系数(Cr%)较小，因而反映出其富 La 而不利局部集中。

表 2-7　九十道班组微量元素含量表($w_B/10^{-6}$)

岩性	样品数	Cu	Pb	Zn	Cr	Ni	Co	V	Ca	Ti	Ma	Ba	Sr
微生物灰岩	10	17	55	25	11	6	2.4	13	2.3	530	868	78	808
碎屑灰岩	11	14	54	24	13	10	3	20	4	680	900	100	800
维氏值(1962)		47	16	83	83	58	18	90	29 600	4500	1000	6500	340

(4) 沉积环境分析

九十道班组整合在诺日巴尕日保组之上,其上被结扎群或沱沱河组所不整合,在测区内岩性为灰黑色—灰色厚层状灰岩、灰黑色—深灰色生物碎屑灰岩、灰色碎屑灰岩、砂屑灰岩夹少量中层状细粒长石石英砂岩和粉砂岩。灰岩中多见有硅质条带或结核(图2-22),局部发育有礁灰岩,其中有大量的䗴化石和海百合碎片,砂屑灰岩和砂岩夹层中见有斜层理。反映出海水不深的浅海相沉积环境。

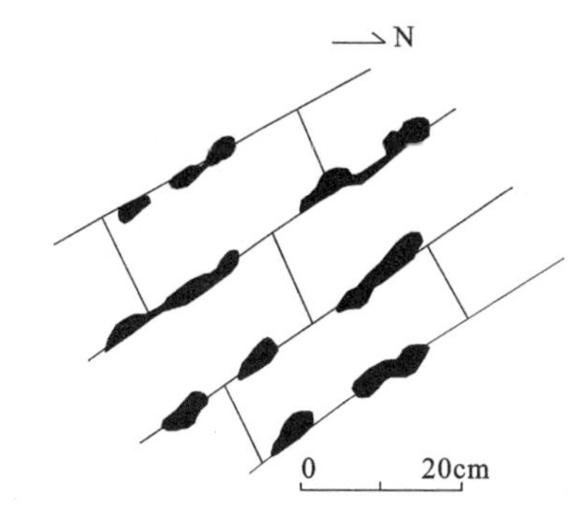

图 2-22　灰岩中硅质条带素描图

(5) 古生物特征及时代讨论

在九十道班组中见有大量的化石。䗴:*Yabeina* sp., *Neoschwagerina craticulifera* (Schwager), *Neoschwagerina megaspherica* Deprat, *Verbeekina heimi* Thompson, *Yabeina inouyei* Deprat, *Parafusulina yunnanica*, *Pseudofusulina gruperaensis* (Thompson), *Parafusulina vulgaris* (Schellwien), *Parafusulina upchra* Sheng, *Yangchinia compressa* (Ozawa), *Chalaroschwagerina* sp.;腕足类:*Dictyoclostus* cf. *semireticulatus* (Mattin), *Enteletes* sp., *Orthotetina* sp.;菊石:*Epadrites timornsis* var. *involutus* (Haniel);珊瑚:*Liangshanophyllum* sp., *Wentzelella* sp.。在这些化石中,*Neoschwagerina craticulifera* (Schwager)为中二叠世中晚期的标准分子。其中 *Yabeina* sp., *Neosehwagerina* sp., *Monticulfera sinensis*, *Urushtenia* cf. *crenulata*, *Altudoceras* sp., *Paraceltitoides* sp. 等化石为我国南方等地早二叠世茅口期的标准分子。

其中,䗴类化石可与刘广才(1993)建立的、《青海省岩石地层》清理的中二叠世茅口期 *Neoschwagerina* 带、*Yabeina* 带进行对比。与沱沱河地区 1:25 万沱沱河幅建立的 *Neoschwagerina*-*Yabeina* 组合带进行对比,故将九十道班组归为中二叠世茅口期比较适宜。

(二) 尕笛考组($P_{1-2}gd$)

青海省第二区调队(1982)创名尕笛考组于杂多县尕笛考,原指:"自下而上分为碎屑岩段:一套紫红色硬砂岩、石英砂岩、粉砂岩、泥岩粘土岩夹砾岩、不纯灰岩和火山岩;其上部碳酸盐岩段为一套灰—灰黑色角砾灰岩、生物灰岩,局部夹燧石条带及结核灰岩,未见底,与上覆扎格涌组为整合接触"1970 年青海省区测队称"下二叠统"。1982 年青海省第二区调队命名为尕笛考组和扎格涌组,前者自下而上分为碎屑岩段和碳酸盐岩段,后者自下而上分为碎屑岩夹火山岩段和碳酸盐岩段,同时认为这两个组分别代表栖霞期和茅口期地层。《青海省岩石地层》认为扎格涌组为尕笛考组的同物异名,建议停用扎格涌组,并赋予尕笛考组新的涵义:分布于唐古拉山北坡位于甲丕拉组之下的地层体,由灰绿色、紫红色及杂色火山碎屑岩、火山岩夹灰岩及碎屑岩组成,含䗴及腕足类化石,未见底,其顶有时被甲丕拉组不整合覆盖。

尕笛考组分布于龙玛能—格玛涌—日阿吉卡、尕毛登走、尕拉松、纳日阿切、叶强涌一带,出露面积为 180km²,层厚大于 1591.86m。据前人资料,该地层与中二叠世开心岭群诺日巴尕日保组、九十道班组为相变接触,通过本次调查为断层接触,与石炭纪杂多群为断层接触。

另外,在 1:20 万区调划分的石炭纪杂多群火山岩中,本次工作与石炭纪杂多群呈断层接触,同位素年龄为二叠纪，归入该地层组成主体。岩石组合为灰绿色安山岩、安山玄武岩、玄武岩、中基性火山碎屑岩夹灰岩及碎屑岩。灰岩中有䗴、腕足类化石。

1. 剖面描述

青海省杂多县结扎乡尕毛登走早二叠世尕笛考组修测剖面(Ⅷ004P10)如图2-23所示，起点坐标：东经95°57′01″，北纬32°51′56″，海拔4581m；终点坐标：东经95°56′07″，北纬32°51′07″，海拔4872m。

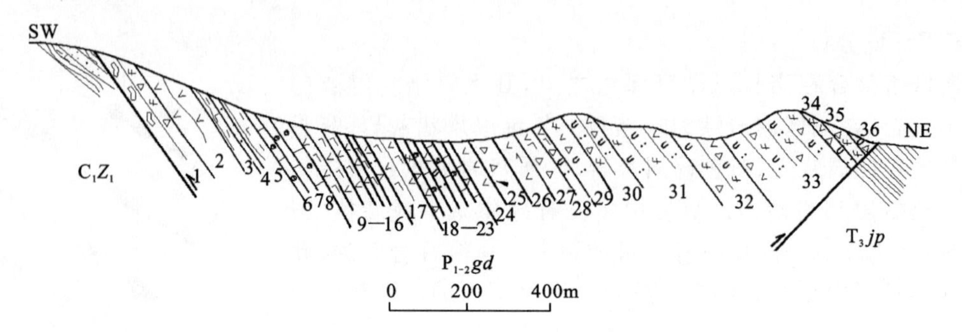

图2-23 青海省杂多县结扎乡尕毛登走早二叠世尕笛考组修测剖面(Ⅷ004P10)

上覆地层：晚三叠世结扎群甲丕拉组(T_3jp) 紫红色厚—巨厚层状粉砂质泥岩

═══ 断层 ═══

早中二叠世尕笛考组($P_{1-2}gd$) **厚度＞1591.86m**

36. 紫色厚层状安山质火山角砾熔岩	35.21m
35. 暗紫色厚层状角砾英安岩	47.14m
34. 浅灰绿色块层状安山-英安质火山角砾凝灰熔岩	7.69m
33. 暗紫色巨厚层状安山质火山角砾凝灰熔岩	121.74m
32. 暗紫色厚层状安山-英安质火山角砾熔岩	86.48m
31. 紫红色厚层状安山-英安质凝灰熔岩	117.49m
30. 灰绿色巨厚层状安山-英安质火山角砾凝灰熔岩	54.20m
29. 紫红色巨厚层状安山-英安质火山角砾凝灰熔岩	79.69m
28. 浅灰绿色厚层状安山玄武质火山角砾凝灰熔岩	13.12m
27. 灰紫色巨厚层状安山质玄武质岩屑火山角砾岩	39.36m
26. 暗紫色巨厚层状凝灰质辉石安山岩	46.57m
25. 暗紫色巨厚层状中基性岩屑火山角砾岩	46.66m
24. 暗紫色巨厚层状蚀变安山岩	25.18m
23. 黄褐色薄—中层状砾状碎屑灰岩	15.48m
22. 深灰色中层状生物灰岩，产腕足类化石：*Liosotella cylindrica* (Ustriski)，*Orthotichia morganiana* (Derby)	11.61m
21. 深灰色中层状含硅质条带灰岩	13.79m
20. 灰绿色中—厚层状安山质晶屑凝灰熔岩	23.93m
19. 深灰色中—厚层状生物灰岩，产腕足类化石：*Orthotichia morganiana* (Derby)	22.71m
18. 灰色中厚层状英安-安山质火山角砾岩	32.18m
17. 黄褐色厚层状蚀变辉石安山岩	88.63m
16. 浅紫色中酸性岩屑凝灰角砾岩	29.66m
15. 褐色中—厚层状绢云母化玄武岩	18.85m
14. 浅灰绿色中层状蚀变安山岩	19.11m
13. 浅紫色中—厚层状粘土化、绢云母化辉石安山岩	49.21m
12. 灰绿色中层状蚀变安山玄武岩	63.44m
11. 浅灰绿色中—厚层状蚀变安山玄武岩	36.56m
10. 灰色薄层状含生物介壳灰岩	29.69m

9. 灰色中层状含生物介壳灰岩	49.48m
8. 灰色块层状生物灰岩，产䗴类化石：*Misellina claudiae*(Deprat)，*Pseudofusulina* sp.	23.66m
7. 灰色—灰黑色泥钙质板岩夹灰色薄层状泥质石英粉砂岩	69.03m
6. 灰色巨厚层状细粒石英砂岩	9.20m
5. 灰色泥钙质板岩夹灰色薄—中层状细粒石英砂岩及深灰色巨厚层状灰岩	38.20m
4. 褐紫色巨厚层状含铁质安山岩	73.77m
3. 紫色巨厚层状英安质熔岩晶屑凝灰岩	66.94m
2. 黄褐色巨厚层状英安质火山角砾岩	34.18m
1. 黄褐色火山集块岩	51.93m

断层

下伏地层：早石炭世杂多群碎屑岩组(C_1Z_1)　灰色—深灰色泥钙质板岩夹灰岩薄—中层状细粒岩屑石英砂岩

2. 地层综述

该套地层在测区内主要分布在尕毛登走、苏鲁乡西侧、东坝乡南和着晓乡一带，呈北西-南东向展布，与石炭纪杂多群、三叠纪结扎群巴贡组、二叠纪开心岭群九十道班组、诺日巴尕日保组呈断层接触，局部结扎群甲丕拉组不整合其上，岩性为流纹质凝灰岩、流纹英安岩、凝灰岩、晶屑玻屑凝灰岩、霏细岩、火山角砾岩及砂岩、粉砂岩等，厚度大于1591.86m。

在尕毛登走夹灰岩夹层，产有腕足类化石；岩性为安山岩、流纹质凝灰岩、流纹英安岩、凝灰岩、晶屑玻屑凝灰岩、霏细岩、火山角砾岩夹较多的灰岩、粉砂岩等，其中，灰岩中产腕足类化石。与石炭纪杂多群、三叠纪结扎群呈断层接触。

在苏鲁乡西侧、东坝乡南和着晓乡一带主要岩性为流纹质凝灰岩、流纹英安岩、凝灰岩、晶屑玻屑凝灰岩、霏细岩、火山角砾岩，夹少量砂岩、粉砂岩。与石炭纪杂多群、二叠纪开心岭群九十道班组、诺日巴尕日保组呈断层接触(图2-24)，其上被侏罗纪雁石坪群角度不整合。

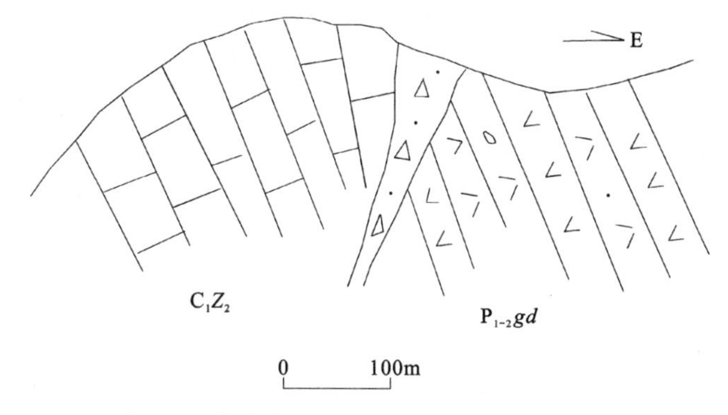

图2-24　解青能尕笛考组与杂多群断层接触图

3. 沉积环境分析

尕笛考组岩石类型复杂，整体为火山岩夹碎屑岩。火山岩类中有喷溢的熔岩，也有喷发的火山碎屑岩。岩石组合在横向上变化明显，在尕毛登走一带以熔岩和火山角砾岩为主，夹有碎屑岩和灰岩夹层。在地错—子吉赛一带则以火山凝灰岩为主夹有少量的熔岩，碎屑岩夹层少见或不见。在龙玛能—格玛涌—日阿吉卡一带则以熔岩为主，夹有火山角砾岩和碎屑岩及灰岩。

尕笛考组岩石通常以灰绿色为主，灰岩夹层的出现反映出为水下喷发环境。据岩石化学研究认为是岛弧带的产物。

4. 古生物化石特征及时代讨论

从产于尕笛考组灰岩夹层中的化石来分析其形成时代是比较可靠和可行的。䗴类化石有 *Misellina claudiae*(Deprat)，*Pseudofusulina* sp.，*Parafusulina* sp.，*Yangchienia* sp. 等。腕足类化石有 *Liosotella cylindrica*(Ustriski),*Orthotichia morganiana*(Derby)等。其中 *Misellina claudiae*(Deprat)属早二叠世北方栖霞期标准分子,*Pseudofusulina* sp.,*Parafusulina* sp.,*Yangchienia* sp.为南方栖霞期常见分子。由于剖面中所采化石集中在中下部,其上部厚度较大,不能排除早二叠世的可能。另在四川省巴塘波格西和当结真拉一带,出露一套以基性火山岩为主夹灰岩的地层,灰岩中含𩿁、腕足类、珊瑚等化石。1997 年,《四川省岩石地层》一书将其划分为冈达概组,时代归为二叠纪。

本次工作在苏鲁乡西侧流纹英安岩中 U-Pb 同位素年龄为 287±4Ma,形成时代为早二叠世。该套地层与本区尕笛考组的岩性组广泛对比,因此,将该套地层归为早中二叠世是合理的。

第四节　三叠纪地层

一、中三叠世结隆组(T_2j)

青海省第二区调队(1981)在玉树地区创名为结隆群,原始定义指:"一套以灰色为主、轻变质的滨海—浅海相碎屑岩—碳酸盐岩系。在昌拉松多结扎群不整合其上,在泅钦、桑知阿考地区与中、上泥盆统及前泥盆系亦不整合,出露面积为 200km²。产较丰富的菊石、双壳类、珊瑚化石。其时代为中二叠世"。结隆群创名不久,叶士达、杨通士(1982)在《青海玉树地区中三叠统的划分与对比》一文中未采用结隆群,而将该套地层的下部以碎屑岩为主的命名为格隆组,属 Anisian 期;上部的碳酸盐岩命名为本扑陇组,属 Ladinian 期。青海省第二区调队(1983)在 1:20 万上拉秀幅区域地质调查报告中,未用格隆组和本扑陇组,仍用结隆群(包括所称格隆组的碎屑岩组和本扑陇组的碳酸盐岩组),此后结隆群被广泛应用。1982—1984 年陈国隆、陈楚震等组成的课题组赴玉树地区对该套地层进行了专题研究,其成果于 1990 年发表于《青海玉树地区三叠纪及古生物群》一文中,他们认为,北面格隆—本浦陇一带与南面桑知阿考一带的安徽三叠世地层在沉积类型及沉积相上存在差异,于是将结隆群只限于巴塘区,且不包括本扑陇组(碳酸盐岩组)。

《青海省岩石地层》同意陈国隆、陈楚震等的意见,且认为该群再分的可能性极微,降群为组。定义为:"灰色(粘)板岩夹灰岩和砂岩,下部灰岩较多。未见顶、底,含头足类等化石"。

中三叠世结隆组在测区仅出露在东图幅边的牙日弄及西藏自治区丁青县布塔乡政府的东南侧,呈断块分布,向东延伸出图,其主体在上拉秀一带;面积不足 4km²,厚度>1042.56m;南北与晚三叠世结扎群波里拉组呈断层接触。岩性为灰色粉砂岩夹灰色泥灰岩、灰色含燧石条带微晶灰岩、亮晶灰岩,产双壳类化石。

1. 剖面描述

青海省昂歉县上拉秀乡觉拉尕日啊中三叠世结隆组实测剖面(1:20 万吉多县幅剖面)如图 2-25 所示。

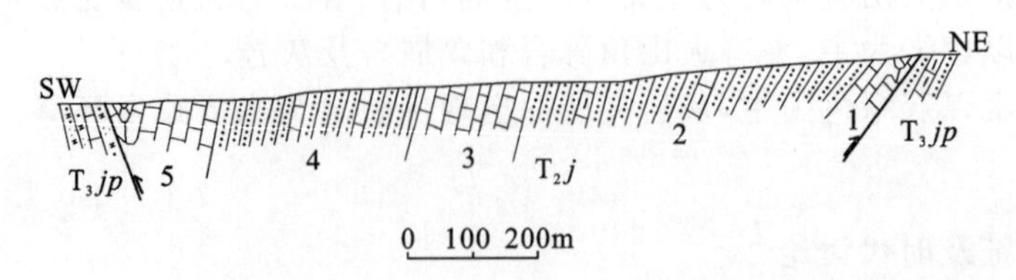

图 2-25　青海省昂歉县上拉秀乡觉拉尕日啊中三叠世结隆组实测剖面

甲丕拉组(T_3jp):灰褐色长石石英砂岩夹泥灰岩

══════ 断层 ══════

结隆组(T_2j)　**厚度>1042.56m**

5. 灰色厚—块层状亮晶灰岩　86.99m
4. 灰色薄层状粉砂岩夹灰色灰岩,产双壳类化石:*Plagiostoma beyrichi* Eck,*Plagiostoma* cf. *subpunctatum*,*Orbigny*, *Posidonia* cf. *wengensis* Wissmann　312.14m
3. 灰色薄—中层状含燧石条带微晶灰岩　159.90m
2. 灰色薄层状粉砂岩夹灰色泥灰岩　363.40m
1. 灰色厚—块层状亮晶灰岩　20.13m

══════ 断层 ══════

甲丕拉组(T_3jp):灰色粉砂岩夹灰岩

2. 地层综述及沉积环境探讨

该地层分布于测区东图幅边的牙日弄和西藏布塔乡驻地一带、东图幅边的牙日弄的结隆组主体向东延出图外。测区内牙日弄南北侧与结扎群甲丕拉组呈断层接触。布塔乡驻地与早石炭世杂多群呈断层接触。其岩性为灰色粉砂岩夹灰色泥灰岩、灰色含燧石条带微晶灰岩、亮晶灰岩,产双壳类化石。

泥灰岩:暗灰色,薄层状构造,含细粉砂微晶结构。岩石由方解石(72%)、砂屑(9%)、粘土矿物(17%)和氧化铁(2%)组成。

微晶灰岩:灰色—深灰色,薄—中厚层状构造,微晶结构。岩石由方解石(83%)、鲕粒(17%)、少量粉砂、氧化铁、黄铁矿、生物碎屑组成。

灰岩:灰色,厚—块层状构造,团粒结构,含团块。岩石主要由方解石质团粒(63%)和方解石质团块(17%) 组成,方解石质变鲕粒(19%),局部方解石重结晶,偶见自生石英。

结隆组地层中的微量元素为1∶20万资料,14个基岩光谱样品统计平均Cu(21×10^{-6})、Pb(7×10^{-6})、Ti(921×10^{-6})、Mn(819×10^{-6})、Sr(511×10^{-6})。碎屑岩中Cu、Ni、Ti、Mn、Ba元素低于地壳丰度值,其他元素基本一致。

该组为一套滨海—浅海相的碎屑岩—碳酸盐岩建造。当时古气候为温暖湿润。

3. 区域地层对比及时代讨论

该地层从岩性组合和化石特征可与1∶20万上拉秀幅该地层对比,相当于上拉秀幅中三叠统结隆群灰岩段。

该地层中所产化石双壳类:*Plagiostoma beyrichi* Eck,*P.* cf. *subpunctatum*, *Orbigny*,*Posidonia* cf. *wengensis* Wissmann,*Eumorphotis*(*Asoella*)cf. *illyrica* Bitther,*Claraia* cf. *concentrica*(Yabe);腕足类:*Mentzelia mentzeli*(Dunkef),都是中三叠世常见分子。其中 *Plagiostoma beyrichi* Eck 为云南中三叠世安尼期的重要分子;*Posidonia* cf. *wengensis* Wissmann 为青海省巴颜喀拉—秦岭区古浪堤组的重要分子;*Eumorphotis*(*Asoella*)cf. *illyrica* Bittner 为青海省祁连区群子河组的重要分子,因此,该地层的时代无疑属中三叠世安尼期。本幅该地层未见上界和下界及与邻幅上拉秀幅对比,应为一不完整的安尼西阶。

二、晚三叠世地层

测区晚三叠世地层主要分布在测区东北角唐古拉-昌都地层分区结扎乡一带和测区西南角丁青-保山地层分区的木曲一带,占总面积的10%。其中测区东北角唐古拉-昌都地层分区结扎乡一带的工作较细,资料丰富,而测区西南角丁青-保山地层分区的木曲一带由于受西藏地区外部环境影响,安全无保障,工作基本上无法正常开展,剖面无法测制,资料相对较少。测区晚三叠世地层由结扎群(T_3J)组成,与下伏地层存在明显广泛的角度不整合。地层分区属唐古拉-昌都地层分区和丁青-吉塘地层分区。

结扎群由青海省区测队(1970)创名,原始定义指:"分布于唐古拉山地区,主要由一套滨海至浅海沉积的碎屑岩、碳酸盐岩等组成",分为紫红色碎屑岩组、下石灰岩组、灰色碎屑岩组和上石灰岩组"四个岩组”；以角度及平行不整合于二叠系之上，多不见顶，局部可见与侏罗系、白垩系和第三系（古近系—新近系）不整合接触。青海省区测队在创名结扎群的同时，又在 1∶100 万玉树幅区域地质调查报告中认为，在本区不存在上石灰岩组，于是将结扎群由上而下划分为紫红色碎屑岩组、碳酸盐岩组和含煤碎屑岩组 3 个岩组。《青海省岩石地层》保留结扎群名称，时代下延至中三叠世，并定义为：指分布于唐古拉—昌都地区，超覆于古生代地层或早、中三叠世地层之上，整合于察雅群或不整合于雁石坪群等新地层之下的，由碎屑岩和碳酸盐岩夹少量火山岩组成的地层，上部含煤。富含双壳类、腕足类、头足类和植物等化石。从老到新包括甲丕拉组、波里拉组和巴贡组。

1. 甲丕拉组（T_3jp）

由四川省第三区测队（1974）根据西藏昌都甲丕拉山剖面创建甲丕拉组。马福宝（1984）将其延入青海省的该套地层命名为东茅陇组。陈国隆、陈楚震（1990）将马福宝等的东茅组下部层位改为东茅群，其上的碎屑岩称结扎群 A 组。《青海省岩石地层》首次引进甲丕拉组，建议停用东茅陇组及东茅群。同时沿用西藏地层清理组给予本组的定义：“主要指超覆于妥坝组页岩、粉砂岩地层及夏牙村组之上的一套红色碎屑岩地层体。层型剖面外局部夹安山岩、石灰岩等，顶界与波里拉组石灰岩地层呈整合接触，含双壳类、腕足类等。地质时代为中、晚三叠世”。并指定青海省玉树县上拉秀东茅陇剖面第 1—38 层为本组的次层型。

该组在区内分布于口前曲上游—昂欠涌曲—子切曲、格群涌—雅可—宗根阿尼、托吉涌—东角涌、扎格涌—子曲、巴彦涌莫海—巴俄卡、查纪永池—比唐普巴等地，呈北西—北西西向短带状展布，与下伏开心岭群呈不整合关系，与上覆波里拉组呈整合接触。

（1）剖面描述

青海省杂多县格玛克龙弄晚三叠世结扎群甲丕拉组实测剖面（1∶20 万吉多县幅剖面）如图 2-26 所示。

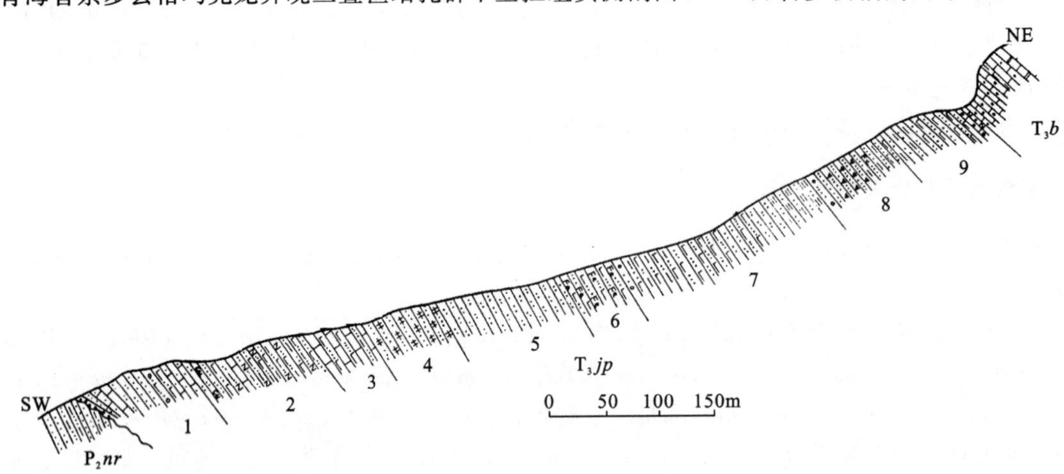

图 2-26 青海省杂多县格玛克龙弄晚三叠世结扎群甲丕拉组实测剖面

结扎群波里拉组（T_3b）：灰色薄层—厚层状灰岩，砂质灰岩

——————— 整合 ———————

甲丕拉组（T_3jp） **厚度＞656.6m**

9. 紫红色、灰色薄层状粉砂岩夹中细粒石英砂岩，产植物化石 *Equisetites sorrani* Zeiller 70.2m
8. 紫色及灰色中层状细粉砂质砂岩、钙质粉砂岩夹石膏，下部有较薄的灰绿色砾岩 62.3m
7. 紫色、灰绿色中厚层状中细粒石英砂岩、岩屑石英砂岩、粉砂岩夹褐黄色钙质粉砂岩，下部为杂色砾岩。产 *Neoclamites* sp. 128.4m
6. 紫红色中层状粉砂岩 33.3m
5. 浅灰褐色中层状细粒石英砂岩 93.8m
4. 灰绿色薄层状粉砂岩。产植物化石 *Equisetites longidus* Li 51.1m
3. 灰色—深灰色薄层—中厚层状灰岩，生物碎屑灰岩与紫色、灰绿色粉砂岩互层，产腕足类：*Rhaetina* cf. *columnaris* Ching，Sun et Ye，*Arcosarina pentagona* Ching，Sun et Ye；产双壳

类:*Unionites* cf. *manmuensis*(Reed) 30.1m

2. 紫红色及浅灰色—灰绿色、黄绿色粉砂岩,底部夹砂岩,产植物 *Equisetites longidus* Li, *Equisetites* cf. *piatyodon* Brongniart 93.7m

1. 紫红色及灰绿色薄层—中厚层状中细粒石英砂岩粉砂岩、岩屑石英砂岩 93.7m

~~~~~~~~~~ 角度不整合 ~~~~~~~~~~

中二叠世诺日巴尕日保组(P_2nr):灰色粉砂岩

(2) 地层综述

区内甲丕拉组岩性组合为灰紫色厚层中细粒岩屑石英砂岩、岩屑长石砂岩夹巨厚层复成分砾岩、含砾粗砂岩、长石石英砂岩、泥质粉砂岩及微晶灰岩透镜体,局部夹中基性火山角砾岩。

在杂多县南—结扎乡一带该岩组的岩性在横向上变化较大,从达约麻—洼里涌向西砾岩不发育,路线所见为紫色砂岩与下伏下二叠统诺日巴尕日保组的不同层位接触。颜色有紫色、灰色、灰绿色及黄褐色,自下往上颜色由紫色到杂色。岩石粒度较细,主要为粉砂岩、泥岩,灰岩夹层增多,砾岩偶尔可见。所采化石主要有腕足类和双壳类。从肖错格玛往南西方向底砾岩增多,为紫红色复成分砾岩。这层底砾岩出露宽约 40m,不整合于早石炭世杂多群、二叠系开心岭群的不同层位上(图 2-27)。该岩组在格玛龙以东其岩性为紫红色中粒长石石英砂岩、硬砂质石英砂岩、粗粉砂岩,其中夹含砾的砂岩及灰岩,岩石粒度较粗,产有植物化石和海相双壳类化石。

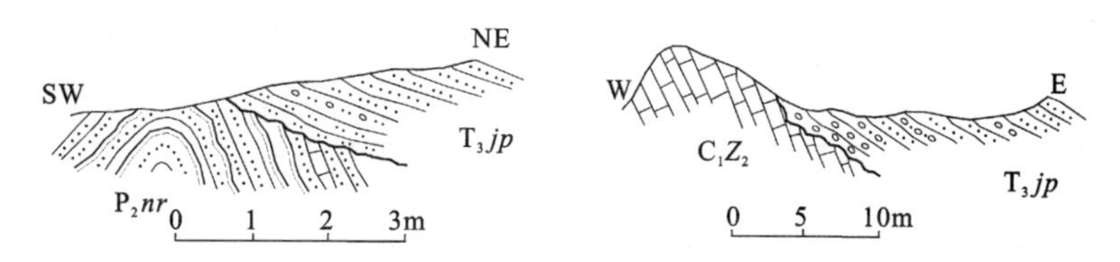

图 2-27 晚三叠世甲丕拉组与早石炭世杂多群、二叠系开心岭群角度不整合接触关系图

在西藏境内的木曲上游流域,该岩组的岩性在横向上与杂多县南—结扎乡一带该岩组的岩性有一定变化,该地区下部砾岩层厚度较大,约大于 1000m,砾石成分复杂,原地的老变质岩砾石明显较多,砾石达 50cm。而向北砾岩厚度逐渐变薄,砾石砾径变小,砂岩、粉砂岩增多,反映海水深度逐渐变深。

总之,该岩组从南东向北西,颜色由较单一的紫红色逐渐变为杂色,岩石由砾岩、砂岩、粉砂岩逐渐变为砂岩、泥岩及灰岩,且钙质成分增多。

紫红色细粒石英砂岩:紫红色,厚层状,细粒砂状结构。碎屑占 78%,其中石英占 94%,其次有长石和少量岩屑。碎屑呈次圆状,分选性良好,大小多在 0.1~0.25mm 之间,属细砂。胶结物占 22%,以钙质为主,次为泥质和铁质,呈接触式-孔隙式胶结。

紫红色细粒长石砂岩:紫红色,中厚层状,细粒砂状结构。碎屑占 80%,其中石英占 73%,长石占 26%,尚有少量硅质岩及中酸性火山岩屑。碎屑呈次棱角状—次圆状,分选性良好,大小多在 0.1~0.2mm之间,为细砂。胶结物占 20%,以泥质为主,次为铁质,胶结物分布于碎屑接触处及间隙中,呈接触式-孔隙式胶结类型。

紫红色粉砂岩:紫红色,中厚层状,细粉砂状结构。碎屑占 50%,其中石英约占 37%,云母和绿泥石占 8%,铁质占 5%,尚有少量长石碎屑,假象菱铁矿占全岩的 15%。碎屑呈次棱角状,分选性较好,大小多在 0.01~0.05mm 之间,属细粉砂级。胶结物占 35%,主要为泥质、硅质,次为铁质。呈基底式胶结。

粉砂质泥岩:紫红色或灰色,中薄层状,粉砂泥质结构。主要由粉砂和泥质组成。粉砂成分多为斜长石、石英、方解石及白云母片,大小多在 0.03mm 左右,属细粉砂。泥质成分主要为粘土矿物,白云母片及褐铁矿尘埃,呈分散状分布于泥质中。

砂岩内见有被侵蚀面分隔开的槽型交错层理,交错层理方位表明古水流方向朝南。表明从下部滨岸河流相,向上逐步过渡为浅海相复陆屑碎屑沉积。

(3) 基本层序特征

该地层自下而上由粗变细的韵律清楚,由下部以粗碎屑为主,向上逐渐过渡到泥钙质成分及细碎屑
~~~~~~~~~~

成分为主，属海进序列，基本层序中主要由含砾砂岩、岩屑砂岩、粉砂岩构成自旋回性沉积序列(图2-28)，砂岩中发育波状交错层理、平行层理，粉砂岩中常见小型交错层理、平行层理、豆状交错层理、水平层理、沙纹交错层理等，最有特点的层理构造为脉状、波状及透镜状层理，反映沉积时的水动力不强，仅有微弱的底流活动，就其基本层序沿走向对比，具有较好的相似形，层位稳定，延展性尚好。

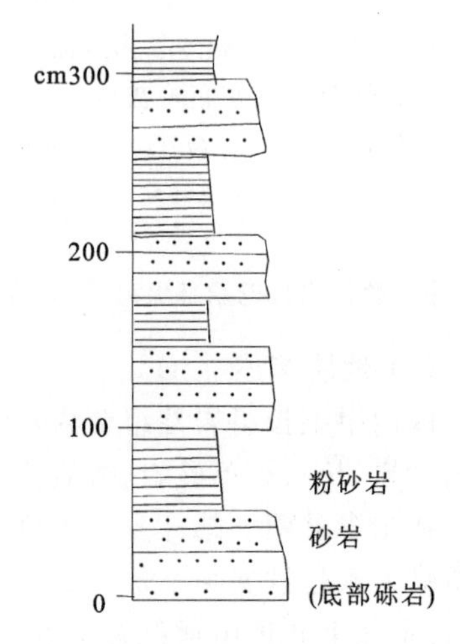

图 2-28　结扎群甲丕拉组基本层序图

(4) 微量元素特征

结扎群甲丕拉组的微量元素特征见表 2-8。由表 2-8 可知，结扎群甲丕拉组各岩类所有元素的背景值均低于维氏值，仅在粉砂岩中的 Cu、Pb、V、Mn，岩屑砂岩中的 Cr，含砾粗砂岩中的 Zn、Cr、V 高出维氏值，其他元素均低于维氏值，由于各自的背景值低而局部集中成矿，表明这些元素在相应岩石中分布不均一，进而说明甲丕拉组相变不大，但有关岩石在空间上仍有变异。

(5) 沉积环境

该组碎屑岩多具紫红色、暗紫色、紫色、杂色，岩层常见交错层理、斜层理、水平层理、波状层理，脉状层理，并在层面上有时可见波痕。根据基本层序、剖面结构、生物面貌，该套地层纵向上反映由粗变细，属海进退积序列，早期为干燥炎热气候的潮湿环境，中、晚期为正常滨—浅海相沉积。

表 2-8　结扎群甲丕拉组微量元素特征表($w_B/10^{-6}$)

岩性	样品数	Cu	Pb	Zn	Cr	Ni	Co	V	Ca	Ti	Mn	Ba	Sr
粉砂岩	6	120	80	70	200	30	11	90	14	3000	1200	400	160
岩屑砂岩	10	20	10	80	200	20	10	70	10	3000	800	500	200
含砾粗砂岩	20	10	10	70	200	15	5	4	5	1600	900	50	150
维氏值(1962)		47	16	83	83	58	18	90	29 600	4500	1000	6500	340

粒度分析(图 2-29)反映出，各样品的粒度分布范围较窄，大部分在 2ϕ～4ϕ 之间，表现为两条直线段，截点在 4ϕ～4.8ϕ，个别具冲刷回流现象，跳跃组分在 77%～85%之间，次为悬浮组分，无牵引总体，平均值为2.500 83ϕ～3.401 67ϕ，偏度值在 0.160 64～0.526 99 之间，表现为不对称负偏态，峰态极窄，偏差值大部分在 0.7 左右，具较好的分选性，显示海滨、浅海相砂的特点。

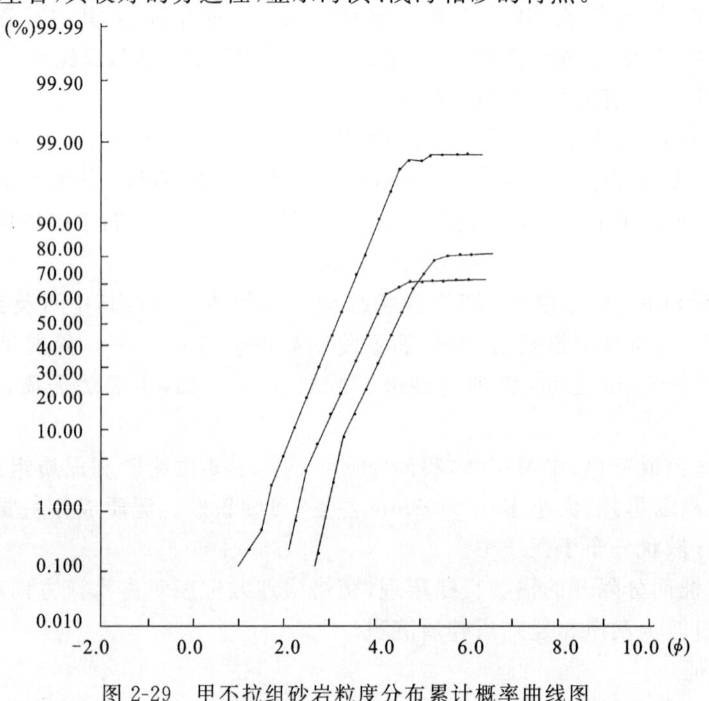

图 2-29　甲丕拉组砂岩粒度分布累计概率曲线图

(6) 时代讨论

甲丕拉组不整合于中二叠世诺日巴尕日保组、九十道班组之上,其上整合有含大量晚三叠世腕足类的波里拉组。

在这套地层中产有植物化石:*Equisetites rogersii* Schimper, *Equisetites arenaceus* (Jaeger) Schenk;双壳类:*Halobia* sp., *Halobia talauana* Wanner, *Halobia yandongensis* Chen, *Halobia superbescens* Kittl, *Cuspidaria* cf. *alpis ciricae* Bittner, *Myophorigonia gemaensis* Chen et Lu,时代属晚三叠世早期。

2. 波里拉组(T_3b)

由四川省第三区测队(1974)依据西藏察雅县波里拉剖面创名为波里拉组。马福宝等(1984)将波里拉组延至唐古拉,相当于青海省习称结扎群的碳酸盐岩组命名为肖恰错组。《青海省岩石地层》首次引进波里拉组,建议停用同物异名的肖恰错组,同时沿用西藏地层清理组的定义:"主要指夹持于下伏地层甲丕拉组红色碎屑岩与上覆地层巴贡组含煤碎屑岩之间的一套石灰岩地层体,上、下界线均为整合接触。含丰富的双壳类、腕足类、菊石等。分布于昌都、类乌齐、察雅、江达、安多、土门格拉及青海省唐古拉山地区"。并指定马福宝等(1974)测制的杂多县结扎乡肖恰错剖面为本组次层型。

该组分布在区内多能达—俄孟能、多采扎根—索保查牙—龙玛日—驳穷日、查日涌曲—然也涌曲、高涌、哇力涌—格冲加叶—挤懈尔浦麻等地,出露厚度大于1538.30m,底部与晚三叠世结扎群甲丕拉组呈整合接触,其上被第四纪冲积物覆盖,未见顶。

(1) 剖面描述

青海省杂多县结扎乡肖恰错晚三叠世结扎群波里拉组实测剖面(1∶20万吉多县幅剖面)如图2-30所示。

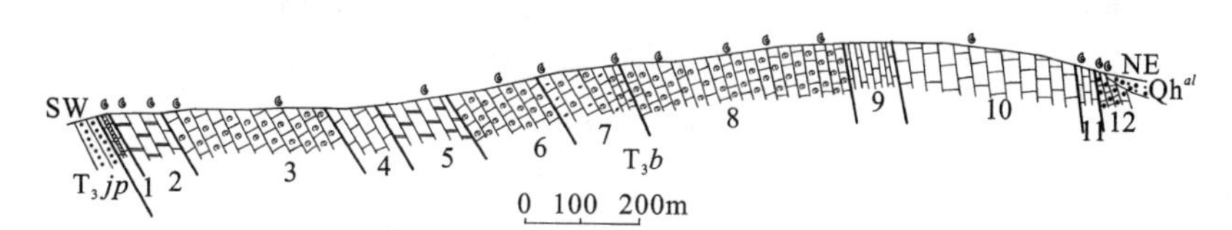

图 2-30 青海省杂多县结扎乡肖恰错晚三叠世结扎群波里拉组实测剖面

波里拉组(T_3b) **厚度>1538.30m**

12. 浅肉红色中层状生物碎屑灰岩(第四系覆盖),产腕足类:*Laballa usualis* Sun, Ching et Ye　9.00m
11. 灰白色中厚层状灰岩,产腕足类:*Zeilleria lingulata* Ching et Ye, *Koninckina* cf. *elegantula*(Bittnr)　26.00m
10. 灰白色块层状灰岩,产双壳类:*Neomegalodon* sp.　272.50m
9. 浅灰色中—厚层状灰岩　73.40m
8. 浅灰色—灰白色块层状生物介壳灰岩,产腕足类:*Oxycolpella zhidoensis* Ching, Sun et Ye;双壳类:*Schafalia* cf. *sphaerioides* (Bottger), *Schafhaeutlia* cf. *astartiformis* (Munster), *Neomegaalodon* (Rossiodus) sp.　335.20m
7. 灰色—灰黑色中厚层—块层状生物介壳灰岩夹结晶灰岩,产腕足类:*Anadyrella maquensis* Ching, Sun et Ye, *Arcosarina foliacea* Ching, Sun et Ye　109.60m
6. 灰白色块层状含生物碎屑灰岩,产腕足类:*Arcosarina foliacea* Ching, Sun et Ye, *sacothyris sinosa* (Ching et Fang)　136.40m
5. 灰白色厚层状白云质灰岩,产腕足类:*Zeilleria lngulata* Ching, Sun et Ye, *Sacothyris sinosa* (Ching et Fang)　100.80m
4. 灰色中厚层状不纯灰岩　62.80m
3. 灰白色中厚层状含生物碎屑灰岩,产腕足类:*Arcosarina foliacea* Ching, Sun et Ye, *Sulcatothris emarginata* Ching, Sun et Ye　213.00m
2. 浅灰色中厚层白云岩及灰色白云岩,产腕足类:*Arcosarina pentagona* Ching, Sun et Ye　66.10m

1. 深灰色薄—中厚层状生物介壳灰岩夹黄绿色粉砂岩，产腕足类：*Arcosarina pentagona* Ching, Sun et Ye　　15.70m

——————整合——————

甲丕拉组(T_3jp)：紫红色粉砂岩

(2) 地层综述

在测区内西藏境内的木曲上游流域，该岩组的岩性在横向上与杂多县南一结扎乡一带该岩组的岩性基本一致，变化不大。岩性组合为灰黄色、青灰色、深灰色含生物泥晶灰岩、亮晶灰岩、白云质生物灰岩、灰质白云岩夹灰色—紫红色岩屑长石砂岩，局部地段见有石膏和安山岩及中基性凝灰岩。本岩组在横向上变化不大，岩层产状稳定。本组生物群繁盛，化石丰富。

灰色角砾状灰岩：灰色，厚层状，角砾状结构。除灰岩岩屑角砾外，尚含粉砂。角砾稍有磨圆，为隐晶质灰岩。灰岩中含有一定量的褐铁矿、泥质、硅质等。砂的成分有与角砾相同的灰岩岩屑、石英、方解石、黄铁矿等。胶结物为方解石、褐铁矿，泥质，呈孔隙式胶结。

灰黑色灰岩：灰黑色，薄层状，隐晶结构，条带状构造。隐晶方解石占62%，铁质及粘土尘点占3%，层面上有明显的泥裂构造。泥裂中为白色结晶方解石充填，约占全岩的35%。

灰色—深灰色燧石条带状灰岩：灰色—深灰色，微粒状结构，条带状构造。由方解石、石英和玉髓组成，混入物有铁质。方解石呈微粒状，大小为0.01～0.1mm之间，石英为不规则状；玉髓呈纤维状。方解石、石英和玉髓呈细条带状富集，构成宽度为0.7～2mm的不规则细条带状构造，条带相间出现，大致平行排列。

灰绿色中酸性晶屑凝灰岩：灰绿色，晶屑砂状结构。碎屑占80%，其中晶屑占95%，正常沉积砂屑占5%。碎屑成分以斜长石、石英晶屑为主，次有铁染绿泥石化暗色矿物晶屑、黑云母晶屑、褐铁矿化铁矿物晶屑。有少量次圆状石英及白云母鳞片混入物。碎屑分选性差，为0.02～0.6mm不等，大小混杂，外形不规则，为尖棱角状，部分具撕碎外形。胶结物占20%，成分为火山碎屑，已变为绢云母、绿泥石、方解石。

(3) 沉积环境

波里拉组的基本层序特征见图2-31，由生物碎屑灰岩和亮晶灰岩组成韵律型基本层序，反映出浅海环境、海水深度不断变化的特征。根据岩性特征、生物群面貌，显示该组为浅海相碳酸盐岩台地-陆表海沉积环境，表明当时地壳稳定，水动力较强，日照充足，水体浅而温暖。非常适合各种海洋生物的生存和繁衍。

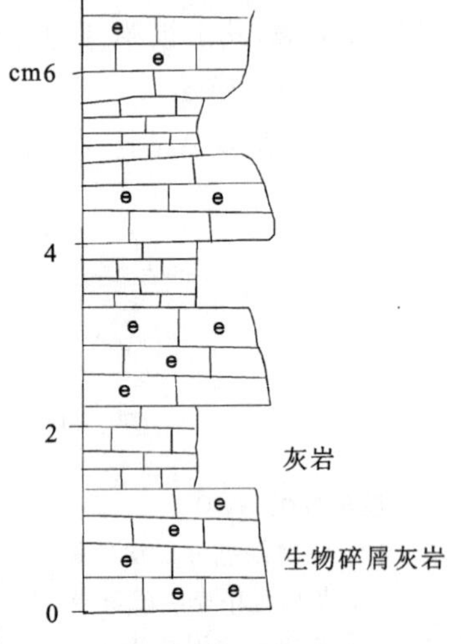

图2-31　解曲波里拉组基本层序图

(4) 微量元素特征

波里拉组的微量元素特征表2-9。由表2-9可知，波里拉组中不同岩类的微量元素平均值与维氏值的地壳丰度相比较，灰岩、白云质灰岩中Pb、Zn、Zr显示不同程度的高出维氏值，其他元素均较低或偏低于维氏值。

表2-9　波里拉组微量元素特征表($w_B/10^{-6}$)

岩性	样品数	Cu	Pb	Zn	Cr	Ni	Co	V	Ca	Ti	Mn	Ba	Sr	Zr	Be
白云质灰岩	11	6	18	85	70	4	10	10	500	700	700	160	400	200	2
灰岩	10	8	18	80	15	12	10	30	11	350	700	200	400	200	1
灰质砾岩	5	10	10	40	200	15	5	40	5	1600	900	50	150	100	1
维氏值(1962)		55	12.5	70	100	75	25	135	29 600	5700	950	425	475	165	3.8

(5) 时代讨论

该组化石丰富，主要有双壳类：*Montivaltia* sp.，*M. norica* Frech，*Thecosmilia* sp.；腕足类：*Cubanothyris* sp. ,*Rhaetinopsis ovata* Yang et Xu,*Koninckina* sp. ,*Caucasorhynchia* sp. ,*Oxycolpella* sp. ;双壳类:*Paramegalodus* sp. , *Megalodon* sp. , *Halobia* sp. , *H. pluriaodiata* Reed, *Paramegalodus eupalliatum*(Frech),*Neomegalodon* cf. *boeckni*(Hoernes);腹足类:*Gradiella* aff. *semigradota*(Kiffl),*Zygtes* cf. *rotundinodosus* Pan;海百合等。沉积时限为晚三叠世 Carnian—Norian 期。

三、晚三叠世结扎群古生物地层及年代地层特征

测区晚三叠世地层结扎群(甲丕拉组、波里拉组)产大量的腕足类、双壳类化石,其生物组合及总体面貌如下。

1. 古生物组合特征

(1) 甲丕拉组古生物组合特征

双壳类:*Trigonodus* sp. , *Trigonodus carniolicus* Waagen, *Costatoria* sp. , *Placunopsis*? sp. , *Posidonia* sp. , *Palaeoneilo* sp. , *Myophoria* sp. , *Myophoria* (*Costatoria*) *verbeeki eurta* Reed, *Schafhaeutlia* sp. ,*Lopha* sp. ,*Halobia* sp. ,*Halobia styriaca* (Mojsisovics),*Halobia superbescens* Kittl,*Halobia* cf. *austriaca*(Mojsisovics),*Posidonia* sp. ,*Myophoria*(*Costatoria*) cf. *inaequicostata* Klipstein,*Myophoria* (*Costatoria*) *goldfussi*(Alberti),*Unionites* sp. ,*Protostrea* sp. ,*Pachycardia subrugosa* Vukhuc,*Unionites* sp. ,*Unionites griesbachi* (Bittner),*Heminajas* sp. ,*Myophorigonia gemaensis* Chen et Lu, *Myophorigonia* sp. , *Myophoriopis* sp. , *Coslatoria* sp. , *Modiolus* sp. , *Polaeoneilo* sp. , *Gervillia* cf. *shaniorum* Healey, *Placunopsis* sp. , *Trigonodus* sp. , *Trigonodus carniolicus* Waagen,*Minelrigonia qinghaiensis* Chen et Lu,*Danella* sp. , *Lopha* sp. 。

腕足类:*Amphiclina* sp. ,*Rhaetinopsis ovata* Yang et Xu,*Rhaetinopsis zadoensis* Ching,Sun et Ye,*Zeilleria lingulata* Ching,Sun et Ye,*Oxycolpella wenquanensis* Sun,Ching et Ye。

头足类:*Placites* sp. 。

植物:*Neocalamites* sp. ,*Equisetites arenaceus* Jaeger。

其中 *HaJobia* cf. *styriaca* (Mojsisovics), *Halobia* cf. *ausiriaca*(Mojsisovics), *Trigonodus carniolicus* Waagen,*Myophoria*(*Costatoria*) cf. *inaequicostata* Klipstein 等是卡尼阶的标准分子。故甲丕拉组的年代地层单位属卡尼阶。

(2) 波里拉组古生物组合特征

双壳类:*Halobia* sp. , *H. subrugosa* J. Chen, *Posidonia* sp. ,*Amonotis denkoensis* Lu, *Bakevellia* sp. , *Neomegalodon* sp. , *Neomegalodon* (*Rossiodus*) cf. *columbella* (Hoernes), *Pergamidia* sp. , *Pergamidia eumenea* Bittner,*Unionites* sp. ,*Pachycardia* sp. ,*Cardium*(*Tulongocardium*) cf. *martini* Boettger,*Chlamys* sp. 。

腕足类:*Eoseptaliphoria* sp. ,*Caucasorhynchia* sp. ,*Caucasorhynchia kunensis* Dagys,*Laballa* sp. ,*Laballa suessi*(Winkler),*Koninckina* sp. ,*Koninckina* cf. *elegantula* (Bittner),*Koninckina gigantea* Sun, Ching et Ye,*Oxycolpella* sp. ,*Oxycolpella rectimarginata* Sun,Ching et Ye,*Oxycolpellla zhidoensis* Ching , Sun et Ye, *Oxycolpella* cf. *elongata* Ching et Fang, *Adygella* sp. , *Spiriferina* sp. , *Rhaetinopsis* sp. , *Rhaetinapsis ovata* Yang et Xu, *Rhaetinopsis zadoensis* Ching, Sun et Ye, *Amphiclina* sp. , *Neoretzia* sp. , *Neoreptzia superbescens* (Bittner), *Yidunella* sp. , *Yidunella yunnanensis*(Ching et Fang),*Yidunella pentagona* Ching, Sun et Ye, *Triadispira* sp. , *Sacothyris sinosa*(Ching et Fang),*Aequspiri ferina qinghaiensis* Sun,Ching et Ye,*Zhidothyris carinata* Ching, Sun et Ye,*Anadyrella moquensis* Ching,Sun et Ye,*Amphiclina intermedia* Bittner,*Septamphiclina qinghaiensis* Ching et Fang,*Cubanothyris corpulentus* Dagys,*Saccorhynchia xiangdaica* Ching,Sun et Ye。

头足类：*Gymnofoceras*? sp.。

腹足类：*Neritidae*。

六射珊瑚：*Thecosmilia* sp.，*Montlivaltia* sp.，*Complexastraea* sp.，*Craspedophyllia* sp.。

以上古生物反映波里拉组的年代地层单位属卡尼阶—诺利阶。

2. 晚三叠世古生物地层划分

测区内晚三叠世古生物化石比较发育，主要分布在结扎群甲丕拉组、波里拉组中，主要有双壳类、腕足类及部分植物化石。依据《青海省岩石地层》，对测区晚三叠世生物地层划分见表2-10和图2-32。

表2-10　晚三叠世古生物地层划分

岩石地层单位		古生物地层单位		年代地层单位	
		双壳类	腕足类		
结扎群	波里拉组	*Neomegalodon*－*Cardium*（*Tulongocardium*）－*Pergamidia* 组合	*Oxycolpella*－*Rhaetinopsis* 组合 *Koninckina*－*Yidunella*－*Zeilleria　lingulata* 组合	Norian	三叠纪

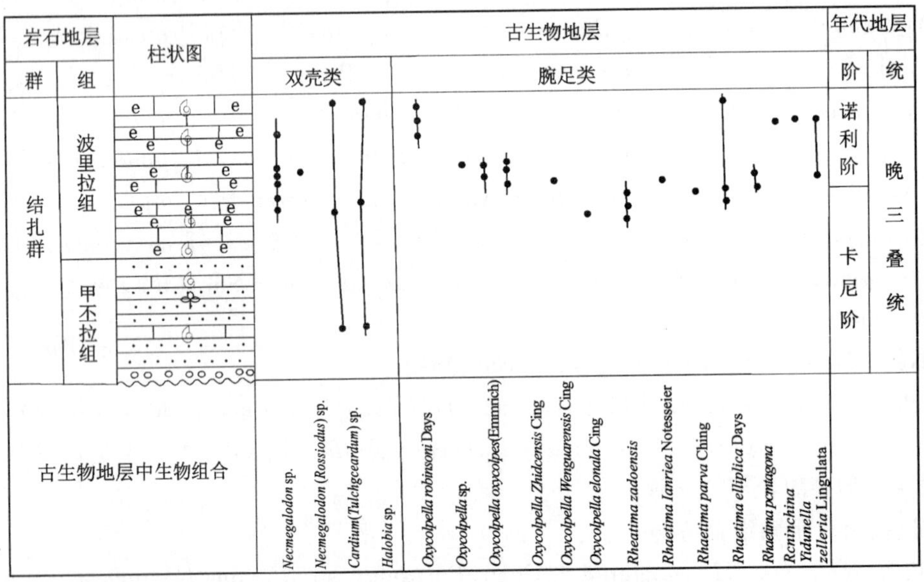

图2-32　晚三叠世古生物地层及年代地层单位划分

1）双壳类

晚三叠世双壳类化石主要分布于结扎群甲丕拉组、波里拉组中，根据化石分子及其组合特征及《青海省岩石地层》三叠纪古生物地层，区内晚三叠世双壳类可划分1个古生物组合。

该古生物组合分布在测区青海省杂多县结扎乡肖恰错晚三叠世波里拉组实测剖面中的第8—18层深灰色生物介壳灰岩、生物碎屑灰岩及白云质灰岩中，剖面共18层，层位位于其中上部（图2-32），路线中该组合在波里拉组中广泛产出。

主要古生物组合 *Zhidothyris* sp.，*Arcosarina* cf. *foliacea* Ching，Sun et Ye，*Koninckina* sp.，*Sanqiaothyris asymmetro* Ching et Ye，*Arcosarina* cf. *pentagona* Ching，Sun et Ye，*Neomegalodon* sp.，*Neomegalodon*（*Rossiodus*）cf. *columbella*（Hoernes），*Pergamidia* sp.，*pergamidia eumenea* Bittner，*Unionites* sp.，*Pachycardia* sp.，*Cardium*（*Tulongocardium*）cf. *martini* Boettger，*Chlamys* sp.。

该生物组合以 *Neomegalodon* 出现为标志，晚期为 *Cardium*，与沙金庚、陈楚震、祁良志（1990）划分的 *Neomegalodon* 带和饶荣标等在三江地区（1987）划分的 *Indopecten himalayensis uariecostatus*－*Burmesia lirata*－*Pergamidia eumenea* 组合属于同一化石层位，化石面貌在属种及丰度方面基本与测

区一致。组合带的时代为晚三叠世 Norian 阶。

另外,在结扎群甲丕拉组和巴塘群火山岩组中见有 *Palaeoneilo* sp.,*Schafhaeutlia* sp.,*Unionites* sp.,*Unionites griesbachi* (Bittner)等晚三叠世 Carnian—早 Norian 阶的生物组合化石层位,由于剖面层位不清,无法建立古生物地层单位。

2) 腕足类

晚三叠世腕足类化石主要分布于结扎群甲丕拉组、波里拉组中,根据化石分子及其组合特征及《青海省岩石地层》三叠纪古生物地层,区内晚三叠世腕足类可划分 2 个古生物组合。

(1) *Oxycolpella* - *Rhaetinopsis* 组合:该组合分布在测区内青海省杂多县结扎乡肖恰错晚三叠世波里拉组实测剖面中的第 3—18 层深灰色生物介壳灰岩、生物碎屑灰岩及白云质灰岩中,层厚为 1434.56m (图 2-32),在路线中该组合还分布在甲丕拉组地层中。

主要古生物有 *Amphiclina* sp.,*Rhaetinopsis ovata* Yang et Xu,*Rhaetinopsis zadoensis* Ching, Sun et Ye, *Zeilleria lingulata* Ching, Sun et Ye, *Oxycolpella wenquanensis* Sun, Ching et Ye, *Rhaetinopsis* sp., *Aulacothyris* sp., *Adygella* sp., *Yidunella yunnanensis* (Ching et Fang), *Yidunella pentagona* Ching, Sun et Ye, *Sinuplicorhynchia* sp.,*Oxycolpella oxycolpos*(Emmrich)。

区域上该生物组合与三叠纪专题组(1979)划分的 *Rhaetinopsis* 带和饶荣标等在三江地区(1987)划分的 *Oxycolpella oxycolpos* - *Rhaetinopsis ovata* 组合属于同一化石层位,化石面貌在属种及丰度方面基本上与测区一致。组合带的时代为晚三叠世 Carnian 阶。

(2) *Koninckina* - *Yidunella* - *Zeilleria lingulata* 组合:该组合分布在测区内青海省杂多县结扎乡肖恰错晚三叠世波里拉组实测剖面中的第 8 层灰色白云质灰岩中,层厚为 100.77m(图 2-32),路线中该组合在波里拉组中广泛产出。

该组合分布在结扎群波里拉组和巴塘群碳酸盐岩组灰色泥晶生物碎屑灰岩、亮晶含生物灰岩中,主要古生物有:*Zhidothyris* sp.,*Arcosarina* cf. *foliacea* Ching, Sun et Ye,*Koninckina* sp.,*Sanqiaothyris asymmetro* Ching et Ye,*Arcosarina* cf. *pentagona* Ching, Sun et Ye,*Koninchina* sp.,*Koninchina* cf. *alata* Bittner,*Sacothyris sinosa*(Ching et Fang),*Thaetina* sp.,*Aequspiriferina* sp.,*Aequspiriferina qinghaiensis* Sun, Ching et Ye,*Timorhynchia sulcata* Ching, Sun et Ye,*Yidunella* sp.,*Yidunella* cf. *magna* Ching, Sun et Ye, *Lepismatina* sp., *Mentzelia* sp., *Mentzeliopsis* sp., *Mentzeliopsis* cf. *meridialis* Dagys, *Eoseptaliphoria* sp., *Caucasorhynchia* sp., *Caucasorhynchia kunensis* Dagys, *Laballa* sp., *Laballa suessi* (Winkler), *Koninckina* sp., *Koninckina* cf. *elegantula* (Bittner), *Koninckina* cf. *gigantea* Sun, Ching et Ye,*Koninckina* cf. *alata* Bittner,*Oxycolpella* sp.,*Yidunella* sp.,*Yidunella yunnanensis* (Ching et Fang),*Yidunella pentagona* Ching, Sun et Ye,*Triadispira* sp., *Sacothyris sinosa* (Ching et Fang), *Aequspiriferina qinghaiensis* Sun, Ching et Ye, *Zhidothyris carinata* Ching, Sun et Ye,*Anadyrella moquensis* Ching, Sun et Ye,*Amphiclina intermedia* Bittner, *Septamphiclina qinghaiensis* Ching et Fang, *Cubanothyris corpulentus* Dagys, *Saccorhynchia xiangdaica* Ching, Sun et Ye。

上述化石组合及特征分子如 *Yidunella yunnanensis*,*Yidunella pentagona*,*Koninckina gigantean*, *Zeilleria* cf. *lingulata* 常见于云南、贵州等中国南方一带,地质年代显示为晚三叠世中晚期,相当于 Carnian - Norian 阶。

Koninckina - *Yidunella* - *Zeilleria lingulata* 组合向西可与沱沱河地区该组合对比,属于同一化石层位,化石面貌在属种及丰度方面基本上与测区一致。

第五节 侏罗纪地层

测区侏罗纪地层分布在测区西南,分布较广泛,为一套海相沉积地层,主要出露中晚侏罗世雁石坪群雀莫错组、布曲组、夏里组 3 个岩石地层单位。

由詹灿惠、韦思槐(1957)创名的“雁石坪岩系”分上岩系温泉层、雁塔层;中岩系上灰岩层、上碎屑岩层;下岩系下灰岩层、下碎屑岩层。顾知微(1962)将詹氏等的下岩系划为雁石坪群,中岩系创名为多洛金群,上岩系温泉层部分地层创名为江夏组。地质部石油局综合研究队青藏分队(1966)将该套地层创名为唐古拉山群。同时由下向上创名为温泉组(相当于詹氏等的下岩系)、安多组(相当于詹氏等的中岩系的上灰岩及上岩系的雁塔层)、雪山组(相当于詹氏等的温泉层)。青海省区测队(1970)沿用雁石坪群由下向上包括:下砂岩段、下灰岩段、上砂岩段和上灰岩段,时代归中—晚侏罗世。青海省地研所编图组(1981)沿用雁石坪群一名,由下向上划分为:碎屑岩组、碳酸盐岩碎屑岩组和碎屑岩组,时代归中侏罗世。蒋忠惕(1983)又将其称为唐古拉群,由下而上划分为温泉组、羌姆勒曲组和雪山组,地质时代归中侏罗世—早白垩世。青海省区调综合地质大队(1978)将其由下而上创名为:雀莫错组、玛托组、温泉组、夏里组、索瓦组和扎窝茸组,时代归中晚侏罗世。杨遵仪、阴家润(1988)将中侏罗世地层称为雁石坪群。《青海省区域地质志》(1991)将晚侏罗世地层创名为吉日群组,将雁石坪群限制在中侏罗世。《青海省岩石地层》(1997)沿用雁石坪群,并重新定义为:指不整合于结扎群及其以前地层之上,为一套碎屑岩夹灰岩,下部局部地区夹火山岩组成的地层,上未见顶。自下而上由雀莫错组、布曲组、夏里组、索瓦组、雪山组合并而成。各组之间均为整合接触,产双壳类、腕足类、腹足类、菊石、孢粉等化石。地质时代总体为中—晚侏罗世。建议停用同物异名的且属年代地层单位的唐古拉群、吉日群。

该套地层主要呈北西西向条带状展布于测区阿涌—龙青能—拉加涌—优涌、托拉能—布涌—达俄能、巴纳涌—羊木涌上游、木曲中游—沙木涌下游—下根嘎、者涌、俄根巴、燕日吾阿、羊木乡东—买曲一带,雀莫错组、布曲组、夏里组三个岩石地层单位紧密相连,出露面积达3800km^2,最大控制厚度大于3704.92m。

1. 剖面描述

青海省杂多县结多乡解青能中—晚侏罗世雁石坪群实测剖面(Ⅷ004P4)如图2-33所示,起点坐标:东经95°10′21″,北纬32°30′44″;终点坐标:东经95°13′02″,北纬32°32′33″,海拔4105m。

沱沱河组(E*t*):砖红色块层状中砾复成分砾岩

~~~~~~~~~~ 角度不整合 ~~~~~~~~~~

夏里组(J*x*)	**厚度>2715.99m**
32. 灰紫色中厚层状细粒长石石英砂岩夹灰紫色厚层状泥岩	227.30m
31. 灰紫色中厚层状细粒长石石英砂岩夹灰紫色中—厚层状泥质粉砂岩	318.83m
30. 灰紫色中厚层状细粒长石石英砂岩夹灰紫色薄层状粉砂岩	106.84m
29. 灰紫色厚层状中细粒岩屑石英砂岩夹灰紫色薄—中层状粉砂岩	158.2m
28. 灰紫色厚层状中细粒石英砂岩	256.55m
27. 灰紫色厚层状中细粒长石石英砂岩夹灰紫色中厚层状粉砂岩	410.62m
26. 灰紫色中层状泥质粉砂岩与灰紫色中厚层状泥岩互层	30.77m
25. 灰紫色中厚层状细粒长石石英砂岩	37.28m
24. 灰紫色中层状含砾灰质砾岩,产 *Anisocadia* sp.	9.54m
23. 灰紫色中—厚层状细粒长石石英砂岩	39.10m
22. 紫色中厚层状细粒长石石英砂岩夹灰紫色厚层状粉砂岩	176.81m
21. 灰紫色中厚层状状细粒长石石英砂岩夹灰色粗粒岩屑砂岩	144.20m
20. 灰紫色中厚层状中细粒岩屑砂岩夹灰紫色厚层状泥岩	40.28m
19. 灰紫色中厚层状中细粒岩屑石英砂岩夹浅灰色中厚层状细粒长石石英砂岩	24.62m
18. 灰紫色薄层状细粒岩屑石英砂岩夹灰紫色中厚层状长石石英砂岩	93.76m
17. 浅灰绿色中层状细粒岩屑砂岩夹灰紫色中层状泥灰岩及紫红色中厚层状泥岩	6.01m
16. 紫红色薄—中层状细粒长石石英砂岩夹灰绿色薄—中层状细粒岩屑石英砂岩	116.54m
15. 灰色薄—中层状细粒长石石英砂岩	47.10m
14. 灰色中厚层状细粒岩屑石英砂岩	54.42m
13. 灰紫色—灰绿色厚层状泥岩夹灰黄色薄层状灰岩,产 *Mactromya* sp., *Nuculopsis* sp.	0.38m
12. 紫红色中层状细粒长石石英砂岩夹灰绿色薄—中层状细粒长石石英砂岩	195.00m
~~~~~~~~~~

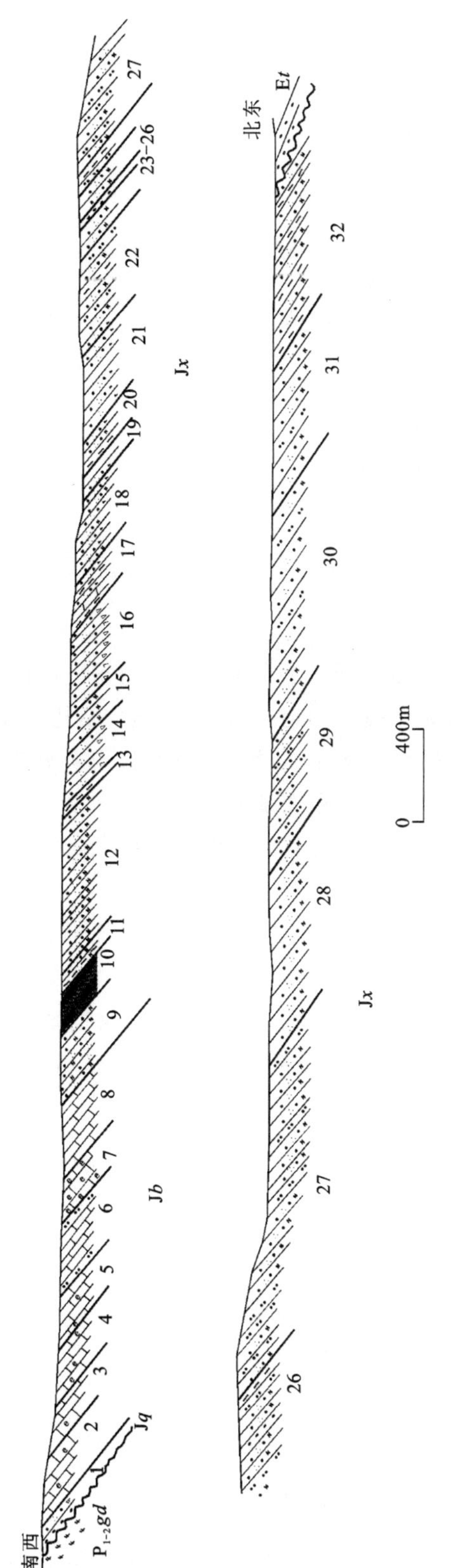

图2-33　青海省杂多县结多乡解青能中—晚侏罗世雁石坪群雀莫错组、布曲组、夏里组实测剖面（Ⅷ004P4）

11. 紫红色厚层状泥岩夹灰紫色薄—中层状细粒长石石英砂岩 20.77m

10. 紫红色厚层状页岩 48.49m

9. 灰紫色中层细粒长石石英砂岩夹灰绿色中厚层状细粒长石石英砂岩 122.58m

——————整合——————

布曲组(J̇b) **厚度>959.68m**

8. 深灰色中层状微晶灰岩 139.02m

7. 深灰色中层状微晶灰岩夹深灰色中层状生物碎屑灰岩 67.44m

6. 深灰色中层状微晶灰岩夹深灰色中层状粉砂岩 106.14m

5. 深灰色中层状微晶灰岩夹灰色中层状生物介壳灰岩 62.22m

4. 深灰色中—薄层状微晶灰岩夹深灰色中层状生物碎屑灰岩及灰色鲕粒灰岩 76.05m

3. 深灰色中层状生物介壳灰岩夹灰色中—薄层状微晶灰岩,产 *Nucula* 42.88m

2. 深灰色中—薄层状微晶灰岩夹中层状生物介壳灰岩,产双壳类 *Camptinectes* sp. 101.93m

——————整合——————

雀莫错组(Jq) **厚度>29.25m**

1. 紫红色厚层状中细粒岩屑石英砂岩夹灰紫色复成分砾岩 29.25m

~~~~~~~~~~ 角度不整合 ~~~~~~~~~~

早中二叠世尕叠考组($P_{1-2}gd$):灰紫色流纹英安岩

2. 地层综述

(1) 雀莫错组(Jq)

由青海省区调综合地质大队(1987)创名雀莫错组于格尔木市唐古拉山雀莫错西南 7km 处。《青海省岩石地层》(1997)沿用雀莫错组一名,并修订雀莫错组的定义为"指不整合结扎群及其以前地层之上,整合于布曲组之下的以紫色、灰紫色及灰色为主的复成分砾岩,含砾砂岩、石英砂岩、粉砂岩夹少量灰岩、铁质砂岩组成地层体。岩石类型比较复杂,是一个由粗变细的地层序列。顶界以布曲组灰岩的始现为界。产丰富双壳类和腕足类等化石。"指定正层型为青海省区调综合地质大队(1987)测制的格尔木市唐古拉山乡雀莫错东剖面第1—24层。

该组分布于测区中西南部解曲流域一带的阿涌—龙青能—拉加涌—优涌、托拉能—布涌—达俄能、巴纳涌—羊木涌上游、木曲中游—沙木涌下游—下根嘎、者涌、俄根巴、燕日吾阿、羊木乡东—买曲一带,出露面积为 1260km²,最大控制厚度大于 29.25m。与下伏早石炭世杂多群、早中二叠世尕笛考组呈角度不整合接触(图 2-34),与晚三叠世结扎群呈断层接触,其上被古近纪沱沱河组角度不整合覆盖。

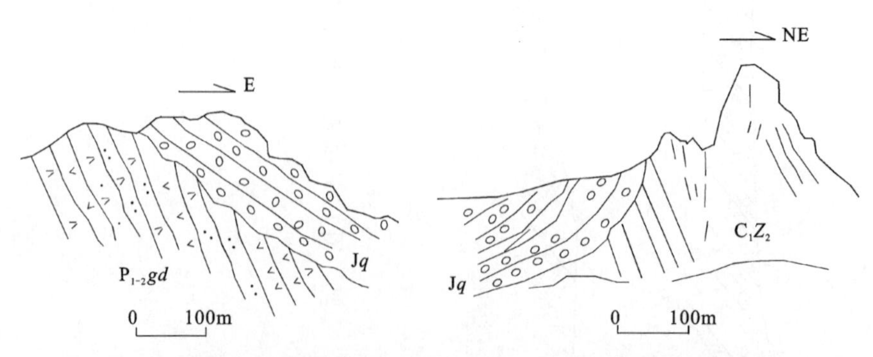

图 2-34 解青能雀莫错组与下伏地层角度不整合接触素描图

岩石组合为一套灰色、灰绿色、灰紫色岩屑石英砂岩、岩屑砂岩夹灰紫色砾岩、含砾粗砂岩及粉砂岩。据综合剖面分析和路线地质调查,该岩组的岩性在纵向上自下而上表现为砾细砂岩—粉砂岩的韵律性变化,并显示由粗到细的海进序列。该组岩性主要为紫红色钙质石英砂岩、石英粉砂岩、长石石英砂岩夹泥质粉砂岩,底部为砾岩。以紫红色为特征,与上覆碳酸盐岩组易区分。地层层理清晰,层厚稳
~~~~~~~~~~

定，单层厚度一般为25～50cm。岩性在横向上变化不大，只在买曲一带局部见有石膏夹层，并在行群能一带局部夹薄层状生物灰岩透镜体。底部复成分砾岩（底砾岩）在横向上不甚稳定，局部地段相变为砂岩。砾岩砾石成分以灰岩、砂岩为主，花岗岩、板岩次之。在东坝一带砾石成分单一，以火山岩为主，与下伏地层下石炭统岩性相一致，反映其物质来源具近源陆屑的特征。砾石为浑圆状、次棱角状，分选性比较好，砾石直径一般为2～10cm，最大为25cm，砾石约占65%。胶结物占25%，成分以泥砂质为主，呈孔隙式接触。在买考宋朵出露的深灰色石英砂岩相当于该岩组的上部层位。该组在不同出露地段其厚度有一定变化，在吉青能和脑弄能控制厚度为959.68m。

该组主要由岩屑石英砂岩、粉砂岩、砾岩等组成。砾岩主要集中分布于其底部层位，以底砾岩的形式产出。砂岩、粉砂岩构成主体。岩屑石英砂岩为灰色—灰绿色，中细粒砂状结构，中厚层状构造，岩石由碎屑（75%）和粘土质杂基组成。岩屑含量占30%～35%，以次棱角状为主，分选性较好，粒径为0.5～1mm，成分以砂岩、片岩为主，次为花岗岩和火山岩。粉砂岩中为粉砂状结构，薄层状构造。

(2) 布曲组（J*b*）

白生海（1989）在唐古拉乡布曲创名为布曲组，原指一套浅海相碳酸盐岩沉积。《青海省岩石地层》（1997）建议停用上述名称，仍以布曲组称之，其修定涵义是："指整合于雀莫错组之上、夏里组之下的一套以碳酸盐岩为主夹少许粉砂岩组成的地层体。产有丰富的双壳类、腕足类及少量海胆、菊石、鹦鹉螺等化石。上线以灰岩的消失为界，下线以灰岩的始现为界"。并指正层型为白生海（1989）重测的雁石坪剖面第34—37层。

该组分布于测区中西南部解曲流域一带的阿涌—龙青能—拉加涌—优涌、托拉能—布涌—达俄能、巴纳涌—羊木涌上游、木曲中游—沙木涌下游—下根嘎、者涌、俄根巴、燕日吾阿、羊木乡东—买曲一带，出露面积为530km²，最大控制厚度大于959.68m 。

剖面见青海省杂多县结多乡解青能中—晚侏罗世雁石坪群实测剖面（Ⅷ004P3）（图2-33），由第2—8层组成，与下伏雀莫错组和上覆布曲组呈整合接触。从路线观察看，地层的横向变化表现为在解青能一带以含生物碎屑灰岩为主，未见泥质粉砂岩及砂岩夹层。而在吉多、东坝、尕羊、吾日、彦涌中上游、买曲各地该组中均夹泥质粉砂岩及砂岩，并在灰岩中泥质成分偏高。地层在纵向上变化不显著。

测区内主要为浅灰色—深灰色以较稳定的含生物碎屑不纯灰岩、微晶灰岩、泥灰岩为主夹有紫红色及灰黄色泥钙质粉砂岩、长石石英砂岩。在P4剖面中泥质成分偏高，以微晶灰岩、泥灰岩为主，夹页岩、石膏及粉砂岩。层理清楚，单层厚度变化不大，为薄—中厚层状产出。含有丰富的海相动物化石。在木曲一带灰岩中发育斜层理、小型丘状交错层理（图2-35）、波痕（图2-36）等沉积构造，反映水流方向210°。本岩组的岩性以灰色—深灰色的色调与上、下岩组易区分。与下部碎屑岩组为连续沉积。

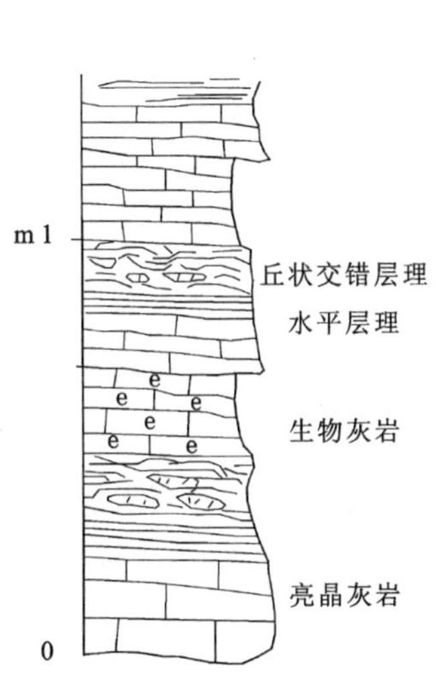

图2-35　沉积构造素描图

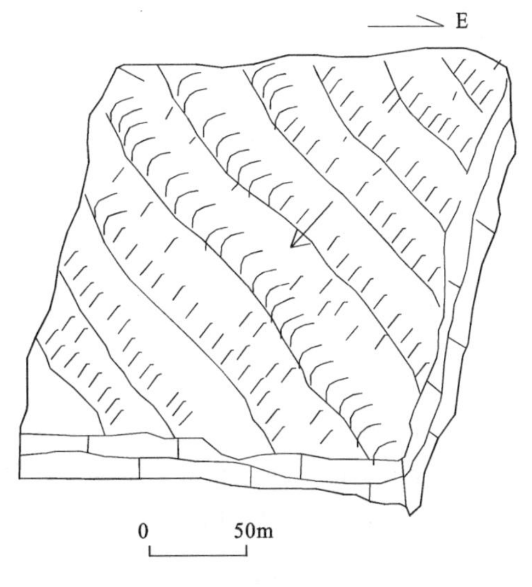

图2-36　波痕素描图

该组主要由生物碎屑灰岩、微晶灰岩等组成。生物碎屑灰岩为生物碎屑结构，块状构造，生物碎屑(介屑)含量为58%，胶结物为泥晶方解石(42%)，局部生物碎屑灰岩中有双壳碎片和棘皮类碎片，空隙式胶结。微晶灰岩为微晶结构，块状构造，由微晶方解石(98%)、生物碎屑(2%)及少量外来沉积碎屑构成。

(3) 夏里组(J*x*)

由青海省区调综合地质大队(1987)创名夏里组于格尔木市唐古拉山乡雀莫错西夏里山。《青海省岩石地层》(1997)沿用此名，并定义为："指整合于布曲组碳酸盐岩组合之上，索瓦组碳酸盐岩与细碎屑岩互层组合之下，一套杂色细碎屑岩夹少量灰岩和石膏层组合而成的地层序列。该组岩性在宏观上多以灰绿色、紫红色碎屑岩交互组成。产双壳类、腕足类、遗迹化石及植物茎干和碎片。上线以夏里组厚层—巨厚层状粉砂岩的顶层面为界，下线以布曲组厚层状灰岩始现为界"。指定正层型为青海省区调综合地质大队(1987)测制的雁石坪剖面第38—49层。

该组分布于测区中西南部解曲流域一带的阿涌—龙青能—拉加涌—优涌、托拉能—布涌—达俄能、巴纳涌—羊木涌上游、木曲中游—沙木涌下游—下根嘎、者涌、俄根巴、燕日吾阿、羊木乡东—买曲一带，出露面积为2100km^2，最大控制厚度大于2715.99m。

剖面见青海省杂多县结多乡解青能中—晚侏罗世雁石坪群实测剖面(Ⅷ004P3)(图2-33)，由第9—32层组成，与下伏布曲组呈整合接触，其上被古近纪沱沱河组和新近纪曲果组呈角度不整合覆盖。

该岩组岩性在纵横向上略有变化，厚度各地有差异，在靠近测区解曲一带沉积盆地边缘出现层间砾岩，岩石粒度为粗—中细粒，色调为灰紫色为主，发育交错层理；而在测区解曲上游木曲一带的靠近沉积盆地中心地区，岩石粒度为中细—细粒为主，岩石颜色出现灰紫色、浅灰绿色相间的色调，发育水平层理。

该组在区内岩性组合为紫色、灰色、灰绿色长石砂岩、粉砂岩。此种组合基本上可以与正层型剖面对比，为一套潮坪—三角洲相碎屑岩沉积，沉积时代推测为中侏罗世。综合上述剖面，岩石粒度粗细变化明显，层理清楚，单层厚度比较稳定。中细粒砂岩中尚见层间砾岩、粉砂岩中夹灰岩。主要由长石石英砂岩、岩屑砂岩及粉砂岩组成的碎屑岩地层构成。有代表性的基本层序组成为：从下部中层细长石石英砂岩—上部中厚层钙质长石石英砂岩，砂岩层中发育有槽状交错层理，层面上发育有不对称波痕，交错层中倾角为5°～10°，粉砂岩层中发育有水平层理，各基本层序间往往有冲刷面存在。

长石石英砂岩：浅紫色，细粒砂状结构，中厚层状构造，岩石由碎屑(90%～95%)、石英(88%)、长石(45%)、杂基(10%～5%)组成；碎屑物磨圆度中等，以次棱角状为主，分选性较好，粒径为0.2～1.2mm。杂基为绢云母和粘土矿物，胶结物(2%)以硅质为主。

微晶灰岩：在砂岩地层中以夹层产出或是透镜体状产出，为微晶结构，块状构造，岩石由微晶方解石(97%)和少量石英、砂屑(3%)组成。

3. 微量元素特征

侏罗纪雁石坪群雀莫错组、布曲组、夏里组的微量元素含量见表2-11。砂岩中除Sb、Mo元素稍高于泰勒值外，绝大多数元素含量普遍低于上陆壳元素丰度值，雀莫错组、布曲组、夏里组相比，布曲组Sc、Li、Co、Ba、Cr、Sr、Zr、Ni、Cu等元素含量又进一步明显降低。碎屑岩的微量元素反映大陆岛弧物源区和被动大陆边缘区特征，与雀莫错组、布曲组、夏里组所处的大陆边缘的滨、浅海环境相吻合。

4. 沉积环境分析

(1) 雀莫错组(J*q*)

该组的底部砾岩层中主要为粗砾岩—细砾岩层序。而主体砂岩中其基本层序组成较为简单，主要由下部中层细粒砂岩—上部中薄层粉砂岩的层序反复堆积而成(图2-37)，反映出多旋回沉积堆积的特征，表明其沉积环境较为近岸滨海相沉积环境。

(2) 布曲组(J*b*)

布曲组主要由生物碎屑灰岩、结晶灰岩组成，其中生物碎屑岩层沿走向延伸稳定，层序结构在野外剖面上清晰可辨，主体层序特征为：下部中层生物碎屑灰岩—上部中薄层泥晶（或微晶）灰岩的堆积（图2-38），大量生物灰岩层的出现表明当时气候条件为温暖，有利于生物的生长，而生物碎屑则反映出其沉积时的海水较浅，灰岩中发育斜层理、小型丘状交错层理、波痕，有潮上带堆积的特点，并存在风暴沉积的环境。从上述情况表明沉积环境不稳定，厚度变化大，属滨海—浅海相沉积。

表 2-11　雁石坪群中的微量元素统计表（$w_B/10^{-6}$）

组	样号	Li	Sr	Ba	V	Co	Cr	Ni	Cu	Zn	Sn	B	Zr	Mn	Ce	Se	Y	Th	Yb	Ti	La
Jq	DY1－1	14.2	120	366	39	5.2	20.1	12.1	9.5	82	2.3	90	228	732	46.2	0.11	18.5	7.3	1.8	1733	22.1
Jb	DY4－1	12.7	414	129	22.4	8.5	9.4	19.1	7.2	18	1.5	12	38	549	18.8	0.06	5.1	1.8	0.5	737	15.9
	DY4－2	3.7	463	614	9	7.8	3.3	18.?	5.9	29	0.3	1	14	670	16	0.02	4.2	0	0.3	62	13.2
	DY5－1	6.6	273	56	10.2	7.2	4	15.8	5.2	15	0.6	1	27	396	15	<.01	3.9	0.2	0.4	213	11.3
	DY8－1	9.5	450	1116	17.5	8.8	16.6	19.6	6.8	148	5.1	6	24	372	16.9	<.01	3.8	0.4	0.5	433	14.1
Jx	DY9－1	19.2	62	830	32.8	5.9	29.5	15.5	4.1	83	2.2	98	324	142	59	0.16	18	9.7	1.9	3026	31.9
	DY9－2	23.8	58	157	26.5	3.3	19.2	5.5	3.4	29	0.9	68	112	81	42.5	<.01	15.1	5.1	1.4	1415	21.3
	DY11－1	35.4	418	405	90.2	13.9	61.2	31.7	8.4	91	4	216	174	288	68.4	0.09	23.9	14.2	2.5	3794	31
	DY12－1	40.8	188	977	42.9	12.1	24.4	24.2	9.2	90	1.6	92	248	612	49.2	0.07	17.9	8.4	1.9	2488	28.8
	DY13－1	59.7	355	150	56.2	12.5	44.2	28.3	4.7	80	1.5	141	124	2371	55.3	0.14	20.5	7.2	1.9	1913	27
	DY15－1	29.2	82	1397	29.3	6.7	21	11	15.7	45	1.9	93	307	388	45.3	0.09	19.4	9.3	1.9	1625	24.9
	DY17－1	46.8	105	322	51.4	18.8	32.2	26.2	23.5	522	2.9	126	226	1859	55.4	0.28	21.9	10.6	2.1	2493	31.2
	DY19－1	34.6	67	578	22.7	4.5	15.6	7.2	9.7	21	1	46	125	148	38.8	0.06	10	5.4	1	957	21
	DY21－2	25.1	274	137	63	13.3	14.7	17.5	10.6	39	1	41	127	3589	82.5	0.12	47.7	8.7	3.6	1202	51.3
	DY22－1	38.2	112	902	75.9	13.3	36.4	31.2	33.6	73	1.9	94	209	855	49.5	0.07	20.1	9	2.1	3083	29.6
	DY22－2	34.2	102	726	51.3	8.9	27.1	21.9	6.1	51	1.4	58	234	598	48	0.08	17.6	7	1.8	2370	27.4
	DY23－1	51.1	99	229	65.9	11.4	36.2	28.5	21.6	60	1	68	292	485	52.8	0.11	19.9	9	2.1	3043	30.1
	DY23－2	45.1	100	188	57.3	10.1	36.6	25.2	30.2	48	1.4	72	280	656	50.1	0.06	21.7	8.4	2.1	2756	28.1
	DY25－1	27	77	194	67.5	11.1	42.5	28.4	35.2	57	1.6	64	341	490	53.5	0.08	21.1	9.4	2.2	2996	27.3
	DY26－1	44.3	88	427	74.8	14.1	49.3	33.9	35.4	76	1.8	99	269	130	58	0.05	20.4	10.5	2.1	3701	31.9
	DY27－1	23	119	537	47.3	8.9	25.3	21	23	41	1.2	96	212	1177	47.1	0.06	17.5	6.9	1.7	2585	27.6
	DY27－2	22.6	96	535	58.6	10.4	40.3	24.9	49.3	54	1.7	60	336	792	50.9	0.1	18	8.2	2	2405	26.5
	DY28－1	9.6	15	59	8.9	1.9	11.2	4.3	4.2	8	0.5	19	57	34	7.4	0.1	2.6	1.2	0.2	331	6.3
	DY29－1	15.2	23	1 4	23.4	2.9	19.6	7.9	6.7	19	0.7	28	130	156	17.6	0.08	5.9	2.8	0.7	857	10.7
	DY30－1	17.4	50	189	68.9	5.9	35.5	12.7	15.7	32	1.8	67	315	444	50	0.11	15.7	7.5	1.7	2442	26
	DY30－2	22.1	54	233	90	7.5	41.5	20.3	14.3	46	0.9	90	221	108	47.8	0.13	19	8.8	2	3192	25.1
	DY31－1	18.2	70	840	76.3	41.4	36.1	57.5	16	159	1.5	72	230	696	51.8	0.19	20.4	8.5	2.2	3076	25.8

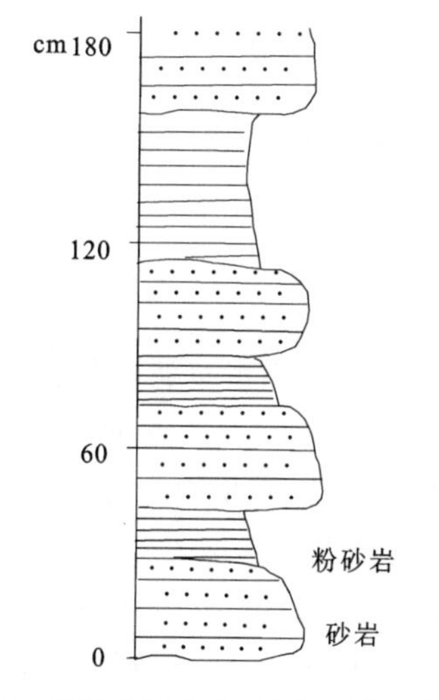

图 2-37　雀莫错组砂岩、粉砂岩层序结构图

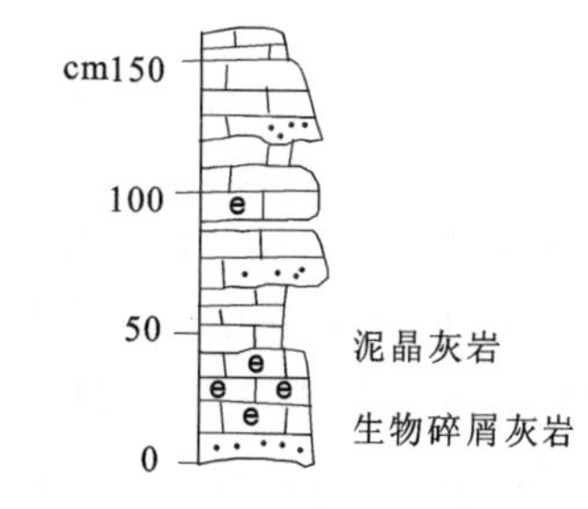

图 2-38　布曲组生物碎屑岩层基本层序图

(3) 夏里组(Jx)

该组主要由长石石英砂岩、岩屑砂岩及粉砂岩组成的碎屑岩地层构成。有代表性的基本层序组成为:从下部中层细长石石英砂岩—上部中厚层钙质长石石英砂岩(图 2-39),砂岩层中发育有槽状交错层理,层面上发育有不对称波痕,交错层中倾角为 5°～10°,粉砂岩层中发育有水平层理,各基本层序间往往有冲刷面存在。以上特征表明其为一套潮坪—水下三角洲相碎屑岩沉积。其间所夹的层间砾岩层表明,其沉积时的环境较为动荡。

两个样品粒度普遍偏细(图 2-40),平均值在 4ϕ 以上,分布区间为 2.5ϕ～6ϕ,无牵引总体,悬浮总体达 50%以上,跳跃总体最低仅 10%左右,图 2-40 中曲线表示为一段或二段,冲刷间断点为 4ϕ,两个样品的粒度平均值均在 4ϕ 上,标准偏差为 0.5734～0.651 60,表明砂岩具较好的分选性,显示河流砂极海滨砂特征,偏度值较小,具负偏或近对称,峰态极窄。

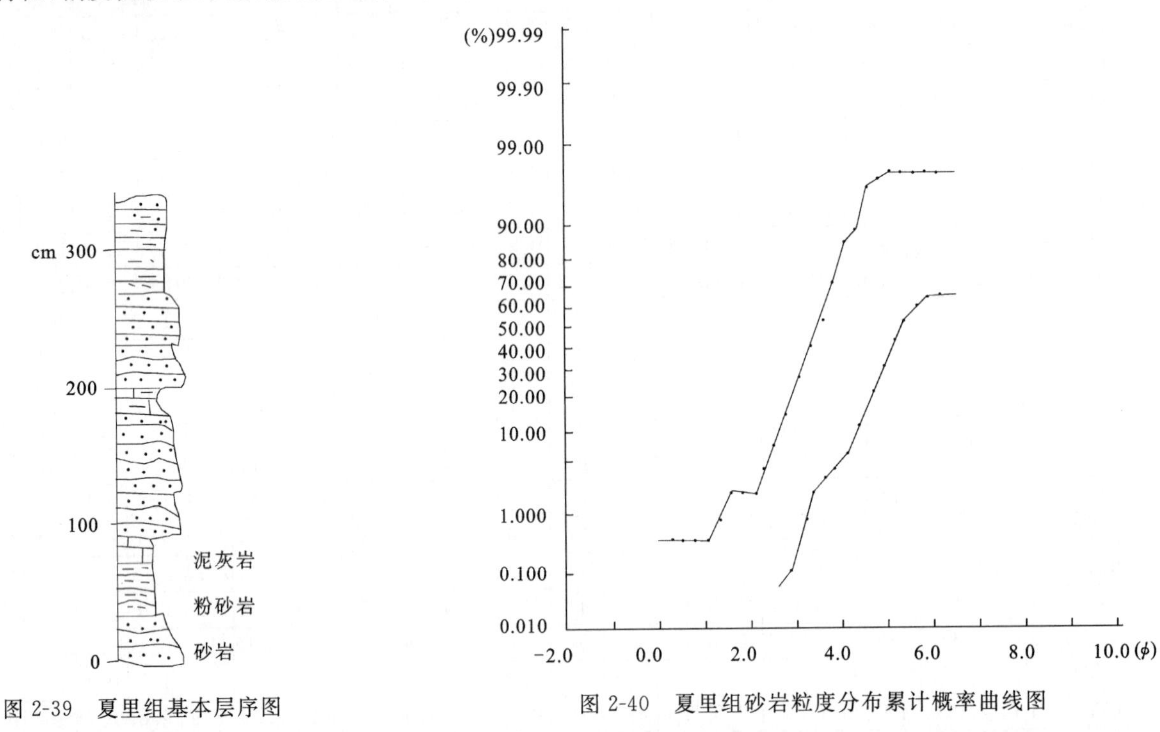

图 2-39　夏里组基本层序图

图 2-40　夏里组砂岩粒度分布累计概率曲线图

该岩组层间砾岩的产出可能与海水进退频繁有关。该岩组由北而南和由东而西,厚度逐渐增大,说明海水有向西南退去之势,显示清楚的海退序列。在砂岩中普遍发育交错层理,并见波痕。局部地段砂岩中见砂质球状同生结核,呈浑圆及椭圆状,大者 20cm×30cm,个别达 50cm。砂岩中常见浅灰绿色砂质及钙质团块。泥质粉砂岩中夹钙质结核,大小为 2cm×5cm。说明沉积时水动力条件动荡。上述特征应属滨海相沉积。

以上特征表明其为一套潮坪—水下三角洲相碎屑岩沉积。其间所夹的层间砾岩层表明,其沉积时的环境较为动荡。

5. 区域对比及时代讨论

该地层在测区内出露相对完整,与层型剖面可完全进行对比。其中雀莫错组与青海省格尔木市唐古拉乡雀莫错东正层型剖面对比,测区的该地层相当于层型剖面的下部层位;布曲组与青海省格尔木市唐古拉乡雁石坪正层型剖面对比,测区的该地层与层型剖面基本一致;夏里组与青海省格尔木市唐古拉乡雁石坪正层型剖面对比,测区的该地层与层型剖面相当于中下部层位。

本次工作和 1∶20 万区调在雁石坪群雀莫错组中采有双壳类:*Camptonectes* (*Camptoehlamys*) *yanshipingensis* Wen, *Corbula* cf. *kidugalloensis* Cox, *Ceratomya* cf. *concentrica* (Sowerby), *Pinna nyainrongensis* Wen;腕足类:*Burmirhynchia flabillis* Ching, Sun et Ye, *Burmirhynehia nyainrongensis*

Ching,Sun et Ye;双壳类:*Camplonectes* (*Camptochlamys*) *yanshipingensis* Wen,是中侏罗世常见的分子。

布曲组中所产大量多双壳类:*Anisocardia* cf. *togtonheensis* Wen,*Astarte* cf. *elegans* Sowerby,*Astarte* cf. *togtonheensis* Wen,*Camptonectes* (*Camptochlamys*) *yanshipingensis* Wen,*Amptonectes* (*Camptonectes*) *rugosus* Wen,*Camptonectes* (*Campionectes*) cf. *lens*(Sowerby),*Ceratomya oneentrica* (Sowerby),*Ceratomya* cf. *striata*(Sowerby),*Corbula* cf. *kidugalloensis* Cox,*Cuneopsis sichuanensis* Gu et Ma ,*Homomya gibbosa* (Sowerby) ,*Inoperna* cf. *sowerbyana* (Orbigny),*Liostrea birmanica* (Reed),*Lithophaga* cf. *inclusa* (Phillips),*Lopha zadoensis* Wen,*Lopha* cf. *costata* (Sowerby),*Lopha* cf. *tifoensis* Cox,*ModioIus glaucus* (Orbigny),*Modiolus imbricatus* (Sowerby),*Myopholas multicostata exilis* Wen,*Oscillopha* sp.,*Oscillopha zadoensis* (Wen),*Pinna nyainrongensis* Wen,*Pholadomya socialis qinghaiensis* Wen,*Plagiostoma* cf. *channoni* Cox,*Plagiostoma* cf. *biiniense* Cox,*Pleuromya fengdengensis* Chen,*Protocardia sublingulata* Chen,*Protocardia* cf. *lycetti* (Rollier),*Pseudotrapezium cordiforme* (Deshayes)。其中地层中双壳类化石 *Camptonectes* (*Camptochlamys*) *yanshipingensis* Wen,*Camptonectes* (*Camptonectes*) *rugosus* Wen,*Camptonectes*(*Camptonectes*) cf. *lens* (Sowerby),*Camptonectes concentrica* (Sowerby),*Pholadomya socialis qinghaiensis* Wen 为侏罗纪 Bajocian 和 Bathonian 标准化石分子。

夏里组中产有双壳类:*Anisocadia* (*Antiquicyprina*),*Mactromya* sp.。所有这些化石反映出这套地层是中侏罗世的沉积。由于在夏里组的上部岩层中未获得化石,因而不能排除晚侏罗世的可能。所以将这套地层归功于中—晚侏罗世。

以上双壳类化石中 *Camptonectes* (*Camptochlamys*) *yanshipingensis* Wen,*Camptonectes* (*Camptonectes*) *rugosus* Wen,*Camptonectes* (*Camptonectes*) cf. *lens* (Sowerby),*Camptonectes concentrica* (Sowerby),*Pholadomya socialis qinghaiensis* Wen,*Anisocardia* sp. 属于《青海省岩石地层》建立的 *Camptonectes auritus* - *Pteroperna costatula* 组合及 *Camptonectes laminatus* - *Anisocardia beaumonti* 组合标准分子,地质年代为侏罗纪 Bajocian 和 Bathonian 阶;而 *Anisocardia* cf. *togtonheensis* Wen,*ModioIus glaucus* (Orbigny),*Modiolus imbricatus* (Sowerby),*Myopholas multicostata exilis* Wen 为《青海省岩石地层》建立的 *Anisocardia tenera* - *Modiolus bipartus* 组合标准分子,地质年代为侏罗纪 Callovian 阶。反映出时代为中侏罗世 Bajocian 期—Callovian 期。

本次工作在布曲组灰岩中采得 *Radulopccten* sp. 晚侏罗世 Oxfordian 阶化石,说明该地层时代跨越晚侏罗世 Oxfordian 阶。总之,测区侏罗纪地层与区域地层对比,形成时代为中侏罗世 Bajocian 期—侏罗世 Oxfordian 期。

第六节　白垩纪风火山群

由张文佑、赵宗溥等(1957)创名于格尔木市唐古拉山乡风火山二道沟,时代为三叠纪。詹灿惠等(1958)依据化石将风火山群划为白垩系。青海省区调综合地质大队(1989)划为晚白垩世,分为砂岩夹灰岩组、砂岩组、砂砾岩组。中英青藏高原综合地质考察队(1990)划为早第三纪。《青海省岩石地层》沿用风火山群,并给予定义:"为一套杂色碎屑岩夹灰岩、泥岩,局部地区夹含铜砂岩、页岩、白垩、石膏及次火山岩组成的地层体。从老到新由错居日组、洛力卡组、桑恰山组构成,其间均为整合接触。与下伏布曲组或更老地层以不整合面为界,其上与沱沱河组及其他地层的不整合面为界,产双壳类和孢粉等化石"。

据前人及本次工作资料,该套地层在区内分布比较广泛。据其岩性组合方式、岩相特征、相对层位及其接触关系等,可以沿用《青海省岩石地层》划分的方案即错居日组、洛力卡组、桑恰山组,其中错居日组出露范围较广,洛力卡组出露范围很小,而桑恰山组在测区未见出露。

区内只分布在测区杂多县南山耐涌、洛力咔及昂赛乡玛考、稿涌一带,呈北西-南东向分布在山前洼地，分布面积为 280km²，控制最大厚度为 900.50m。区域上岩性无变化。底部与下伏石炭纪杂多群、石炭纪杂多群、二叠纪开心岭群、三叠纪结扎群呈角度不整合接触，其上与沱沱河组呈角度不整合接触。

一、错居日组（Kc）

冀六祥（1994）创名错居日组于格尔木唐古拉山乡错居日西。《青海省岩石地层》（1997）沿用此名，其定义与冀六祥（1994）所下定义相同，即"断续分布于唐古拉北缘的一套杂色碎屑砾岩、砂砾岩、砂岩夹粉砂岩、含铜砂岩、页岩组合而成的地层体。与上覆洛力卡组碳酸盐岩组合为整合接触，以碳酸盐岩的底界面为界，与下伏结扎群以不整合为界。产双壳类及孢粉化石"。指定正层型为青海省第二区调队（1982）测制的杂多县南洛力咔剖面第 3 层，副层型为青海省区调综合地质大队（1987）测制的格尔木市唐古拉乡错居日西剖面。

该组区域上只分布在杂多县南山，与下伏地层呈不整合接触，与上覆洛力卡组为整合接触，其上被沱沱河组不整合覆盖。其岩性组合为灰紫色、紫灰、灰紫色厚—巨厚层状砾岩夹岩屑砂岩、钙质岩屑砂岩。

1. 剖面描述

该剖面起点坐标：东经 95°19′34″，北纬 32°50′05″；终点坐标：东经 95°19′52″，北纬 32°51′05″（图 2-41）。错居日组为剖面的第 1—3 层。

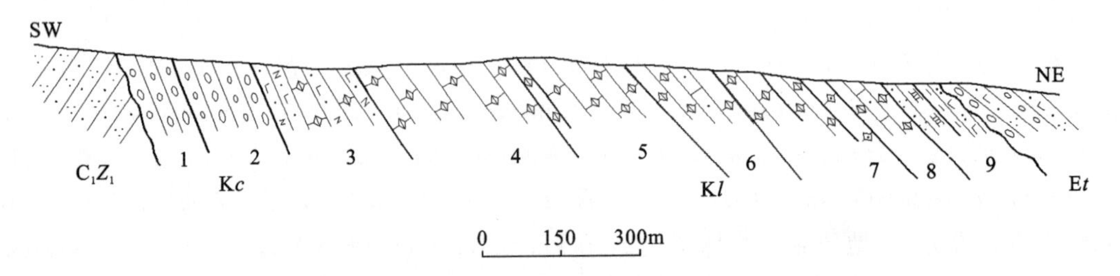

图 2-41 青海省杂多县萨呼腾镇洛力咔白垩纪风火山群修测剖面（Ⅷ004P11）

洛力卡组（Kl）

4. 土黄色微层状泥灰岩夹微晶石灰岩，产植物及双壳类化石 *Brachyphyllum* sp.

———— 整合 ————

错居日组	**厚度＞389.90m**
3. 浅灰色中厚层状钙质长石石英砂岩夹土黄色团粒状泥灰岩	142.60m
2. 砖红色厚—块层状复成分砾岩	146.70m
1. 砖红色—块层状复成分砾岩	101.60m

～～～～～～ 角度不整合 ～～～～～～

下伏地层：早石炭世杂多群碎屑岩组（C_1Z_1） 灰黑色细粒石英砂岩

2. 地层综述和沉积环境分析

该组主要分布在测区杂多县南山耐涌、洛力咔及昂赛乡玛考、稿涌、玛吾通一带，呈北西-南东向分布在山前洼地，分布面积为 270km²，控制最大厚度为 389.90m。测区内区域上岩性无变化。

在杂多县南山耐涌、洛力咔分布面积为 10km²，底部与下伏石炭纪杂多群呈角度不整合接触（图 2-42），其上与洛力卡组呈整合接触。

在昂赛乡玛考、稿涌一带分布面积为 260km²，底部与下伏石炭纪杂多群、二叠纪开心岭群、三叠纪结扎群呈角度不整合接触，未见顶。

岩石组合为灰紫色厚—块层状复成分粗砾岩、灰紫色含砾石英砂岩、浅灰色中厚层状长石石英砂岩夹浅灰黄色泥灰岩。

复成分砾岩：呈灰紫色，少量呈杂色。砾岩具砾状结构，厚层状、中层状构造，基底式胶结为主，局部为孔隙式胶结。砾石含量为80%～85%，形态呈次圆—浑圆状，砾径为2～45cm，2～20cm的砾石所占比例最大，砾石有一定的分选。砾石成分中灰岩最多，占40%左右，其他还有紫红色砂岩、灰色砂岩、硅质岩及少量的火山岩砾石。砾石的扁平面平行层理方向排列。胶结物为泥砂质。

含砾砂岩：紫红色或杂色，含砾不等粒砂状结构，中层状构造。碎屑磨圆度较好，分选性差，其中砾石为11%左右，砂屑为72%，胶结物为17%，孔隙式胶结。碎屑杂乱分布。

砂岩类：按照碎屑组分，具体岩性有钙质胶结细粒岩屑石英砂岩、钙质胶结中细粒岩屑砂岩、长石岩屑砂岩等。砂岩以灰紫色、紫灰色和紫红色为主，中细粒砂状结构，中厚层状构造。碎屑含量占80%～92%，磨圆度或差或较好，分选性大部分较好，少部分较差，碎屑成分有石英(30%～89%)、长石(2%～20%)和岩屑(包括灰岩、酸性熔岩、绢云母千枚岩、安山岩、泥质板岩、中酸性火成岩等，8%～63%)。多数岩石中碎屑杂乱分布，在有些岩石中碎屑略具定向性。胶结物以钙质为主，有少量的铁质，为接触-孔隙式胶结类型。

3. 沉积环境分析

该组地层砾岩中的砾石呈叠瓦状排列，砂岩中发育波痕构造、板状斜层理和平行层理，叠瓦状构造和大型板状斜层理是单向水流和河流相的特有沉积构造。砾岩和砂岩都具有下粗上细的正粒序韵律层(图2-43)，具退积型层序，海侵过程。反映出该组沉积环境为河流相，砾岩为水道砾岩，砂岩可能为席状冲积砂。顶部出现泥灰岩夹层，逐渐向湖相过渡的沉积演化特征。

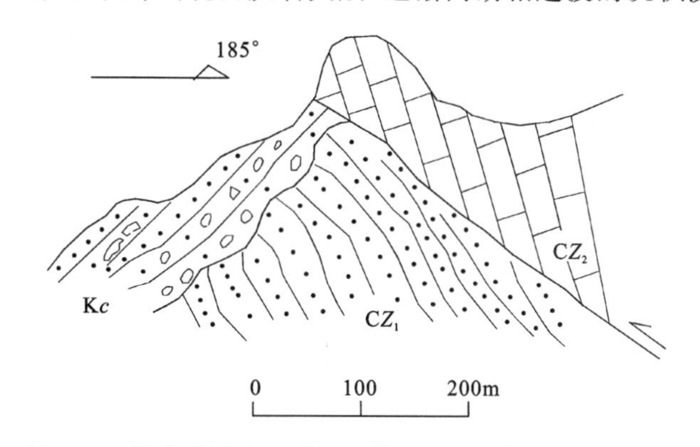

图2-42 洛力咔风火山群与下伏地层不整合接触素描图

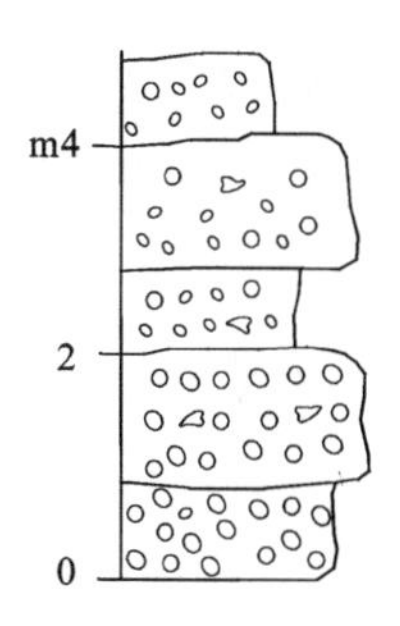

图2-43 错居日组砾岩层序结构图

4. 时代讨论

本次工作在其上部洛力卡组泥灰岩中采到的时代为晚白垩世—新生代，孢粉为白垩纪的孢粉组合，时代为晚白垩世。

前人在测区内桑恰山一带该地层中采到孢粉：*Deltoidospora*，*Biretispirites*，*Pterisisporites*，*Classopollis*，*Piceaepollenites*，*Tricolpollenites*，时代为晚侏罗世晚期—早白垩世。

二、洛力卡组(K*l*)

冀六祥(1994)创名洛力卡组于杂多县南洛力咔。《青海省岩石地层》(1997)沿用洛力卡组一名，并给出了与冀六祥(1994)相同的定义："为一套由土黄色、灰色微层—薄层灰岩夹不纯灰岩、沉凝灰岩、白垩纪粉砂岩组成的地层。与下伏错居日组为整合接触，以灰岩的出现为界，与上覆桑恰山组呈整合接触，以灰岩、凝灰岩的消失为界。产双壳类、植物和孢粉等化石"。指定正层型为杂多县南洛力咔剖面第4—10层。

1. 剖面描述

青海省杂多县萨呼腾镇洛力咔白垩纪风火山群修测剖面(Ⅷ004P11)如图2-41所示，起点坐标：东经95°19′34″，北纬32°50′05″；终点坐标：东经95°19′52″，北纬32°51′05″。洛力卡组由剖面中第4—9层组成。

古近纪沱沱河组(E*t*):砖红色石英砂岩夹砾岩

~~~~~~~~~~ 角度不整合 ~~~~~~~~~~

洛力卡组	**厚度>611.20m**
9. 土黄色中厚层状石灰岩夹钙质石英细粉砂岩及灰色钙质粉砂质石英细砂岩	64.3m
8. 土黄色薄层状泥灰岩	69.9m
7. 土黄色薄层状不纯泥灰岩及灰白色白垩	93.1m
6. 灰白色薄层状泥灰岩夹含粉砂石灰岩及白垩	64.3m
5. 土黄色微层状泥灰岩夹灰色薄层状微晶石灰岩	156.3m
4. 土黄色微层状泥灰岩夹灰色薄层状微晶石灰岩	165.6m

———— 整合 ————

错居日组(K*c*):浅灰色中厚层状钙质长石石英砂岩夹土黄色团粒状石灰岩

2. 地层综述

该组在测区内的出露仅见于杂多县南山耐涌、洛力咔一带,呈北西-南东向分布在山前洼地,分布面积不足10km²,控制最大厚度为611.20m。底部与错居日组整合接触,其上被古近纪沱沱河组呈角度不整合覆盖(图2-44)。

该组岩石组合与下伏错居日组有明显差异,该岩组岩性为一套土黄色—灰色微层—薄层状石灰岩,其中夹有不纯灰岩、白垩及粉砂岩。以稳定的土黄色微层状石灰岩出现为分组标志。该岩性在纵横向上变化不大,层理清晰,单层厚度稳定,一般为5~10m,风化后呈板状。白垩风化后呈乳白色粉末状,具很强的吸附作用,此种岩石只赋存于下白垩统中。

泥岩:色调呈紫红色、橘红色,多为中薄层状,泥质粉砂状结构、粉砂质泥状结构,成分中除泥质外,含有较多粉砂。泥岩表面见泥裂构造,发育水平纹层理、细微的波纹状层理。

石灰岩:多呈薄层状、中薄层状,灰色,风化面为土黄色,泥晶结构,含有砂屑、泥质,成分以方解石为主。

3. 沉积环境分析

该组岩石组合、基本层序(图2-45)表现为粒屑灰岩—泥灰岩韵律层序特征,在泥灰岩、粉砂岩中水平层理、波状层理特别发育,局部泥质粉砂岩、泥岩表面发育泥裂,沉积物粒度较细,沉积环境属河流-湖泊相。地层中夹薄层灰岩及泥灰岩,普遍发育白垩沉积夹层。地层的灰岩中产淡水生物化石介形虫。可能形成于滨湖地段三角洲环境。

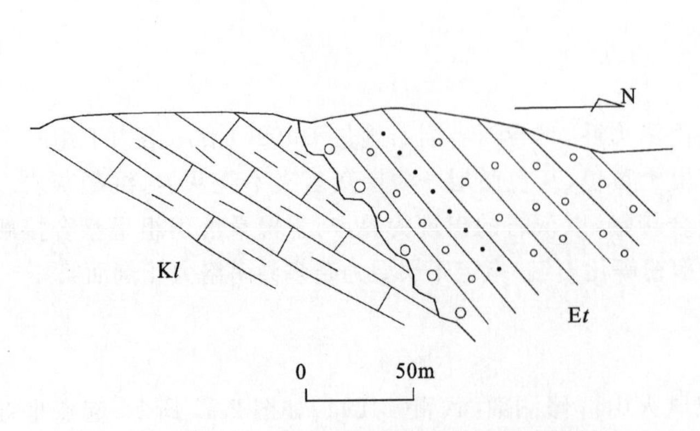

图2-44 洛力卡组与沱沱河组不整合接触素描图

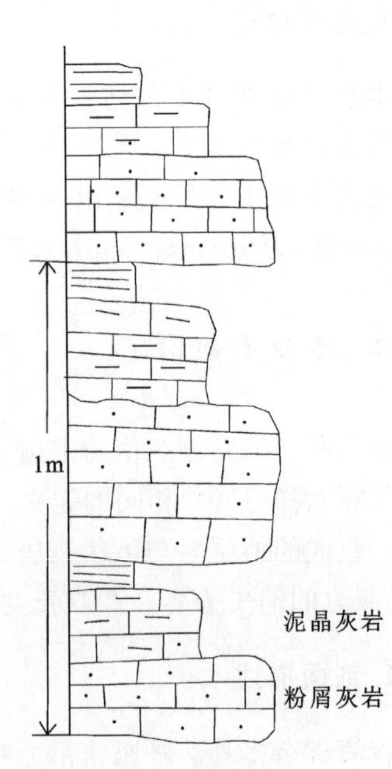

图2-45 洛力卡组层序结构图
~~~~~~~~~~

从以上各类反映沉积环境的标志可以得出，洛力卡组是在错居日组以河流相砾岩、砂岩的基础上沉积的一套以湖泊相为主的陆相沉积物。

4. 古生物化石特征及时代讨论

区域上这套地层不整合于侏罗纪雁石坪地层上，其又被古近纪地层沱沱河组不整合，因此，时代限于白垩纪。

在该地层中1:20万区调采到时代为早白垩世的植物 *Brachyphyllum* sp. 和晚白垩世的介形虫：*Rhinocypis* sp.，*Kaitunia* sp.，*Quadracypris* sp.，*Cypris* sp.。

本次工作在洛力卡组泥灰岩中采到孢粉：*Deltoidospora*，*Concavisporites*，*Gabonisporites*，*Classopollis*，*Euphorbliscallatus*，*Pterisisporites*，*Calssopollis*，*Euphorbliscites*，*Ephedripites* (*Ephedripites*)，*E.* (*E.*) *sphaericus*，*Tricolperopollenites*，*Divisisporites*，*Klukisporites*，*Cicatricosi-sporites*，*Lycopodicumsporites*，*Momosulcites*，*Cycadopites*，*Perinopollenites* cf. *fusiformis*，*T. elngatus*，*Psophosphare* 等；植物：*Equisetites* sp. 等化石，其中植物为被子植物，时代为晚白垩世—新生代，孢粉为白垩纪的孢粉组合，特别是 *Tricolporopollenites* 属晚白垩世常见分子，因此，该地层时代定为晚白垩世。所以将风火山群的沉积时代定为晚白垩世。

5. 地层微量元素

风火山群地层中的微量元素(表2-12)分析反映出大部分元素的含量低于地壳克拉克值，且Zn、Sn元素低于分析的灵敏度。只有Sr元素略高于克拉克值，分布不均匀。错居日组中的Cr元素高于碳酸盐岩组的，其余三种元素的含量相近。

表2-12　风火山群地层中的微量元素分析表($w_B/10^{-6}$)

岩组	统计个数	Cu	Pb	Cr	Ni
错居日组	16	10	19	113	14
洛力卡组	14	10	7	9	7

第七节　古近纪—新近纪地层

据前人及本次踏勘资料，测区古近纪—新近纪地层分布较广泛，据其岩性组合方式、岩相特征、所处相对层位及其接触关系由下而上可划分沱沱河组、雅西措组、五道梁组和曲果组4个正式的岩石地层单位。其中沱沱河组、雅西措组和五道梁组多为连续沉积，放在一起来描述。

一、沱沱河组(E*t*)

青海省区调综合地质大队(1989)创名"沱沱河群"于格尔木市唐古拉乡沱沱河。《青海省岩石地层》(1997)一书中降群为组，并将其定义修定为："指不整合于结扎群之上(区域上不整合于巴塘群、巴颜喀拉群之上)，整合于雅西措组之下，一套由砖红色、紫红色、黄褐色复成分砾岩、含砾粗砂岩、砂岩、粉砂岩，局部夹泥岩、灰岩组合成的地层序列。顶以雅西措组灰岩的始现与其为界。产介形类、轮藻、孢粉等化石"。指定正层型为青海省区调综合地质大队(1989)测制的格尔木市唐古拉山乡阿布日阿加宰剖面第1—5层。

测区沱沱河组分布在东补涌—龙青能—根勃—拉青能—班涌—窑涌—巴尔涌巴涌—宗切嘎、木曲上游、邦涌—包青涌、尕羊乡周围等地，以北西西向条带状展布为主，少为短带状或团块状。与下伏前古近纪地层(结扎群、雁石坪群及风火山群等)均为不整合接触，与上覆雅西措组为连续过渡关系。为一套冲、洪积为主兼湖相沉积。

1. 剖面描述

青海省囊谦县东坝乡过曲古—新近纪沱沱河组、雅西措组、五道梁组修测剖面(Ⅷ004P10)如图2-46所示,起点坐标:东经 95°34′23″,北纬 33°18′02″;终点坐标:东经 95°38′02″,北纬 33°22′04″。

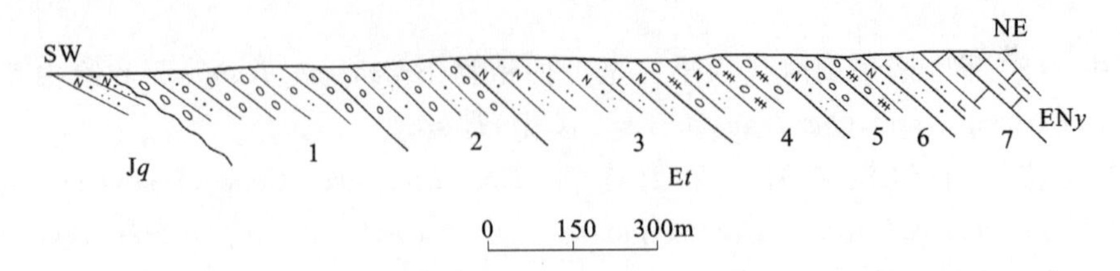

图 2-46　青海省囊谦县东坝乡过曲古—新近纪沱沱河组修测剖面(Ⅷ004P10)

雅西措组(EN*y*):紫红色薄层状泥质粉砂岩夹橘黄色、土黄色薄层状微晶灰岩

——————— 整合 ———————

沱沱河组(E*t*)	**厚度>982.74m**
7. 砖红色厚—中厚层状石英细砂岩	21.34m
6. 砖红色厚层状复成分砾岩夹中厚层状钙质含粉砂石英砂岩	35.4m
5. 紫红色厚—块层状砂质砾岩夹砂岩	71.8m
4. 紫红色含粉砂石英细砂岩夹同色砾岩	74.3m
3. 紫红色厚—块层状复成分砾岩夹同色砂岩	160.7m
2. 紫红色厚—中厚层状含粉砂石英细砂岩夹两层不纯灰岩	383.3m
1. 紫红色厚—块层状砂质砾岩夹砂岩(底砾岩)	235.9m

~~~~~~~~ 角度不整合 ~~~~~~~~

侏罗纪雁石坪群雀莫错组(J*q*):紫红色泥质粉砂岩

2. 地层综述

该组主要分布在结多-东坝盆地和着晓盆地、其次分布在杂多县城、木曲—羊木曲一带的断裂带中。在结多-东坝盆地、着晓盆地底部与下伏石炭纪杂多群、加麦弄群、二叠纪开心岭群、三叠纪结扎群、侏罗纪雁石坪群(图 2-47)、白垩纪风火山群呈角度不整合接触(图 2-44),其上与雅西措组为整合接触。分布面积为 2100km²,控制最大厚度为 961.40m。

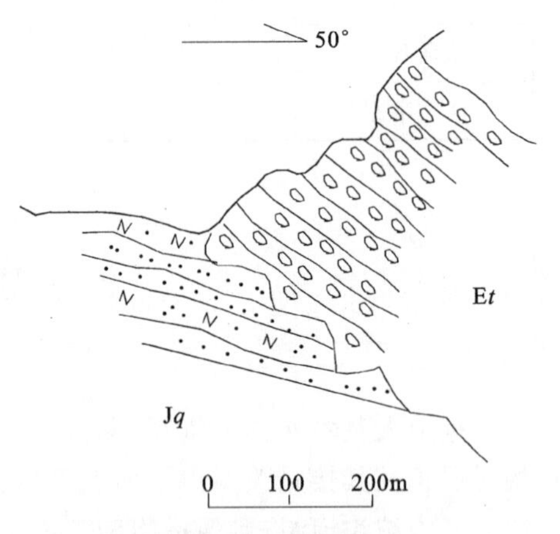

图 2-47　过曲雀莫错组与沱沱河组不整合关系素描图

该岩组在不同沉积盆地的变化,主要表现在:①在岩性上反映出砾岩中砾石成分因地而异,这与沉积盆地物质来源(蚀源区母岩岩性)有关。在东坝盆地的局部地段砂岩中(灰绿色粉砂岩团块)。局部地段的底砾岩被含砾粗砂岩所代替,底部砾岩层理不清晰,其上因夹砂质条带或砾石长轴呈定向排列而显示较清楚的层理;②在沉积厚度上,各盆地的出露厚度差异较大,东坝盆地厚度为 235.19m,而着晓盆地厚度为 181.85m。厚度差异可能与各盆地的沉降幅度及古地貌有一定的关系;③在矿产方面,东坝盆地所产石膏矿规模比其他盆地的大,其他盆地只见到石膏矿化现象。各盆地岩性在纵向上变化不明显,但岩石的矿物粒度从下而上、由粗到细,呈有规律的变化。

该岩组下部为紫红色厚—块层状砾岩夹砂岩,上部为紫红色厚—块层状夹中层状中细粒石英砂岩夹复成分砾岩和含砾粗砂岩,偶夹不纯灰岩透镜体。从下而上显示由粗到细的变化韵律。层厚稳定,砾岩单层厚 50～80cm,最厚达 130cm。底砾岩和层间砾岩相比,砾石直径前者大而后者小,前者的层理不清楚而后者的清楚,前者的磨圆度为次圆—次棱角状,而后者的为次圆状—圆状。该岩组中部发现两处大、中型石膏矿床。在泥质粉砂岩和砾岩中夹石膏层。着晓和尕羊两地各有一处盐泉矿。该岩组的厚
~~~~~~~~

度为961.48m。

砾石类：有砖红色、杂色、紫红色复成分砾岩、细砾岩等。具砾状结构，厚—巨厚层状构造，岩石由砾石(60%～70%)和基质(30%～40%)构成。砾石成分以灰色—灰白色灰岩为主，紫红色砂岩、脉石英等少量，砾石的磨圆度较好，多为次圆状，砾石以球形为主，椭球形次之，分选性中等，砾径1cm×1cm×2cm～1cm×2cm×3cm占60%，3cm×4cm×7cm～7cm×8cm×10cm占20%，10cm×10cm×12cm～15cm×15cm×20cm占15%，砾径1cm者约占5%。基质主要为泥、砂质，呈接触式胶结，砾石排列略呈叠瓦式。平均产状为40°∠25°。

砂岩类：包括紫红色含砾岩屑石英砂岩、细砂岩、泥质粉砂岩等。为中—细粒砂状结构，基底式胶结，岩石由碎屑填隙物组成，其中碎屑含量占65%(石英为80%、长石为1%、岩屑为19%)，胶结物为34%(钙质为30%、铁质为4%)，杂基(粉砂)少量。

3. 沉积环境分析

该组总体上为一套陆相碎屑岩建造，具有明显的旋回性韵律特征，即由砾岩→砂岩、砂岩→泥质粉砂岩构成的自旋回性，单位韵律层厚为2.8～8mm不等。复成分砾石具正粒序层理。而泥质粉砂岩单层厚为0.5～3m，砂岩呈薄层状，其中普遍发育有水平层理，而泥质粉砂岩单层厚为15～30cm，普遍具水平纹层理构造。从所收集的多个基本层序中可以看出(图2-48、图2-49)，其沉积特征显示出巨厚砾岩夹薄层泥砂质粉砂岩及透镜体的特征，且多处见有泥砾。从Ⅷ004P10剖面中可识别出块体堆积冲洪积河道相、河漫滩相及滨湖相与浅湖相交替出现的状态。

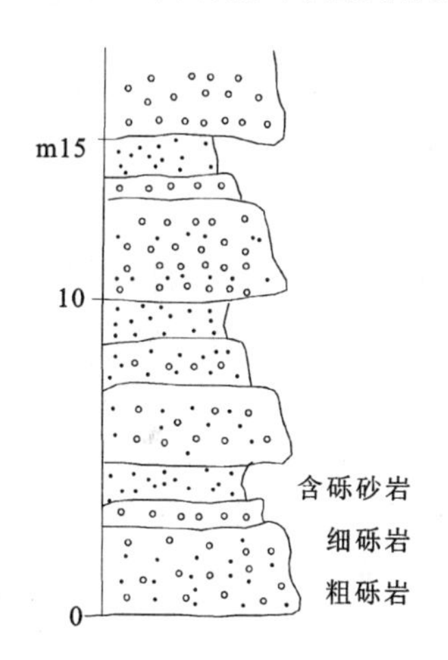

图2-48 沱沱河组层序结构图(一)

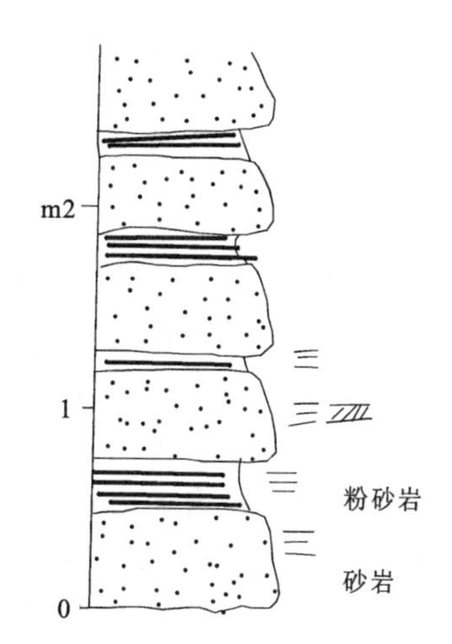

图2-49 沱沱河组层序结构图(二)

粒度分析(图2-50)中两件粒度分析样反映出砂岩粒度明显偏粗，其粒度平均值在7.138 33ϕ～4.1775ϕ间，分布区段较窄，跳跃组分为主，占80%以上，最高达90%，次为悬浮组分，无牵引组分，标准偏差在0.634 48～0.655 53间，显示较好的分选性，具海滨砂岩特点，偏度极细，峰态很窄。沉积概率曲线图显示两个线段，斜率偏陡，截点在4ϕ～4.7ϕ。

4. 时代讨论

沱沱河组以明显的角度不整合于白垩纪风火山群地层之上，岩层产状平缓，层理清晰。其上与雅西措组呈整合接触。

在拉加涌上游泗青能一带沱沱河组上部所采孢粉经鉴定反映孢粉组合以稞子植物花粉占优势(61.4%)，是一种以单调的云杉(*Piceae*)为主，次为无口器粉(*Phaperturopollenites*)、麻黄(*Ephedripites*)。蕨类植物占组合的18.6%，以水龙骨科(Polypodiaceae)为主，次为凤尾蕨(*Pterisiporites*)、三角孢(*Deltoidospora*)。被子植物以栎粉(*Ouereus*)较多，还有刺忍冬粉，棒粉、漆树及个别棕榈等。孢粉组合面貌与西藏伦坡拉盆地牛堡组上段相似。其时代确定为晚渐新世至中新世早期。

区域上在层型剖面上采有介形虫：*Cypris decaryi*，*Candoniella albicans*，*Darwinula* sp.；轮藻：*Peckichara serialis*，时代为古—始新世；故将该地层的时代确定为古—渐新世期较为合适。

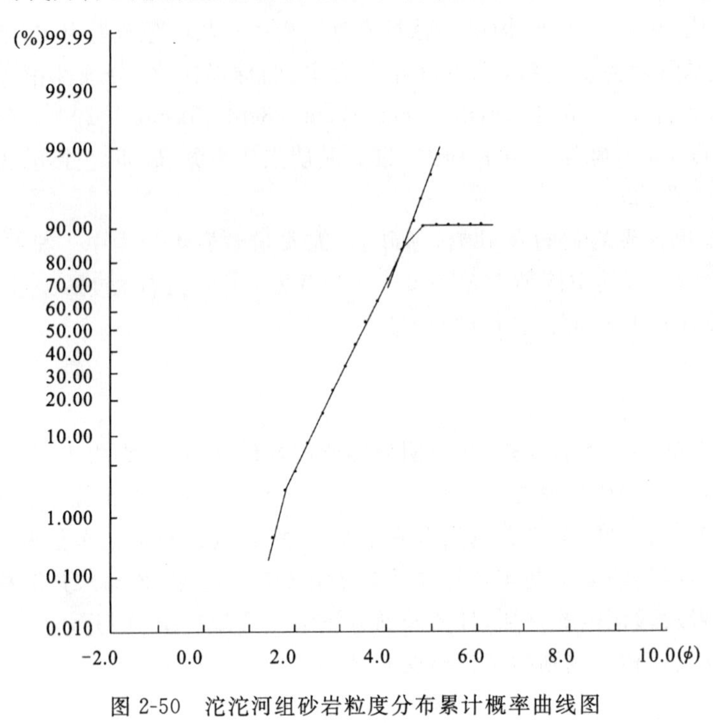

图 2-50　沱沱河组砂岩粒度分布累计概率曲线图

二、雅西措组(ENy)

青海省区调综合地质大队(1989)创名"雅西措群"于格尔木市唐古拉乡雅西措，其原始定义："指分别整合于五道梁群之下，沱沱河群之上代表渐新世灰白色、浅灰色碳酸盐岩及紫红色砂岩为主，夹石膏岩层、泥灰岩、含石膏粘土岩层组成的地层。产轮藻、介形类和孢粉化石"。《青海省岩石地层》(1997)降群为组，并修定为："指分别整合于沱沱河组之上、五道梁组之下一套以碳酸盐岩为主，局部夹紫红色砂岩、灰质粘土岩及锌银铁矿组合而成的地层体。区域上多数地区未见顶。在曲麻莱县玛吾当扎与羌塘组呈不整合接触。顶以石膏层的出现与五道梁组分界，底以整合(局部为不整合)面或碳酸盐岩的始现与沱沱河组或其以前的地层分隔。产介形类、轮藻等化石"。

雅西措组分布在昂瓜杂宗—折破—恰龙日赛—色各丛—格青涌、结多乡—东坝乡一带的解曲河两岸附近，多呈北西西向短轴状展布，与下伏沱沱河组呈整合接触。其岩性组合主要为泥灰岩、粉砂岩夹结晶灰岩和泥质石膏层，夹有紫红色、砖红色长石岩屑砂岩、岩屑石英砂岩、长石石英砂岩夹灰绿色凝灰岩、泥晶灰岩、复成分砾岩、泥岩、粉砂岩，为一套以河湖相沉积为主兼洪积相沉积。

1. 剖面描述

青海省囊谦县东坝乡过曲古—新进纪沱沱河组、雅西措组、五道梁组修测剖面(Ⅷ004P10)如图2-51所示，起点坐标：东经 95°34′23″，北纬 33°18′02″；终点坐标：东经 95°38′02″，北纬 33°22′04″。

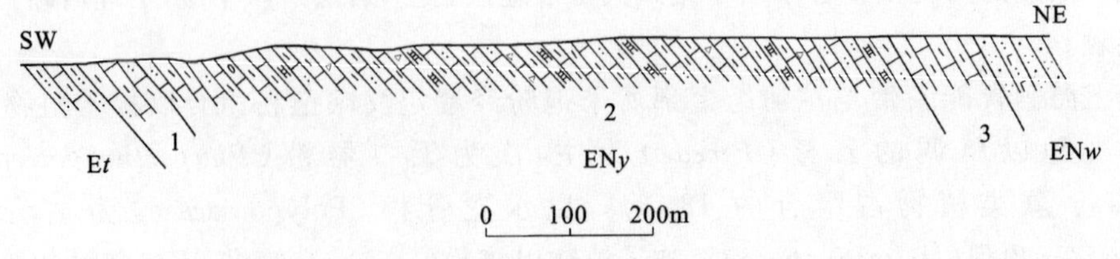

图 2-51　青海省囊谦县东坝乡过曲古—新近纪雅西措组修测剖面(Ⅷ004P10)

五道梁组(EN*w*)：砖红色、土黄色厚—块层状钙质石英细砂岩，偶夹含砾砂岩

——————— 整合 ———————

雅西措组(ENy)　　　　**厚度 699.24m**

3. 橘黄色厚—中层状石英粗粉砂岩夹细粒石英砂岩及钙质粉砂岩，产孢粉：*Abietineaepollenites* sp.，*Pinuspollenites* sp.，*Chenopollis* sp.　　80.96m

2. 杂色薄层状含细粉砂泥灰岩夹橘黄色、土黄色薄层状微晶灰岩，产孢粉：*Abietineaepollenites* sp.，*Pinuspollenites* sp.，*Chenopollis* sp.　　570.37m

1. 紫红色薄层状泥质粉砂岩夹橘黄色、土黄色薄层状微晶灰岩，产孢粉：*Abietineaepollenites* sp.，*Pinuspollenites* sp.，*Chenopollis* sp.　　47.91m

——————— 整合 ———————

沱沱河组(E*t*)：砖红色厚层状复成分砾岩夹中厚层状钙质含粉砂石英砂岩

2. 地层综述和沉积环境分析

该组主要分布在结多-东坝盆地和着晓盆地中，底部与沱沱河组呈整合接触，在结多-东坝盆地其上与五道梁组呈整合接触，着晓盆地中未见上伏地层。分布面积为 240km²，控制最大厚度为 699.24m。

该岩组的主要岩石类型有灰岩类夹砂岩类，以橘黄色、灰白色为特征，主要岩性为泥灰岩、泥晶灰岩，夹有紫红色、砖红色长石岩屑砂岩、岩屑石英砂岩。

灰岩类：有粉晶灰岩、含砂、泥质灰岩、微晶灰岩等。粉—微晶结构，中厚层状，单层厚 5～20cm，石英、长石粉砂屑为 3%、粉—微晶方解石＞90%，胶结物≥8%。

泥晶灰岩、微晶灰岩：呈灰绿色、浅灰色、灰紫色等，分别具有特征的泥晶结构、粉屑—砂屑结构、微晶结构等。岩石成分主要为方解石，个别含陆缘碎屑。碎屑由石英、长石和岩屑等组成，多呈棱角状。粒屑包括砂屑、粉屑、团粒及生物屑等，均由泥晶方解石组成。基质也由泥晶方解石组成，呈基底-孔隙式胶结类型。

砂岩类：岩屑砂岩、石英砂岩、粉质粉砂岩等。中细粒砂状结构，孔隙式胶结，碎屑含量为 73%（石英 50%、长石 10%、岩屑 40%），胶结物为钙质（25%，多已重结晶为方解石）、铁质（2%）。

该组泥灰岩沿走向在着晓盆地、东坝盆地中都比较稳定。岩石层面构造；波痕、泥裂较常见。产有孢粉，为确定地层时代提供了证据。路线上采得腹足类：*Planorbidae* sp.，岩组厚 1366.67m。各盆地的岩性有差异，在着晓盆地以橘黄色—米黄色泥灰岩为主夹泥质粉砂岩，碎屑岩夹在泥灰岩中间部位。在东坝盆地，与着晓盆地相比泥质粉砂岩增多。泥灰岩产在该岩组的中间部位。在吉青能—查加能一带沿走向夹有青灰色泥质粉砂岩，局部偶夹砾岩，各盆地沿走向出露宽度不一。岩性在纵向上变化不显著，反映出以河湖相沉积为主兼洪积相沉积。

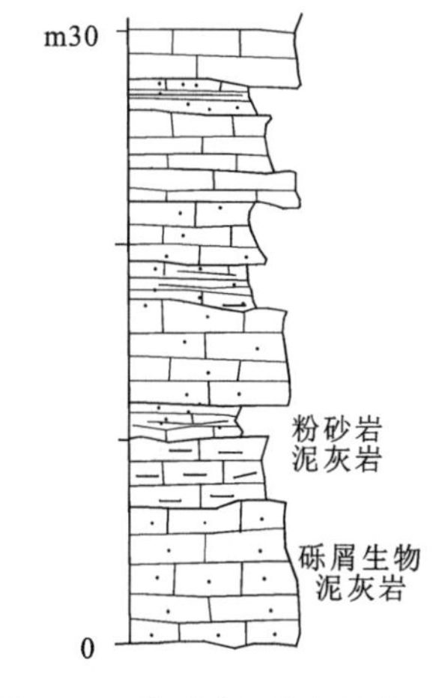

图 2-52　雅西措组基本层序图

其基本层序特征是由灰白色灰岩夹粉砂岩组成的旋回性基本层序，砂泥岩中普遍发育水平层理，水平纹层构造，单个旋回厚度由下至上逐渐减薄，显示退积结构特征（图 2-52）。在结多乡—东坝乡一带，出现大套紫红色泥岩夹泥灰岩、粉砂岩、细砂岩的沉积特征，砂岩中普遍发育平行层理、水平纹构造。同样显示出旋回性基本层序特征，单位层序厚度远较格青三角一带的大，反映出盆地物质补给较充分。

3. 区域对比与时代讨论

雅西措组在测区各新生代盆地内均有分布，多呈北西西向短带状展布，与下伏沱沱河组呈整合接触，其上被新近纪曲果组平行不整合接触。其岩性组合为紫红色、砖红色长石岩屑砂岩、岩屑石英砂岩、长石石英砂岩夹灰绿色凝灰岩、泥晶灰岩、复成分砾岩、泥岩、粉砂岩，为一套以河湖相沉积为主兼洪积相沉积。该组可与沱沱河地区的层型剖面进行对比，区内只出露下部层位地层。

在结多-东坝盆地和着晓盆地中本岩组采有孢粉，孢粉及其组合特征如下：①孢粉组合以裸子植物花粉占绝对优势，为 91.6%，其中松属为主，单束松粉（*Abietineaepollenites* sp.）加双束松粉（*Pinuspollenites* sp.）占 71%，其次为铁杉粉（*Tsugaepollenites* sp.）、云杉粉（*Pieeaepollenites* sp.），少量雪松杉、油杉、罗汉松粉，个别见到麻黄粉；②蕨类植物孢子占孢粉组合总数的 2.3%，仅见到少量凤尾蕨孢（*Pterisisporites* sp.），偶见三角孢（*Deltoidospora* sp.）；③被子植物花粉占孢粉组合总数的 6%，以草本植物藜粉（*Chenopodipollis* sp.）、拟白刺粉（*Nitrariadites* sp.）、青海粉（*Qinghaipollis* sp.）、三沟粉（*Labitricolpites* sp.）为主，偶见楝粉、菊粉。据上述组合特征，应为松科-铁杉粉-凤尾蕨孢组合，属于针叶林-森林草植被。可与柴达木盆地上干柴沟-下油砂山组的松科-麻黄粉组合、西宁-民和盆地谢家组上部的榆粉属-栎粉属-云杉粉组合大致进行对比，因此，将测区这套地层的时代归属于渐—中新世比较合适。

三、五道梁组（EN*w*）

青海省区调综合地质大队（1990）于格尔木市唐古拉山乡五道梁地区创名“五道梁组”，指“代表中新世以碳酸盐岩为主、由一套灰白色、灰色薄—中层状含白云质灰岩、生物灰岩夹锌银矿层组成的地层”《青海省岩石地层》降群为组，定义为：不整合于曲果组之上、整合于雅西措组之上、由橘红色泥岩、浅灰绿色泥岩夹石膏及盐岩等组合而成的地质体。顶以不整合面或粗碎屑岩的始现与上覆曲果组分界，底以石膏层的始现与雅西措组分隔。区域上多未见顶。产介形类。

五道梁组在测区主要分布于结多乡—东坝乡一带的解曲河两岸附近，与下伏雅西措组整合接触。其岩性以砖红色—橘红色厚—中厚层状钙质细粒石英砂岩夹橘红色粉砂岩、橘红色泥岩夹细砂岩等组成。虽在剖面上未见石膏层，但在路线上见有石膏层，局部地段成石膏矿。为一套河流-湖泊相沉积。

1. 剖面描述

青海省囊谦县东坝乡过曲古—新进纪沱沱河组、雅西措组、五道梁组及曲果组修测剖面（Ⅷ004P10）如图 2-53 所示，起点坐标：东经 95°34′23″，北纬 33°18′02″；终点坐标：东经 95°38′02″，北纬 33°22′04″。

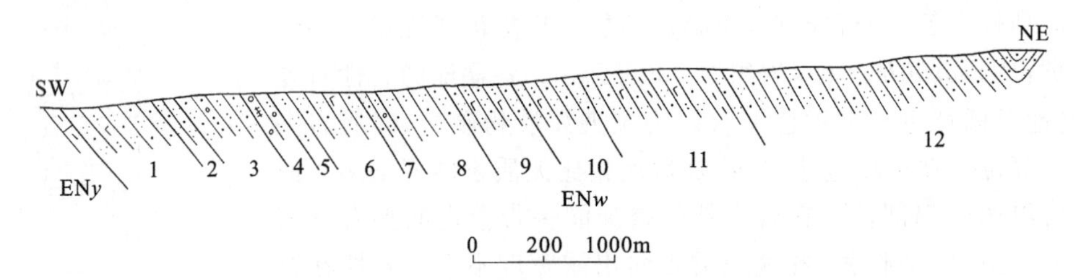

图 2-53　青海省囊谦县东坝乡过曲古—新近纪五道梁组修测剖面（Ⅷ004P10）

五道梁组（EN*w*）　　**（未见顶）**　　**厚度＞5300.17m**

12. 砖红色中—厚层状细粒石英砂岩夹砖红色薄层状钙质粉砂岩（向斜轴）　＞1461.26m
11. 砖红色中—厚层状细粒岩屑石英砂岩夹砖红色薄层状钙质粉砂岩及泥岩　777.64m
10. 砖红色中—厚层状细粒石英砂岩夹砖红色薄层状钙质粉砂岩　425.90m
9. 砖红色中—厚层状中细粒砂岩夹砖红色中—厚层状粉砂岩　465.04m
8. 砖红色厚—巨厚层状细粒石英砂岩夹砖红色中—厚层状粉砂岩　440.07m
7. 砖红色中—厚层状粗粒石英砂岩夹砖红色含砾粗石英砂岩　123.86m
6. 砖红色厚—巨厚层状中粗粒石英砂岩夹土黄色厚层状粉砂岩　416.70m
5. 砖红色薄层状细粒石英砂岩夹土黄色厚层状石英砂岩　114.49m
4. 砖红色巨厚层状复成分砾岩夹砖红色中—厚层状粗粒石英砂岩　164.77m
3. 砖红色厚—巨厚层状中粗粒石英砂岩夹砖红色含砾粗石英砂岩　381.51m
2. 砖红色厚—中厚层状细粒岩屑石英砂岩　99.70m
1. 砖红色—橘红色中厚—厚层状石英细砂岩夹橘红色粉砂岩，产孢粉：*Tsugaepollenites*

sp. ,*Piceaepollenites* sp. ,*Chenopollis* sp.　　429.23m

——————— 整合 ———————

雅西措组(ENy):橘黄色厚中层状石英粗粉砂岩夹细粒石英砂岩及钙质粉砂岩

2. 地层划分和沉积环境分析

该岩组仅见于吉多-东坝盆地,呈北西-南东向分布在山前洼地,分布面积为 510km²,控制最大厚度为 5300.17m。底部与雅西措组整合接触,其上未见顶。

该组岩石以砖红色为特征,主要岩性为中细粒石英砂岩、钙质石英砂岩夹紫红色复成分砾岩、粉砂岩。滚圆度及分选性均较好。胶结物以钙质为主。厚度大于 3117.82m。本岩组的岩石胶结松散,易风化,层理清楚。岩层面上见有波痕、虫孔构造,后者多被砂质充填。反映的沉积环境以湖相为主,局部有河相环境。岩性在横向上变化不大,只在吉多一带局部夹泥岩。在纵向上底部夹少量复成分砾岩。

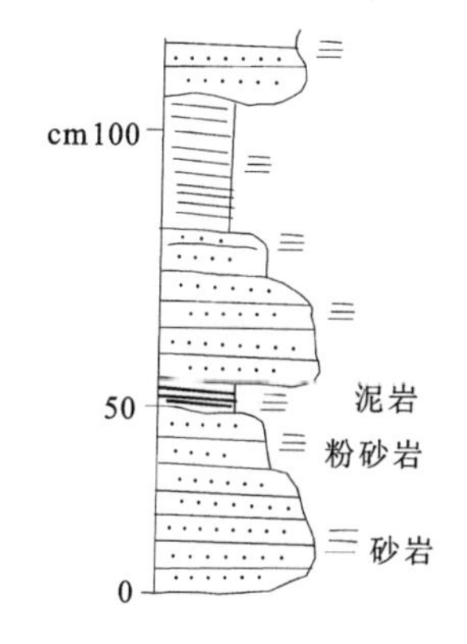

图2-54　五道梁组基本层序图

3. 沉积环境分析

作为新生代盆地高层的五道梁组地层体,在区内岩性变化不明显,将其作为统一盆地沉积体来描述。该组的基本层序揭示了由砂岩—粉砂岩—泥岩的韵律性旋回的特征(图 2-54)。

两件粒度样反映出,砂岩粒度的平均值在 3ϕ～4ϕ,普遍偏细,跳跃总体为 70%～73%,次为悬浮总体,未见牵引总体,曲线图上表现为两段(图 2-55),截点为 4ϕ,标准偏差为 0.64,表现为砂岩分选性较高,两个样品偏度的差异较大,表现出粒度分布的不均一性,峰态很窄,曲线的倾斜度大于 60°,具湖滨砂的特点。

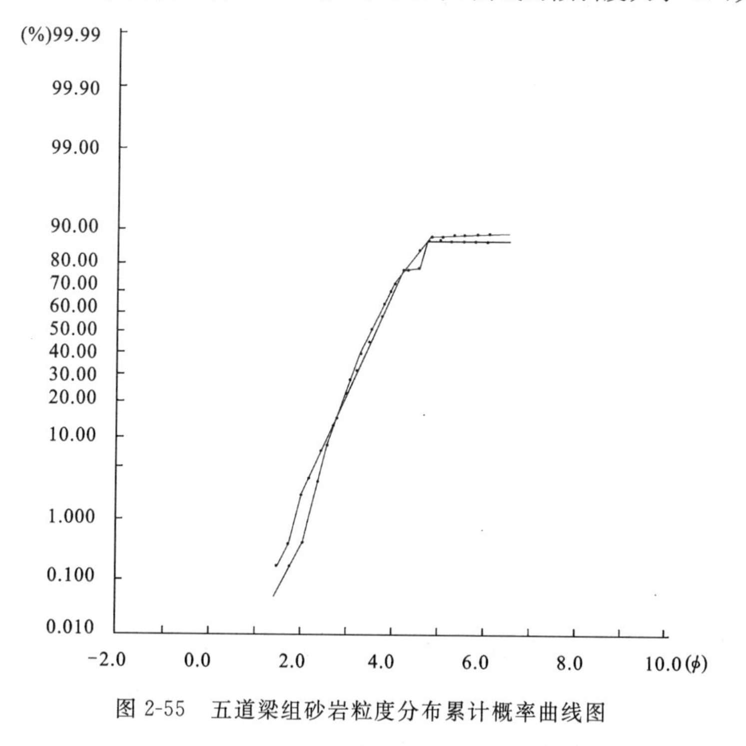

图 2-55　五道梁组砂岩粒度分布累计概率曲线图

沉积环境体现出干旱气候条件下湖滨—盐湖相特征,在以相对较湿润气候与相对干旱气候主宰下,使得沉积体现出水流充沛短暂时期与长时期大量蒸发气候体制旋回性出现的状态。

4. 时代讨论

该岩组整合于雅西措组之上。区域上沉积时代在阿布阿辛地区为渐新世晚期—中新世,在巴音莽东及可可西里山南麓均为渐新世。因而将其时代归为渐—中新世。

四、曲果组(Nq)

曲果组名称的由来待查证。苟金(1993)沿用曲果组一名,代表查香结德地区的一套砂砾岩组。《青海省岩石地层》沿用此名,并定义为:“指分布于唐古拉山地区,分别不整合于羌塘组之下,五道梁组或其以前地层之上的一套由紫红色、灰紫色、灰色—灰白色砾岩、含砾砂岩、砂岩夹粉砂岩、泥岩,局部夹菱铁矿组合成的地层序列。产介形类、轮藻、腹足类及孢粉等化石”。指定选层型为青海省区调综合地质大队(1990)测制的治多县查香结德剖面第1—8层。

该组分布于测区色旺涌曲一带。其岩性主要由紫红色—橘红色砾岩、含砾砂岩、砂岩、粉砂岩组成;属山麓-河流相沉积。

1. 剖面描述

青海省杂多县阿多乡侏罗纪雀莫错组—古近纪曲果组实测剖面(Ⅷ004P1)如图2-56所示。

新近纪曲果组(Nq)	**(未见顶)**	**厚度>694.90m**
7. 紫红色厚层状含中砾细砾复成分砾岩夹紫红色中层状细粒长石石英砂岩		101.56m
6. 紫红色厚层状细砾复成分砾岩		76.56m
5. 紫红色厚层状细砾复成分砾岩夹紫红色含砾中细粒岩屑石英砂岩		233.87m
4. 紫红色巨厚层状砾复成分砾岩		18.05m
3. 紫红色厚层状细砾复成分砾岩夹紫红色中层状含砾中细粒岩屑砂岩		52.70m
2. 紫红色厚—巨厚层状中砾复成分砾岩夹紫红色厚层状细砾复成分砾岩		76.88m
1. 紫红色厚—巨厚层状中砾复成分砾岩与紫红色厚层状细砾复成分砾岩互层		135.28m

~~~~~~~~ 角度不整合 ~~~~~~~~

侏罗纪雀莫错组(Jq):灰紫色中层状细粒长石石英砂岩

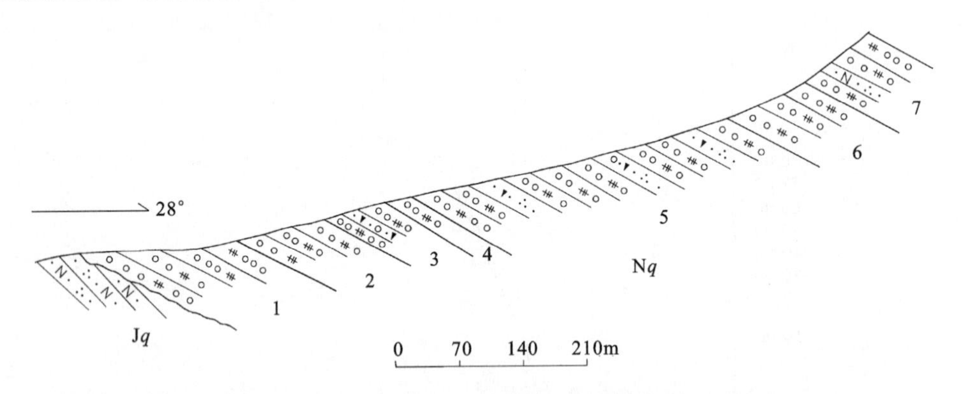

图2-56 杂多县阿多乡新近纪曲果组实测剖面(Ⅷ004P1)

2. 地层叙述

该组主要分布在测区西北角色旺涌曲,以角度不整合接触在早石炭世杂多群、侏罗纪雁石坪群之上。分布面积为210km²,控制最大厚度为694.90m。测区内未见与下伏五道梁组接触关系,但在北侧治多县幅见与雅西措组呈平行不整合接触(图2-57)。

前人将该套地层划归侏罗纪雁石坪群和白垩纪风火山群,本次工作发现,该套地层呈角度不整合在侏罗纪雁石坪群和新近纪碱性花岗岩之上,故归入新近纪曲果组。岩石组合为灰紫色复成分砾岩、紫红色厚层状钙质长石石英砂岩及泥质粉砂岩。在砾岩中砾石约占70%~80%,泥砂杂基为20%~30%,基底式-接触式支撑,砂质胶结;砾石具定向排列构造,砾石的磨圆度极好,呈滚圆形,分选性中等;砾石成分以灰色砂岩、紫红色砂岩为主,少量火山岩、脉石英、石英片岩等。砂岩类主要为岩屑石英砂岩,呈
~~~~~~~~

细粒砂状结构、孔隙式胶结，岩石由填隙物和碎屑组成，碎屑颗粒主要以石英、长石、岩屑，填隙物以钙质为主、少量铁质，斜层理、交错层理发育，层面上见波痕构造。

3. 沉积环境分析

该地层是干旱条件下的山间盆地或断陷盆地中的沉积，岩石中碎屑成分与下伏地层的岩性关系密切。地层中由粗到细的沉积韵律十分清楚，下部以砾岩为主夹含砾砂岩，向上变细。顶部以细砂岩为主。砾岩中砾石以砂岩为主。粒度分选较差，但磨圆较好。胶结物以钙质、铁质、砂质为主。地层横向上岩性变化不显著，但厚度变化较大。在治多西一带，地层中局部夹石膏。

从图 2-58 中反映出砾岩—砂岩—砾岩的韵律型基本层序特征。该层序中砾岩单层厚 50～100cm 不等，砾石分选性中等，磨圆度好反映扇中水道沉积环境；砂岩单层厚约 15～30cm，发育平行层理、交错层理。总体显示出快速堆积状态下的山麓相环境。

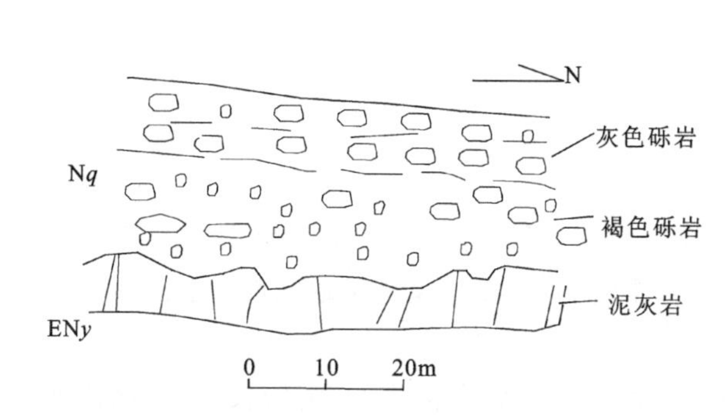

图 2-57　托吉涌曲果组与雅西措组不整合接触素描图

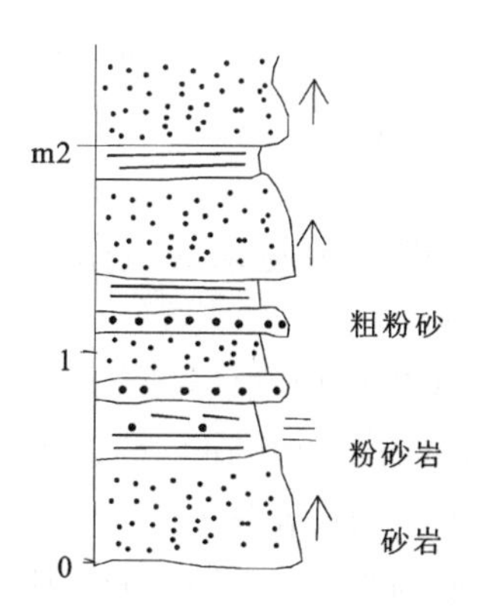

图 2-58　曲果组砂岩中基本层序图

4. 区域对比及时代探讨

区内该套地层在结桑能一带以角度不整合于新近纪阿多霓辉石正长斑岩之上，岩体侵位于中晚侏罗世雁石坪群地层中，霓辉石正长斑岩中取黑云母和正长石的$^{39}Ar/^{40}Ar$同位素测年获得 10.71±0.08Ma和 10.26±0.16Ma 的坪年龄，在妥拉霞石霓辉石正长岩中取全岩 K－Ar 同位素测定，获得 8.99Ma的地质年龄，测试结果与地质观察年代相一致，其侵位时代为中新世。依据以上地层的地质特征，将其沉积时代归入新近纪中上新世。

在治多县幅勒仁摘曲一带，这套地层中的灰岩透镜体产腹足类化石：*Galba* sp.，*Succinea* sp.，*Planorbis* sp.等。在岩性上与区域上与第三系相当。另外，宜昌地质矿产研究所在测区西北角图外的该地层中采得上新世孢粉组合。所以我们依据地层接触关系及区域对比，将其沉积时代归入上新世。

第八节　第四纪地层

区内第四纪地层分布较为零星，总面积不足测区总面积的 1%。按其成因类型划分有：冲积、冰碛及沼泽堆积等，其集中形成于中晚更新世及全新世。中更新世在海拔较高的沟谷及山脊一带堆积了厚度较大的冰碛砾石层；晚更新世早期继承了中更新世寒冷气候特征，在测区西南部沟谷及其支沟上游一带堆积了冰水堆积物；在中晚期沿吉曲、木曲等各大沟谷中堆积厚度较大的冲积物。进入全新世时期，测区附近气候多变，早期在晚更新世向冰期后，又进入了一次冰期阶段，堆积了一套灰色—灰黄色泥砾为主的冰碛层；中晚期气候变缓，雨量充沛，区内沿吉曲、扎曲等沟谷中堆积了以砂砾石层为主的冲积层，并在山间凹地中有以淤泥为主的沼泽堆积(表 2-13)。

表 2-13 第四纪地层划分一览表

地质年代		代号	堆积物特征	成因类型	地貌特征
第四纪	全新世	Qh^{al}	砂砾石，间夹粗、细砂透镜体	冲积	Ⅰ级阶地、河漫滩及冲积平原
		Qh^{h}	亚砂土、淤泥，局地厚度较大	沼泽堆积	沼泽洼地、沼泽湿地及山间盆地
		Qh^{gl}	灰色—灰黄色泥砾	冰川堆积	高山常年冰雪
	晚更新世	Qp_3^{al}	砂砾石具弱胶结	冲积	冲积平原，Ⅱ、Ⅲ、Ⅳ、Ⅴ级阶地
		Qp_3^{fgl}	泥质砂砾石间夹泥质透镜体	冰水堆积	冰水阶地及冰水平原
		Qp_3^{gl}	泥砾及巨大漂砾，砾石成分复杂	冰川堆积	河谷区两侧的侧碛垄、中碛垄、终碛垄、冰蚀槽谷
	中更新世	Qp_2^{gl}	泥砾及巨大漂砾，砾石成分复杂	冰川堆积	现代冰川退缩区边缘、冰蚀湖泊、冰蚀洼地

一、中更新世地层(Qp_2^{gl})

区内中更新世地层只有冰川堆积 Qp_2^{gl}，分布于易涌—耐青涌等地的沟脑一带，海拔高度在 5200～5500m，总面积约 10km^2。冰碛物一般构成冰碛缓立、冰碛垄等，部分地带冰碛物被后期冲蚀改造，砾级粗大的砾石沿沟谷分布。

冰碛物由漂砾、砾石、砂及粘土组成。漂砾成分为灰色片麻状花岗岩、花岗闪长岩、灰绿色砂岩等，砾径最大为 1.8m，呈长条状，长 1.2m，宽 40m，浑圆状者砾径一般在 0.8～1.4 之间，其中片麻花岗岩多为次圆状，局部见有冰蚀凹坑，砂岩漂砾多呈次棱角状，漂砾含量占整个堆积物体积含量的约 55%。砾石成分以砂岩为主，砾径为 11～30cm，含量约 25%。分选性差，多呈棱角状，与粘土、砂质等构成基质充填于由巨大砾石构成的空隙之间。冰碛前锋砾石多呈次圆状—次棱角状，地势低缓，冰碛堆积后缘砾石磨圆度差，以次棱角状者为主，羊背石发育，地势较高。

二、晚更新世地层

晚更新世沉积包括冰水堆积(Qp_3^{fgl})、冲洪积层(Qp_3^{pal})和冲积层(Qp_3^{al})。

1. 冰水堆积(Qp_3^{fgl})

冰水堆积物在区内仅出露于易涌沟上游一带，覆盖于中更新世冰碛物之上，地貌上形成冰水扇、垄岗状丘陵、冰水高平台地及冰水河等景观。堆积物分布在海拔 5200～5400m，分布面积约 21km^2，厚约 35m。堆积物为灰色—灰黄色泥质砂砾岩，由砂土、泥和砾石杂乱堆积而成，内部不现层理或层理不清，砾石约占 50%～60%，砾石成分单一，主要为石英片岩，次为大理岩，砾径不一，大者达 28cm，小者为 0.5cm，一般为 2～6cm，砾石的磨圆度差，以棱角状为主，次为次棱角状，分选性差。泥砂物质充填于砾石空隙之间。热释光测定的年龄值为 66ka，为晚更新世产物。

2. 冲洪积层(Qp_3^{pal})

冲洪积层在区内零星分布于吉曲中游北侧者支沟沟口，地貌上构成山前大型冲洪积扇。冲洪积扇前缘被后期的冲积作用破坏，呈高阶地及台地，阶地具二元结构，构成河流多阶地，Ⅲ级以上阶地多为基座阶地。面积约 2km^2，厚度大于 8m。岩性由灰色砾石、砂、亚砂土组成。其中砾石占 40%～55%，砾石成分复杂，有灰岩、砂岩、花岗岩、闪长岩等，砾石的磨圆度较差，为次棱角—棱角状，分选性较差，砾径大者为25cm，小者为0.3cm，一般为2～10cm，砾石排列略具一定方向，长轴方向近水平。砾石间被砂、亚砂、亚粘土充填，堆积较紧密。热释光测定年龄为55ka，时代为晚更新世。

3. 冲积层(Qp_3^{al})

冲积层分布较广泛，沿木曲、吉曲等各大河谷分布，吉曲上游第四系河流阶地实测剖面(Ⅷ004P2)控制了其所有层序，是区内最具代表性的地段之一(图2-59)。

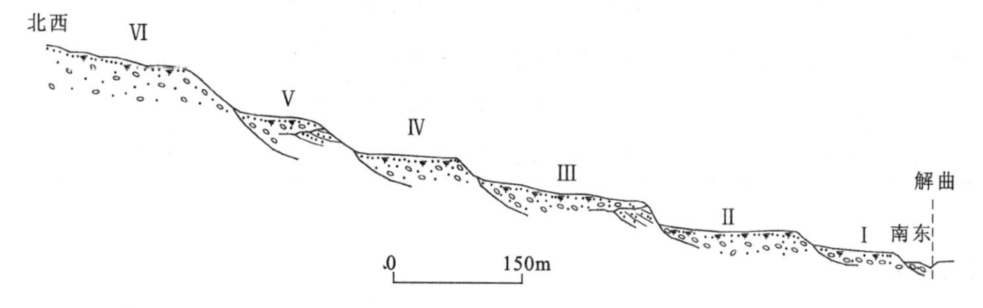

图2-59 青海省杂多县解曲第四系河流阶地实测剖面(Ⅷ004P2)

全新世冲积层(Qh^{al})

9. 冲积砂砾石层(河谷、河漫滩相)，厚1～2m

晚更新世冲积层(Qp_3^{al})

8. 冲积砂砾石层(构成Ⅰ级阶地，阶坎高3.2m，TL8-1为47.50±2.79 ka)，厚度大于3.2m
7. 灰色砾石层(构成Ⅱ级阶地，阶坎高8.5m，TL8-1为50.08±2.33ka)
6. 基岩(砖红色砂岩层，构成Ⅲ级阶地，阶坎高17.3m)
5. 灰色砂砾石层(构成Ⅲ级阶地，TL5-1为52.09±3.32ka)
4. 灰色砾石层(构成Ⅳ级阶地，阶坎高12.7m，TL6-1为93.75±4.79ka)
3. 基岩(砖红色砂岩，构成Ⅴ级阶地，阶坎高21.2m)
2. 灰色砂砾石层(构成Ⅴ级阶地，TL8-1为98.56±6.58ka)
1. 灰色砂砾石层(构成Ⅵ级阶地，阶坎高26.9m，TL9-1为119.77±8.48ka)

下伏岩基：沱沱河组(*Et*)砂岩

上述剖面中，晚更新世冲积层主要由砂砾石层和砾石层组成，构成了Ⅲ—Ⅵ级基底阶地。

砾石层：由砾石、砂、粘土等组成。砾石含量为50%～70%，成分为砂岩、火山岩、花岗岩、硅质岩。磨圆度一般，多为次棱角状—次圆状，分选性中等，砾径40cm×30cm～30cm×20cm者占90%，50cm×30cm者占5%，20cm×10cm者占5%。砾石间被泥砾物质充填，堆积较紧密。砾石层内部有粗糙的层理，层与层之间往往有冲刷面存在。单层厚在20～40cm之间。

砂砾石层：由砾石、砂、亚砂土等组成。砾石含量在40%～60%之间，成分为砂岩、泥岩、花岗岩、脉石英等。磨圆度一般，以次圆状者为主，砂砾石层内部砾石之间有一定的分选性，部分地段相同砾径的砾石往往集中成层分布，砾石大者为50cm×30cm，一般为5cm×3cm～2cm×1cm。砂、亚砂土充填于砾石空隙之间，堆积较紧密。

取自其中的7件孢粉样经地矿部水文地质工程地质研究所分析研究，其中大量孢粉存在，有针叶植物花粉松属及灌木柽柳科等15个科属，计为松属(*Pinus*)、云杉属(*Picea*)、漆树属(*Rhus*)、柽柳属(*Tamaricaceae*)、白刺属(*Nitraria*)、麻黄属(*Ephedra*)、木樨科(Oleaceae)、蒿属(*Artemisia*)、藜科(Chenopodiaceae)、禾本科(Gramineae)、毛茛科(Rananculaceae)、豆科(Leguminosae)、茄科(Solamaceae)、唇形科(Labiatae)、小蘖科(Berberidaceae)等。这种孢粉组合反映出荒漠草原—草原植被景观，是气候寒冷干旱条件的植物组合特征。

取其中的4件，经热释光测定年龄在119.77±8.48～47.50±2.79ka之间(表2-14)，其堆积时代为晚更新世。

表2-14 青海省杂多县结多乡解曲阶地堆积物的热释光测试分析结果

野外编号	岩性名称	采集地点	年龄($\times10^3$a)	备注
Ⅷ004P2TL2-1	灰色砂砾石层	青海省杂多县结多乡解曲Ⅰ级阶地	47.50±2.79	晚更新世
Ⅷ004P2TL3-1	土黄色泥砂层	青海省杂多县结多乡解曲Ⅱ级阶地	50.08±2.33	晚更新世
Ⅷ004P2TL5-1	灰色泥砂层	青海省杂多县结多乡解曲Ⅲ级阶地	52.09±3.32	晚更新世
Ⅷ004P2TL6-1	土黄色泥砂层	青海省杂多县结多乡解曲Ⅳ级阶地	93.75±4.79	晚更新世
Ⅷ004P2TL8-1	土黄色泥砂层	青海省杂多县结多乡解曲Ⅴ级阶地	98.56±6.58	晚更新世
Ⅷ004P2TL9-1	灰色泥砂层	青海省杂多县结多乡解曲Ⅵ级阶地	119.77±8.48	晚更新世

三、全新世地层

全新世沉积区内各大沟谷及其支沟和山间凹地分布，在不同的构造地貌区其沉积物类型差异较大。按成因类型划分有冲积(Qh^{al})、现代冰川及冰川堆积(Qh^{gl})和沼泽堆积(Qh^{f})。

1. 冲积(Qh^{al})

冲积层主要分布在河谷中的河床、河漫滩及Ⅰ、Ⅱ级阶地之上。在吉曲、木曲、扎曲等较大河流的河谷中发育较好。

(1) 现代河床相及河漫滩相堆积

测区内河床相堆积较河漫滩相堆积一般更发育。少数河流，如扎曲上游，其河床相、河漫滩相都很发育。在昂欠涌曲上游，河床宽约200～500m，河漫滩宽约400～900m，河漫滩多位于河床的一侧。河床相主要为含砂的砾石层。砾石成分复杂，磨圆度一般较好，但粒度分选性中等。河漫滩相如含砾砂层，则局部夹有较薄的淤泥层。其厚度一般为4～10m。许多较小的河流中，冲积层与洪积层多混杂在一起，无法区分。

(2) 阶地堆积

一般河流阶地都不发育，且多数为Ⅰ、Ⅱ级阶地，Ⅲ级阶地只残留极小范围(图2-59中的第1—3层控制了其所有层序)。Ⅰ、Ⅱ级阶地主要由河床相砾石层与河漫滩相砂层组成，但多数阶地由冲积层与洪积层混杂堆积而成。阶地不具有“二元结构”。阶地高度一般为1m至十余米。阶地面倾角一般较大，多数为3°～5°。

2. 现代冰川及冰川堆积(Qh^{gl})

测区有几片山岳冰川分布。在海拔5500～5600m以上的山区终年覆盖着冰层，其厚度一般为数米至数十米，少数超过百米。冰川地形有猪背脊、角峰、冰斗，冰川“U”型谷及悬谷则分布更广。相应的冰川堆积在测区也有分布。但在大多数情况下，冰碛与冲积-洪积层混杂，不易明显区分。仅在测区西部查日弄、穷日弄、昂欠色的曲、昂欠涌上游等地保留有较典型的冰碛层。主要有冰川侧碛、底碛和冰川沉积。

冰川侧碛：主要分布在冰川“U”型谷的两侧，成为10～20m高的冰川侧碛堤。主要由泥、砂及不同粒径的砾石组成。不同粒度的物质混杂在一起，没有分选性与磨圆度。巨大的冰川漂砾直径可达1～5m。砾石成分随地而异，在查日弄、穷日弄及迪拉亿一带，砾石主要以似斑状花岗岩及各种火山岩为主。

冰川底碛：主要分布于冰川谷地的源头附近，这是由于冰川刨蚀作用，地面起伏不平。冰川底碛物质呈蛇形丘分布在这里。主要由不同粒级的碎屑物混杂在一起，碎屑物主要来自附近的岩石。

冰川沉积：主要指冰舌前缘的冰川湖中细粒碎屑物的沉积。主要是细砂与淤泥。

冰碛物常占据亚扎玉错上游等地4500～5000m的高海拔高山顶部，形成冰帽冰川的地貌景观，形成的冰舌绕山体呈放射状，而冰川沉积沿河谷区则可见侧碛垄、终碛垄、中碛垄、冰蚀槽谷、蛇形丘等垄岗状冰川遗迹，局地可见冰蚀湖、冰蚀洼地等，其岩性以灰色—灰黄色泥砾为主，不显层理，砾石的分选性及磨圆度均较差。砾石表面可见冰川擦痕及压坑等现象。

3. 沼泽堆积（Qh^{f}）

在测区内零星点缀，仅在木曲上游及局部等地的山间盆地、山前坡麓地带分布，其主要接受基岩裂隙水、冰雪消融水补给。地下水在山前坡麓地带以泉、泄出带等形式泄出补给地表，发育沼泽湿地，土壤层较厚，植被相对茂盛。沉积物以黑色粉砂质淤泥为主及腐殖土、砂、砾石组成。近边部厚1～2m，在中部淤泥层厚度可达5～20m。部分沼泽因气候变化而干涸退化。

第三章 岩浆岩

第一节 概 述

测区位于青藏高原腹地唐古拉山北坡，大地构造位置属特提斯-喜马拉雅构造域的东段，位于冈瓦纳古陆与欧亚古陆强烈碰撞挤压地带。从元古代以来经历了漫长的构造演化历史，地质构造复杂，岩浆活动较发育。测区内构造单元以木曲-包清涌构造断裂为界，由北向南划分为羌北-昌都地块和羌南-左贡地块。两个大地构造单元中，内部的物质建造组成、火山岩浆活动、变质变形特点各具特色。由于多期造山事件的影响，测区内岩浆活动频繁，四堡期、晋宁期、海西—印支期、燕山期、喜马拉雅期均有规模不等的岩浆活动，尤以标志着特提斯陆内盆—山转换构造演化阶段的印支期、燕山期岩浆岩事件最为强烈；测区岩石类型较齐全，超镁铁质、镁铁质岩—花岗岩、中基性到中酸性火山岩均有发育，但分布零星，出露面积为 948.95km^2，占测区面积的 0.06%左右(图 3-1)。

造山带岩浆岩的调查与研究是造山带大陆动力学过程的示踪剂和重塑造山带形成、演化历程的主要途径之一，必须为“阐明造山带的组成、结构与形成、演化”这一根本目的服务。20 世纪 90 年代以来的国内 1:5万填图采用同源岩浆演化的侵入体-超侵入体方法，而国外则运用“岩套”进行填图。随着地壳深熔、底侵、拆沉、伸展垮塌作用和岩浆混合等造山带岩浆作用新理论的不断推出，人们对造山带岩浆的起源及其侵位机制的认识逐渐深入，并越来越深刻地意识到造山带 1:25 万填图过程中，岩浆岩的研究应包括更多复杂的内容，并紧密围绕造山带的形成演化这一主线进行，才能更深刻地揭示构造环境与岩浆作用的内在联系及岩浆形成的机制，合理地反映岩浆作用特征。

本次研究是把岩浆岩研究紧密地与大陆动力学相结合，依据岩浆岩分布的构造侵入体及大地构造背景的不同，将测区的岩浆岩划分为杂多构造岩浆岩带和丁青构造岩浆岩带。在各构造岩浆岩带中，以构造岩浆事件为主线，以侵入岩的野外地质产状、岩石组合为基础，建立起区内花岗岩的构造-岩浆演化期次。具体地说，就是将展布于相同或相似的构造部位、生成于一定地质构造阶段的具有岩浆成因和演化联系的(反映一定的地球动力学环境)一套岩石组合归并为同一期构造岩浆演化期，采用该期岩浆岩主要侵位形成的时期表示。在同一期构造岩浆演化期次中，不同的侵入体岩石类型(或岩石组合类型)分别建立填图单位，并借用单元的名称，对空间上分布在同一岩石区并受同一构造活动事件控制的同一岩石类型、岩性单一、但并不表现出同源岩浆演化特点的侵入体，用“时代＋岩性代号”表示同一期岩浆活动形成的同一岩石类型即岩石单元，名称采用出露地区的地理名称＋岩性表示，如：丁青构造岩浆岩带中的晚三叠世多改花岗闪长岩的代号为 $T_3\gamma\delta$。对与基底中的变质表壳岩紧密伴生的变质侵入体，发育强烈的变质变形，具有透入性片麻状构造，原始接触界线基本没有保存，将时代和岩性组合相近的变质侵入体作为一个组合进行填绘，命名时运用时代和地名，代号标记运用“时代＋主要岩性＋片麻岩的英文缩写 *gn*”的原则，共建立两个正片麻岩填图单位：中元古代白龙能花岗片麻岩体、新元古代亚龙能花岗片麻岩体。中元古代花岗片麻岩的代号为 $Pt_2\gamma\delta gn$，亚龙能花岗片麻岩的代号为 $Pt_3\eta\gamma gn$。除花岗岩类外，测区的岩浆岩还有两期基性岩和岩脉，以及至少三期的火山岩及少量脉岩。其中基性岩直接运用“时代＋岩性”进行描述，如早二叠世辉长岩，代号记为 $P_1\upsilon$。根据上述划分原则，将测区岩浆岩按岩石类型分为基性岩、中酸性侵入岩和岩脉进行分类叙述。

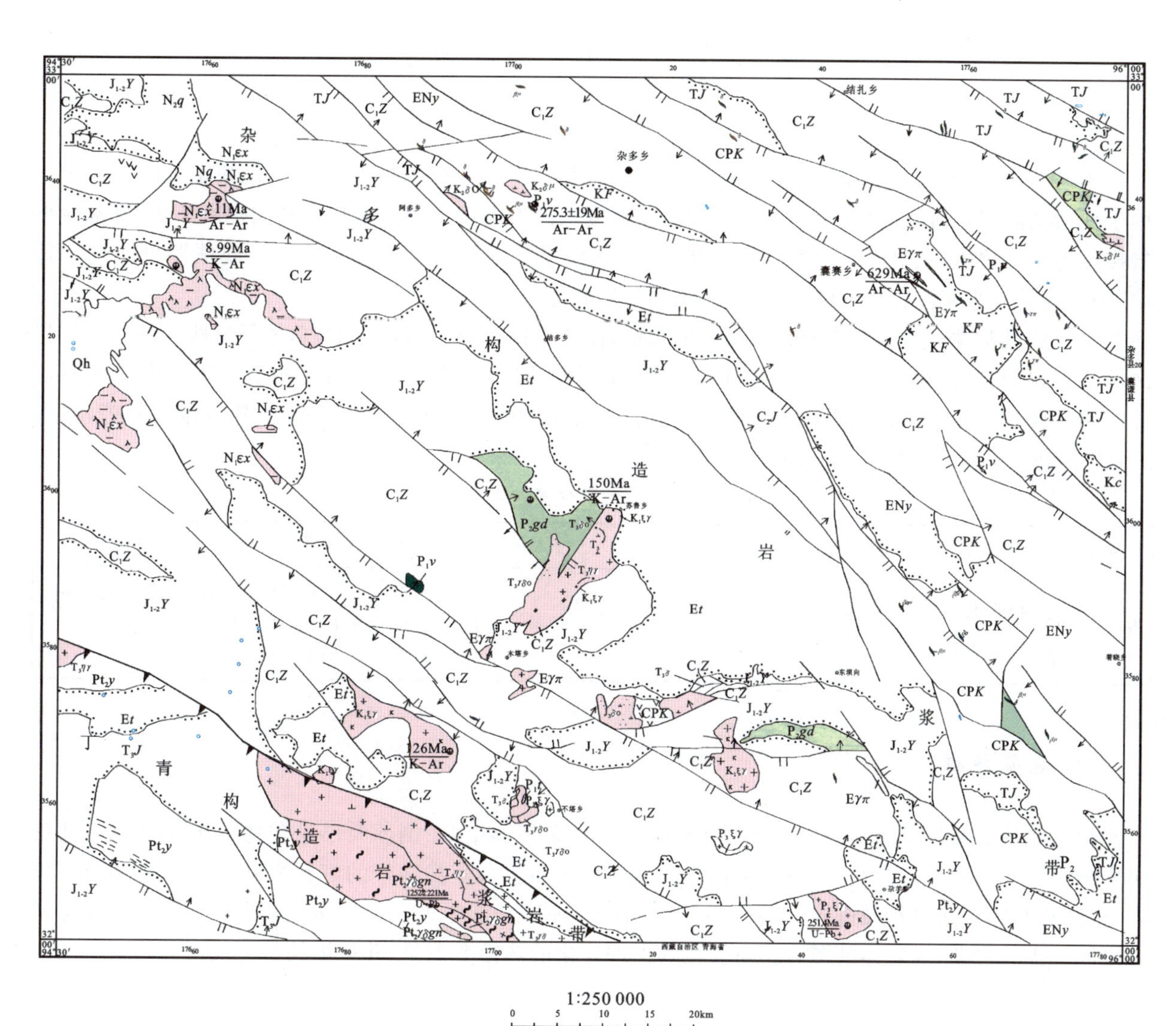

杂
多
构
造
岩
浆
岩
带
青
构
造
岩
浆
岩
带
杂多乡
11Ma
Ar-Ar
8.99Ma
K-Ar
275.3±19Ma
Ar-Ar
629Ma
Ar-Ar
150Ma
K-Ar
126Ma
K-Ar
251Ma
U-Pb
C₁Z
J₁₋₂Y
N₁εx
N₂q
Qh
TJ
ENy
CPK
KF
Et
C₂J
P₂gd
P₁ν
Eγπ
Pt₂y
Pt₃γδgn
P₃ξγ
Kc
1:250 000
0 5 10 15 20km

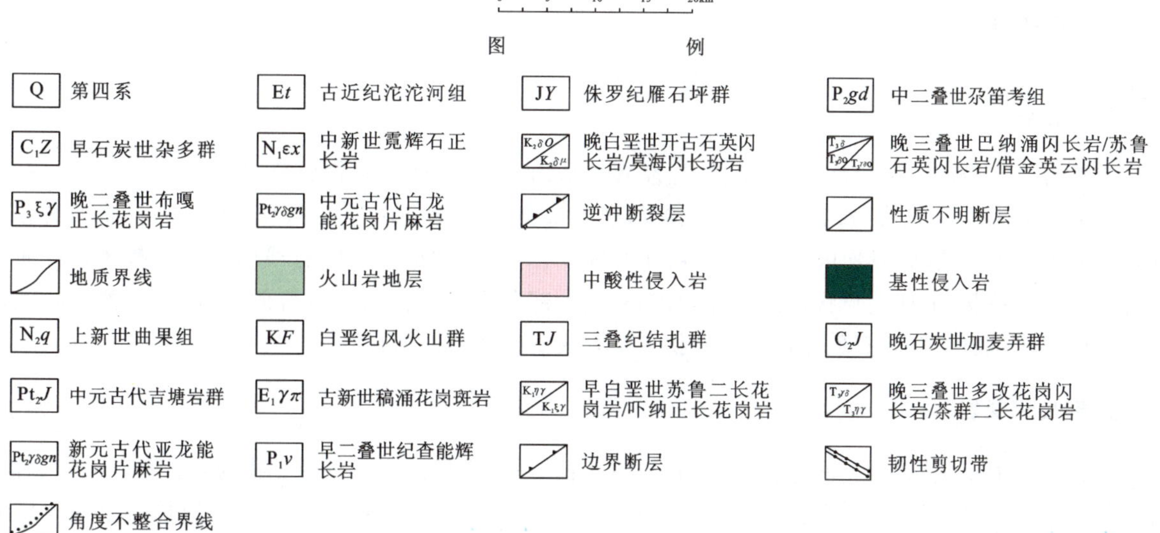

图 例
Q 第四系
Et 古近纪沱沱河组
JY 侏罗纪雁石坪群
P₂gd 中二叠世尕笛考组
C₁Z 早石炭世杂多群
N₁εx 中新世霓辉石正长岩
K₂δο/K₂δμ 晚白垩世开古石英闪长岩/莫海闪长玢岩
T₃δ/T₃δο/T₃γδο 晚三叠世巴纳涌闪长岩/苏鲁石英闪长岩/借金英云闪长岩
P₃ξγ 晚二叠世布嘎正长花岗岩
Pt₂γδgn 中元古代白龙能花岗片麻岩
逆冲断裂层
性质不明断层
地质界线
火山岩地层
中酸性侵入岩
基性侵入岩
N₂q 上新世曲果组
KF 白垩纪风火山群
TJ 三叠纪结扎群
C₂J 晚石炭世加麦弄群
Pt₂J 中元古代吉塘岩群
E₁γπ 古新世稿涌花岗斑岩
K₁ηγ/K₁ξγ 早白垩世苏鲁二长花岗岩/吓纳正长花岗岩
T₃γδ/T₃ηγ 晚三叠世多改花岗闪长岩/茶群二长花岗岩
Pt₃γδgn 新元古代亚龙能花岗片麻岩
P₁ν 早二叠世纪查能辉长岩
边界断层
韧性剪切带
角度不整合界线

图 3-1 岩浆岩分布图

第二节　基性—超基性岩

本区基性、超基性岩规模不大，分布零星，多呈岩脉状集中分布于北羌塘-昌都陆块杂多晚古生代—中生代活动陆缘带内，仅见几个小型岩株和岩脉状侵入。根据侵入的地质特征和同位素年龄，将基性小岩株归为早二叠世（表 3-1），但将本区的基性、超基性岩脉划分为早二叠世和中—晚侏罗世两期。其中，中—晚侏罗世基性岩呈岩脉分布，具体描述见岩脉部分。

早二叠世基性—超基性岩分布在测区的布塔、侧苏桑巴和杂多附近等地，总体呈岩株、岩墙分布，与区域构造线的方向一致。该类岩体数目较少，分布面积局限，本书将测区杂多构造岩浆岩带的该期基性—超基性岩命名为纪查能辉长杂岩（$P_1\upsilon$），主要岩石类型为辉长岩、辉长辉绿岩、辉石橄榄岩等，共有 2 个岩株和 2 处岩脉状分布，总面积为 3.4km^2。

表 3-1　基性—超基性侵入体一览表

时代	基性岩体	代号	岩性	侵入体	地层接触关系	同位素
早二叠世	纪查能辉长杂岩	$P_1\upsilon$	辉长岩、辉长辉绿岩、角闪石化辉石橄榄岩	2 个	侵入到早石炭世杂多群中，呈包体分布在早白垩世车玛拉侵入体的二长花岗岩中	275.3±1.9Ma (Ar - Ar)

一、地质特征

纪查能辉长杂岩呈岩株或岩脉状侵入到早石炭世杂多群中，在侧苏桑巴呈包体分布在早白垩世花岗岩的二长花岗岩中，在纪查能一带呈孤立的岩株状分布。杂多县一带的辉长岩脉中可见边部为辉长岩，中间为角闪石化辉石橄榄岩，二者之间界线不十分明显，总体为一基性杂岩（图 3-2）。辉长岩与围岩之间的界线弯曲，近岩体处围岩具角岩化和大理岩化的热蚀变现象，并见褐铁矿化现象。

二、岩相学特征

1. 辉长岩

辉长岩呈灰绿色—深灰色，辉长结构、嵌晶辉长结构，块状构造。矿物成分：拉长石为 45%～49%，普通角闪石为 13%～15%，辉石为 30%～48%，黑云母为 5%，磁铁矿为 1%，少量磷灰石。普通辉石呈较粗大的半自形粒状晶，具次闪石化、绿泥石化等蚀变，辉石多被绿色角闪石或阳起石所替代。普通角闪石呈半自形粒状、不规则粒状，常被次闪石部分或大部分交代。斜长石呈自形柱状，均已被微晶状帘石集合体交代、取代，仅以假象存在。副矿物主要有磁铁矿、锆石、榍石等。

2. 辉长辉绿岩

辉长辉绿岩呈灰绿色，具嵌晶含长结构、辉绿辉长结构，块状构造。主要矿物为斜长石（56%）、辉石（10%～30%）、角闪石（5%）、黑云母等及少量不透明矿物磁铁矿、钛铁矿、榍石等。斜长石呈板粒状晶体构成格架，辉石充填空隙中，也可见板条状斜长石晶体嵌于颗粒粗大的他形辉石中，二次蚀变强烈，主要形成粘土矿物及帘石。黑云母含量较少，有的蚀变为绿泥石。角闪石为普通角闪石，受不同程度的次闪石化，有时呈辉石反应边出现。次生矿物次闪石呈长柱状、放射状集合体，葡萄石、绿泥石呈集合体团块出现。

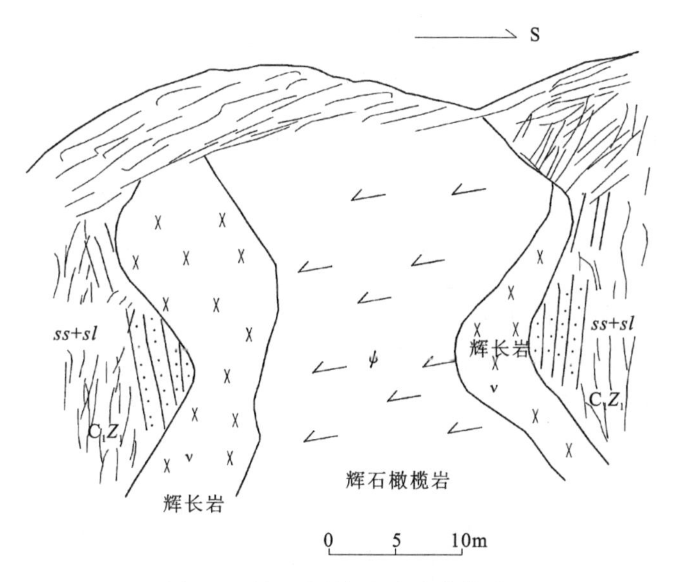

图 3-2　早二叠世辉长杂岩素描图

3. 强蚀变辉石橄榄岩

强蚀变辉石橄榄岩呈暗绿色—墨绿色，蚀变包橄结构，块状构造，矿物成分：橄榄石及其假象为55%～60%，辉石及其假象为30%～34%、黑云母及其假象为3%～5%、普通角闪石为2%～5%、磁铁矿等金属矿物为1%～3%。岩石蚀变强烈，其中橄榄石绝大多数被蛇纹石或蛇纹石及滑石集合体取代。部分沿橄榄石的不规则裂隙发育蛇纹石化，并析出他形粒状磁铁矿，形成网状结构。橄榄石粒径在0.31～1.79mm之间，可能为镁橄榄石。普通辉石被蛇纹石和纤闪石交代，呈交代残留状出现在橄榄石假象之间，在普通辉石的大晶体中包含着橄榄石假象，显示包橄结构的特征。金属矿物呈自形粒状，粒径为0.012～0.22mm，呈浸染状分布在岩石中。

三、岩石化学、地球化学特征

1. 岩石化学特征

纪查能辉长杂岩中辉长岩、辉石橄榄岩的分析成果见表 3-2。岩石的 SiO_2 含量分别为 37.78%和47.66%～49.38%，据 SiO_2 含量，2 个样品均属基性岩范畴。

纪查能辉长杂岩的里特曼指数为 0.83～5.22，且大多数岩石的 K_2O<Na_2O 说明，该类基性岩为碱性—钙碱性系列。辉长岩、辉石橄榄岩在 AFM 图中投影均落入钙碱性岩区，固结指数 SI 为 23.89～50.79，长英指数 FL 最大为 13.66～50.18，说明岩浆分异结晶作用程度中等。

2. 稀土元素特征

稀土元素含量及特征参数值见表 3-2。从表中看，辉长岩的稀土元素总量为 100.42×10^{-6}～339.98×10^{-6}，辉石橄榄岩的稀土元素总量为 165.27×10^{-6}（包括 Y），含量较高，轻、重稀土元素比值为4.89～9.89，表明为轻稀土富集型。δEu 值在 0.70～0.99 之间，辉石橄榄岩和辉长岩的稀土含量和特征非常一致，表明为同源岩浆系列。在稀土配分模式图上（图 3-3），曲线均为右倾斜的光滑曲线，基本无铕异常。

表 3-2　纪查能辉长杂岩的岩石地球化学数据表

岩石氧化物含量(w_B/%)															
岩性	样号	SiO_2	TiO_2	Al_2O_3	Fe_2O_3	FeO	MnO	MgO	CaO	Na_2O	K_2O	P_2O_5	H_2O^+	Los	Total
辉长岩	4GS1849	49.38	1.95	15.31	3.66	7.07	0.19	5.15	8.32	3.19	2.49	0.64	1.55	0.56	99.46
	4GS765－1	47.66	1.31	10.59	5.37	5.15	0.24	9.94	13.67	0.65	1.38	0.27	2.98	0.46	99.67
	4GS603－1	48.57	2.44	15.78	1.8	8.32	0.16	6.13	5.55	5.19	0.4	0.73	3.79	0.85	99.71
辉石橄榄岩	4GS603－2	37.78	2.27	8.62	6.24	11.77	0.21	19.56	5.94	0.83	0.11	0.47	5.36	0.91	100.07

微量元素含量($w_B/10^{-6}$)																	
岩性	样号	Li	Be	Sc	Ga	Th	Sr	Ba	Co	Cr	Ni	Cu	Zn	W	Rb	Hf	Zr
辉长岩	DY1849	41	3.1	8.9	22	12	475	529	24	47	29	37	93	2.1	81	5.7	236
	DY765－1	23	0.8	62	12.8	1.8	1087	314	35.5	448	83.2	275	69.5	1.31	28.3	2.9	95
	DY603－1	42	3.2	39.7	14.8	3.5	327	136	48.3	176	107	171.1	92	0.94	1.7	5.8	256
辉石橄榄岩	DY603－2	24	2.3	21.2	9.3	2.6	170	88	97.2	1045	440	574.3	193	0.94	1.3	2.3	161

稀土元素含量($w_B/10^{-6}$)																	
岩性	样号	La	Ce	Pr	Nd	Sm	Eu	Gd	Tb	Dy	Ho	Er	Tm	Yb	Lu	Y	ΣREE
辉长岩	4XT1849	64.58	121.80	16.06	59.60	11.04	2.44	9.82	1.44	8.04	1.56	4.02	0.64	3.86	0.62	34.46	339.98
	4XT765－1	13.29	28.95	3.70	16.78	4.02	1.33	4.28	0.69	3.84	0.75	1.95	0.29	1.86	0.26	18.43	100.42
	4XT603－1	51.94	104.90	13.39	53.91	10.21	3.18	9.07	1.32	6.48	1.22	2.85	0.40	2.34	0.34	27.72	289.27
辉石橄榄岩	4XT603－2	30.87	60.18	7.55	28.55	5.56	1.59	4.98	0.75	3.85	0.72	1.83	0.25	1.46	0.22	16.91	165.27

稀土元素特征参数值											
岩性	样号	LREE/HREE	La/Yb	La/Sm	Sm/Nd	Gd/Yb	$(La/Yb)_N$	$(La/Sm)_N$	$(Gd/Yb)_N$	δEu	δCe
辉长岩	4XT1849	9.18	16.73	5.85	0.19	2.54	11.28	3.68	2.05	0.70	0.89
	4XT765－1	4.89	7.15	3.31	0.24	2.30	4.82	2.08	1.86	0.97	0.98
	4XT603－1	9.89	22.20	5.09	0.19	3.88	14.96	3.20	3.13	0.99	0.94
辉石橄榄岩	4XT603－2	9.55	21.14	5.55	0.19	3.41	14.26	3.49	2.75	0.91	0.92

3. 微量元素特征

辉石橄榄岩和辉长岩的微量元素见表 3-2，二者的微量元素特征非常一致，辉长岩的 Ba、Rb、Th、Cr、Co、Ni 等元素含量较高，尤其是 P 的含量非常高，其他元素均接近或低于泰勒值，微量元素的蛛网图见图 3-4。

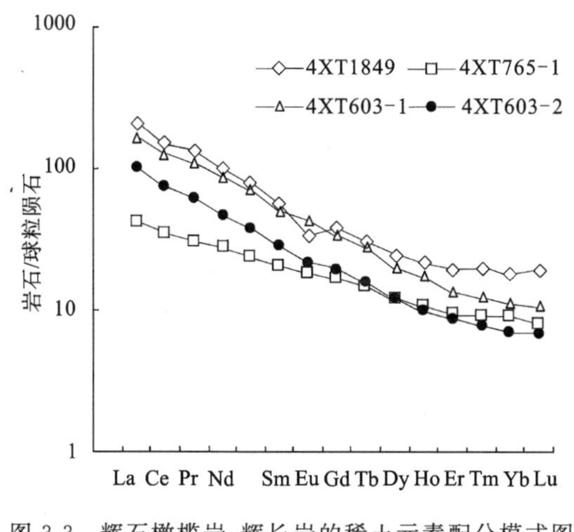

图 3-3　辉石橄榄岩、辉长岩的稀土元素配分模式图

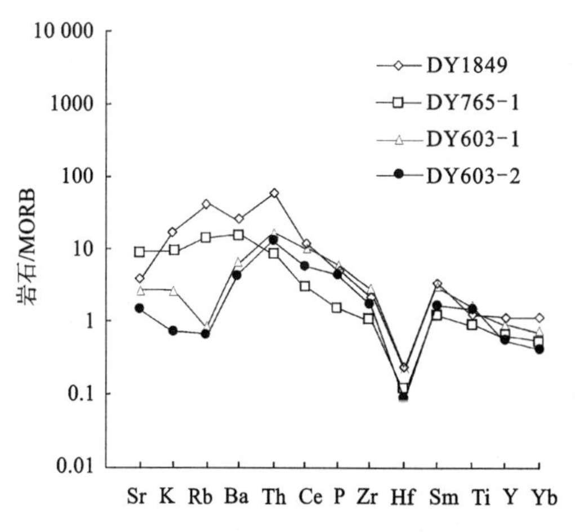

图 3-4　辉石橄榄岩、辉长岩的微量元素蛛网图

四、构造环境分析

该类岩体的岩石化学反映，基性岩的岩石类型为钙碱性岩，在 $TiO_2-10MnO-10P_2O_5$ 图（图略）上主要投影于 MORB 区，即洋中脊玄武岩区，说明测区基性岩为伸展期形成的。微量元素中 Cr、Co、Ni、V 含量较高，说明该类岩体物源较深。

五、侵位时代探讨

纪查能辉长杂岩呈椭圆状侵入于早石炭世杂多群碎屑岩组地层中，在杂多以南的洼里涌辉长杂岩的角闪石辉石橄榄岩中取角闪石的 $^{40}Ar/^{39}Ar$ 同位素测年（表 3-3），获得 Total age=277.7Ma 和非常平坦的坪年龄为 275.3±1.9Ma（图 3-5），故将本期岩浆活动确定为早二叠世，表明在早二叠世经历了古特提斯多岛洋的扩张，地幔物质上侵形成本期基性侵入岩。

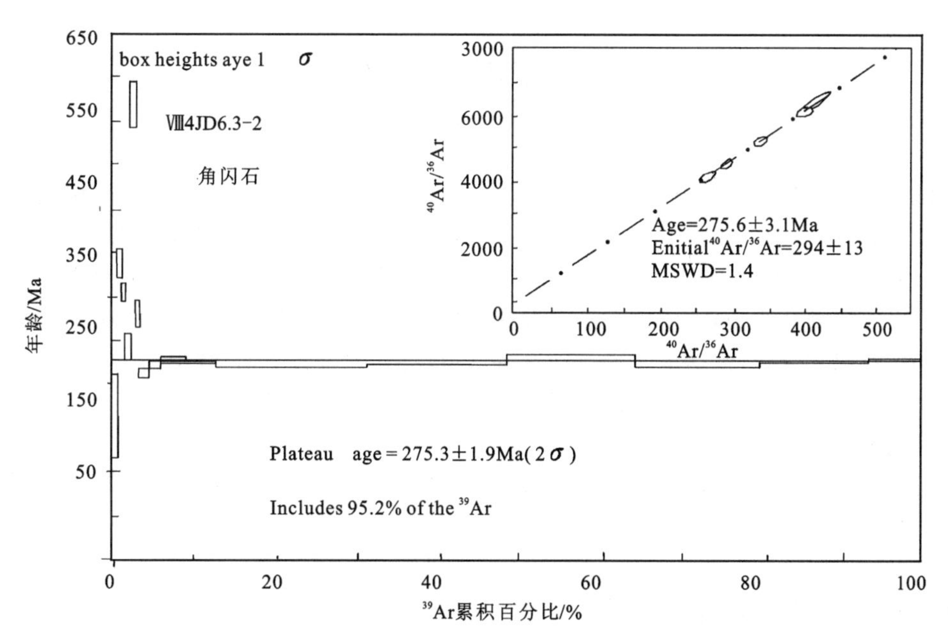

图 3-5　杂多洼里涌辉长杂岩中角闪石的 Ar－Ar 坪年龄图

表 3-3　辉长杂岩中角闪石 Ar－Ar 同位素分析测试表

Ⅷ004JD603－2(角闪石)　　W=121.60mg　　J=0.011 347　　日期 2005/1/6									
T(℃)	$(^{40}Ar/^{39}Ar)_m$	$(^{40}Ar/^{39}Ar)_m$	$(^{40}Ar/^{39}Ar)_m$	$(^{40}Ar/^{39}Ar)_m$	F	^{39}Ar ($\times10^{-14}$mol)	^{39}Ar (Cum)(%)	Age (Ma)	±1 (Ma)
400	50.4911	0.1452	90.1563	0.2138	15.0661	10.45	0.28	285	13
500	86.1952	0.2759	60.5576	0.2373	9.4157	7.1	0.47	183	14
600	103.23	0.3228	52.4522	0.2214	12.068	8.94	0.7	232	29
700	80.2877	0.2119	40.0029	0.1984	21.1753	11.82	1.02	388	17
800	44.5529	0.0923	20.8832	0.1204	19.0855	28.95	1.78	354	10
900	73.0934	0.2007	20.0886	0.106	15.4675	20.99	2.34	292	17
1000	183.716	0.522	33.3141	0.1712	32.6905	20.91	2.89	569	26
1100	93.3576	0.268	43.331	0.1163	17.8441	20.64	3.44	333	15
1180	25.9267	0.0607	71.3689	0.1009	13.8243	52.21	4.83	262.9	4.9
1210	22.648	0.0373	33.1918	0.068	14.3586	54.42	6.27	272.3	4.4
1230	17.9604	0.0165	19.2175	0.0453	14.6616	106.79	9.1	277.6	3.8
1250	16.3485	0.0104	15.5818	0.0319	14.5492	144.17	12.92	275.6	2.8
1270	15.011	0.0054	12.545	0.0229	14.4335	690.22	31.22	273.6	2.6
1290	15.2526	0.0063	14.1178	0.0239	14.5532	659.15	48.7	275.7	2.6
1320	15.245	0.0061	15.7326	0.0293	14.7291	590.87	64.37	278.8	2.7
1360	15.3229	0.0075	15.6998	0.0256	14.4007	576.2	79.65	273	2.7
1400	15.291	0.007	14.7314	0.0257	14.4408	514.29	93.28	273.7	2.7
1480	16.8556	0.0142	23.3953	0.0273	14.598	253.36	100	276.5	2.7
Total age =277.7Ma　　F= * $^{40}Ar/^{39}Ar$									

注:表中下标 m 代表样品中测定的同位素比值;测试单位:中国地震局地质所地震动力学国家重点实验室。

第三节　中酸性侵入岩

测区内中酸性侵入岩自南向北分布在杂多构造岩浆岩带和丁青构造岩浆岩带。杂多构造岩浆岩带分布在北羌塘-昌都陆块的杂多晚古生代—中生代活动陆缘,从海西期、印支期、燕山期到喜马拉雅期的花岗岩体均有出露,且分布零星,但由于喜马拉雅期中酸性侵入体显著的成矿作用而引人注目;丁青构造岩浆岩带分布在北羌塘陆块中,主体由晚三叠世花岗岩构成,并在羌塘地块基底的羌塘群酉西岩组中解体出两类不同的花岗片麻岩,依据地质特点和区域认识,将其归为四堡期、晋宁期,可能代表了北羌塘陆块早期的构造岩浆活动。通过野外岩石特征的对比、室内测试数据的研究和对前人资料的分析,测区中酸性侵入岩的划分见表 3-4。

由于不同侵入体具有不同的构造岩浆侵入体,发育不同时期、不同特点的构造岩浆活动,故按照不同的构造岩浆区进行描述。

一、杂多构造岩浆岩带花岗岩

杂多构造岩浆岩带中中酸性侵入岩的岩浆活动规模不大,但岩浆期次较多,主要分布在测区解曲以南西的解曲上游、苏鲁乡、木沙曲、西藏境内布塔乡西亚孔玉错等地。有海西、印支、燕山、喜马拉雅四期构造岩浆活动，尤其是晚燕山期和喜马拉雅期的岩浆活动出露较为完整丰富，为青藏高原的形成和演化提供了非常丰富的信息。

表 3-4 测区中酸性侵入岩划分一览表

地质年代 \ 构造-岩浆组合		羌北-昌都陆块		羌南-左贡陆块	
		杂多构造岩浆岩带		丁青构造岩浆岩带	
		单元名称	代号	单元名称	代号
新生代	中新世N_1	阿多霓辉石正长岩	$N_1\chi\xi$		
	古新世E_1	稿涌花岗斑岩	$E_1\gamma\pi$		
中生代	晚白垩世K_2	莫海闪长玢岩	$K_2\delta\mu$		
		开古曲顶石英闪长岩	$K_2\delta o$		
	早白垩世K_1	吓纳正长花岗岩	$K_1\xi\gamma$		
		尼青赛二长花岗岩	$K_1\eta\gamma$		
	晚三叠世T_3	借金英云闪长岩	$T_3\gamma\delta o$	茶群二长花岗岩	$T_3\eta\gamma$
		苏鲁石英闪长岩	$T_3\delta o$	多改花岗闪长岩	$T_3\gamma\delta$
		巴纳涌闪长岩	$T_3\delta$		
古生代	晚二叠世P_3	布嘎正长花岗岩	$P_3\xi\gamma$		
新元古代	南华纪Pt_3			亚龙能花岗片麻岩	$Pt_3\eta\gamma gn$
中元古代	早蓟县世Pt_2			白龙能花岗片麻岩	$Pt_2\gamma\delta gn$

（一）晚二叠世花岗岩——布嘎正长花岗岩($P_3\xi\gamma$)

该区的晚二叠世花岗岩是本次工作取得的新成果，分布在杂多构造岩浆岩带中，呈北西-南东向分布在包清涌断裂以北、洋木涌断裂以南，以布嘎岩体为代表，岩性单一，由两处侵入体组成，故命名为布嘎正长花岗岩。

1. 地质特征

晚二叠世布嘎正长花岗岩各侵入体明显侵入于早石炭世杂多群中，接触界线处烘烤蚀变较强，岩体与围岩的接触面多弯曲，呈港湾状，内接触带有大量的砂岩、板岩的棱角状捕虏体，外接触带可见岩枝穿插以及热接触变质现象，在布嘎岩体边部可见有云英岩化、青磐岩化及弱萤石化现象，在侧苏桑巴一带可见晚三叠世花岗闪长岩超动侵入于其中，使正长花岗岩具明显的烘烤褪色现象。在侧苏桑巴见有中—晚侏罗世雁石坪群不整合其上。该期花岗岩中有 4 个中小型岩株零星分布在羊木涌-尕羊断裂以南，除布嘎岩体较大外，其余均较小，出露面积为 35.7km²，岩体中成分均一，以中细粒结构为主，侵入体中心出现少量粗粒—似斑状结构的正长花岗岩，岩体节理发育，球状风化强烈。

2. 岩相学特征

岩性为浅肉红色中细粒正长花岗岩，呈浅肉红色，中细粒花岗结构，局部出现少量粗粒—似斑状结构，块状构造。岩石的主要矿物为碱性长石、斜长石、石英、黑云母及副矿物。碱性长石有微斜长石、条纹长石两种，半自形板柱状—他形粒状，具有格子双晶和卡氏双晶。碱性长石中见石英、斜长石嵌晶，具轻微高岭土化，粒径大小一般为 0.55～2.6mm，个别达 0.5cm×1.5cm～1cm×3cm 呈似斑状，含量为 50%～56%；斜长石半自形柱状、宽板状，An=23～32，为更—中长石，聚片双晶和环带构造比较发育，双晶细密，具高岭土化、绢云母化，含量为 10%～12%；石英呈他形粒状，大小不均匀，多分布于其他矿物空隙中，也有与长石相互交生形成文象结构，波状消光，含量为 20%～28%；黑云母呈半自形鳞片状、板状，多为绿泥石交代，部分已白云母化，沿边节理和边缘析出细小粒状榍石和不透明矿物，含量为 2%～3%；副矿物主要有磷灰石、锆石、榍石、萤石等，其中萤石呈他形粒状分布在其他矿物周围，含量为 1%左右，锆石形态比较复杂。

3. 岩石化学特征

布嘎正长花岗岩的岩石化学分析数据及特征参数值见表 3-5。该期花岗岩的岩石化学成分均一，岩石的酸性程度较高，SiO_2含量介于 73.58%～76.16%之间，岩石具有 Al、K 含量较高、Al_2O_3>CaO+Na_2O+K_2O 的特点，铝过饱和指数 ASI＝1.02～1.43，平均值大于 1.1，为典型的过铝质花岗岩，相当于 S 型花岗岩；里特曼指数为 1.03～2.69，所有岩石属于钙碱性系列。K_2O/Na_2O 为 1.72～15.03，岩石中 K_2O 明显高于 Na_2O。

表 3-5　布嘎正长花岗岩的岩石化学分析及特征参数值表

岩石化学测定结果(w_B/%)														
样号	SiO_2	TiO_2	Al_2O_3	Fe_2O_3	FeO	MnO	MgO	CaO	Na_2O	K_2O	P_2O_5	H_2O^+	Los	Total
2GS1144－1	75.47	0.11	12.45	1.43	0.82	0.04	0.12	0.37	2.92	5.08	0.04	0.87	0.11	99.83
2GS1574－1	73.58	0.15	13.36	0.80	0.68	0.03	0.19	1.62	0.61	5.01	0.03	2.64	0.73	99.43
2GS1136－1	74.47	0.10	12.69	1.12	0.93	0.03	0.08	0.73	3.07	5.28	0.05	0.9	0.02	99.47
4GS1847－1	76.16	0.16	12.29	0.00	0.84	0.02	0.36	1.39	0.39	5.86	0.03	1.89	0.30	99.69
4GS945－1	75.14	0.17	12.23	1.14	0.26	0.02	0.22	0.73	2.64	5.89	0.03	0.87	0.41	99.75

特征参数值															
样号	Nk	*F*	*σ*	AR	*τ*	SI	FL	MF	*M/F*	OX	K_2O/Na_2O	MgO/FeO	A/CNK	A/NK
2GS1144－1	8.02	2.26	1.97	4.32	86.64	1.16	95.58	94.94	0.03	0.64	1.74	0.15	1.13	1.21
2GS1574－1	5.69	1.50	1.03	2.20	85.00	2.61	77.62	88.62	0.08	0.54	8.21	0.28	1.43	2.08
2GS1136－1	8.40	2.06	2.21	4.29	96.20	0.76	91.96	96.24	0.03	0.55	1.72	0.09	1.05	1.18
4GS1847－1	6.29	0.85	1.18	2.68	74.38	4.83	81.81	70.00	0.42	0.00	15.03	0.43	1.29	1.76
4GS945－1	8.59	1.41	2.26	4.85	56.41	2.17	92.12	86.42	0.09	0.81	2.23	0.85	1.02	1.14

注：2GS 的样品均引自 1∶20 万吉多县幅区域地质调查报告，其他样品由武汉综合岩矿测试中心测试。

岩石在 SiO_2－ALK 图解(图略)中，几乎所有的样品投影点均落入亚碱性系列，在 AFM 图解(图 3-6)和 SiO_2-(FeO^*/MgO)图解(图略)中，均投影于钙碱性岩区，故岩石属钙碱性岩系列。

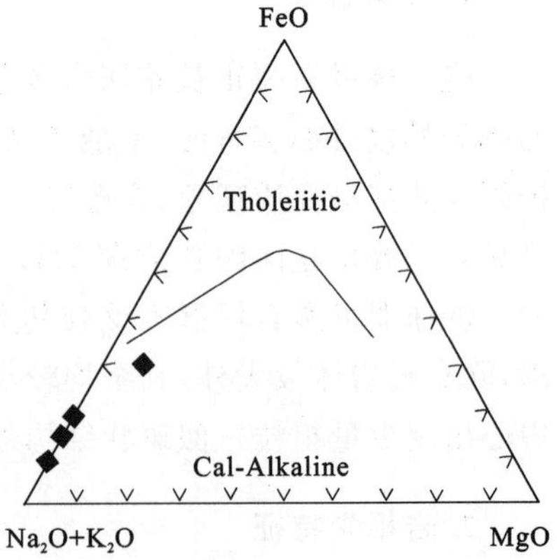

图 3-6　晚二叠世花岗岩的 AFM 图解

4. 地球化学特征

(1) 微量元素

布嘎花岗岩各侵入体花岗岩的微量元素分析结果见表 3-6。不同侵入体的微量元素含量略有变化，但总体上 Cu、Co、Ni、Pb、Sn 元素含量高于世界同类花岗岩，不相容元素 K、Rb、Th 明显富集，Ta、Nb、Sm、Hf 轻度富集或无异常，Ba、Y、Yb 等强烈亏损。

不同侵入体中正长花岗岩的微量元素均值所做的蛛网图，完全保持一致，表明岩石的分异程度较低。该侵入体微量元素蛛网图的分布型式与碰撞花岗岩相近(图 3-7)，总体显示了同造山花岗岩的特点。

(2) 稀土元素

布嘎花岗岩的稀土元素含量及特征参数值见表 3-6，岩石的稀土总量很高，稀土总量介于 759.12×10^{-6}～848.4×10^{-6}之间；轻稀土中等富集，轻、重稀土平均比值 LREE/HREE 介于 3～7.68 之间，属轻稀土富集型；岩石的 δEu 值为 0.03，具有强的 Eu 负异常或铕亏损，δCe 值均位于 0.92～0.93 之间，基本上铈无异常(亏损)。这一特征与幔源岩浆有着本质区别,表明岩浆来自上地壳物质的部分熔融。岩石的$(La/Yb)_N$为4.29～5.27,Sm/Nd比值为0.21～0.22。不同侵入体的正长花岗岩的稀土元素球粒陨石标准化的分布型式完全相同,皆为明显铕呈强烈负异常的右倾曲线,轻稀土部分呈明显右倾斜,重稀土部分基本水平,Eu处呈明显的"V"字型谷(图3-8),具有典型的S型花岗岩的特征。

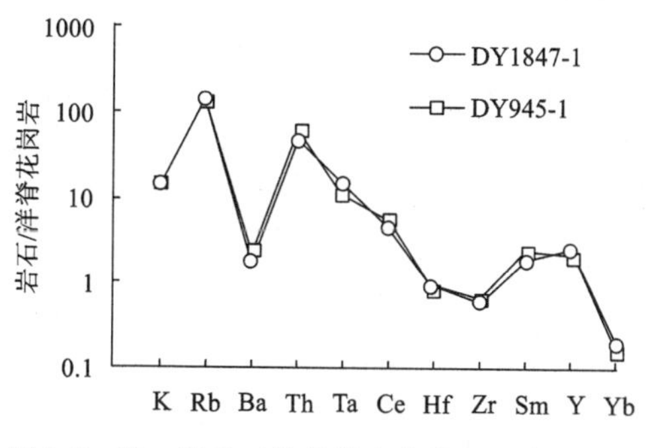

图3-7　晚二叠世正长花岗岩的微量元素蛛网图

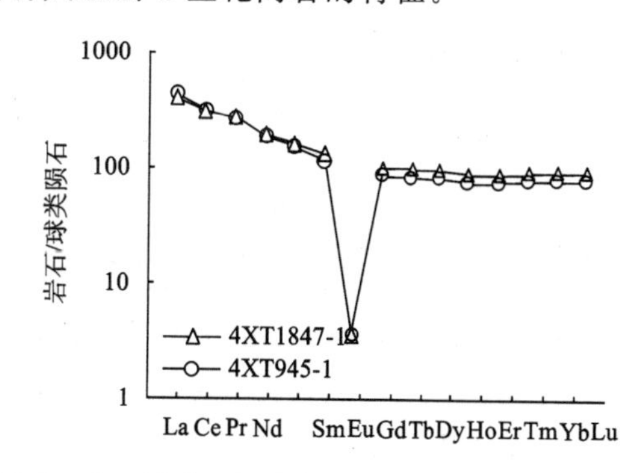

图3-8　晚二叠世正长花岗岩的稀土元素配分模式图

表3-6　布嘎正长花岗岩的微量元素、稀土元素含量及特征参数值表

微量元素分析结果($w_B/10^{-6}$)														
样号	Cu	Pb	Zn	Cr	Co	Ni	Rb	Sr	Ba	Zr	Hf	Ta	Th	U
DY1847-1	31	111	59	5	3.4	4.3	569	23	91	201	8.3	9.8	36	16
DY945-1	5.2	47	93	5.8	2.6	3.8	521	16	110	220	7.9	7.8	47	9.2

稀土元素测定结果($w_B/10^{-6}$)																
样号	La	Ce	Pr	Nd	Sm	Eu	Gd	Tb	Dy	Ho	Er	Tm	Yb	Lu	Y	ΣREE
4XT1847-1	128.10	260.40	34.54	117.30	25.89	0.29	27.25	4.84	32.84	6.67	18.48	3.03	20.13	3.04	165.6	848.40
4XT945-1	130.60	256.10	32.37	113.10	23.32	0.26	22.42	4.07	27.04	5.49	16.39	2.66	16.70	2.60	142	759.12

稀土元素特征参数值										
样号	LREE/HREE	La/Yb	La/Sm	Sm/Nd	Gd/Yb	$(La/Yb)_N$	$(La/Sm)_N$	$(Gd/Yb)_N$	δEu	δCe
4XT1847-1	3	6.36	4.95	0.22	1.35	4.29	3.11	1.09	0.03	0.93
4XT945-1	7.68	7.82	5.60	0.21	1.34	5.27	3.52	1.08	0.03	0.92

注:样品由武汉综合岩矿测试中心测试。

5. 侵入体组构特征及其剥蚀程度、侵位机制

布嘎正长花岗岩各侵入体在空间上的出露形态多以不规则状、椭圆状、长条状为主,岩体侵位时的原始形态保存较好,各侵入体在空间上的群居性不明显,多以单个侵入体形式零散分布。岩体与围岩的侵入关系清楚,侵入界线不协调,侵入体的内接触带有大量的棱角状围岩捕虏体,外接触带可见岩枝穿插及热接触变质现象,围岩中发育较宽的接触变质带,围岩具角岩化、硅化蚀变。侵入体中均无深灰色闪长质同源包体出现,边部具窄的冷凝边,缺乏定向组构;裂隙中穿插后期正长花岗岩脉。岩体结构以中粒为主,侵入体中心出现少量粗粒—似斑状结构的正长花岗岩,上述特征说明,侵入体的侵入深度为中带,属中等剥蚀程度。

布嘎正长花岗岩均受区域断裂构造制约,侵入体群居性差,沿断裂带呈简单深成岩体形式零散分布,平面形态呈不规则状、似椭圆状、带状等。与围岩界线清楚,但不协调,岩石中定向组构缺乏,两侵入体形成深度为中带,由此推断,侵位机制属被动的岩墙扩张机制,即区域构造作用使部分熔融的地壳物质(岩浆)沿断裂裂隙上涌,并使裂隙进一步变宽(扩张)而侵位。

6. 岩体侵位时代讨论

布嘎正长花岗岩明显侵入于早石炭世杂多群中,在侧苏桑巴一带可见晚三叠世花岗闪长岩超动侵入于其中，并见有中—晚侏罗世雁石坪群不整合其上，可以认定，该期岩浆岩的形成时期为海西—印支期。本次区域地质调查在布嘎正长花岗岩侵入体中取锆石 U－Pb 同位素测定（表 3-7），4 颗锆石的 $^{206}Pb/^{238}U$ 表面年龄统计权重平均值为 251.4±0.6Ma（图 3-9），表明其形成时代为晚二叠世。

表 3-7　布嘎正长花岗岩的 U－Pb 法同位素地质年龄测定结果

样品号：Ⅷ004JD33－01													实验号：T03121
样品情况			质量分数		普通铅量	＊同位素原子比率					表面年龄(Ma)		
点号	锆石类型及特征	质量(kg)	U (kg/g)	Pb (kg/g)	ng	$^{206}Pb/^{204}Pb$	$^{208}Pb/^{206}Pb$	$^{206}Pb/^{238}U$	$^{207}Pb/^{235}U$	$^{207}Pb/^{206}Pb$	$^{206}Pb/^{238}U$	$^{206}Pb/^{238}U$	$^{206}Pb/^{238}U$
1	浅棕黄色透明短柱状	30	551	28	0.11	245	0.1344	0.039 72 ＜17＞	0.2735 ＜181＞	0.049 99 ＜312＞	251.1	245.5	192.1
2	浅黄色透明短柱状	60	256	12	0.062	425	0.1299	0.039 73 ＜24＞	0.27 ＜242＞	0.049 29 ＜418＞	251.2	242.7	161.5
3	浅棕黄色透明短柱状	40	770	35	0.085	568	0.1445	0.039 81 ＜12＞	0.2685 ＜132＞	0.048 24 ＜228＞	251.6	241.5	144.2
4	浅棕黄色透明短柱状	60	308	15	0.089	333	0.1432	0.040 42 ＜15＞	0.2809 ＜138＞	0.050 40 ＜233＞	255.4	251.4.	231.5
测定结果		1—3 号点的 $^{206}Pb/^{238}U$ 表面年龄统计权重平均值：251.4±0.6Ma； 4 号点的 $^{206}Pb/^{238}U$ 表面年龄值：255.4±1.0Ma											
备　注		＊ $^{206}Pb/^{204}Pb$ 已对实验空白（Pb＝0.05ng，U＝0.002ng）及稀释剂作了校正。其他比率中的铅同位素均为放射成因铅同位素，括号内的数字为（2σ）绝对误差，例如 0.05527＜11＞表示 0.055 27±0.000 11（2σ）											

测试单位：国土资源部天津地质研究所。

7. 岩体成因类型分析及其构造环境判别

晚二叠世正长花岗岩的岩石类型全部为铝过饱和型，且岩石的 K_2O 大于 Na_2O，ASI 平均值大于 1.1，样品中标准矿物出现刚玉（0.25%～2.91%）；岩石中可见原生的白云母，微量元素中高 Rb 和 Nb，稀土元素总量高，Eu 异常明显，δEu 平均值为 0.03。以上特征均反映，两侵入体岩浆的物质来源较浅，属上地壳低度部分熔融产物；在 ACF 图解投影，各样点均落于 S 型花岗岩区。因此，两侵入体的岩浆成因属于上地壳低度部分熔融的 S 型花岗岩。其岩石类型相当于 Barbarlin（1999）分类中的 MPG 花岗岩（含白云母过铝质花岗岩类）。

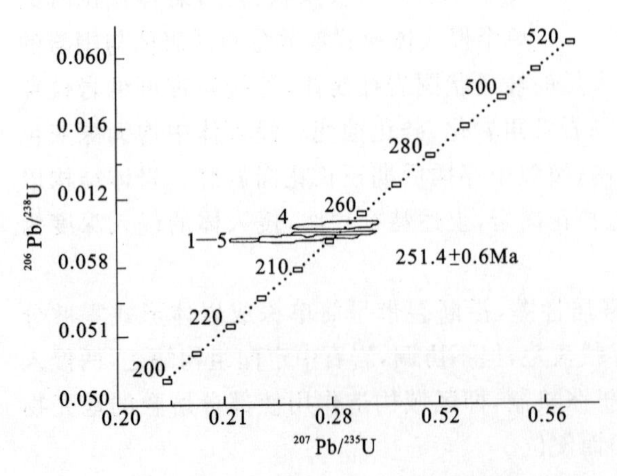

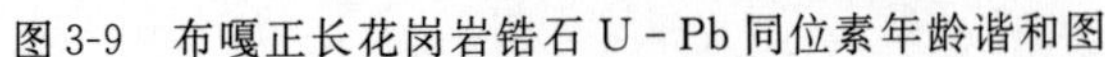

图 3-9　布嘎正长花岗岩锆石 U－Pb 同位素年龄谐和图

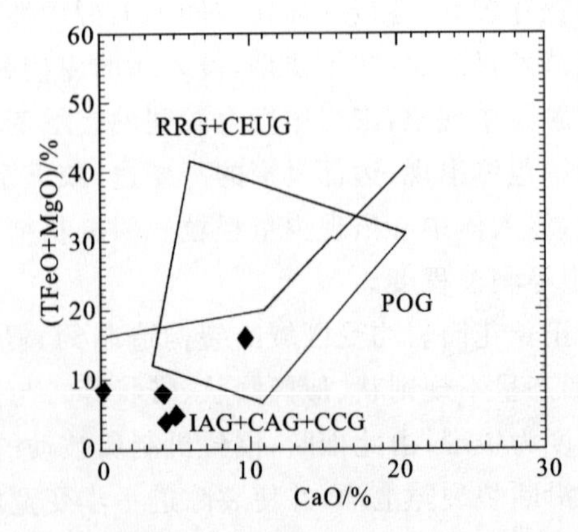

图 3-10　晚二叠世正长花岗岩 CaO－(TFeO＋MgO) 图解

IAG. 岛弧花岗岩；CAG. 陆弧花岗岩；CCG. 大陆碰撞花岗岩；POG. 造山期后花岗岩；RRG. 裂谷花岗岩；CEUG. 大陆隆升花岗岩

利用 Maniar(1989)构造环境判别方法，在 SiO_2-K_2O 图解中所有点都投至非 OP 区，在 SiO_2 - TFeO/(TFeO + MgO)图解(图略)和 CaO -(TFeO+MgO) 图解(图 3-10)中落入 IAG+CAG+CCG 区，可以基本确定为花岗岩分类中的 CCG 花岗岩(大陆碰撞花岗岩)。

在 Rb - Y+Nb 图解中投影点落入 Syn - COCG 区，并靠近交叉点附近；在 R_1-R_2 图解中投影点多落入 6 区及附近(图 3-11)，因此，该侵入体总体为同碰撞花岗岩类(CCG)，表明在晚二叠世金沙江有限洋盆闭合，在弧-陆碰撞时期，形成本期的同碰撞花岗岩，并在扎青乡一带形成同碰撞的陆相火山岩。

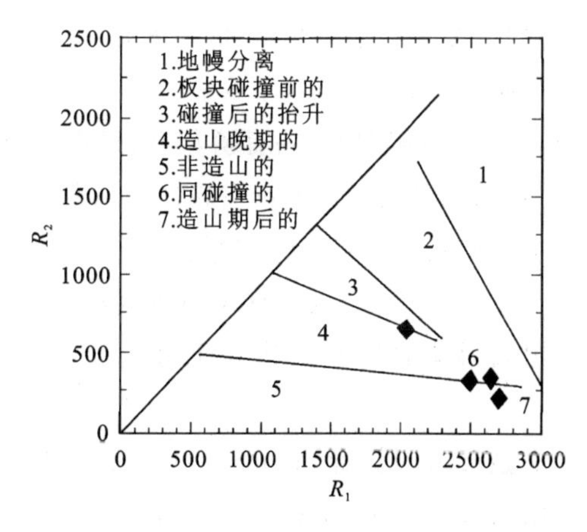

图 3-11　晚二叠世正长花岗岩的 R_1-R_2 图解

(二) 晚三叠世花岗岩

1. 地质特征

该区晚三叠世花岗岩可分为巴纳涌闪长岩($T_3\delta$)、苏鲁石英闪长岩($T_3\delta o$)、借金英云闪长岩($T_3\gamma\delta o$)3 个岩石单元。3 个单元的侵入体出露局限，多位于后期岩株的中心部位或呈小型岩株，分布面积约 39.7km²，岩体侵入于早石炭世杂多群中，并超动侵入于晚二叠世正长花岗岩中，在侧苏桑巴一带被早—中侏罗世雁石坪群不整合覆盖，在苏鲁一带可见其中被早白垩世二长花岗岩和正长花岗岩超动侵入。

巴纳涌闪长岩($T_3\delta$)：分布在苏鲁复式岩体的中间，见小岩株 2 个，出露面积较小，约 1.5km²。由于后期侵入体的吞噬，巴纳涌闪长岩单元侵入体的形态多不规则，岩体侵位时的原始形态保留差，以不规则岩株状产出，岩体节理不发育，边部轻微混染。

苏鲁石英闪长岩($T_3\delta o$)仅分布在侧苏桑巴、杂吉、苏鲁一带，呈不规则状岩株或独立侵入体分布，出露面积较小，约 3km²，岩体中含较多闪长岩包体，在苏鲁一带闪长质包体含量可达 20%～45%，在与巴纳涌闪长岩单元接触带附近构成明显的火成角砾岩带。

借金英云闪长岩($T_3\gamma\delta o$)：分布在借金、沙木涌和苏鲁一带，呈岩株状产出。在苏鲁一带可见岩体与中细粒石英闪长岩脉动侵入接触(图 3-12)，并见早白垩世二长花岗岩超动侵入，岩体中普遍含较多的细粒暗色包体，包体成分以细粒石英闪长岩为主，形态各异，大小不等(0.5～20cm)，含量极不均匀(1%～5%)，一般无定向，部分地段包体密集，形成火成角砾岩带。该单元共计岩体 3 个，出露面积为 35.2km²。

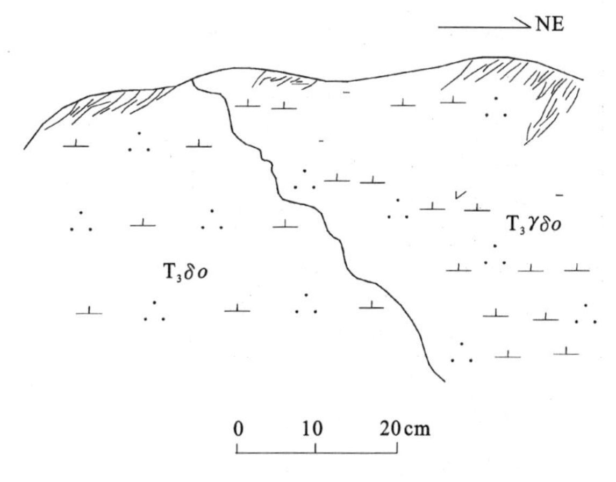

图 3-12　$T_3\delta o$ 与 $T_3\gamma\delta o$ 脉动侵入接触关系素描图

晚三叠世花岗岩最明显的标志就是各单元侵入体中均不同程度地发育深灰色闪长质包体。暗色闪长质同源包体多呈棱角状、各种不规则状，一般含量为 1%～3%，最富时可高达 10%～30%。包体大小不等，大者在 50cm 以上，小者不足 1cm。包体形态不等，一般呈椭圆状，但在岩体的边部常出现棱角状、碎裂岩状等不规则形态，表明这些包体为岩体侵位早期形成的较基性的冷凝边，被后期的岩浆冲碎带出形成的同源自碎包体，包体一般不定向，各包体岩石致密坚硬，无明显蚀变，与寄主岩石的界线截然。

2. 岩相学特征

巴纳涌闪长岩($T_3\delta$)：岩性为灰黑色、深灰绿色中细粒闪长岩，中细粒半自形粒状结构，块状构造。岩石的主要成分为斜长石呈半自形板状，杂乱分布，粒径为 0.5～1mm，含量为 50%～78%；角闪石呈半自形柱状，黑云母呈叶片状，绿泥石化；多见黑云母穿插交代角闪石，角闪石晶体内包嵌有黑云母，二者均匀散布于岩石中，总含量为25%～40%；石英呈他形粒状、填隙状产于斜长石晶体的空隙中，粒内波状消光5%。副矿物主要有磷灰石、磁铁矿、榍石。

苏鲁石英闪长岩($T_3\delta o$)：岩性为灰色—灰白色中细粒石英闪长岩，中细粒半自形粒状结构，块状构造。主要矿物成分：钾长石含量为5%～10%；斜长石为中长石，环带结构，核心黝帘石化、绢云母化，含量为55%～70%；石英呈他形不规则状，充填于斜长石晶体空隙中，含量为10%～15%；暗色矿物为鳞片状黑云母集合体和柱状普通角闪石，定向排列，含量为5%～10%；副矿物主要有磁铁矿、锆石、磷灰石。

借金英云闪长岩($T_3\gamma\delta o$)：岩性为灰白色中粒英云闪长岩，中细粒花岗结构，块状构造。岩石中钾长石以微斜长石为主，少量条纹长石，含量为3%～5%，具有格子双晶，略具高岭土化；斜长石为中—更长石，含量为50%～60%，半自形板状，略有绢云母化、高岭土化和绿帘石化，局部呈斑晶产出；石英呈他形不规则粒状，普遍具有波状消光，含量为18%～20%；角闪石为自形—他形，含量为3%～10%，；黑云母为5%～10%；暗色矿物略具绿泥石化。副矿物有磁铁矿、磷灰石、榍石和锆石。

3. 岩石化学特征

晚三叠世花岗岩的岩石化学分析数据及特征参数值见表3-8。各单元的岩石化学成分略有差异，SiO_2含量介于53.04%～61.17%之间，属于中酸性岩。总体上具有Al、Na含量较高、大部分岩石$Na_2O>K_2O$、$CaO+Na_2O+K_2O>Al_2O_3>Na_2O+K_2O$的特点，为偏铝质岩石类型。

表3-8　晚三叠世花岗岩岩石化学成分及特征参数值一览表

岩石化学测定结果(w_B/%)														
单元	样号	SiO_2	TiO_2	Al_2O_3	Fe_2O_3	FeO	MnO	MgO	CaO	Na_2O	K_2O	P_2O_5	H_2O^+	Los	Total
$T_3\gamma\delta o$	4GS950－1	61.17	0.70	16.19	1.43	3.82	0.11	3	4.85	4.24	1.26	0.16	2.54	0.43	99.90
	2GS310－1	60.90	0.55	16.61	0.80	4.47	0.12	3.11	4.09	3.08	1.96	0.17	2.73	0.59	99.18
	2GS310－2	60.70	0.80	14.82	3.64	4.23	0.16	3.57	5.10	2.21	1.85	0.18	3.02	0.04	100.32
	2GS278－2	60.20	0.72	16.92	2.47	3.52	0.13	1.12	1.90	4.47	6.4	0.22	1.15	0	99.22
$T_3\delta o$	4GS1849－1	58.56	1.06	16.57	1.83	4.58	0.12	3	4.80	3.10	4.26	0.31	1.24	0.34	99.77
	2GS4688－1	57.91	1.14	17.68	0	7.9	0.17	2.14	6.32	3.53	1.33	0.29	1.59	0.08	100.08
	4GS708－1	58.49	0.76	19.22	0.31	3.36	0.09	1.62	6.39	6.16	0.35	0.20	2.19	0.26	99.40
	2GS310－3	55.91	0.61	17.37	2.04	5.33	0.09	3.07	4.79	2.67	1.38	0.16	2.37	0.04	95.83
	4GS710－1	56.89	1.04	16.95	2.10	5.19	0.16	3.66	5.38	3.38	2.45	0.27	1.91	0.53	99.91
$T_3\delta$	4GS707－4	53.04	1.52	15.6	2.54	6.13	0.26	5.70	7.82	3.15	1.62	0.39	1.74	0.67	100.18
	4GS708－2	54.16	1.07	18.31	1.07	5.89	0.15	4	6	4.58	1.64	0.19	1.73	0.56	99.35

单元	样号	A/CNK	A/NK	Nk	*F*	σ	AR	τ	SI	FL	MF	*M/F*	OX	K_2O/Na_2O	MgO/FeO
$T_3\gamma\delta o$	4GS950－1	0.94	1.94	5.53	5.28	1.65	1.71	17.07	21.82	53.14	63.64	0.44	0.27	0.30	0.79
	2GS310－1	1.14	2.31	5.11	5.35	1.39	1.64	24.60	23.17	55.20	62.89	0.50	0.15	0.64	0.70
	2GS310－2	0.99	2.63	4.05	7.85	0.94	1.51	15.76	23.03	44.32	68.79	0.31	0.46	0.84	0.84
	2GS278－2	0.95	1.19	10.96	6.04	6.79	3.73	17.29	6.23	85.12	84.25	0.13	0.41	1.43	0.32
$T_3\delta o$	4GS1849－1	0.90	1.71	7.40	6.45	3.45	2.05	12.71	17.89	60.53	68.12	0.36	0.29	1.37	0.66
	2GS4688－1	0.94	2.44	4.86	7.90	1.58	1.51	12.41	14.36	43.47	78.69	0.27	0.00	0.38	0.27
	4GS710－1	0.94	2.06	5.87	7.34	2.42	1.71	13.05	21.81	52.01	66.58	0.38	0.29	0.72	0.71
$T_3\delta$	4GS707－4	0.74	2.25	4.79	8.71	2.23	1.51	8.19	29.78	37.89	60.33	0.50	0.29	0.51	0.93
	4GS708－2	0.91	1.97	6.30	7.05	3.35	1.69	12.83	23.28	50.90	63.50	0.49	0.15	0.36	0.68

注：2GS的样品均引自1∶20万杂多县幅区域地质调查报告；其他样品由武汉综合岩矿测试中心测试。

岩石的铝过饱和指数 ASI＝0.74～1.14，平均值小于或等于 1，大部分岩石的 $Na_2O>K_2O$，表明岩石贫钾富钠；里特曼指数为 0.94～6.79，基本介于 1.8～3.3 之间，属于钙碱性系列。

在 SiO_2- ALK 图解(图略)中，几乎所有的样品投影点均落入亚碱性系列，再投图 AFM 图解(图 3-13)中，主体均投影于钙碱性岩区，故岩石属钙碱性岩系列。

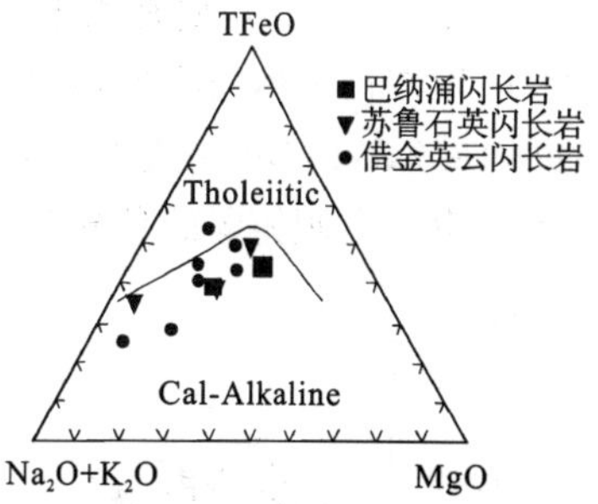

图 3-13 晚三叠世花岗岩的 AFM 图解

4. 地球化学特征

(1) 微量元素

晚三叠世花岗岩各侵入体的微量元素分析结果见表 3-9。不同侵入体的微量元素含量略有变化，不相容元素 K、Rb、Th 明显富集，Ta、Nb、Sm、Hf 轻度富集或无异常，Ba、Y、Yb 等强烈亏损。

据各单元岩石的微量元素的蛛网图，曲线基本一致。该侵入体微量元素蛛网图(图 3-14)的分布形式与火山弧花岗岩相近，总体显示了同造山花岗岩的特点。

表 3-9 晚三叠世花岗岩的微量元素、稀土元素含量和特征参数值表

微量元素分析结果 ($w_B/10^{-6}$)														
单元	样号	Cu	Pb	Zn	Cr	Co	Ni	Rb	Sr	Ba	Zr	Hf	Ta	Th	U
$T_3\gamma\delta o$	DY950－1	7.7	6.5	69	29	16	11	23	460	466	167	4.4	1.3	5.7	1.4
$T_3\delta o$	DY1849－1	26	28	84	43	16	14	74	381	512	338	7.8	3.1	12	3.3
	DY710－1	25	12	88	32	19	10	48	458	451	266	6.4	1.8	5.7	1.6
$T_3\delta$	DY707－4	29	6.7	113	99	24	40	63	722	423	176	4.8	2	4.5	0.94
	DY708－2	9.2	7.4	113	76	22	29	32	595	439	94	2.8	0.88	2.6	0.85

稀土元素测定结果 ($w_B/10^{-6}$)																
单元	样号	La	Ce	Pr	Nd	Sm	Eu	Gd	Tb	Dy	Ho	Er	Tm	Yb	Lu	Y	Σ
$T_3\gamma\delta o$	4XT950－1	31.05	53.73	7.13	24.1	4.67	1.16	4.24	0.68	4.04	0.8	2.3	0.35	2.25	0.34	18.57	155.41
$T_3\delta o$	4XT1849－1	62.4	106.1	13.8	48.18	8.91	1.82	7.88	1.18	7.03	1.4	3.88	0.62	3.97	0.61	34.64	302.42
	4XT710－1	34.89	66.5	8.7	32.53	6.63	1.59	6.2	1	5.83	1.15	3.13	0.47	2.95	0.48	32.24	204.29
$T_3\delta$	4XT707－4	54.07	106.8	14.08	52.79	8.84	2.64	7.03	1.04	5.29	1.02	2.53	0.36	2.25	0.34	24.66	283.74
	4XT708－2	17.43	33.23	4.24	17.6	3.91	1.4	3.87	0.63	3.59	0.7	1.95	0.28	1.73	0.27	17.64	108.47

稀土元素特征参数值										
单元	样号	LREE/HREE	La/Yb	La/Sm	Sm/Nd	Gd/Yb	$(La/Yb)_N$	$(La/Sm)_N$	$(Gd/Yb)_N$	δEu	δCe
$T_3\gamma\delta o$	4XT950－1	8.12	13.80	6.65	0.19	1.88	9.30	4.18	1.52	0.78	0.84
$T_3\delta o$	4XT1849－1	9.08	15.72	7.00	0.18	1.98	10.60	4.41	1.60	0.65	0.84
	4XT710－1	7.11	11.83	5.26	0.20	2.10	7.97	3.31	1.70	0.75	0.90
$T_3\delta$	4XT707－4	12.05	24.03	6.12	0.17	3.12	16.20	3.85	2.52	0.99	0.91
	4XT708－2	5.98	10.08	4.46	0.22	2.24	6.79	2.80	1.81	1.09	0.90

注：样品由武汉综合岩矿测试中心测试。

(2) 稀土元素

各单元岩石的稀土元素含量及特征参数值见表 3-9，稀土配分曲线见图 3-15，岩石的稀土总量中等，介于 155.41×10^{-6}～302.42×10^{-6} 之间；轻稀土中等富集，轻、重稀土平均比值 LREE/HREE 介于

5.98～12.05之间，均属轻稀土富集型；δEu值介于0.65～1.09之间，具有弱的Eu负异常或不具Eu负异常，从早期侵入体向晚期，负异常呈减小的趋势，δCe值均位于1左右，无异常；岩石的$(La/Yb)_N$为6.79～16.2，Sm/Nd比值为0.17～0.22。各单元岩石的稀土元素球粒陨石标准化的分布型式大致相同，皆为明显右倾铕弱的负异常或无异常较平滑曲线。

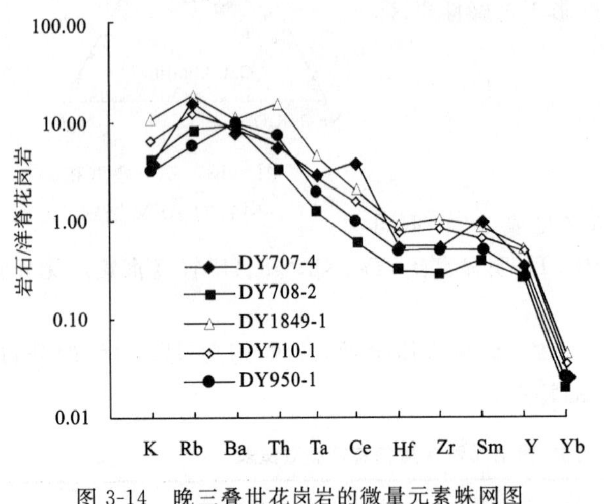

图3-14　晚三叠世花岗岩的微量元素蛛网图

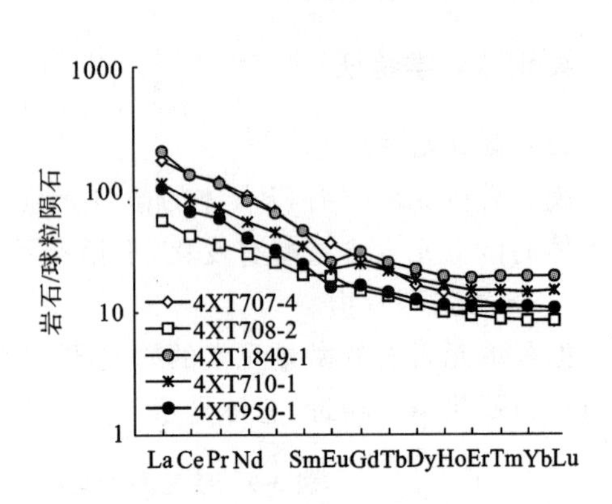

图3-15　晚三叠世花岗岩的稀土元素配分模式图

5. 岩体侵入深度、剥蚀程度及形成时的物化条件

受后期岩浆的肢解及构造破坏，晚三叠世花岗岩各单元侵入体空间出露形态多以不规则状、椭圆状、长条状为主，部分呈透镜状，岩体侵位时的原始形态保存较差，岩体的完整性遭受破坏。各侵入体在空间上群居性不明显，多以单个侵入体形式零散分布。岩体明显被早白垩世花岗岩超动侵入。岩体侵入于早石炭世杂多群中，在侧苏桑巴一带被早—中侏罗世雁石坪群不整合覆盖，围岩捕虏体普遍不发育，但与围岩的侵入关系却很清楚，侵入界线不协调，外接触带可见岩枝穿插及热接触变质现象，上述特征表明，该侵入体的侵入深度为中带。

侵入体中围岩捕虏体仅分布在岩体与围岩的接触带附近，各单元的侵入体尤其苏鲁石英闪长岩单元侵入体的不同部位中，包体均十分发育，而且包体定向具有区域一致性，不随岩体边部而变化；岩浆期后矿化少见，相关脉岩不甚发育，岩体结构以中细粒为主，据上述特征推测，该侵入体的剥蚀深度为中—深剥蚀。

上述特征表明，该侵入体的花岗岩岩体侵位深度为中带，并普遍经受了中等程度的剥蚀。

6. 侵入体形成时代的研究

该期花岗岩侵入于早石炭世杂多群，并超动侵入于晚二叠世正长花岗岩中，在侧苏桑巴一带被早—中侏罗世雁石坪群不整合覆盖，在苏鲁一带可见其中被早白垩世花岗岩的二长花岗岩和正长花岗岩超动侵入，为印支期岩浆活动的产物。在本次区域地质调查中，在布涌一带与此成分相近的花岗斑岩中取锆石U-Pb同位素测定，1、2颗锆石为棕黄色透明短柱状，$^{206}Pb/^{238}U$表面年龄统计权重平均值为207.3±0.5Ma，表明在本区肯定存在晚印支期的构造岩浆事件，其形成时代为晚三叠世。

7. 岩体组构及其就位机制

该期花岗岩中早期的巴纳涌石英闪长岩多呈规模不等的“包体”形式赋存于后期早白垩世花岗岩侵入体中，其他单元呈小岩株分布。岩体与围岩的接触面多弯曲，呈港湾状，以上特征表明，晚三叠世花岗岩侵入体是以先期构造为通道而被动就位的产物，岩墙扩张可能是岩体主要的侵位机制。

8. 岩体成因类型分析及其构造环境判别

晚三叠世花岗岩各单元总体呈现成分演化侵入体，由早期的闪长岩一直向英云闪长岩演化；岩石中普遍具有角闪石等暗色矿物，富含大量的暗色铁镁质细粒体，副矿物中大量含有磷灰石、锆石等矿物。岩石类型相当于Barbarlin(1999)分类中的ACG花岗岩(含角闪石钙碱性花岗岩)，以及Maniar(1989)分类中的CAG花岗岩。

岩石化学特征主体为钙碱性偏铝质花岗岩类，微量元素中K、Rb、Th强烈富集和Ba、Y、Yb等强烈亏损，与同造山花岗岩的特征相近。岩石化学和地球化学资料显示，该侵入体花岗岩兼具I型和S型花岗岩的特点。可以基本确定为CAG花岗岩。利用Maniar(1989)提出的花岗岩分类中构造环境判别方法，在SiO_2-K_2O图解中所有点都投至非OP区，在SiO_2-TFeO/(TFeO+MgO)图解(图略)和MgO-TFeO图解(图3-16)中落入IAG+CAG+CCG区，结合英云闪长岩为该期次中的主要岩石类型，故确定为CAG型(岛弧花岗岩类)。

在R_1-R_2图解(图3-17)中，该侵入体的大部分点均投至2区，部分在2区和3区的界线附近，为消减的活动大陆边缘花岗岩。综合分析表明，在晚三叠世甘孜-理塘有限洋盆向南发生俯冲消减和消亡，俯冲在北羌塘-昌都陆块之下，形成结扎类弧后前陆盆地，并在大陆上形成中酸性岩浆侵入。

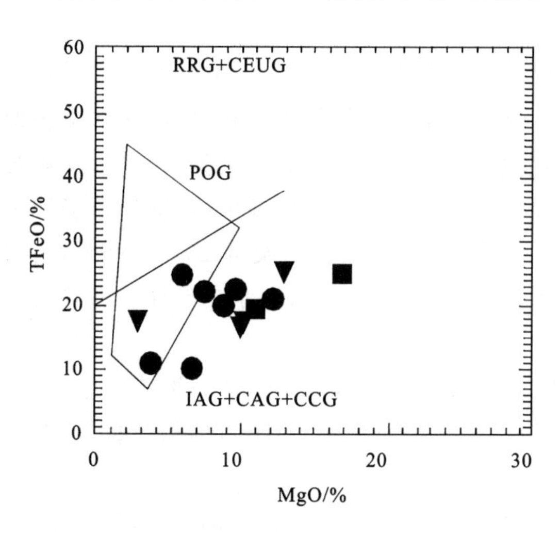

图3-16　晚三叠世花岗岩的MgO-TFeO图解
■巴纳涌闪长岩；▼苏鲁石英闪长岩；●借金英云闪长岩
IAG. 岛弧花岗岩；CAG. 陆弧花岗岩；CCG. 大陆碰撞花岗岩；
POG. 造山期后花岗岩；RRG. 裂谷花岗岩；CEUG. 大陆隆升花岗岩

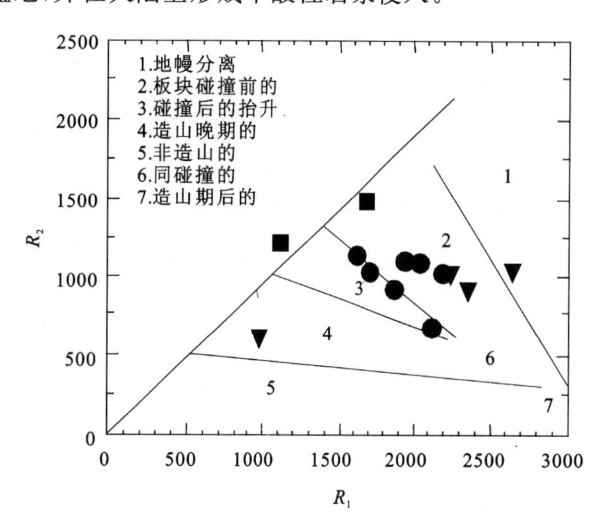

图3-17　晚三叠世花岗岩的R_1-R_2图解
■巴纳涌闪长岩；▼苏鲁石英闪长岩；●借金英云闪长岩

(三) 早白垩世花岗岩

1. 地质特征

早白垩世花岗岩可分为尼青赛二长花岗岩($K_1\eta\gamma$)和吓纳正长花岗岩($K_1\xi\gamma$)2个单元。两单元岩体与围岩的接触面多弯曲，呈港湾状，内接触带中有大量的砂岩、板岩的棱角状捕虏体，外接触带中可见岩枝穿插以及热接触变质现象。在苏鲁一带早白垩世花岗岩明显超动侵入于晚三叠世花岗岩中的石英闪长岩和英云闪长岩中(图3-18、图3-19)，超动侵入界面不一，沿接触带有早期侵入体的包体。在苏鲁地区并有古—新近纪沱沱河群不整合其上。各侵入体均呈岩株状分布，两单元侵入体之间界线清楚，为比较明显的脉动接触关系。

该侵入体花岗岩中尼青赛二长花岗岩($K_1\eta\gamma$)侵入体分布局限，呈2个小岩株仅见于苏鲁复杂深成岩体中，出露面积为5km²，岩体中少有闪长岩包体，岩体节理发育，球状风化强烈。吓纳正长花岗岩单元($K_1\xi\gamma$)为本单元出露面积最大的侵入体，也是本区分布最广泛的花岗岩，有6个岩株，出露面积约为

105.9km²，岩石结构、成分均一。

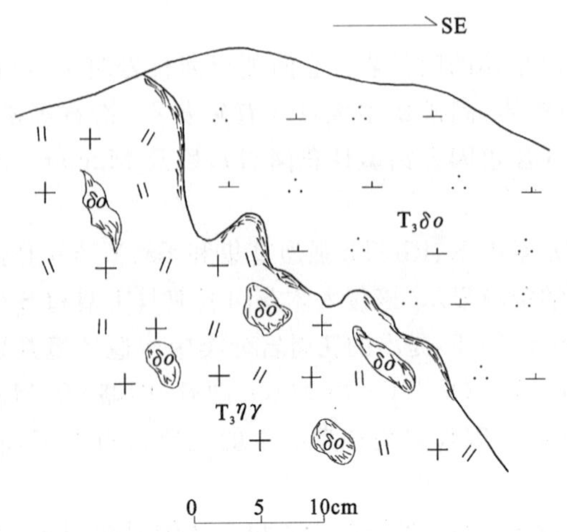

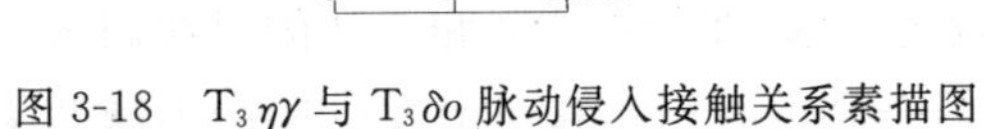

图 3-18　$T_3\eta\gamma$ 与 $T_3\delta o$ 脉动侵入接触关系素描图

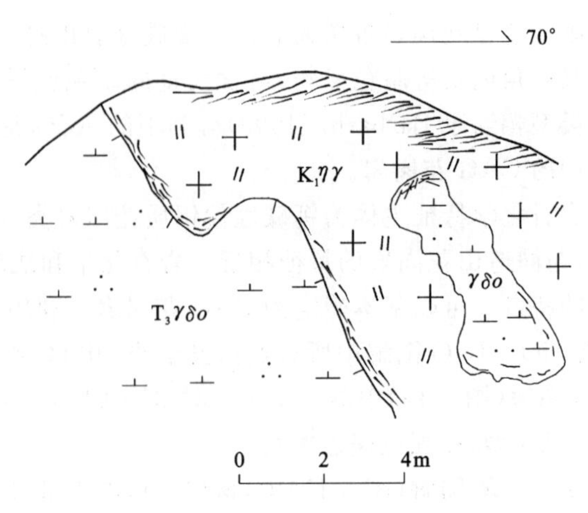

图 3-19　$K_1\eta\gamma$ 与 $T_3\gamma\delta o$ 超动侵入接触关系素描图

2. 岩相学特征

尼青赛二长花岗岩($K_1\eta\gamma$)：岩性为肉红色中粒—不等粒二长花岗岩，中粒—不等粒半自形粒状结构，一般在边部百余米宽的边缘相带中为细粒粒状结构，而中央相为均匀的中粗粒结构，局部出现似斑状结构，块状构造。钾长石为20%～25%，为微斜长石，粉色，具格子双晶和条纹构造，呈他形不规则粒状，少数高岭土化，部分呈1～3cm的似斑晶出现，钾长石粒内有斜长石、云母等包体；斜长石多为更长石，具有环带构造，并绿帘石化、绢云母化和高岭土化，含量为30%～45%；石英为20%～25%，为他形粒状；黑云母多绿泥石化，含量为10%～15%；普通角闪石为2%～4%，自形—半自形柱状。岩石中副矿物有磷灰石、锆石等。

吓纳正长花岗岩($K_1\xi\gamma$)：岩性为枣红色、砖红色中细粒正长花岗岩，呈枣红色—深砖红色，中细粒花岗结构，局部见文象结构，块状构造。碱性长石有微斜长石、条纹长石两种，半自形板粒状，具有格子双晶和卡氏双晶。碱性长石中见石英、斜长石嵌晶，具轻微高岭土化，含量为49%～60%；斜长石呈半自形柱状、宽板状，An＝23～32，为更—中长石，聚片双晶和环带构造比较发育，双晶细密，具高岭土化、绢云母化，含量为15%～22%；石英呈他形粒状，大小不均匀，多分布于其他矿物空隙中，也有与长石相互交生形成文象结构，波状消光，含量为20%～28%；黑云母呈半自形鳞片状、板状，多为绿泥石交代，含量为2%～5%；副矿物主要有磷灰石、锆石、褐帘石等，其中锆石的形态比较复杂。

3. 岩石化学特征

早白垩世花岗岩各单元的岩石化学分析数据及有关参数值见表3-10。该期花岗岩中各单元的岩石化学成分均一，岩石的酸性程度较高，总体上从早期的二长花岗岩到晚期的正长花岗岩其SiO_2含量明显增高，而Al_2O_3含量逐渐降低，K_2O/Na_2O比值逐渐升高、MgO/FeO比值逐渐降低，具有明显的同源岩浆连续演化的特点。尼青赛二长花岗岩的SiO_2含量介于66.27%～70.19%之间，Al_2O_3含量为13.62%～14.83%，岩石的铝过饱和指数ASI在1左右；吓纳正长花岗岩单元的SiO_2含量介于72.75%～76.53%之间，Al_2O_3含量为10.99%～14.07%，岩石具有$Al_2O_3>CaO+Na_2O+K_2O$的特点，铝过饱和指数ASI＝1.02～1.97，平均值大于1.1(除4GS1865-1外)。在部分岩石中有少量原生的白云母、石榴石，在部分岩石中含量可达1%，为典型的过铝质花岗岩，相当于S型花岗岩；岩石的里特曼指数为1.03～2.69，基本介于1.8～3.3之间，所有岩石属于钙碱性系列。

比较各单元的岩石化学特征，发现从早期侵入体到晚期侵入体，随着SiO_2含量的递增，Al_2O_3、FeO、MgO、CaO等的含量递减，铁镁指数总体逐渐降低，铝过饱和指数ASI和碱指数KN/A有增加的趋势，磁铁矿的含量逐渐减少，固结指数 SI 和分异指数 DI 逐渐增多，反映了在岩浆演化过程中，向着富酸、富碱、贫镁铁钙的方向演化，同时结晶分异程度逐渐增高。

表 3-10 早白垩世花岗岩的岩石化学成分表(w_B/%)

单元	样号	SiO_2	TiO_2	Al_2O_3	Fe_2O_3	FeO	MnO	MgO	CaO	Na_2O	K_2O	P_2O_5	H_2O^+	Los	Total
$K_1\xi\gamma$	2GS25－1	73.83	0.12	13.48	1.03	1.04	0.05	0.08	0.22	4.62	4.79	0.06	0.69	0.00	100.01
	2GSY－1	75.76	0.02	12.96	0.56	0.80	0.04	0.48	0.68	3.46	4.68	0.05	0.56	0.07	100.12
	2GSY－2	75.16	0.02	12.73	0.46	0.90	0.04	0.48	0.62	3.54	4.97	0.05	0.48	0.21	99.66
	4GS1865－1	72.75	0.27	12.79	1.44	0.39	0.03	0.40	2.44	4.06	3.23	0.07	0.70	1.15	99.72
	4GS710－2	76.53	0.11	12.23	0.08	0.82	0.02	0.26	0.35	3.31	5.57	0.03	0.61	0.10	100.02
	2GS138－1	74.26	0.25	12.19	1.18	1.99	0.07	0.24	0.54	2.66	4.88	0.07	0.96	0.04	99.33
	2GS139－1	74.92	0.16	12.19	1.01	1.82	0.04	0.21	0.65	2.86	4.65	0.06	0.96	0.01	99.54
	2GS140－1	76.11	0.10	12.47	0.59	0.92	0.03	0.21	0.31	2.41	5.46	0.06	0.71	0.04	99.42
	2GS1569－1	74.09	0.15	12.59	1.14	1.56	0.03	0.23	0.73	2.50	5.24	0.04	1.03	0.04	99.37
	2GS16－1	75.65	0.13	11.93	1.32	0.87	0.04	0.12	0.22	2.12	6.00	0.05	1.02	0.08	99.55
	2GS22－1	73.69	0.10	14.07	0.97	1.83	0.03	0.19	0.50	0.26	5.36	0.04	2.38	0.07	99.49
	4Gs693－1	72.92	0.24	12.75	0.39	1.96	0.05	0.54	0.75	2.89	5.63	0.06	1.11	0.15	99.44
	4GS694－1	76.10	0.19	12.50	1.22	0.28	0.02	0.36	0.65	2.04	5.46	0.03	0.79	0.01	99.65
	2GS465－1	76.02	0.12	10.99	3.17	0.77	0.05	0.37	0.43	0.43	5.72	0.03	1.88	0.00	99.98
	4GS959－1	74.35	0.23	13.07	1.63	0.63	0.03	0.24	0.61	4.71	3.10	0.04	0.69	0.30	99.63
$K_1\eta\gamma$	4GS709－1	69.11	0.45	14.41	0.97	2.19	0.07	1.39	2.42	3.26	3.95	0.12	1.33	0.10	99.77
	4GS1864－1	67.69	0.52	14.52	1.17	2.80	0.08	1.12	2.63	3.63	3.92	0.15	0.92	0.45	99.60
	2GS21－1	66.27	0.52	14.60	0.37	3.98	0.13	1.84	3.22	4.75	1.65	0.16	2.02	0.23	99.74
	2GS420－1	70.19	0.45	13.62	0.88	2.38	0.08	1.06	1.89	3.46	4.36	0.09	1.46	0.00	99.92
	2GS8－1	68.81	0.46	14.44	1.51	2.30	0.10	1.02	1.64	4.80	3.54	0.15	1.10	0.13	100.00
	2GS5－1	67.89	0.49	14.83	1.34	2.68	0.12	1.18	1.92	4.24	3.87	0.17	1.35	0.00	100.08

岩石在 SiO_2－ALK 图解(图 3-20)中，几乎所有的样品投影点均落入亚碱性系列；再投图 AFM 图解(图略)中，均投影于钙碱性岩区，故岩石属钙碱性岩系列。

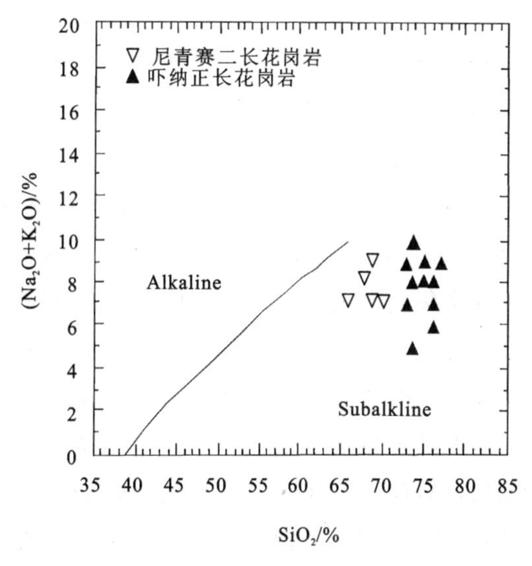

图 3-20 早白垩世花岗岩的 SiO_2－ALK 图解

4. 地球化学特征

(1) 微量元素

早白垩世花岗岩各单元岩石的微量元素分析结果见表 3-11。不同岩石类型的侵入体其微量元素含量略有变化，但总体上 Cu、Co、Ni、Pb、Sn 元素含量高于世界同类花岗岩，不相容元素 K、Rb、Th 明显富集，Ta、Nb、Sm、Hf 轻度富集或无异常，Ba、Y、Yb 等强烈亏损。

据各单元岩石的微量元素所做的蛛网图，不同岩石类型的特点基本保持一致，由早期侵入体向晚期侵入体微量元素的含量增加，表明微量元素向晚期侵入体富集。该侵

表 3-11　早白垩世花岗岩的微量元素、稀土元素含量及特征参数值表

微量元素分析结果（$w_B/10^{-6}$）															
单元	样号	Cu	Pb	Zn	Cr	Co	Ni	Rb	Sr	Ba	Zr	Hf	Ta	Th	U
$K_1\xi\gamma$	DY1865－1	4.7	6.9	16	8.6	2	2.3	86	48	561	340	8.8	3	8.5	2.9
	DY693－1	5.4	37	94	6	3	4.3	381	44	241	285	7.9	3.6	41	7.5
	DY694－1	4.2	18	23	4.8	2.4	4.1	511	17	52	221	8.5	8.7	67	12
	DY959－1	4.9	5.5	44	5.4	2.7	4.4	85	45	608	464	13	2.8	11	2.5
$K_1\eta\gamma$	DY709－1	9.3	18	45	17	7.2	6.5	162	276	597	259	7.1	2.6	17	4.8
	DY1864－1	5.7	13	54	6.3	5.9	3.9	125	243	823	231	6.7	2.1	12	2.1

稀土元素测定结果（$w_B/10^{-6}$）																	
单元	样号	La	Ce	Pr	Nd	Sm	Eu	Gd	Tb	Dy	Ho	Er	Tm	Yb	Lu	Y	ΣREE
$K_1\xi\gamma$	4XT1865－1	54.98	86.61	11.81	39.44	7.32	1.07	6.95	1.12	6.58	1.31	3.66	0.55	3.74	0.60	32.36	258.1
	4XT710－2	26.27	54.58	5.19	14.29	2.33	0.57	1.61	0.25	1.35	0.27	0.79	0.14	0.96	0.16	6.47	115.23
	4XT693－1	104.70	178.4	23.82	83.63	16.22	0.74	15.08	2.61	16.2	3.27	9.24	1.47	9.62	1.55	88.67	555.22
	4XT694－1	120.70	210.6	27.35	90.6	19.33	0.26	18.96	3.42	22.87	4.75	14.36	2.34	15.73	2.50	127.4	681.17
	4XT959－1	64.61	121.5	16.06	60.46	12.37	2.05	11.87	2.01	12.96	2.56	6.96	1.10	7.35	1.20	59.24	382.3
$K_1\eta\gamma$	4XT709－1	52.79	91.87	11.01	38.37	6.88	1.09	5.91	0.95	5.55	1.12	3.13	0.49	3.16	0.47	37.56	260.35
	4XT1864－1	38.75	63.85	8.46	28.24	5.56	1.07	5.17	0.84	5.14	1.05	2.91	0.48	3.16	0.52	24.75	189.95

稀土元素特征参数值											
单元	样号	LREE/HREE	La/Yb	La/Sm	Sm/Nd	Gd/Yb	$(La/Yb)_N$	$(La/Sm)_N$	$(Gd/Yb)_N$	δEu	δCe
$K_1\xi\gamma$	4XT1865－1	8.21	14.70	7.51	0.19	1.86	9.91	4.72	1.50	0.45	0.78
	4XT693－1	6.90	10.88	6.45	0.19	1.57	7.34	4.06	1.26	0.14	0.83
	4XT694－1	5.52	7.67	6.24	0.21	1.21	5.17	3.93	0.97	0.04	0.85
	4XT959－1	6.02	8.79	5.22	0.20	1.61	5.93	3.29	1.30	0.51	0.88
$K_1\eta\gamma$	4XT709－1	9.72	16.71	7.67	0.18	1.87	11.26	4.83	1.51	0.51	0.87
	4XT1864－1	7.57	12.26	6.97	0.20	1.64	8.27	4.38	1.32	0.60	0.81

入体微量元素蛛网图的分布型式与碰撞花岗岩相近（图3-21），总体显示了同造山花岗岩的特点。

（2）稀土元素

该花岗岩各单元岩石稀土元素含量及特征参数值见表 3-11，岩石的稀土总量较高，稀土总量介于 $115.23\times10^{-6}\sim681.17\times10^{-6}$之间；总体上各侵入体从早到晚演化过程中，稀土含量逐渐增高。轻稀土中等富集，轻、重稀土平均比值介于 5.52～9.72 之间，均属轻稀土富集型；岩石的 δEu 值介于 0.04～0.60之间，具有强的 Eu 负异常或亏损，且从早期侵入体向晚期，δEu 值略呈增大的趋势；δCe 值均位于 0.78～0.88 之间，具弱的铈负异常（亏损）。这一特征与幔源岩浆有着本质区别，表明岩浆来自上地壳物质的部分熔融。岩石的$(La/Yb)_N$为 5.17～11.26，Sm/Nd 比值为 0.18～0.21。各单元岩石的稀土元素球粒陨石标准化的分布型式大致相同，皆为明显铕呈强烈负异常的右倾曲线，轻稀土部分呈明显右倾斜，重稀土部分基本水平，Eu 处呈明显的“V”字型谷（图 3-22），属地壳重熔型花岗岩。

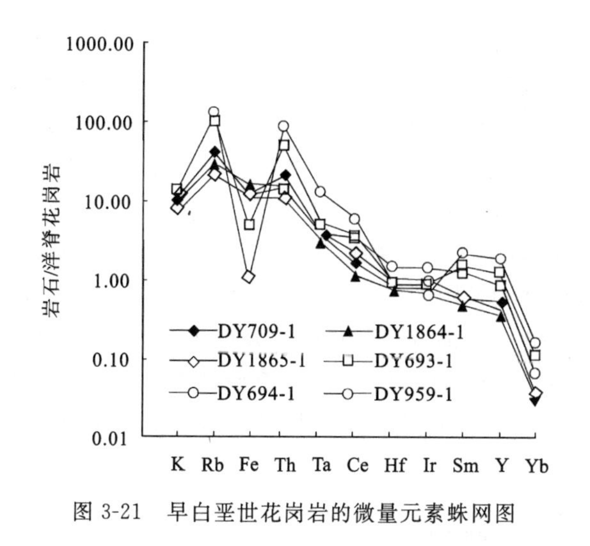

图 3-21　早白垩世花岗岩的微量元素蛛网图

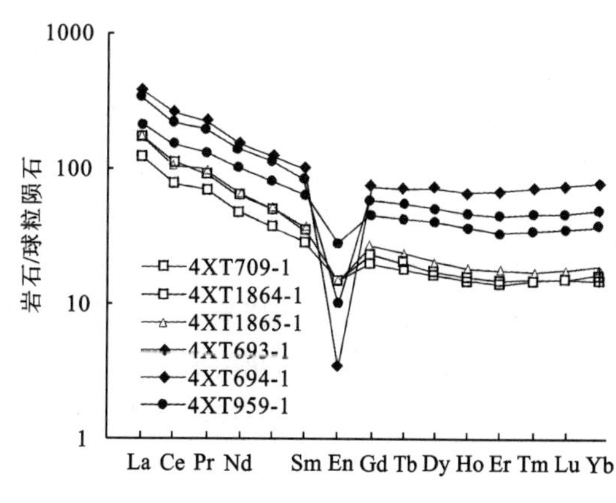

图 3-22　早白垩世花岗岩的稀土元素配分模式图

5. 侵入体组构特征及其剥蚀程度、侵位机制

早白垩世花岗岩各单元侵入体的空间出露形态多以不规则状、椭圆状、长条状为主，岩体侵位时的原始形态保存较好，各侵入体在空间上群居性不明显，多以单个侵入体形式零散分布。岩体与围岩的侵入关系清楚，围岩捕虏体普遍较发育，侵入界线不协调，围岩中发育宽的接触变质带，围岩具角岩化、硅化蚀变。在苏鲁一带，侵入体的内接触带有大量的棱角状围岩捕虏体，外接触带可见岩枝穿插及热接触变质现象，并见有较大的火山岩呈顶垂体分布。侵入体中均无深灰色闪长质同源包体出现，边部具窄的冷凝边，缺乏定向组构；裂隙中穿插钾长花岗岩脉。该期花岗岩中早期尼青赛二长花岗岩出露较局限，侵入体以后期侵入体为主，岩体结构以中粒为主，上述特征说明侵入体的侵入深度为表带，属浅剥蚀程度。

该期花岗岩 2 个单元中的侵入体均受区域断裂构造制约，侵入体群居性差，沿断裂带呈简单深成岩体形式零散分布，平面形态呈不规则状、似椭圆状、带状等。空间上与晚三叠世花岗岩紧密伴生，构成上述复式岩基的边部“环带”。与围岩界线清楚，但不协调，岩石中定向组构缺乏，因此，两侵入体的形成深度为表带，由此推断，侵位机制属被动的岩墙扩张机制，即区域构造作用使部分熔融的地壳物质（岩浆）沿断裂裂隙上涌，并使裂隙进一步变宽（扩张）而侵位。

6. 岩体侵位时代讨论

前人在 1∶25 万吉多县幅区域地质调查中在尼青赛二长花岗岩中取黑云母 K－Ar 同位素测年，获得 126Ma 的地质年龄，结合早白垩世花岗岩各侵入体明显侵入于早—中侏罗世雁石坪群、早石炭世杂多群中，并有古—新近纪沱沱河群不整合其上的地质依据，可确定其时代为早白垩世。本次区域地质调查在吓纳正长花岗岩单元中取全岩 K－Ar 同位素测定，由中南矿产资源监督检测中心测试，同样获得 126Ma 的同位素年龄值（表 3-12），表明该期侵入体的形成时代为早白垩世。

表 3-12　吓纳正长花岗岩单元 K－Ar 同位素年龄测定

送样单位：青海省地质调查院区调八分队				样品批号：204112			报告编号：1204120	
序号	实验室编号	原送样号	样品名称	$W(K)/10^2$	$W(^{40}Ar)/10^6$	$^{40}Ar/^{40}K$	年龄（Ma）	Φ(空氩)$/10^2$
1	1204121	Ⅷ004JD693－1	全岩	5.24	0.047 39	0.007 581	126	14.3

测试单位：国土资源部中南矿产资源监督检测中心。

7. 岩体成因类型分析及其构造环境判别

早白垩世花岗岩的岩石类型基本上为铝过饱和型，且多数岩石的 K_2O 大于 Na_2O，ASI 平均值大于

1.1或与其接近，大部分样品中标准矿物出现刚玉；岩石中可见有原生的白云母，微量元素中以高Rb，Nb和∑REE为特征；稀土元素中总量高，Eu异常明显，δEu平均值为0.03～0.6，La/Yb平均值为6.36～16.71。以上特征均反映，两侵入体岩浆的物质来源较浅，属上地壳低度部分熔融的产物；在ACF图解投影，各样点均落于S型花岗岩区。因此，两侵入体的岩浆成因属于上地壳低度部分熔融的S型花岗岩，其岩石类型相当于Barbarlin(1999)分类中的MPG花岗岩(含白云母过铝质花岗岩类)，在R_1-R_2图解(图3-23)中，投影点多落入6区及附近。利用Maniar(1989)构造环境判别方法，在SiO_2-K_2O图解中所有点都投至非OP区，在SiO_2-TFeO/(TFeO+MgO)图解(图略)和CaO-(TFeO+MgO)图解(图3-24)中所有的正长花岗岩全落入IAG+CAG+CCG区，部分二长花岗岩分布在POG区，因此，本期花岗岩可以基本确定为花岗岩分类中的CCG花岗岩(大陆碰撞花岗岩)，为在晚侏罗世经历班公湖-怒江结合带与北羌塘-昌都陆块的碰撞造山作用后，在早白垩世造山作用的陆-陆碰撞时期形成的大陆碰撞花岗岩。

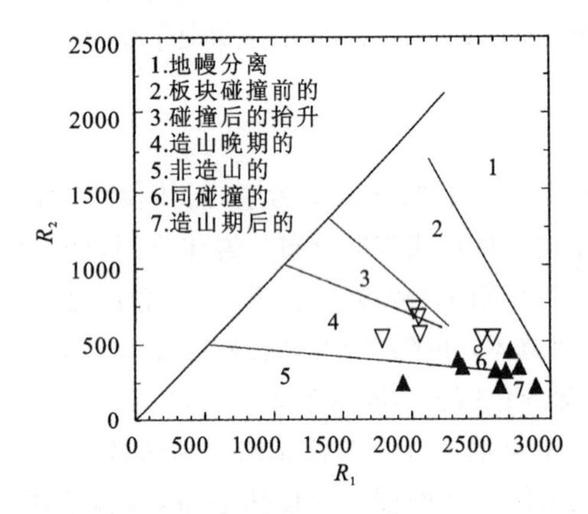

图3-23　早白垩世花岗岩的R_1-R_2图解
▲吓纳正长花岗岩；▽尼青赛二长花岗岩

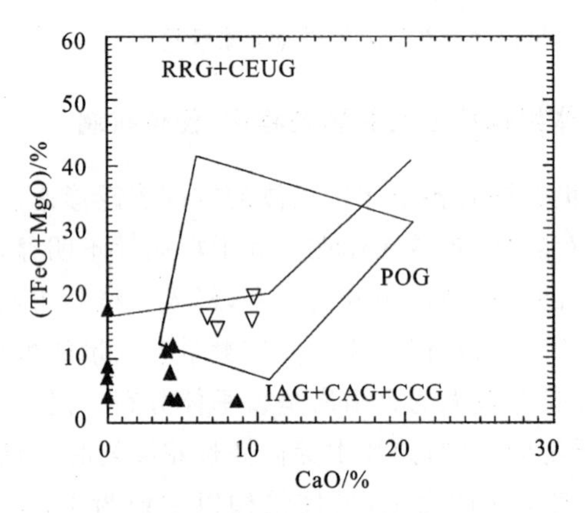

图3-24　早白垩世花岗岩的CaO-(TFeO+MgO)图解
▲吓纳正长花岗岩；▽尼青赛二长花岗岩
IAG.岛弧花岗岩；CAG.陆弧花岗岩；CCG.大陆碰撞花岗岩；
POG.造山期后花岗岩；RRG.裂谷花岗岩；CEUG.大陆隆升花岗岩

(四)晚白垩世花岗岩

1.地质特征

晚白垩世花岗岩零散分布在图区北西的年治涌、杂多以南的扎吉、贝动沙改、将谷赛和开古曲顶一带，均呈孤立的小岩株出现，分布面积为22.6km²，岩体侵位于早石炭世杂多群、早二叠世诺日巴尕日保组、中晚侏罗世雁石坪群等不同时代的地层中，与围岩接触界线清楚，界线呈不规则状弯曲，岩体边部具明显的细粒化冷凝边，内接触带有3～5m宽的接触蚀变带，并见有少量3～7cm的砂岩包体；外接触带有角岩化、硅化及大理岩化热变质现象。

晚白垩世花岗岩可分为开古曲顶石英闪长岩($K_2\delta o$)和莫海闪长玢岩($K_2\delta\mu$)2个单元，在1∶25万治多县幅中的夏结能—不群涌一带可见闪长玢岩与石英闪长岩之间呈渐变过渡，石英闪长岩分布在岩体中心，向边部岩石的结构和成分均发生明显的变化，由细粒粒状结构、角闪石晶形清楚且含量较高渐变为斑状结构、岩石中不见角闪石，变化为闪长玢岩，二者之间为涌动接触关系。

开古曲顶石英闪长岩($K_2\delta o$)：分布于测区开古曲顶、扎吉和将谷赛一带，由3处岩体组成，呈中小型岩株侵入石炭—侏罗纪各地层中，分布面积为17.9km²，尤其在开古曲顶石英闪长岩单元明显侵入到中—晚侏罗世雁石坪群中。

莫海闪长玢岩($K_2\delta\mu$)：分布在莫海、贝动沙改一带，由2个小岩株组成，分布零散，空间上群居性较差，分布面积为4.7km²。该侵入体岩石中均有不同程度的磁铁矿化现象，在扎吉和夏结能石英闪长岩中均有明显的磁铁矿化，在岩石中呈浸染状、细脉状，局部呈团块状，细脉宽度为2～3cm不等。

2. 岩相学特征

开古曲顶石英闪长岩($K_2\delta o$):岩性为灰色、灰白色中细粒石英闪长岩,中细粒半自形粒状结构,块状构造。主要矿物成分:钾长石含量为5%;斜长石为中长石,半自形板柱状,环带结构,核心黝帘石化、绢云母化,含量为58%~77%;石英呈他形不规则状,充填于斜长石晶体空隙中,有时具熔蚀外形,含量为5%~10%;暗色矿物为普通角闪石,半自形柱粒状,含量为18%~30%,大多已绿帘石化、绿泥石化和次闪石化。副矿物主要有磁铁矿、锆石、磷灰石。磁铁矿呈他形粒状或微粒状,集合体呈浸染状或团块状分布于其他颗粒空隙间。

莫海闪长玢岩($K_2\delta\mu$):岩性为灰绿色—灰色闪长玢岩,呈灰绿色—灰色,斑状结构,基质具微粒结构,致密块状构造,斑晶由蚀变斜长石(15%~21%)和角闪石假象(1%~8%)组成,斜长石为0.8~3mm,呈半自形板柱状,An=8~10,为钠长石,常见绢云母化和高岭土化,在晶体边部常见金属矿物;角闪石呈长柱状,横切面为不规则的六边形,常被褐铁矿、方解石、绿泥石和粘土质等蚀变矿物代替呈假象产出,0.11~1.37mm。基质由斜长石(30%~55%)、石英(8%~15%)和金属矿物(1%)组成,绿泥石化强烈,颗粒一般为0.01~0.2mm,斜长石与石英常形成柱粒状结构,局部可见斜长石呈格架排列,其中充填有铁质和硅质。岩石中有少量的粒状磷灰石、锆石和磁铁矿等副矿物。

3. 岩石地球化学特征

该花岗岩由于分布零星,主体在1:25万治多县幅中,因此,本次工作采集的样品全部分布在1:25万治多县幅中,在本区仅有原1:20万杂多县幅、结多县幅的岩石化学测试结果,为了更好地表达本期花岗岩的岩石地球化学特征,用本区原1:20万中的岩石化学数据和1:25万治多县幅中相同岩石类型的岩石地球化学测试结果予以解释,各侵入体具有代表性的岩石地球化学分析数据及特征参数值见表3-13、表3-14。

表3-13　晚白垩世花岗岩侵入体岩石化学成分及特征参数值表

岩石化学测定结果(w_B/%)														
单元	样号	SiO_2	TiO_2	Al_2O_3	Fe_2O_3	FeO	MnO	MgO	CaO	Na_2O	K_2O	P_2O_5	H_2O^+	Los	Total
$K_2\delta\mu$	2GS1671-1	58.45	0.78	14.81	3.46	2.07	0.1	1.14	5.5	3.49	1.58	0.2	3.55	5.45	100.58
	2GS2202	60.43	0.73	16.26	5.01	0.52	0.12	0.5	4.25	2.3	2.38	0.18	4.7	3.05	100.43
	3GS1207	57.19	0.96	16.01	3.74	3.38	0.046	2.36	4.46	2.49	3.59	0.27	2.72	2.69	99.906
$K_2\delta o$	3GS306-1	58.61	0.95	16.04	2.63	1.66	0.052	2.06	3.92	8.64	0.37	0.24	0.96	4.18	100.31
	2GS4688-1	57.91	1.14	17.68	0	7.9	0.17	2.14	6.32	3.53	1.33	0.29	1.59	0.08	100.08
	2GS235-1	55.63	1	15.83	1.12	7.04	0.16	4.2	6.44	3.45	2.14	0.17	2.42	0.09	99.69

特征参数值														
单元	样号	A/CNK	A/NK	Nk	F	σ	AR	τ	DI	SI	FL	MF	M/F	OX
$K_2\delta\mu$	2GS1671-1	0.85	1.99	5.33	5.81	1.54	1.67	14.51	63.54	9.71	47.97	82.91	0.13	0.63
	2GS2202	1.15	2.56	4.81	5.68	1.21	1.59	19.12	64.55	4.67	52.41	91.71	0.05	0.91
	2GS4688-1	0.94	2.44	4.86	7.90	1.58	1.51	12.41	50.25	14.36	43.47	78.69	0.27	0.00
$K_2\delta o$	3GS306-1	0.74	1.10	9.37	4.46	4.89	2.65	7.79	78.54	13.41	69.68	67.56	0.30	0.61
	3GS1207	1.00	2.01	6.25	7.32	2.47	1.85	14.08	61.46	15.17	57.69	75.11	0.22	0.53
	2GS235-1	0.80	1.98	5.61	8.19	2.45	1.67	12.38	47.64	23.40	46.47	66.02	0.44	0.14

注:2GS的样品均引自1:20万杂多县幅区域地质调查报告,其他样品由武汉综合岩矿测试中心测试,样品均为1:25万治多县幅中同期同类的岩石测试结果。

表 3-14　晚白垩世花岗岩侵入体的微量元素、稀土元素含量及特征参数值表

微量元素分析结果($w_B/10^{-6}$)															
单元	样号	Cu	Pb	Zn	Cr	Co	Ni	Rb	Sr	Ba	Zr	Hf	Ta	Th	U
莫海	DY306 - 1	8.6	7.3	33.9	11	7.4	9.5	4.4	166	3308	201	5.5	1.1	10.1	2.2
扎吉	DY1207	36.8	3.6	47.6	17	16.4	10.9	135	170	767	206	5.9	1.5	8.26	1.7

稀土元素测定结果($w_B/10^{-6}$)																	
单元	样号	La	Ce	Pr	Nd	Sm	Eu	Gd	Tb	Dy	Ho	Er	Tm	Yb	Lu	Y	ΣREE
莫海	3XT306 - 1	15.03	31.41	3.87	15.22	3.65	0.8	4.01	0.69	4.25	0.91	2.6	0.42	2.77	0.43	23.31	109.37
扎吉	3XT1207	25.5	52.05	6.77	25.31	5.73	1.75	5.74	0.93	5.79	1.2	3.34	0.54	3.46	0.51	29.34	167.96

稀土元素特征参数值											
单元	样号	LREE/HREE	La/Yb	La/Sm	Sm/Nd	Gd/Yb	$(La/Yb)_N$	$(La/Sm)_N$	$(Gd/Yb)_N$	δEu	δCe
莫海	3XT306 - 1	4.35	5.43	4.12	0.24	1.45	3.66	2.59	1.17	0.64	0.97
扎吉	3XT1207	5.44	7.37	4.45	0.23	1.66	4.97	2.80	1.34	0.92	0.94

注:样品由武汉综合岩矿测试中心测试,样品均为 1:25 万治多县幅中同期同类的岩石测试结果。

(1) 岩石化学特征

该期花岗岩各单元的岩石化学成分较均一,SiO_2 含量介于 57.19%～60.43%之间,属于中酸性岩。总体上具有 Al、Na 含量较高、大部分岩石的 $Na_2O>K_2O$、$CaO+Na_2O+K_2O>Al_2O_3>Na_2O+K_2O$ 的特点,为偏铝质岩石类型。

岩石的铝过饱和指数 ASI=0.74～1.15,平均值小于 1,大部分岩石的 $Na_2O>K_2O$,表明岩石贫钾富钠;里特曼指数为 1.21～4.89,基本上介于 1.8～3.3 之间,属于钙碱性系列。

在 SiO_2-ALK 图解(图略)中,几乎所有的样品投影点均落入亚碱性系列,再投图 AFM 图解(图略)和 SiO_2-(TFeO/MgO)图解(图略)中,主体均投影于钙碱性岩区,故岩石属钙碱性岩系列。

(2) 地球化学特征

微量元素:早白垩世花岗岩各单元岩石的微量元素分析结果见表 3-13。不相容元素 K、Rb、Th 明显富集,Ta、Ce、Hf、Zr、Sm 等元素基本未见异常,Yb 等强烈亏损。可能由于岩石蚀变较强,各侵入体的微量元素的蛛网图曲线不甚一致,尤其是 Ba 含量差别明显。该侵入体微量元素蛛网图(图 3-25)的分布型式与板内花岗岩相类似,总体显示了后造山花岗岩的特点。

稀土元素:各单元岩石的稀土元素含量及特征参数值见表 3-14,稀土配分曲线见图 3-26。岩石的稀土总量中等,介于 109.37×10^{-6}～167.92×10^{-6}之间;轻稀土中等富集,轻、重稀土平均比值介于 4.35～5.44 之间,均属轻稀土富集型;δEu 值介于 0.64～0.92 之间,具有弱的 Eu 负异常,从早期单元向晚期单元负异常呈减小的趋势,δCe 值均位于 1 左右,无异常;各单元岩石的$(La/Yb)_N$为 3.66～4.97,Sm/Nd 比值为 0.23～0.24。其稀土元素球粒陨石标准化的分布型式大致相同,皆为明显右倾弱铕负异常或无异常的较平滑曲线。

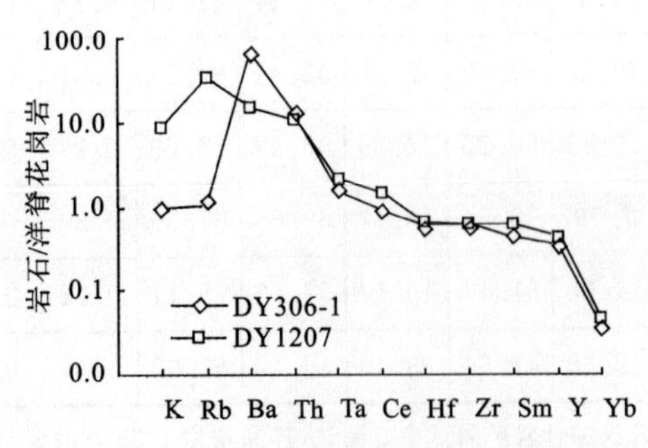

图 3-25　晚白垩世花岗岩的微量元素蛛网图

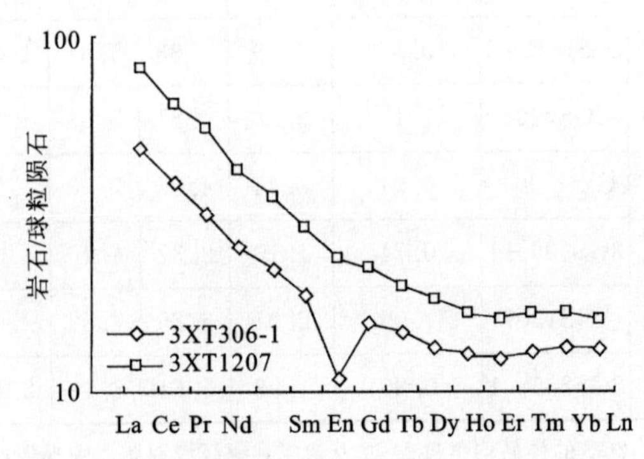

图3-26　晚白垩世花岗岩的稀土元素配分模式图

4. 岩体侵入深度、剥蚀程度

晚白垩世花岗岩各单元的侵入体在空间上的出露形态多以椭圆状、长条状为主，部分呈透镜状，各侵入体在空间上群居性不明显，多以单个侵入体的形式零散分布。岩体侵位于早石炭世杂多群、早二叠世诺日巴尕日保组、中晚侏罗世雁石坪群等不同时代的地层中，围岩捕虏体普遍不发育，但与围岩侵入关系却很清楚，侵入界线不协调，外接触带可见岩枝穿插及热接触变质现象，侵入体中闪长玢岩为岩浆活动浅成相的产物，故该侵入体的侵入深度为浅带。

侵入体中围岩捕虏体仅分布在岩体与围岩的接触带附近，岩浆期后矿化较强，岩体结构以中细粒为主，并出现浅成相闪长玢岩，据上述特征推测，该期侵入体的剥蚀深度为中—浅剥蚀。

5. 岩体组构及其就位机制

本期花岗岩体与围岩的接触面多弯曲，呈港湾状，岩体内部缺乏定向组构，边部常有围岩棱角状捕虏体，岩体附近有同期岩枝穿插分布，以上特征表明，本期侵入体是在以先期构造为通道而被动就位的产物，岩墙扩张可能是岩体主要的侵位机制。

6. 形成时代分析

前人在1:20万杂多县幅区域地质调查中在扎吉石英闪长岩中取黑云母K－Ar同位素测定，年龄值为93.6Ma，与地质时代相一致。本次区域地质调查中在夏结能闪长玢岩中取锆石U－Pb同位素测定，经宜昌地质矿产研究所测试，未给出有效年龄值。结合开古曲顶石英闪长岩单元明显侵入到中—晚雁石坪群中，综合区域地质认识、地质时代和同位素结果，将本次岩浆构造活动确定在晚白垩世。

7. 岩体成因类型分析及其构造环境判别

晚白垩世花岗岩总体呈现结构演化期次，由早期的石英闪长岩向闪长玢岩演化；岩石中普遍具有角闪石等暗色矿物，副矿物中大量含有磁铁矿、磷灰石、锆石等矿物。在SiO_2－K_2O图解（图略）中多在中—高钾系列，岩石类型相当于Barbarlin(1999)分类中的KCG花岗岩（富钾钙碱性花岗岩类）。

岩石化学特征主体为钙碱性偏铝质花岗岩类，岩石化学和地球化学资料显示，该期花岗岩具有兼具I型和S型花岗岩的特点。在R_1－R_2图解中，该期的大部分点投至3区和4区的界线附近，为造山晚期花岗岩。在CaO－(TFeO＋MgO)和MgO－TFeO图解中主要投在POG型花岗岩（后造山花岗岩），表明在区划上晚燕山期造山作用结束后，在杂多构造岩浆岩带中还有紧随造山地区的变形作用结束后侵入的后造山花岗岩，它是班公湖-怒江结合带造山作用的最后阶段侵入的花岗岩类岩石，可能代表了晚白垩世大陆地壳在经历后造山以后向稳定化发展的转变期。

（五）古新世花岗斑岩

1. 地质特征

古新世花岗斑岩集中分布在稿涌、俄切能和俄色能一带，分布面积约16.65km^2，其岩石类型为花岗斑岩，主要分布在杂多县昂赛乡以东的稿涌一带，呈总体规模较大、空间群居性较好的岩墙群分布，岩墙群侵入于白垩纪风火山群和早石炭世杂多群中，规模大小不一，岩墙长度为100～4000m，最长可达6km；宽度为10～50m，最宽可达150m，呈北西-南东向展布，走向一般在290°～320°之间，倾角近于直立，约为70°～80°；地貌上形成明显的陡坎突兀状，明显呈雁行式排列，十几条岩脉的出露总面积约0.8～1km^2。在囊谦县尕羊乡俄切能、达瑞、灯虽卡一带呈岩墙状、长条状岩株侵入分布在杂多群中，长轴方向北西-南东向，与区域方向一致，长2.2～7.2km，宽0.05～0.7km，出露面积为7.25km^2。在杂多县苏鲁乡的俄色能、俄措能一带呈扁豆状、不规则状岩株侵入到早石炭世杂多群、中晚侏罗世雁石坪群，出露面积约 8.4km^2。

古新世花岗斑岩报告中称稿涌花岗斑岩，与围岩的侵入接触关系清楚，接触界线平直，岩墙边部有小的围岩包体分布，并有 20～30cm 的灰绿色冷凝边出现，岩石中斑晶含量明显减少，且石英斑晶的含量为 2%～3%，明显偏基性，外接触带有轻微的烘烤蚀变现象。岩墙的岩性均一，为黑云母花岗斑岩，岩石普遍具有不同程度的次生蚀变，主要有斜长石的绢云母化、高岭土化、碳酸岩化、绿泥石化，黑云母的绢云母化。

2. 岩相学特征

古新世花岗斑岩的岩性为黑云母花岗斑岩，呈灰色—浅灰色，斑状结构，基质为显微粒状结构，岩石中斑晶含量为 20%～32%，主要为斜长石、石英、黑云母和少量的角闪石。斜长石含量为 14%～22%，0.25～1.93mm，呈自形短柱状，碳酸岩化和高岭土化较强，可见不甚完好的聚片双晶，据蚀变产物推断，可能为更长石；石英为 4%～8%，0.27～1.92mm，呈他形粒状，具熔蚀的外形；黑云母为 5%～6%，较新鲜的自形片状，0.1～0.7mm，多呈包体出现；部分岩石中出现 2%的角闪石。岩石的基质为 0.02～0.06mm 的斜长石、钾长石和石英、黑云母及褐铁矿微粒组成。

3. 岩石化学特征

古新世花岗斑岩的岩石化学分析数据及特征参数值见表 3-15。岩墙岩石化学成分均一，岩石的酸性程度较高，SiO_2 含量介于 69.95%～71.38%之间，具有 $Al_2O_3>CaO+Na_2O+K_2O$ 而且 MgO 含量极低的特点。铝过饱和指数 ASI=1.11～1.19，均大于 1.1，为典型的过铝质花岗岩，相当于 S 型花岗岩；里特曼指数为 1.14～2.50，小于 1.8，属于钙性岩系列，$K_2O>Na_2O$，K_2O/Na_2O 在 1.5～7.01 之间。

表 3-15　稿涌花岗斑岩岩石化学成分及特征参数值表

岩石化学测定结果(w_B/%)														
样号	SiO_2	TiO_2	Al_2O_3	Fe_2O_3	FeO	MnO	MgO	CaO	Na_2O	K_2O	P_2O_5	H_2O^+	Los	Total
2GS163-1	68.17	0.24	14.41	1.47	1.38	0.02	0.47	2.28	1.97	6	0.05	2.34	1.3	100.1
4GS750-1	70.89	0.33	14.56	1.48	0.22	0.01	0.26	2.01	3.96	2.74	0.09	1.51	1.63	99.69
4GS760-1	73	0.33	13.63	0.62	0.82	0.02	0.49	1.48	2.88	4.32	0.08	1.24	0.87	99.78
4GS760-2	71.38	0.31	13.53	0.79	0.88	0.03	0.5	2.32	1.91	4.44	0.08	2.16	1.47	99.8
4GS2190-1	69.95	0.3	14.41	0.64	0.72	0.02	0.39	2.25	0.87	6.1	0.08	2.38	1.63	99.74
4GS2197-1	70.37	0.3	13.66	0.86	0.82	0.03	0.49	2.8	0.78	4.83	0.08	2.88	1.88	99.78

特征参数值													
样号	A/CNK	A/NK	Nk	F	σ	AR	τ	SI	FL	M/F	OX	K_2O/Na_2O	MgO/FeO
2GS163-1	1.04	1.48	8.07	2.88	2.50	2.83	51.83	4.16	77.76	0.11	0.52	3.05	0.34
4GS760-1	1.13	1.45	7.28	1.46	1.72	2.82	32.58	5.37	82.95	0.24	0.43	1.50	0.60
4GS760-2	1.11	1.70	6.46	1.70	1.41	2.34	37.48	5.87	73.24	0.20	0.47	2.32	0.57
4GS2190-1	1.19	1.79	7.10	1.39	1.78	2.44	45.13	4.47	75.60	0.19	0.47	7.01	0.54
4GS2197-1	1.18	2.10	5.73	1.72	1.14	2.03	42.93	6.30	66.71	0.19	0.51	6.19	0.60

注：2GS 的样品均引自 1∶20 万杂多县幅区域地质调查报告，其他样品由武汉综合岩矿测试中心测试。

岩石在 SiO_2-ALK 图解中，几乎所有的样品投影点均落入亚碱性系列，再投入 AFM 图解（图略）和 SiO_2-(TFeO/MgO)图解中，均投影于钙碱性岩区，故岩石属钙碱性岩系列。

4. 地球化学特征

(1) 微量元素

古新世花岗斑岩的微量元素分析结果见表 3-16。岩石的不相容元素 K、Rb、Th 明显富集，Ba、Nb、Sm、Hf 轻度富集或无异常，Ta、Y、Yb 等强烈亏损(图 3-27)。

表 3-16　稿涌花岗斑岩微量元素、稀土元素含量及特征参数值表

微量元素分析结果($w_B/10^{-6}$)

样号	Cu	Pb	Zn	Cr	Co	Ni	Rb	Sr	Ba	Zr	Hf	Nb	Ta	Th	U
DY750-1	0.59	12.1	30.5	9.6	2.5	1.18	83.3	774	934	174	4.9	9	0.37	14.4	2.39
DY760-1	1.4	16.8	32.5	8.6	2.8	3	165	351	791	145	4.5	10.5	0.73	12.6	2.29
DY760-2	2.1	17.2	36.6	9.6	3.2	1.59	158	118	774	146	4.1	10.1	0.69	12.1	1.93
DY2190-1	3.1	15.9	23.3	7	2.7	1.09	196	516	856	161	3.8	8.9	0.51	14.8	1.42
DY2197-1	1.4	13.9	40.7	7	3.1	0.79	167	229	735	145	4.3	10.1	0.72	10.7	1.28

稀土元素测定结果($w_B/10^{-6}$)

样号	La	Ce	Pr	Nd	Sm	Eu	Gd	Tb	Dy	Ho	Er	Tm	Yb	Lu	Y	ΣREE
4XT750-1	43.38	73.85	8.14	26.23	3.88	0.98	2.35	0.28	1.32	0.23	0.52	0.07	0.35	0.05	4.86	166.49
4XT760-1	25.54	40.74	4.94	17.37	3.1	0.73	2.27	0.32	1.51	0.28	0.67	0.09	0.53	0.07	6.27	104.43
4XT760-2	26.30	45.24	5	17.57	3.05	0.73	2.32	0.30	1.48	0.28	0.63	0.09	0.53	0.07	6.91	110.5
4XT2190-1	39.95	69.64	7.62	23.69	3.62	0.94	2.25	0.28	1.17	0.21	0.44	0.06	0.31	0.04	4.70	154.92
4XT2197-1	26.93	46.75	5.38	17.87	3.15	0.76	2.35	0.30	1.48	0.27	0.66	0.09	0.53	0.07	6.98	113.57

稀土元素特征参数值

样号	LREE/HREE	La/Yb	La/Sm	Sm/Nd	Gd/Yb	$(La/Yb)_N$	$(La/Sm)_N$	$(Gd/Yb)_N$	δEu	δCe
4XT750-1	30.26	123.94	11.18	0.15	6.71	83.56	7.03	5.42	0.92	0.88
4XT760-1	16.10	48.19	8.24	0.18	4.28	32.49	5.18	3.46	0.81	0.82
4XT760-2	17.17	49.62	8.62	0.17	4.38	33.46	5.42	3.53	0.81	0.89
4XT2190-1	30.56	128.87	11.04	0.15	7.26	86.88	6.94	5.86	0.94	0.90
4XT2197-1	17.54	50.81	8.55	0.18	4.43	34.26	5.38	3.58	0.82	0.88

注：样品由武汉综合岩矿测试中心测试。

不同岩墙的微量元素均值所做的蛛网图，基本保持一致，该侵入体微量元素蛛网图的分布型式与板内花岗岩相近，总体显示了后造山运动花岗岩的特点。

(2) 稀土元素

古新世花岗斑岩的稀土元素含量及特征参数值见表 3-16，稀土配分曲线见图 3-28。稀土总量中等，稀土总量介于 $110.5\times10^{-6}\sim166.49\times10^{-6}$ 之间；岩石轻稀土富集，轻、重稀土平均比值介于 16.1～30.56 之间，均属轻稀土富集型；岩石的 δEu 值介于 0.81～0.94 之间，具有弱的 Eu 负异常；δCe 值均位于 0.82～0.90 左右，基本上铈无异常(亏损)。岩石的 $(La/Yb)_N$ 为 32.49～86.88，Sm/Nd 比值为 0.15～0.18。岩墙的稀土元素球粒陨石标准化的分布型式非常一致，皆为铕无明显呈异常的右倾曲线，轻、重稀土部分均呈明显右倾斜。

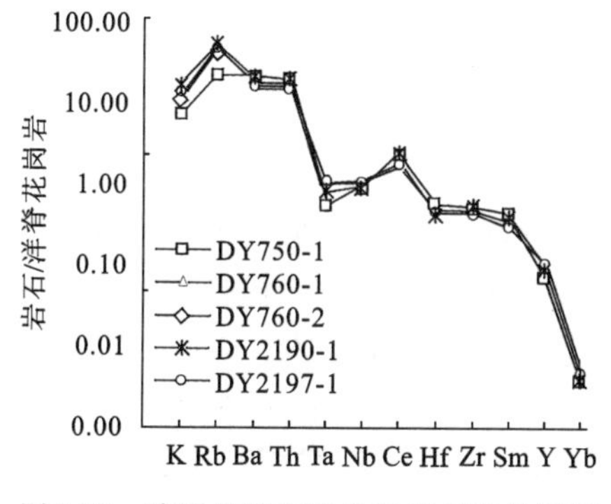

图 3-27　稿涌花岗斑岩的微量元素蛛网图

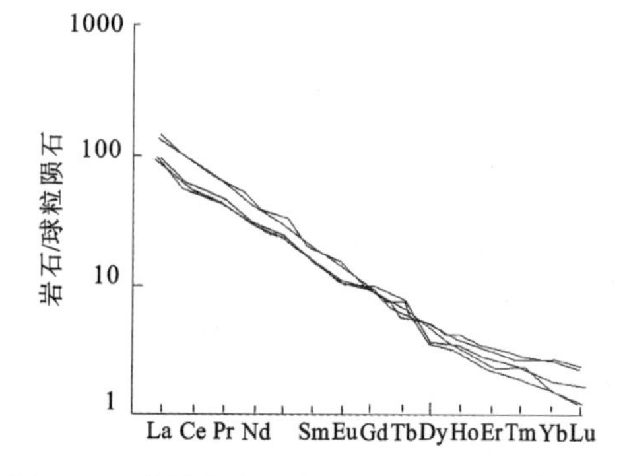

图 3-28　稿涌花岗斑岩的稀土元素配分模式图

5. 侵入体组构特征及其剥蚀程度、侵位机制

古新世花岗斑岩岩墙在空间上以长条状岩墙、岩株产出，岩墙侵位时的原始形态保存较好，在空间上群居性明显，集中分布在稿涌、俄色能、俄切能一带。岩体与围岩的侵入关系清楚，侵入界线不协调，围岩中发育轻微的烘烤蚀变。岩墙边部具窄的冷凝边，缺乏定向组构；在杂多县昂赛乡以东的子曲可见岩墙未刺穿顶盖，故侵入深度为表带，属浅剥蚀程度。岩墙群侵位机制属被动的岩墙扩张机制，即区域构造作用使部分熔融的地壳物质（岩浆）沿断裂裂隙上涌，并使裂隙进一步变宽（扩张）而侵位。

6. 岩体侵位时代讨论

前人在1∶25万杂多县幅区域地质调查中在花岗斑岩岩墙群中取黑云母K－Ar同位素测年，获得62.9Ma的地质年龄；本次区域地质工作在稿涌花岗斑岩中取全岩K－Ar同位素测试，获得50.5Ma的地质年龄，结合岩墙群明显侵入于白垩纪风火山群、中晚侏罗世雁石坪群、早石炭世杂多群中，可以认定该岩墙群侵入的时代为古新世。

7. 岩体成因类型分析及其构造环境判别

岩墙群的岩石类型为铝过饱和型，且岩石的K_2O大于Na_2O，ASI值均大于1.1，CIPW标准矿物计算中出现刚玉；稀土元素总量中等，基本无Eu异常，在ACF图解（图略）中投影，各样点均落于S型花岗岩区。岩浆成因属于上地壳低度部分熔融的S型花岗岩。

在Rb－Y＋Nb图解（图略）中投影点落入VAG＋Syn－COLG区域，并靠近交叉点附近；在R_1-R_2图解（图3-29）中，投影点多落入6区及附近，在TFeO/MgO、CaO－(TFeO＋MgO)等图解（图3-30）中样点落入POG区（后造山花岗岩）及附近，因此，该岩墙的花岗斑岩总体为后造山花岗岩类（POG区），是在造山地区的变形作用结束后，在大陆地壳经历造山以后向稳定化发展的转变期，在“前缘挤压，后缘滞后扩张”的环境下形成。

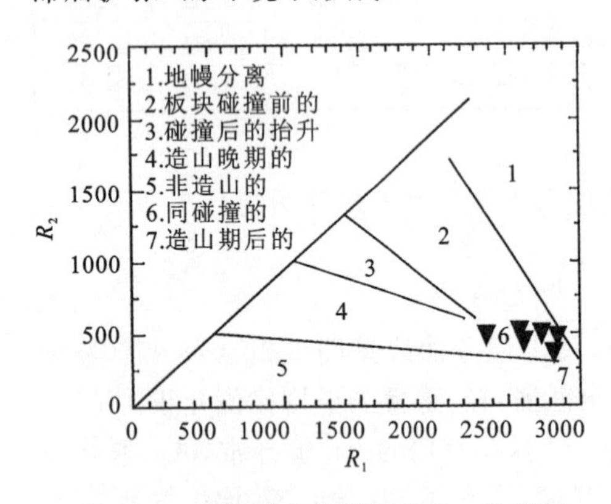

图3-29　古新世花岗斑岩的R_1-R_2图解

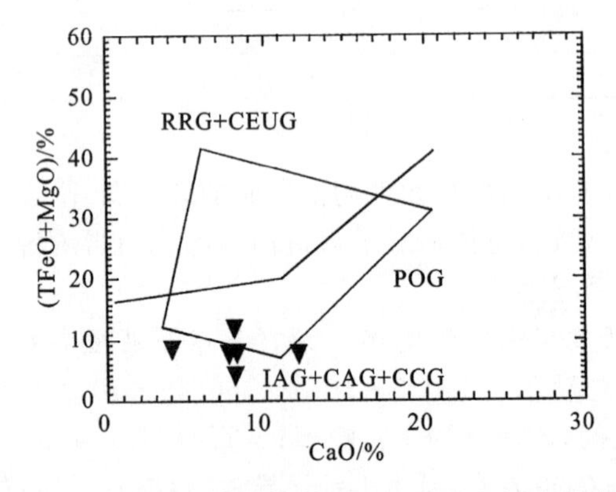

图3-30　古新世花岗斑岩的CaO－(TFeO＋MgO)图解

IAG.岛弧花岗岩；CAG.陆弧花岗岩；CCG.大陆碰撞花岗岩；POG.造山期后花岗岩；RRG.裂谷花岗岩；CEUG.大陆隆升花岗岩

（六）中新世花岗岩——阿多霓辉石正长岩

1. 地质特征

岩体侵位于早石炭世杂多群和中晚侏罗世雁石坪群地层中，在结桑能一带见新近纪上新世的曲果组砂砾岩层不整合覆盖（图3-31、图3-32），沉积覆盖关系清楚，底部及层间夹有含碱性岩砾石的复成分砾岩，在结桑托鱼玛的侵入体中见有由含碱性岩砾石的复成分砾岩组成的顶盖体。区域上侵入体由11个中小岩株和若干条岩脉组成，空间上群居性非常好，出露面积约130.6km^2。侵入体岩石类型较复杂，主要有斑状—细粒白榴石霓辉石正长岩、黑云母霓辉石正长斑岩、金云母霞石霓辉石正长斑岩，以霓辉石正长岩为主体，各侵入体边部和岩脉为霓辉石正长斑岩（图3-33），显示为边缘浅成岩特点，部分岩株中霓辉石正长斑岩分布面积较大，表明侵入体的剥蚀程度不大。岩石中霞石、白榴石、棕闪石、霓辉石等似长石和碱性暗色矿物的含量不均一，部分岩石中见有方钠石，但岩石中有似斑状和细粒一期结构，也有斑状二期结构。

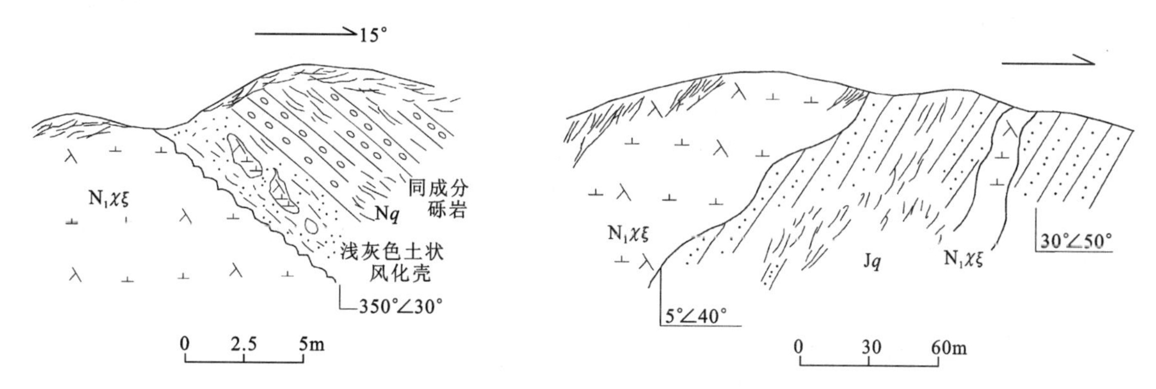

图 3-31 $N_1\chi\xi$ 之上的土状风化壳和同成分砾岩素描图　　图 3-32 $N_1\chi\xi$ 与 Jq 砂岩侵入接触关系素描图

2. 岩相学特征

斑状—细粒白榴石霓辉石正长岩：灰色—灰褐色，半自形粒状结构、嵌晶结构、似斑状结构，块状构造。矿物成分为正长石（45%～67%）、白榴石（13%～32%）、霓辉石（14%～16%）、黑云母（3%～5%）、红钠闪石（1%～2%）；副矿物有磷灰石、锆石等。正长石多呈半自形斑状晶，少数他形粒状，粒径为0.34～1.4mm，具卡氏双晶，晶内含白榴石、霓辉石嵌晶构成嵌晶构造；白榴石切面呈八边形，粒径为0.012～0.092mm，呈嵌晶状分布在正长石、红钠闪石中；霓辉石呈柱状或粒状，断面呈八边形，色泽呈绿色，颜色呈环带状，边缘为绿色，核部近无色，粒径多在0.077～0.94mm之间，少量可达3.2mm，呈似斑晶状，但含量不多；黑云母色泽呈红褐色，边缘暗化呈不透明状，多色性明显，Ng′＝红褐色—黄褐色，Np′＝ 淡褐黄色，片长为0.123～1.79mm，排列带有定向性；红钠闪石呈半自形粒状，切面形态呈短柱状，具明显的多色形，Ng′＝褐红色—绿黄色，Np′＝褐红色，粒径在0.065～0.78mm之间，较大晶内含白榴石嵌晶，为棕闪石的变种。

黑云母霓辉石正长斑岩：灰色，斑状结构，基质粗面结构。斑晶含量为6%～9%，由透长石（1%～4%）、霓辉石（2%～3%）、黑云母（3%～4%）组成。透长石呈斑状自形晶，但受基质矿物的熔蚀棱角多已消失，粒径在0.46～2.26mm之间，具卡氏双晶，个别晶体具环带构造，－2V；黑云母呈黄褐色，晶体边缘暗化呈不透明状，多色性明显，Ng′＝黄褐色，Np′＝淡黄色，片长为0.39～1.4mm；霓辉石纵切面呈短柱状，横切面呈八边形，为绿色，＋2V，粒径为0.154～0.7mm。基质成分以柱状透长石微晶（71%～90%）、粒状霓辉石（2%～25%）为主，其间含黑云母微晶，透长石柱长在0.06～0.12mm之间，呈半平行状定向排列，其间分布着霓辉石，形成粗面结构。岩石中副矿物为磷灰石、榍石、锆石，其中磷灰石中含有许多不透明包裹体。

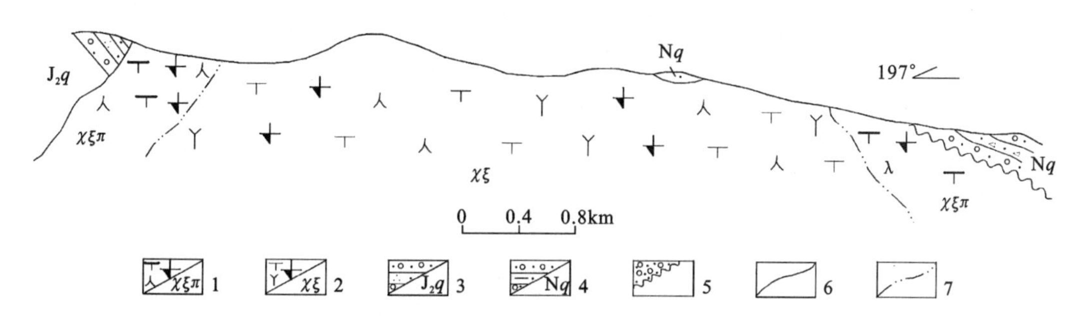

图 3-33 青海省阿多乡结桑能中新世碱性侵入岩实测剖面

1. 金云霞石霓辉石正长斑岩；2. 白榴石霞辉石正长岩；3. 中侏罗世雀莫错组复成分砾石夹石英砂岩；4. 上新世曲果组钙质砾岩夹岩屑砂岩；5. 不整合界面；6. 侵入接触线；7. 涌动侵入界线

金云母霓辉石正长斑岩：深灰色—灰色，斑状结构，基质具微粒半自形粒状结构，块状构造。岩石中斑晶含量为9%～16%，斑晶为金云母(5%～8%)、霓辉石(1%～6%)、透长石(1%～3%)，定向排列，其方向与基质中微晶矿物的排列方向相同，其中金云母呈片状，褐色多色性，具环带，边部色深，核部色浅，粒径为0.11～1.48mm；霓辉石呈自形短柱状，发育环带结构，边部绿色，核部无色；透长石受熔蚀呈他形，裂纹发育，具环带结构。基质由正长石(60%～72%)、霓辉石(10%～22%)、白榴石(0～8%)、霞石(0～3%)、少量棕闪石组成。正长石呈半自形板条状，具卡氏双晶，0.07～0.2mm，半定向排列，其间充填细柱粒状霓辉石；白榴石呈淡粉色，细小圆形粒状，粒径为0.01～0.078mm，较均匀分布。

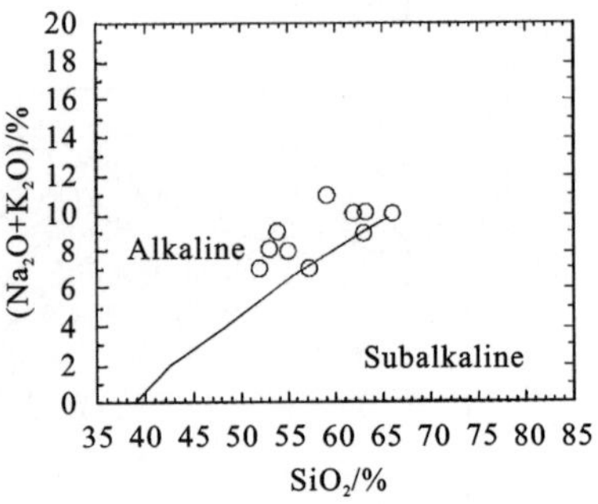

3. 岩石化学特征

岩石化学的测试结果见表3-17。其SiO_2含量在52%～69%之间，为标准的中性岩类的侵入岩，K_2O+Na_2O在6.57～10.83之间，σ值在2.60～7.36之间，为介于钙碱性与过碱性之间的碱性中性岩石，岩石在SiO_2-ALK图解上位于碱性岩系列(图3-34)，岩石以碱性长石为主，出现大量的碱性暗色矿物和霞石等似长石，属典型的碱性岩类。

图3-34　阿多霓辉石正长岩在SiO_2-ALK图解

表3-17　阿多霓辉石正长岩的岩石化学成分及特征参数值表

岩石化学测定结果(w_B/%)													
样号	SiO_2	TiO_2	Al_2O_3	Fe_2O_3	FeO	MnO	MgO	CaO	Na_2O	K_2O	P_2O_5	H_2O^+	Los	Total
4GS313-1	55.35	1.01	11.68	4.81	1.97	0.08	6.57	7.60	1.27	6.87	1.42	0.78	0.23	99.64
4GS612-1	63.23	0.84	13.84	4.26	0.89	0.03	2.62	2.58	3.03	6.75	0.60	1.12	0.03	99.82
4GS907	54.49	1.08	11.28	3.28	3.20	0.10	7.56	6.93	2.18	7.03	1.48	0.69	0.33	99.63
4GS1508-1	66.33	0.61	14.24	2.42	0.97	0.04	1.41	2.92	3.57	6.23	0.32	0.49	0.16	99.71
4GS1510-1	62.62	0.68	12.95	2.58	1.59	0.08	3.35	4.11	2.46	7.36	0.55	1.09	0.69	100.11
4GS625-1	58.73	0.80	12.78	4.01	1.00	0.06	4.52	5.09	2.68	8.11	1.17	0.72	0.32	99.99
4GS645-1	51.52	1.02	10.28	5.06	1.52	0.11	9.65	8.67	0.69	5.80	1.37	3.05	1.04	99.78
4GS648-1	57.11	1.00	12.24	1.06	4.69	0.10	5.15	5.58	1.47	5.74	1.11	0.92	3.37	99.54
4GS2109-1	69.28	0.47	12.60	2.36	1.05	0.07	1.97	2.23	2.38	5.90	0.37	0.57	0.51	99.76
4P9GS7-1	63.24	0.77	12.96	3.17	1.47	0.05	3.23	3.76	2.98	6.47	0.61	0.45	0.33	99.49
4P9GS8-1	52.99	0.91	10.94	4.07	1.69	0.08	7.25	8.68	2.52	5.42	0.65	3.16	1.27	99.63
4P9GS11-2	62.36	0.80	12.51	2.34	2.02	0.06	4.18	3.84	3.06	7.02	0.72	0.47	0.33	99.71

特征参数值												
样号	A/CNK	A/NK	Nk	*F*	σ	AR	τ	SI	FL	*M/F*	OX	K_2O/Na_2O
4GS313-1	0.50	1.23	8.19	6.82	5.29	2.46	10.31	30.57	51.72	0.56	0.71	5.41
4GS612-1	0.82	1.13	9.80	5.16	4.72	3.95	12.87	14.93	79.13	0.28	0.83	2.23
4GS907	0.47	1.01	9.27	6.53	7.24	3.05	8.43	32.52	57.06	0.77	0.51	3.22
4GS1508-1	0.79	1.13	9.84	3.41	4.10	3.66	17.49	9.66	77.04	0.24	0.71	1.75
4GS1510-1	0.66	1.08	9.88	4.19	4.88	3.71	15.43	19.32	70.50	0.49	0.62	2.99
4GS625-1	0.57	0.97	10.83	5.03	7.36	4.05	12.63	22.24	67.95	0.50	0.80	3.03
4GS645-1	0.44	1.39	6.57	6.66	4.71	2.04	9.40	42.47	42.81	0.82	0.77	8.41
4GS648-1	0.65	1.42	7.50	5.98	3.43	2.36	10.77	28.44	56.37	0.75	0.18	3.90
4GS2109-1	0.88	1.22	8.34	3.44	2.60	3.53	21.74	14.42	78.78	0.34	0.69	2.48
4P9GS7-1	0.69	1.09	9.53	4.68	4.37	3.60	12.96	18.65	71.54	0.41	0.68	2.17
4P9GS8-1	0.42	1.09	8.07	5.86	5.99	2.36	9.25	34.61	47.77	0.73	0.71	2.15
4P9GS11-2	0.64	0.99	10.14	4.39	5.21	4.22	11.81	22.45	72.41	0.62	0.54	2.29

注：样品由武汉综合岩矿测试中心测试。

岩石的化学成分富钾，K_2O/Na_2O＝1.75～8.41，大多数岩石的 A/NK＞1，化学成分属正常岩石类型，CIPW 计算为 SiO_2过饱和岩石(样品 4GS645、4GS907 和 4P9GS8－1 为 SiO_2不饱和)，仅有 2 个岩石的 A/NK 为 0.97 和 0.99，为碱过饱和 SiO_2过饱和类型，SiO_2过饱和岩石中出现含量为 3%～16%的标准矿物石英和 31%～47%的钾长石。由此可见，该区的霞石正长岩类按矿物学标准分类为标准的碱性岩，但按 SiO_2含量和 SiO_2饱和度分类标准为 SiO_2饱和的岩石。

吴利人研究我国的碱性岩认为，霞石正长岩类可根据钠质系数分为两类，由玄武岩浆分异形成的、与超基性、基性岩有关的碱性岩和由花岗岩浆分异的碱性岩。该区岩石的钠质系数＝$(K_2O+Na_2O)/Al_2O_3$(分子数)＜1，岩石富钾，K_2O/Na_2O＝1.75～8.41，为与花岗岩体有关的碱性岩。根据 Q－Ne－Kp 相图，富钾贫硅的碱性岩浆在分异结晶的情况下，可以产生 SiO_2饱和的残余岩浆，故岩石是属花岗岩浆分异的碱性岩。而岩石以钙碱性岩石为主，并出现部分碱性岩石，可能是岩浆由于分异作用，向富碱方向演化使碱质增高。

4. 地球化学特征

(1) 微量元素特征

岩石的微量元素含量见表 3-18。岩石中与世界同类岩石的平均值(维氏，1962)比较，大部分亲石元素和亲铜元素趋于贫化，如 Ta、Yb、Zr、Y、Sr、U、Cr、W、Li、Be、Ti、P、Cu、Zn、Au，亲铁元素和少量亲石元素趋于富集，如 Rb、Th、Mn、Co、Ni、Mo、Pb、Ag、Cs、Sn、Ga。洋脊玄武岩标准化后微量元素蛛网图(图 3-35)中，不同侵入体、不同岩石类型的特征非常一致，总体呈现出富集 Rb、Th、Ba 等强不相容元素，P、Hf 和 Y 的负异常明显。

表 3-18 阿多霓辉石正长岩微量元素含量表($w_B/10^{-6}$)

样号	Cu	Pb	Zn	Cr	Co	Ni	Rb	Sr	Ba	Zr	Hf	Nb	Ta	Th	U
DY313－1	56.6	83	73	207	31.6	139	283	1141	5929	463	10			27	2.5
DY612－1	38.1	51	63	194	23	169	381	968	3145	362	9.4			53	8.9
DY907	41.4	63	124	230	32	144	250	975	5208	500	11			26	3.5
DY1508－1	27.6	144	95	26	14.8	37	299	907	2590	389	10			58	6.7
DY1510－1	86.5	139	95	144	20.4	126	376	1157	4092	482	12			68	11.7
DY625－1	96.8	147	80	246	26.4	155	315	2100	6474	420	11			80	8.6
DY645－1	61	102	94	271	33	268	377	1337	5952	479	13	22		27	3.9
DY648－1	66	182	76	185	24	138	281	1572	3856	355	12	22		34	5.3
DY2109－1	22	166	148	57	14	76	322	1037	3352	408	12	30		71	13
P9DY7－1	30	35	54	114	20	104	256	1000	3262	355	9.7		5.4	46	7.5
DY8－1	71	83	99	232	37	348	599	1379	5679	381	9.3		1.4	24	4.9
DY11－2	55	39	66	174	23	185	367	1192	3571	392	10		1.7	55	7.6

(2) 稀土元素特征

岩石的 REE 总量高(表 3-19)，$\sum REE=451.17\times10^{-6}\sim1018.50\times10^{-6}$，稀土元素配分型式呈轻稀土富集型，LREE/HREE 比值介于 12.43～26.22 之间，轻稀土元素富集程度较高。δEu值接近于 1，在 0.8～0.9 之间变化，故一般不显示铕异常。12 个样品的稀土值变化范围较小，配分型式基本上完全一致，表明岩石的分异变化程度低，为轻稀土强烈富集的右倾光滑曲线，且无铕异常(图 3-36)。

表 3-19　阿多霓辉石正长岩稀土元素含量及特征参数值表

稀土元素测定结果($w_B/10^{-6}$)																
样号	La	Ce	Pr	Nd	Sm	Eu	Gd	Tb	Dy	Ho	Er	Tm	Yb	Lu	Y	ΣREE
4XT313-1	106.9	211.4	27.23	109.3	22.96	5.92	17.79	2.28	9.78	1.65	3.71	0.50	2.81	0.41	37.89	560.53
4XT612-1	112.8	198.4	22.43	78.32	13.51	3.32	10.36	1.37	6.25	1.18	2.84	0.40	2.44	0.39	27.50	481.51
4XT907	117.5	221.2	28.11	113.6	23.31	6	17.34	2.19	9.58	1.67	3.70	0.49	2.73	0.39	38.22	586.03
4XT1508-1	133.8	229	25.10	84	12.63	2.87	7.99	0.97	4.50	0.86	2.01	0.28	1.73	0.25	19.41	525.40
4XT1510-1	124.1	210.7	23.88	83.24	14.83	3.66	11.42	1.56	7.48	1.38	3.43	0.51	2.95	0.44	32.92	522.50
4XT625-1	251.3	430.7	49.80	174	28.22	6.93	19.28	2.30	10.19	1.66	3.5	0.46	2.56	0.37	37.22	1018.50
4XT645-1	141.2	282.1	36.43	140.4	28.06	7.14	18.39	2.08	8.49	1.52	3.15	0.42	2.24	0.31	34.02	705.95
4XT648-1	102.6	188.7	24.07	89.23	15.8	3.97	10.9	1.46	7.25	1.35	3.4	0.48	2.76	0.40	31.43	483.80
4XT2109-1	110.7	189.6	22.75	74.32	12.71	2.86	8.49	1.26	6.44	1.27	3.19	0.51	3.15	0.46	30.71	468.42
4P9XT7-1	105.1	180.2	20.86	74.94	13.86	3.25	9.99	1.32	6.49	1.18	2.92	0.42	2.47	0.37	27.8	451.17
4P9XT8-1	134.9	240.8	29.61	109.3	20.37	4.96	15.44	1.87	9.21	1.58	3.51	0.45	2.46	0.36	36.66	611.48
4P9XT11-2	119.3	198	24.74	88.86	16.41	3.95	12.18	1.56	7.31	1.29	2.94	0.40	2.33	0.35	31.24	510.86

特征参数值										
样号	LREE/HREE	La/Yb	La/Sm	Sm/Nd	Gd/Yb	$(La/Yb)_N$	$(La/Sm)_N$	$(Gd/Yb)_N$	δEu	δCe
4XT313-1	12.43	38.04	4.66	0.21	6.33	25.65	2.93	5.11	0.86	0.92
4XT612-1	16.99	46.23	8.35	0.17	4.25	31.17	5.25	3.43	0.83	0.90
4XT907	13.38	43.04	5.04	0.21	6.35	29.02	3.17	5.13	0.88	0.90
4XT1508-1	26.22	77.34	10.59	0.15	4.62	52.14	6.66	3.73	0.82	0.89
4XT1510-1	15.78	42.07	8.37	0.18	3.87	28.36	5.26	3.12	0.83	0.87
4XT625-1	23.34	98.16	8.91	0.16	7.53	66.18	5.60	6.08	0.86	0.87
4XT645-1	17.36	63.04	5.03	0.20	8.21	42.50	3.17	6.62	0.90	0.93
4XT648-1	15.16	37.17	6.49	0.18	3.95	25.06	4.08	3.19	0.88	0.88
4XT2109-1	16.67	35.14	8.71	0.17	2.70	23.69	5.48	2.17	0.79	0.86
4P9XT7-1	15.83	42.55	7.58	0.18	4.04	28.69	4.77	3.26	0.81	0.87
4P9XT8-1	15.48	54.84	6.62	0.19	6.28	36.97	4.17	5.06	0.82	0.88
4P9XT11-2	15.91	51.20	7.27	0.18	5.23	34.52	4.57	4.22	0.82	0.83

注：样品由武汉综合岩矿测试中心测试。

5. 岩体的内部组构、侵入深度、剥蚀程度及其就位机制

侵入体岩性以霓辉石正长岩为主，各侵入体边部和岩脉均为霓辉石正长斑岩，显示为边缘浅成岩的特点，岩体的侵入深度较浅。部分岩株中霓辉石正长斑岩分布面积较大，在结桑托鱼玛的侵入体中见有由含碱性岩砾石的复成分砾岩组成的顶盖体，表明侵入体的剥蚀程度不大。

岩体均呈小型近圆状或不规则状岩株产出，岩体与围岩的接触界线清楚且呈锯齿状，岩体内部缺乏定向组构，围岩未见变形，故就位机制为顶蚀作用的被动就位。

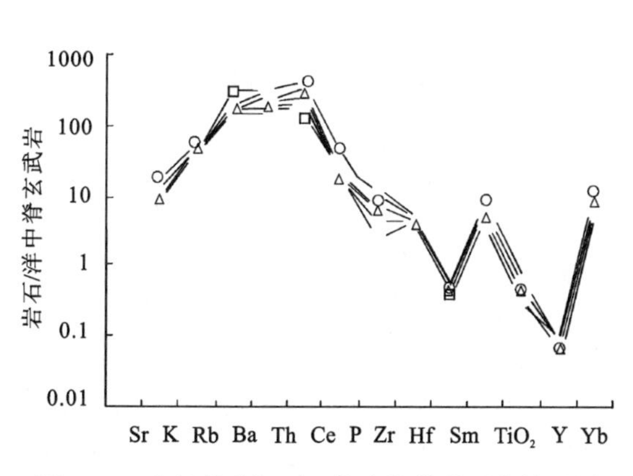

图 3-35 中新世霓辉石正长岩的微量元素蛛网图

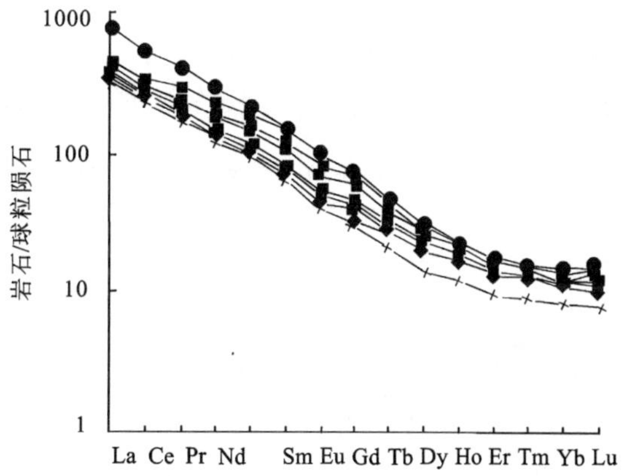

图 3-36 中新世霓辉石正长岩的稀土元素配分模式图

6. 岩体侵位时代

碱性岩侵位于中晚侏罗世雁石坪群地层中，边部有烘烤蚀变、捕虏体现象，侵入接触关系清楚。在结桑能新近纪上新世曲果组砂砾岩层呈不整合，覆盖关系清楚，底部及层间夹有含碱性岩砾石的砾岩。在昂滑尔涌霓辉石正长斑岩中取黑云母和正长石的$^{39}Ar/^{40}Ar$同位素测年(表 3-20)，获得 10.71±0.08Ma和 10.26±0.16Ma 的坪年龄(图 3-37、图 3-38)，在妥拉霞石霓辉石正长岩中取全岩 K－Ar 同位素测定，获得 8.99Ma 的地质年龄，测试结果与地质观察年代相一致，其侵位时代为中新世。

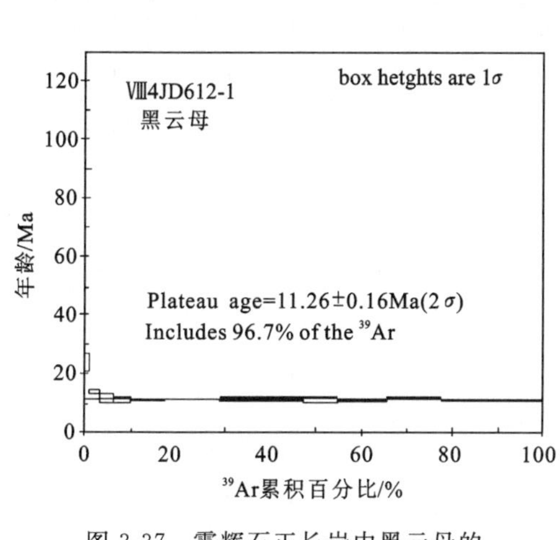

图 3-37 霓辉石正长岩中黑云母的$^{39}Ar/^{40}Ar$坪年龄图

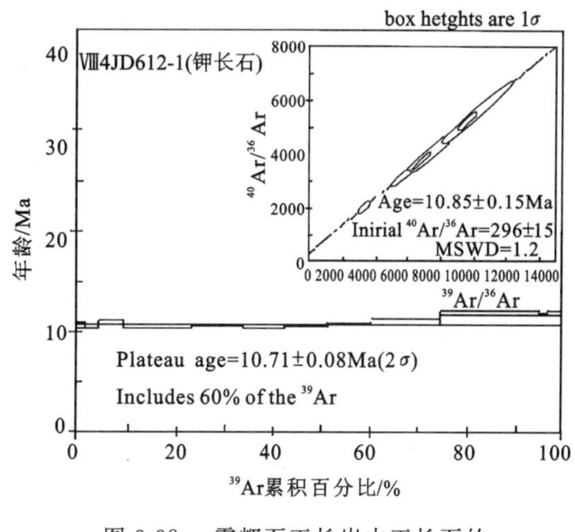

图 3-38 霓辉石正长岩中正长石的$^{39}Ar/^{40}Ar$坪年龄图

7. 岩石成因类型与构造环境判别

根据岩石中出现大量的霞石和霓辉石等碱性矿物，长石均为碱性长石，岩石类型为碱性正长岩类，且SiO_2含量较高，属广义的花岗质岩石，故可将岩石归为碱性花岗岩类(PAG)，A/NK≥1，为含有碱性矿物的A 型花岗岩类，其物质来源为幔源的，属板内花岗岩，结合区域认识，为高原隆升陆内拆沉的产物。

二、丁青构造岩浆岩带花岗岩

丁青构造岩浆岩带花岗岩分布在测区西南部羌塘地块中，岩浆岩发育，且类型较多。在变质基底中解体出两类不同的变质深成岩体，由于强烈的变形改造——中深构造层次韧性变形，完全改变了岩体的原貌，使得大多数变质侵入岩具有明显的片麻状或条带状构造，常显示出良好的成“层”性，与变质表壳岩呈“渐变过渡”或呈“夹层”状产出，但局部变形较弱的部位仍残留与围岩的侵入关系。根据变质侵入体的分布特征和岩性组合的差异，将出露在羌塘地块的变质深成侵入体划分成 2 个正片麻岩填图单位，即白龙能花岗片麻岩和亚龙能花岗片麻岩。其中亚龙能花岗片麻岩呈脉状穿插到吉塘岩群片岩中，二者之间呈片麻状平行接触关系，但亚龙能白云更长片麻岩呈脉状、枝状穿插分布到白龙能黑云更长片麻岩中，两类变质深成体根据区域地质特点和同位素地质年龄，归为中元古代和新元古代。

表 3-20　霓辉石正长岩中单矿物的 Ar－Ar 同位素分析测试结果

Ⅷ004JD612－1(黑云母)			W=80.00mg			J=0.011 755		日期:2005/1/12	
T (℃)	$(^{40}Ar/^{39}Ar)_m$	$(^{40}Ar/^{39}Ar)_m$	$(^{40}Ar/^{39}Ar)_m$	$(^{40}Ar/^{39}Ar)_m$	F	^{39}Ar ($\times10^{-14}$mol)	^{39}Ar (Cum)(%)	Age (Ma)	±1 (Ma)
600	118.2745	0.3864	0.2347	0.0128	4.1001	26.42	0.11	85	29
700	38.7277	0.1204	0.2475	0.0501	3.1743	46.07	0.31	66.1	6.8
800	8.2887	0.0242	0.2124	0.0208	1.1368	172.2	1.04	23.9	2.8
880	2.4913	0.0062	0.1455	0.0149	0.6584	537.41	3.31	13.91	0.76
930	1.3834	0.0028	0.0566	0.0143	0.5639	762.52	6.54	11.9	1.7
960	1.1654	0.0022	0.0459	0.0155	0.5135	776.44	9.83	10.86	0.84
1000	0.8457	0.0011	0.019	0.0139	0.521	1705.23	17.05	11.01	0.23
1040	0.7299	0.0006	0.0113	0.0135	0.5395	2889.54	29.29	11.4	0.15
1080	0.7336	0.0006	0.0158	0.0137	0.5396	2652.41	40.52	11.41	0.33
1120	0.8228	0.001	0.0212	0.0139	0.5343	1603.29	47.31	11.3	0.59
1170	1.0479	0.0018	0.0254	0.0141	0.5156	1785.7	54.87	10.9	0.65
1220	1.3721	0.0028	0.0503	0.0146	0.5315	2533.26	65.59	11.24	0.18
1270	1.3414	0.0027	0.0935	0.0149	0.5403	2775.55	77.35	11.42	0.3
1350	1.123	0.002	0.0641	0.0147	0.5295	5349.32	100	11.19	0.17
Total age=11.6Ma			$F=*^{40}Ar/^{39}Ar$						
Ⅷ004JD612－1(钾长石)			W=60.19mg			J=0.011 604		日期:2005/1/12	
T (℃)	$(^{40}Ar/^{39}Ar)_m$	$(^{40}Ar/^{39}Ar)_m$	$(^{40}Ar/^{39}Ar)_m$	$(^{40}Ar/^{39}Ar)_m$	F	^{39}Ar ($\times10^{-14}$mol)	^{39}Ar (Cum)(%)	Age (Ma)	±1 (Ma)
500	63.162	0.2107	2.63	0.1154	1.0803	6.11	0.01	22	13
600	25.8505	0.0856	1.2278	0.0578	0.6496	12.71	0.04	14	11
700	7.857	0.026	0.4078	0.0271	0.1904	38.06	0.12	4	1.8
800	2.031	0.0057	0.1312	0.0164	0.3529	142.51	0.41	7.4	1.8
900	1.0998	0.002	0.0723	0.0129	0.5115	543.96	1.51	10.68	0.32
980	0.7753	0.0009	0.0684	0.0119	0.5112	1342.35	4.25	10.67	0.21
1030	0.6181	0.0003	0.0446	0.0181	0.5254	2497.78	9.33	10.97	0.13
1080	0.5611	0.0002	0.0336	0.0124	0.5048	2957.87	15.36	10.54	0.13
1130	0.5476	0.0001	0.0311	0.0125	0.5038	3912.19	23.32	10.52	0.14
1180	0.5448	0.0001	0.0282	0.0124	0.5113	5148.33	33.81	10.67	0.12
1210	0.5571	0.0002	0.0281	0.0122	0.509	4224.95	42.41	10.62	0.11
1240	0.5494	0.0001	0.0291	0.0122	0.514	4316.67	51.2	10.73	0.11
1280	0.5722	0.0002	0.0342	0.0126	0.522	4499.96	60.36	10.89	0.12
1330	0.5866	0.0002	0.0335	0.0125	0.5289	7128.32	74.88	11.04	0.12
1370	0.6523	0.0003	0.0512	0.0131	0.5652	9965.39	95.17	11.79	0.14
1410	0.7282	0.0006	0.1261	0.0127	0.5642	2370.95	100	11.77	0.13
Total age=11.0Ma			$F=*^{40}Ar/^{39}Ar$						

注：表中下标 m 代表样品中测定的同位素比值。

测试单位：中国地震局地质所地震动力学国家重点实验室。

在晚三叠世羌塘地块发育大规模的中酸性岩浆侵入活动，形成北西向分布的长条状岩基，区域上构成一条规模巨大的中生代岩浆岩带，主体由灰色中细粒—似斑状花岗闪长岩和灰色—肉红色中细粒二长花岗岩组成，将其划分为晚三叠世的多改花岗闪长岩和茶群二长花岗岩。

（一）中元古代变质侵入体——白龙能花岗片麻岩（$Pt_2\gamma\delta gn$）

1. 地质特征

白龙能花岗片麻岩是羌塘地块分布最广泛的一套变质深成岩组合，也是测区内已知最古老的一次岩浆活动，呈北西向的长条状展布在拉增玛—茶涌—扎切能—尕吉格一带，分布方向与区域构造线方向完全一致，出露面积约132.6km²。岩石中普遍发育韧性变形，构造面理与吉塘岩群的面理方向一致。在白龙能、茶涌附近可见花岗片麻岩与新元古代亚龙能花岗片麻岩体呈平行片麻理构造接触（图3-39），并有部分岩石呈脉状不规则状穿插到中元古代吉塘岩群中，岩石中残留有原始岩石的岩浆结构，且大面积内岩石分布均匀。片麻岩体北部被晚三叠世花岗闪长岩超动侵入接触，接触带附近有部分片麻岩呈大小不一的包体分布于花岗闪长岩中。

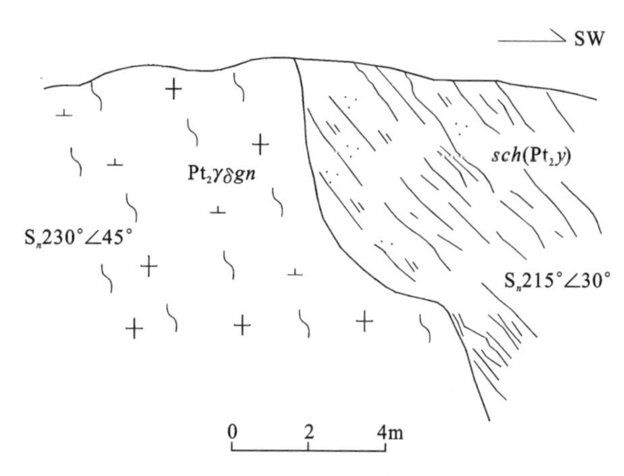

图3-39　中元古代片麻状花岗片麻岩与中元古代西西岩组的侵入接触关系素描图

该片麻岩中残留有规模不等的围岩捕虏体，主要有吉塘岩群的石英片岩、白云母石英岩，并呈“层状”分布在新元古代亚龙能花岗片麻岩体中，但变形较强，呈“渐变过渡”或呈“夹层”状产出，其原始的侵入接触关系基本被后期构造彻底改造。

由于岩石所处的变形部位不同，变形后反映的岩石面貌也有一定的差异。变形愈弱，原岩面貌保存愈好，岩体的原始组构得以保留。而位于强变形带内的黑云母斜长片麻岩发育条带状构造，在露头尺度上可见条纹条带状构造、片麻岩向弱片麻状构造渐变演化的特征，反映了岩体由强到弱的韧性变形渐变关系。这些透入性面理构造整体与吉塘岩群的变质表壳岩一致，此外，条带状黑云斜长片麻岩的片麻理普遍发生强烈的揉皱或折劈。

2. 岩石学特征

白龙能花岗片麻岩的岩性单一，岩石类型为灰绿色钠长石化黑云更长片麻岩，原岩可能主体为中粒花岗闪长岩。

钠长石化黑云更长片麻岩：深灰色—灰绿色，具有中细粒花岗变晶结构或鳞片柱粒状变晶结构，片麻状或条带状构造。主要矿物为斜长石（25%～60%）、钾长石（2%）、石英（18%～34%）和黑云母（10%～20%），以及部分后期退变的绿泥石、绢云母。斜长石可分为两期，早期残留长石为更长石（An=25±），呈他形—半自形板状晶体，定向排列，粒径为0.2～0.5mm，具较强的绢云母化；多数长石为后期的钠长石，呈他形粒状晶，粒径在0.29～0.95mm之间，晶内含更长石、石英、绿帘石、方解石等残留矿物构成筛状变晶结构。钾长石呈他形粒状，粒径为0.1～0.4mm，部分可见格子双晶，粘土化较强。石英呈他形粒状，0.1～0.7mm，发育变形结构，集合体呈定向排列，部分受动力变质作用影响而细粒化，并具波状消光。黑云母为片状，呈褐色，断续定向构成片麻状构造，具揉皱现象，绿泥石化强烈。部分岩石中绢云母、绿泥石顺片麻理方向交代生成，后期退变矿物可达40%。

3. 岩石化学及地球化学特征

（1）岩石化学

由于该套片麻岩体遭受多期变质和变形的叠加改造，导致原岩成分改变，岩石化学成分、CIPW标准矿物含量及特征参数值见表 3-21。其 SiO_2 含量较低，在 64.38%～70.93%之间；Al_2O_3 含量为 10.46%～11.67%，均十分接近酸性花岗岩的含量范围。在 SiO_2 - TiO_2 和 Zr/TiO_2 - Ni 图解中，所有样品均落入火成岩区，表明该片麻岩原岩为古老深成侵入体。

表 3-21　白龙能花岗片麻岩的岩石化学成分、CIPW 标准矿物含量及特征参数值表

氧化物含量 (w_B/%)													
样号	SiO_2	TiO_2	Al_2O_3	Fe_2O_3	FeO	MnO	MgO	CaO	Na_2O	K_2O	P_2O_5	H_2O^+	Los	Total
4P6GS6 - 2	64.38	0.63	11.16	4.85	2.79	0.1	3.06	4.02	2.48	1.92	0.14	2.03	2.37	99.93
4P6GS8 - 4	69.92	0.66	10.46	1.85	2.40	0.11	2.49	3.99	2.39	1.72	0.15	1.48	2.45	100.07
2GS10 - 1	64.66	0.53	11.67	1.52	3.24	0.10	2.66	3.32	2.23	2.19	0.16	1.74	1.28	100.48
2GS12 - 1	70.93	0.62	11.11	2.01	3.20	0.12	2.49	3.58	2.11	2.11	0.17	1.12	0.90	100.47
2GS13 - 1	69.16	0.52	10.95	1.83	3.10	0.14	2.52	5.10	1.49	2.11	0.19	1.53	1.80	100.44
CIPW 标准矿物含量 (w_B/%)														
样号	Q	Or	Ab	An	Di	Wo	En	Fs	Hy	En	Fs	Mt	Il	
4P6GS6 - 2	34.4	12.45	17.79	15.89	3.89	2.09	1.8	0	6.09	6.09	0	7.12	2	
4P6GS8 - 4	42.74	12.45	17.79	13.02	6.17	3.29	2.68	0.2	2.77	2.58	0.19	3.05	2	
2GS10 - 1	36.34	12.72	18.18	16.01	0	0	0	0	10.43	8.06	2.37	3.12	2.04	
2GS12 - 1	41	12.07	17.25	15.41	3.91	2.03	1.31	0.58	5.46	3.79	1.67	2.96	1.94	
2GS13 - 1	41.7	12.2	8.71	20.19	4.31	2.25	1.59	0.47	7.94	6.14	1.8	2.99	1.96	
特征参数值														
样号	σ	AR	τ	SI	FL	DI	MF	M/F	Nk	OX	A/CNK	A/NK		
4P6GS6 - 2	0.88	1.82	13.78	20.26	52.26	64.65	71.40	0.24	4.51	0.63	0.83	1.81		
4P6GS8 - 4	0.62	1.79	12.23	22.95	50.74	72.99	63.06	0.40	4.21	0.44	0.80	1.81		
2GS10 - 1	0.86	1.84	17.81	22.47	57.11	67.24	64.15	0.42	4.70	0.32	0.97	1.93		
2GS12 - 1	0.64	1.81	14.52	20.89	54.10	70.32	67.66	0.34	4.24	0.39	0.91	1.93		
2GS13 - 1	0.49	1.58	18.19	22.81	41.38	62.61	66.17	0.37	3.65	0.37	0.78	2.31		

注：2GS 样品引自 1∶20 万吉多县幅区域地质调查报告；样品由武汉综合岩矿测试中心测试。

岩石的里特曼指数 σ=0.49～0.88，小于 1.8，岩石属钙性岩系列；碱度率 AR=1.58～1.84，CaO+K_2O+Na_2O>Al_2O_3>K_2O+Na_2O，铝过饱和指数 ASI=0.78～0.97，反映岩石属正常的岩石类型，CIPW 标准矿物中标准分子 Q=34.4～42.74，铁镁指数 MF=63.06～71.40。固结指数 SI=20.26～22.95，分异指数 DI=62.61～72.99，表明岩体结晶分异程度较高。利用 Or - Ab - An 图解（图略）和 R_1 - R_2 图解（图略）中投影落于花岗闪长岩区，结合岩石中 Si、K 含量较高，石英含量在 18%～34%的特点，其岩石类型为花岗闪长岩。

(2) 微量元素

中元古代花岗片麻岩的微量元素分析结果见表 3-22，各岩石类型在 ORG 标准化后的 Pearce 图解见图 3-40。总体上沙柳河片麻岩中 K、Rb、Ba、Th 等强不相容元素富集，Cr、Co、Ni 等相容元素亏损，Ta 存在不明显的异常，Hf、Zr、Sm 轻度亏损，Y、Yb 强烈亏损。微量元素图谱与同火山弧花岗岩近于一致。

(3) 稀土元素

中元古代花岗片麻岩的稀土元素分析结果见表 3-22，该片麻岩的稀土总量介于 216.88×$^{-6}$～250.08×10^{-6}，均值接近于地壳值（210×10^{-6}）；LREE/HREE 值在 8.43～8.09 之间，$(La/Yb)_N$ 为 8.83～8.93，$(La/Sm)_N$ 为 3.62～3.70，显示岩石轻稀土富集且分馏明显、重稀土平坦的特点；δEu 介于 0.56～0.59 之间，Eu 负异常明显，δCe 介于 0.92～0.93 之间，Ce 异常较弱；Sm/Nd 为 0.20。稀土元素球粒陨石标准化图（图 3-41）显示 LREE 右倾，HREE 相对平坦型。

表 3-22 白龙能花岗片麻岩微量元素、稀土元素含量及其特征参数值表

微量元素分析结果($w_B/10^{-6}$)															
样号	Cu	Pb	Zn	Cr	Co	Ni	Rb	Sr	Ba	Zr	Hf	Nb	Ta	Th	U
DY6-2	29	24	64	42	14	30	77	159	441	189	5.2	12	1.1	11	2.3
DY8-4	39	22	59	43	12	26	96	226	1051	291	8	13	1.2	17	2.8

稀土元素分析结果($w_B/10^{-6}$)																
样号	La	Ce	Pr	Nd	Sm	Eu	Gd	Tb	Dy	Ho	Er	Tm	Yb	Lu	Y	ΣREE
4P6XT6-2	45.84	89.42	11.1	40.66	7.96	1.38	6.82	1.09	6.07	1.24	3.56	0.53	3.46	0.52	30.43	250.08
4P6XT8-4	40.06	77.36	9.59	34.09	6.81	1.26	6.04	0.97	5.6	1.14	3.14	0.49	3.06	0.47	26.8	216.88

稀土元素特征参数值										
样号	LREE/HREE	La/Yb	La/Sm	Sm/Nd	Gd/Yb	$(La/Yb)_N$	$(La/Sm)_N$	$(Gd/Yb)_N$	δEu	δCe
4P6XT6-2	8.43	13.25	5.76	0.20	1.97	8.93	3.62	1.59	0.56	0.93
4P6XT8-4	8.09	13.09	5.88	0.20	1.97	8.83	3.70	1.59	0.59	0.92

注:样品由武汉综合岩矿测试中心测试。

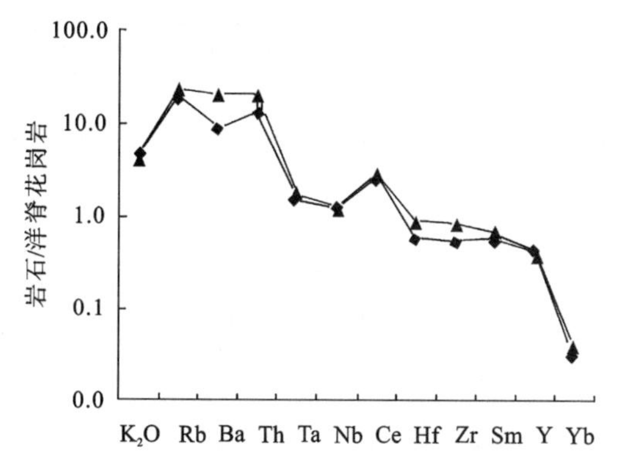

图 3-40 白龙能花岗片麻岩的微量元素蛛网图

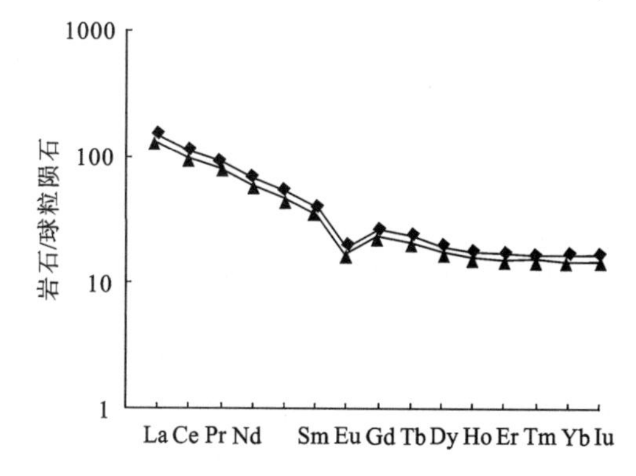

图 3-41 白龙能花岗片麻岩的稀土元素配分模式图

4. 构造环境和成因分析

岩石化学成分含量显示,岩石 $CaO+K_2O+Na_2O>Al_2O_3>K_2O+Na_2O$,铝过饱和指数 ASI=0.78~0.97,反映岩石属正常的岩石类型,TFeO/(TFeO+MgO)在 0.61~0.7 之间,相当于巴尔巴林划分的 ACG(含角闪石钙碱性花岗岩类),属壳幔混合来源的花岗岩。在 ACF 图解中,5 个样品均分布在 I 型花岗岩区域内,因此,该花岗片麻岩为 I 型花岗岩。

在 R_1-R_2 图解(图 3-42)中,该期岩体中均投至 1 区(地幔分异的花岗岩)。在 Maniar(1989)的 SiO_2 - TFeO/(TFeO+MgO)图解(图 3-43)中,均落入岛弧或同碰撞(IAG+CAG+CCG)花岗岩区。结合羌塘地块区域地质特点,该期花岗岩体的侵位可能与中元古代的区域地壳向大陆型地壳转化的过程有关。

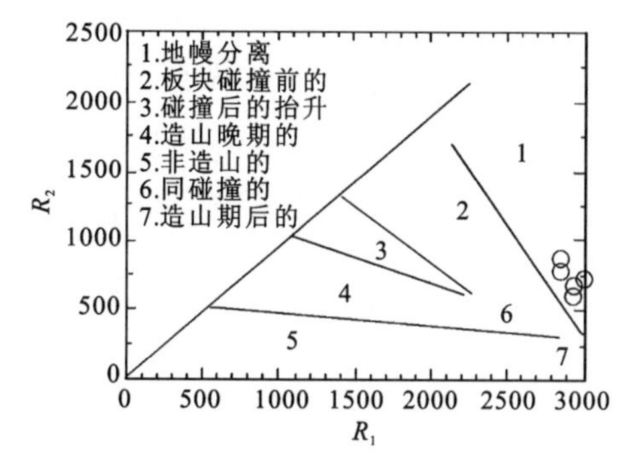

图 3-42 白龙能花岗片麻岩的 R_1-R_2 图解

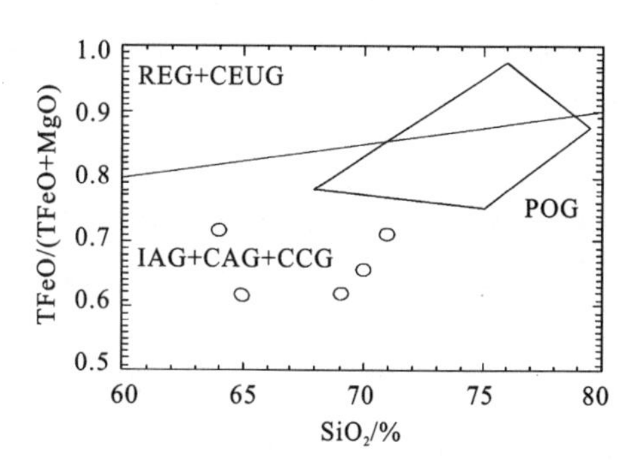

图 3-43 白龙能花岗片麻岩的 SiO_2 - TFeO /(TFeO+MgO)图解

IAG. 岛弧花岗岩;CAG. 陆弧花岗岩;CCG. 大陆碰撞花岗岩;POG. 造山期后花岗岩;RRG. 裂谷花岗岩;CEUG. 大陆隆升花岗岩

5. 岩体侵位时代讨论

该期花岗片麻岩中普遍发育韧性变形，构造面理与吉塘岩群的面理方向一致。在白龙能、茶涌附近可见花岗片麻岩与新元古代亚龙能花岗片麻岩体呈平行片麻理构造接触，并有部分岩石呈脉状不规则状穿插到中元古代吉塘岩群中，片麻岩体北部被晚三叠世花岗闪长岩超动侵入接触。前人在1∶20万吉多县幅区域地质调查中在茶涌附近的本期花岗片麻岩体中取K－Ar全岩测年样，获235Ma的年龄值，但明显偏新。在该构造区域上类似的花岗片麻岩中有锆石U－Pb同位素为338±10Ma的报道，但变质变形程度与该区早石炭世地层的特点差异太大，故形成时代应更早。在白龙能的剖面中，取锆石U－Pb同位素测年样，由宜昌地质矿产研究所测试，4颗锆石具有较好的线性分布，获得1252±22Ma的上交点年龄和249±49Ma的下交点年龄(表3-23，图3-44)，上交点年龄明确表明，该期变质侵入体的侵入年龄为中元古代，而下交点年龄和前人235Ma的K－Ar全岩年龄值表明在区域上晚二叠世—早三叠世该区发育有强烈的构造热事件，为具明显特征的脆-韧性构造变形，形成岩石的糜棱岩化和后期的构造面理。

表3-23　U－Pb法同位素地质年龄测定结果

样品编号：Ⅷ004PbJD8－4							分析编号：0204121			报告日期：2005－07－27		
样品信息			含量(10^{-6})		普通铅含量	同位素原子比及误差(2σ)				表面年龄(Ma)		
序号	点号	质量(ug)	U	Pb	(ng)	$^{206}Pb/^{204}Pb$	$^{206}Pb/^{238}U$	$^{207}Pb/^{235}U$	$^{207}Pb/^{206}Pb$	$^{206}Pb/^{238}U$	$^{207}Pb/^{235}U$	$^{207}Pb/^{206}Pb$
1	0204121－1	10	25 456.1	2509.9	2.727	514.2	0.088 47	1.2494	0.102 42	546	823	1668
							0.0009	0.132 16	0.010 88	5	87	177
2	0204121－2	10	8454.4	1484.4	1.979	403.1	0.151 67	1.646 31	0.078 72	910	988	1165
							0.0006	0.071 35	0.003 42	3	42	50
3	0204121－3	10	4046	421.5	2.112	77.8	0.051 48	0.431 08	0.060 72	323	363	629
							0.000 58	0.061 01	0.008 62	3	51	89
4	0204121－4	10	4478.7	910.2	1.554	290.2	0.159 32	1.763 42	0.080 27	953	1032	1203
							0.0007	0.066 58	0.003 05	4	38	45
谐和线年龄：1252Ma				MSWD：15849			上交点年龄：1252±22Ma			下交点年龄：249±49Ma		

测试单位：国土资源部宜昌地质研究所。

(二) 新元古代变质侵入体——亚龙能花岗片麻岩体

1. 地质特征

该片麻岩体是本次工作新发现的成果，分布零星，仅分布于测区西南部的亚龙能一带，由2个变质侵入体组成，大小不一，出露面积为4.5km²。岩体形态呈不规则长条状，呈北西向展布，野外片麻岩体中发育的片麻理走向及其构造形迹与其围岩中元古代吉塘岩群一致，侵入中元古代吉塘岩群中；其北东端与白龙能黑云更长片麻岩呈片麻状平行接触关系，部分呈包体分布到白龙能黑云更长片麻岩中。

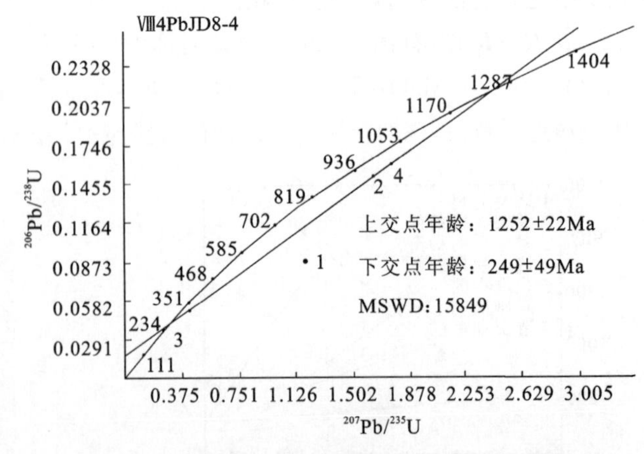

图3-44　白龙能花岗片麻岩U－Pb等时线图

该片麻岩体由于遭受多期叠加变质变形作用，不同程度地遭受糜棱岩化作用，导致原岩成分改变，同时强烈的构造剪切变形改造使得岩体原有的特征的块状构造已被基本取代，形成"成层"性较好的条带状构造或片麻状构造，局部尚发育有眼球状构造，并变质分异出较多长英质条带，沿裂隙充填有后期的石英脉，整体表现为变质岩的外貌。因而1∶20万吉多县幅将其整体划为吉塘岩群。但相对变质表壳岩来说，该片麻岩的深成体特征总体上比较明显，岩性比较单一，局部尚保留与变质表壳岩的侵入接触关系，且岩石类型与吉塘岩群的石英片岩类岩石组合差异明显，镜下可见残余岩浆结构，表明其原岩为花岗岩。

岩性为灰白色条带条纹状、片麻状白(二)云更长片麻岩，部分岩石中条带、条纹状构造发育，条带一般宽为0.2～3cm，条纹一般不超过0.1cm；条带、条纹呈定向排列。在片麻岩体与吉塘岩群接触带附近岩体中见有石英片岩的包体。

2. 岩相学特征

该片麻岩体主要岩石类型为深灰色条带状或片麻状细粒白云更长片麻岩、二云更长片麻岩，二者的主要差异是原岩受强弱不同的韧性剪切改造或变质重结晶，岩石中黑云母和白云母的含量不同。

二云更长片麻岩：灰色—灰绿色，具有斑状变晶结构，基质为鳞片柱粒状变晶结构，部分岩石中偶见细粒花岗变晶结构，片麻状构造，部分为条带状构造或眼球状构造。岩石中变斑晶含量为26%～30%，0.2～2.5mm，斑晶成分为更长石(An=15～20)为20%～25%，正长石为5%～8%。长石变斑晶多呈他形，长轴排列方向与片麻理延伸方向一致，晶内含定量分布的石英、白云母残留晶体构成残缕构造，其排列方向与晶外的片麻理方向一致，属同构造重结晶的产物。基质成分为石英、白云母、黑云母、绿帘石、绿泥石、方解石等。石英为30%～52%，他形—半自形粒状，0.1～0.3mm，集合体呈透镜体—条带状，平行片麻理定向排列，波状消光；白云母为12%～22%，粒径在0.09～0.52mm之间，集合体呈条纹状或条痕状，与石英集合体相间交替出现，形成不连续的片麻状构造；黑云母为3%～10%，褐色，多被绿泥石交代呈残留状；绿帘石为0～3%，呈粒状，不均匀分布；方解石为3%～6%，他形粒状，多和石英分布在一起；绿泥石为4%～6%，富集分布在白云母条带或黑云母边部构成后期面理。岩石中富矿物极微，仅见少量电气石。

3. 岩石化学及地球化学特征

(1) 岩石化学

由于该套片麻岩体遭受多期变质和变形的叠加改造，导致原岩成分改变，岩石化学成分、CIPW标准矿物含量及特征参数值见表3-24。SiO_2含量较低，在53.71%～70.94%之间；Al_2O_3含量为12.52%～19.04%，均十分接近酸性花岗岩的含量范围。在SiO_2-TiO_2和Zr/TiO_2-Ni图解中，所有样品均落入火成岩区，表明该片麻岩原岩为古老深成侵入体。

表3-24 亚龙能花岗片麻岩岩石化学成分、CIPW标准矿物含量及特征参数值表

岩石化学测定结果(w_B/%)													
样号	SiO_2	TiO_2	Al_2O_3	Fe_2O_3	FeO	MnO	MgO	CaO	Na_2O	K_2O	P_2O_5	H_2O^+	Los	Total
4P6GS1-3	70.94	0.64	12.52	1.86	3.27	0.06	2.49	0.27	1.79	2.82	0.15	2.24	0.62	99.67
4P6GS7-1	53.71	0.87	19.04	5.15	4.11	0.05	4.06	0.52	2.74	4.85	0.15	2.99	1.25	99.49
4P5GS27-1	67.15	0.62	15.84	1.52	2.81	0.17	2.26	0.35	2.64	2.79	0.16	2.17	0.94	99.42

特征参数														
样号	A/CNK	A/NK	Nk	σ	AR	τ	DI	SI	FL	MF	*M/F*	OX	K_2O/Na_2O	MgO/FeO
4P6GS1-3	1.93	2.09	4.65	0.76	2.13	16.77	80.97	20.36	94.47	67.32	0.35	0.36	1.58	0.76
4P6GS7-1	1.78	1.95	7.73	5.11	2.27	18.74	66.16	19.42	93.59	69.52	0.28	0.56	1.77	0.99
4P5GS27-1	1.98	2.15	5.51	1.21	2.01	21.29	79.58	18.80	93.94	65.71	0.38	0.35	1.06	0.80

CIPW标准矿物含量(w_B/%)										
样号	Q	C	Or	Ab	An	Hy	En	Fs	Mt	Il
4P6GS1-3	45.26	6.65	18.29	17.43	0	7.42	5.15	2.27	2.99	1.96
4P6GS7-1	8.94	7.10	30.81	26.41	5.17	12.04	10.42	1.62	7.55	1.98
4P5GS27-1	35.15	8.05	18.29	26.14	0	7.42	5.15	2.27	2.99	1.96

注：样品由武汉综合岩矿测试中心测试。

里特曼指数 σ=0.76～5.11，碱度率 AR=2.01～2.27，岩石属钙碱性系列；Al_2O_3>CaO+K_2O+Na_2O，铝过饱和指数 ASI=1.78～1.98，反映岩石属过铝质花岗岩，具 S 型花岗岩的特点，这从 CIPW 标准矿物中标准分子 C 的出现且含量达 6.65%～8.05%得到证实。铁镁指数 MF=65.71～69.52，固结指数 SI=18.80～20.36，分异指数 DI=66.16～80.97，表明岩体结晶分异程度较高。利用 Or-Ab-An 图解（图略）中投影落于花岗岩区，结合部分岩石 Si、K 含量较高、石英含量在 30%以上的特点，其岩石类型为二长花岗岩类。

（2）微量元素

亚龙能花岗片麻岩体的微量元素分析结果见表 3-25，各岩石类型在 ORG 标准化后的 Pearce 图解见图 3-45。总体上该片麻岩中 K、Rb、Ba、Th 等强不相容元素中等富集；Cr、Co、Ni 等相容元素相对富集；高场强元素 Ta、Nb、Hf、Zr 相对于稀土元素发生亏损；Sm 和 Y 等元素丰度与洋脊花岗岩近于一致，Ce 略富，Yb 强烈亏损。

表 3-25　亚龙能花岗片麻岩微量元素含量表（$w_B/10^{-6}$）

样号	Cu	Pb	Zn	Cr	Co	Ni	Rb	Sr	Ba	Zr	Hf	Nb	Ta	Th	U
4P6DY1-3	9.7	5	45	42	10	22	70	70	640	254	6.9	10	0.92	11	1.5
DY7-1	13	19	135	92	25	66	50	37	707	184	5.3	19	1.8	6.6	1.9
DY27-1	21	23	95	24	12	23	50	87	1176	291	8.5	15	1.2	7.3	1

（3）稀土元素

亚龙能花岗片麻岩体的稀土元素分析结果见表 3-26。其中稀土总量介于 212.55×10^{-6}～283.93×10^{-6}，LREE/HREE 值在 5.92～9.56 之间，显示岩石稀土分馏明显，并且轻稀土富集、重稀土亏损；δEu 介于 0.55～0.64 之间，Eu 负异常明显，具有 I 型花岗岩的特点；δCe 介于 0.91～1.29 之间，基本无异常；Sm/Nd 为 0.19～0.20；$(La/Sm)_N$ 为 3.19～3.91，轻稀土分馏明显；$(La/Yb)_N$ 为 5.10～8.83，重稀土分馏一般。稀土元素球粒陨石标准化图（图 3-46）表明，该花岗片麻岩的稀土元素配分型式具有缓右倾的特点。

表 3-26　亚龙能花岗片麻岩的稀土元素含量及特征参数值表

稀土元素分析结果（$w_B/10^{-6}$）																
样号	La	Ce	Pr	Nd	Sm	Eu	Gd	Tb	Dy	Ho	Er	Tm	Yb	Lu	Y	ΣREE
4P6XT1-3	43.48	82.4	10.27	36.64	6.99	1.19	5.85	0.94	5.41	1.11	3.22	0.53	3.32	0.51	26.31	228.17
4P6XT7-1	33.42	94.05	8.88	30.51	5.92	1.17	4.94	0.84	4.81	0.96	2.89	0.44	2.85	0.46	20.41	212.55
4P5XT27-1	45.39	89.13	11.61	43.73	8.96	1.8	8.41	1.42	8.89	1.91	5.5	0.92	6	0.86	49.4	283.93

特征参数值										
样号	LREE/HREE	La/Yb	La/Sm	Sm/Nd	Gd/Yb	$(La/Yb)_N$	$(La/Sm)_N$	$(Gd/Yb)_N$	δEu	δCe
4P6XT1-3	8.66	13.10	6.22	0.19	1.76	8.83	3.91	1.42	0.55	0.91
4P6XT7-1	9.56	11.73	5.65	0.19	1.73	7.91	3.55	1.40	0.64	1.29
4P5XT27-1	5.92	7.57	5.07	0.20	1.40	5.10	3.19	1.13	0.62	0.91

4. 构造环境和成因分析

岩石化学成分含量显示，岩石中富 Al_2O_3，Al_2O_3>Na_2O+K_2O+CaO，在 SiO_2-AR 图（图略）上，样品落入钙碱性岩系区域，铝过饱和指数 ASI=1.78～1.98，CIPW 标准矿物中标准分子 C 的出现且含量达6.65%～8.05%，反映岩石属过铝质花岗岩，具S型花岗岩的特点，在ACF图解中，3个样品均分布在S型花岗岩区域内，因此，该花岗片麻岩为S型花岗岩。上述特征表明，该期次花岗岩为壳源花岗岩，其岩石类型相当于Barbarlin(1999)分类中的MPG型花岗岩(含白云母过铝质花岗岩)。在R_1-R_2图解(图3-47)中，2个点落在6区(同碰撞花岗岩区)内，另一个点在4区，总体为碰撞型花岗岩；在Maniar(1989)的常量元素综合分类图解中，均落入岛弧或同碰撞(IAG＋CAG＋CCG)花岗岩区(图3-48)，综合分析，相当于大陆碰撞花岗岩类(CCG型)。结合羌塘地块中元古代羌塘群的分布特点，亚龙能花岗片麻岩体的侵位可能与新元古代的汇聚事件有关，随着初始陆壳的增厚，隆起部分地壳物质重熔上侵，形成了新元古代中酸性侵入体。

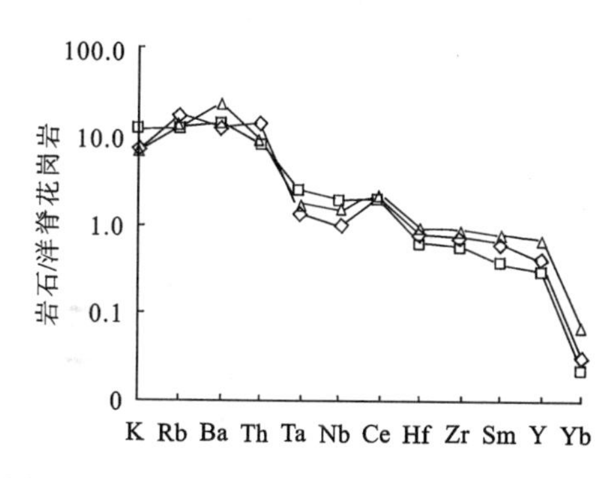

图3-45　亚龙能花岗片麻岩的微量元素蛛网图

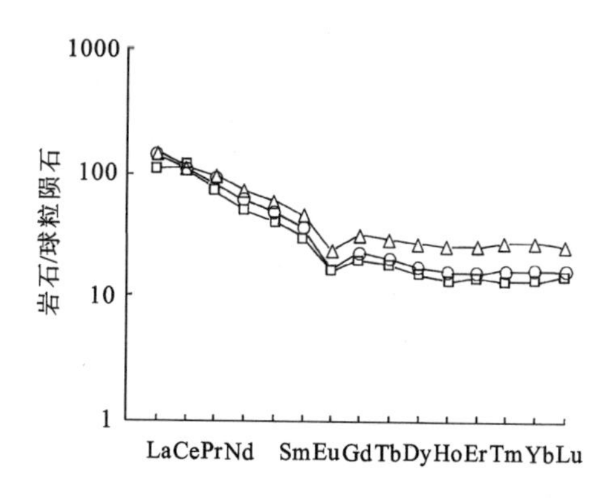

图3-46　亚龙能花岗片麻岩的稀土元素配分模式图

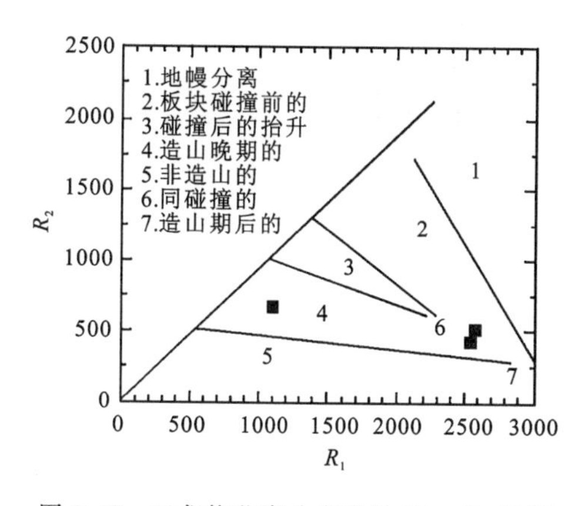

图3-47　亚龙能花岗片麻岩的R_1-R_2图解

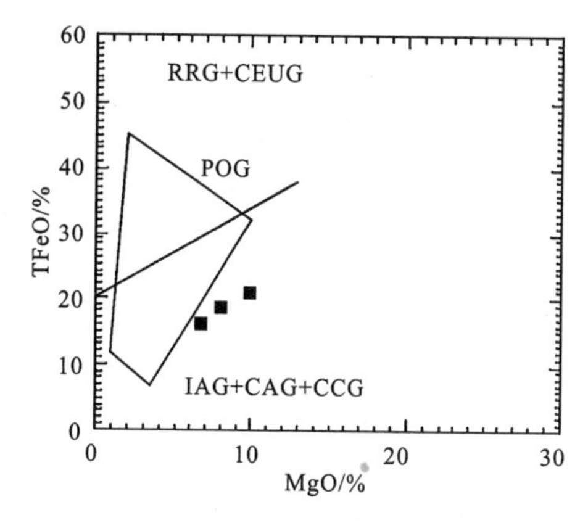

图3-48　亚龙能花岗片麻岩的TFeO－MgO图解

IAG.岛弧花岗岩；CAG.陆弧花岗岩；CCG.大陆碰撞花岗岩；
POG.造山期后花岗岩；RRG.裂谷花岗岩；CEUG.大陆隆升花岗岩

5. 岩体侵位时代讨论

该期花岗片麻岩的分布方向与区域构造线的方向完全一致，岩石中普遍发育韧性变形，构造面理与吉塘岩群的面理方向一致。在白龙能、茶涌附近该类花岗片麻岩呈脉状不规则穿插到中元古代吉塘岩群中，与中元古代花岗片麻岩之间呈平行片麻理的构造接触，并呈枝状分布在中元古代花岗片麻岩中，可能为残留的超动侵入接触关系。在亚龙能的P5剖面中，已取全岩-单矿物Rb－Sr等时线测年样，但尚无结果。根据区域上在吉塘岩群西西岩组中有757.1Ma的Rb－Sr等时线热年龄值，表明有新元古代的构造热事件发生，故将花岗片麻岩的侵位时代暂归为新元古代。

(三) 晚三叠世花岗岩

晚三叠世羌塘地块发育大规模的中酸性岩浆侵入活动，沿龙卡寨、茶群、帮涌、沙龙一带连续形成北西向分布的长条状岩基，区域上构成一条规模巨大的中生代岩浆岩带，主体由灰色中细粒—似斑状花岗闪长岩和灰色—肉红色中细粒二长花岗岩组成，并将其划分为晚三叠世的多改花岗闪长岩和茶群二长花岗岩。

1. 地质特征

该侵入体主要分布在测区西南部的龙卡寨—帮涌一带，呈一北东向的长条状岩基分布，两侧延伸出图，由多改花岗闪长岩和茶群二长花岗岩组成，出露面积共计约 240km^2。二者之间为脉动侵入接触关系(图 3-49)，但主体为多改花岗闪长岩，有 9 个侵入体，一般出露面积较大，较大的侵入体有茶群、沙龙等，侵入体的分布和形态受北西向区域构造的影响，多呈带状和不规则长条状，长轴走向与区域构造线方向一致。岩体节理发育三组，球形风化强烈，多形成低矮的山丘及蘑菇石、倒石堆等独特的地貌景观。在航片上各深成岩体呈浅灰色，均浅于围岩灰色色调，纹理较均，切割较深，平行状、树枝状等水系及钳形沟较发育，山脊多呈波状起伏的折线。

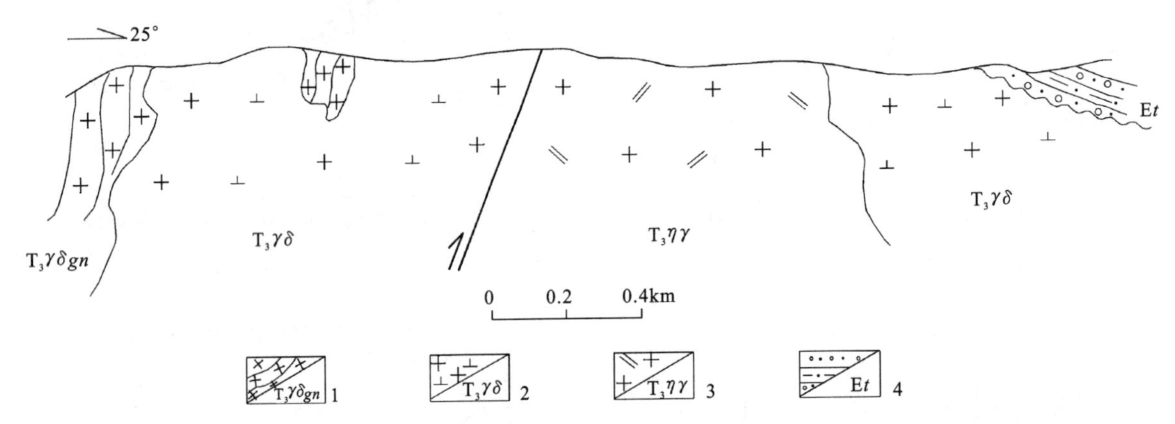

图 3-49　西藏丁青县布塔乡多改三叠纪花岗闪长岩二长花岗岩实测剖面

1. 中元古代花岗片麻岩；2. 晚三叠世花岗闪长岩；3. 晚三叠世二长花岗闪长岩；4. 古近纪沱沱河组复成分砾岩夹泥岩

由于后期的岩浆作用和断裂构造的改造较弱，岩体的完整性较好，呈长条状岩株产出。其北西侧侵入于早石炭世杂多群，在南侧超动侵入于中元古代花岗片麻岩中(图 3-50)，与围岩侵入界线清楚，侵入关系明显，多外倾，侵入界面呈锯齿状弯曲，岩体边部有细粒化边，且含较多的规模大小不一的棱角状围岩捕虏体，并有岩枝穿入围岩中。在多改一带可见其上被古—新近纪沱沱河群不整合覆盖。岩体内部成分均一，含极少量的闪长质包体，偶见 3～5cm 的暗色闪长质包体，定向组构不发育。

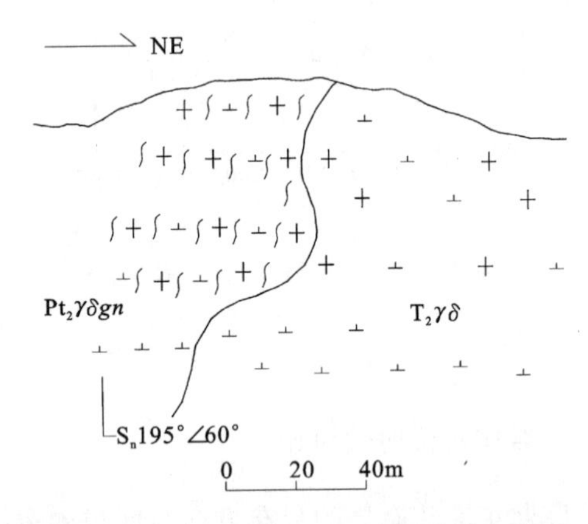

图 3-50　$T_3\gamma\delta$ 与 $Pt_2\gamma\delta gn$ 接触关系素描图

2. 岩相学特征

多改花岗闪长岩总体呈灰色—浅灰色，茶群二长花岗岩呈浅肉红色。二者均具有中细粒半自形粒状结构，部分花岗闪长岩中有 8% 的条纹长石的似斑晶呈似斑状结构，均属一期结构类型，块状构造，仅在局部地段尚见有次生的弱片麻状构造。该侵入体的主要造岩矿物为钾长石、斜长石、石英、黑云母及角闪石(表 3-27)，岩石的标准矿物组合一致。在 Q－A－P 图解中分别投入花岗闪长岩和二长花岗岩区。由花岗闪长岩到二长花岗岩，斜长石尤其角闪石的含量减少，钾长石的含量则增高，斜长石的牌号变小，成分由中长石变为更长石。

表 3-27　晚三叠世花岗岩的岩石特征

单元名称及代号	岩石名称	结构	构造	主要矿物成分及特征		含量(%)
多改花岗闪长岩($T_3\gamma\delta$)	灰白色中细粒—斑状花岗闪长岩	中细粒花岗结构、似斑状结构	块状构造，部分弱片麻状构造	斜长石	半自形板柱状晶体，粒度为0.3～3.5mm，环带构造	48～45
				钾长石	为微斜长石，他形粒状，可见交代斜长石现象	15～18
				石英	他形粒状，分布于长石晶体之间，波状消光	25～30
				黑云母	褐色，多色性明显，不规则片状，绿泥石化	10～12
				角闪石	绿色，不规则柱粒状	0～3
				副矿物	磷灰石、锆石，呈包体出现	0.5
茶群二长花岗闪长岩($T_3\eta\gamma$)	浅肉红色中细粒二长花岗岩	中细粒花岗结构	块状构造	斜长石	为更长石，半自形板状，双晶不发育，有环带结构，局部绢云母化、高岭土化	24～36
				钾长石	微斜长石，他形粒状，格子双晶发育，内含斜长石、黑云母、石英等	31～40
				石英	他形粒状，充填于斜长石之间，见波状消光	25～35
				黑云母	褐红色，绿泥石化，部分被白云母、绿泥石取代	4～5
				副矿物	磷灰石、锆石，呈包体出现，偶见铁铝榴石	微量

钾长石：肉红色、粉白色，半自形、他形粒状，多为微斜长石、微斜条纹长石，格子双晶和条纹构造发育，不同程度的高岭土化蚀变现象较为常见。在各侵入体中其含量不等，由多改花岗闪长岩单元到茶群二长花岗岩单元，含量由15%～18%递增到25%～30%。

斜长石：灰白色，局部可见斜长石被钾长石交代或被富铁高岭土交代，呈现肉红色。半自形板状、粒柱状晶形，环状构造及聚片双晶发育，双晶带细而密，An=23～33，为更长石，多发生绿泥石化、绢云母化及高岭土化蚀变。由多改花岗闪长岩单元的花岗闪长岩到茶群二长花岗岩单元的二长花岗岩，斜长石含量由45%～48%减少到25%～40%，而且牌号也有所降低，反映了同源岩浆演化特点。

石英：他形粒状充填于长石间隙中，具有波状消光和条带状消光的现象，在局部地段还能见有石英的变形及动态重结晶现象。

黑云母：半自形片状晶，红褐色，多色现象不明显，常被绿泥石交代，具有轻微的挠曲现象，能见有自形程度较高的磷灰石、锆石等副矿物的包晶。

角闪石：半自形短柱状晶，呈黄绿色，部分为绿泥石交代，其含量变化特征与云母呈负相关。

3. 岩石化学与地球化学特征

(1) 岩石化学特征

晚三叠世花岗岩中两单元的岩石化学分析结果及特征参数值见表3-28。该期花岗岩中两单元的成分比较接近，但从多改花岗闪长岩到茶群二长花岗岩显示成分演化的特征：从花岗闪长岩到二长花岗岩，SiO_2含量递增，Al_2O_3含量递减；其中SiO_2含量介于63.88%～73.76%之间，均为酸性岩；Al_2O_3含量介于13.05%～15.98%之间，Al_2O_3>CaO+Na_2O+K_2O，ASI>1，为铝过饱和类型，标准矿物中含较多刚玉分子，部分岩石中见有微量的白云母和铁铝榴石，均显示过铝质花岗岩的特点；里特曼指数为1.48～2.24，碱度率

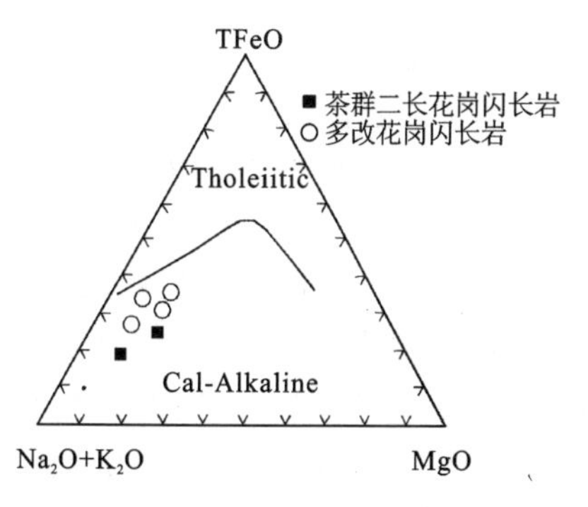

图 3-51　晚三叠世花岗岩的 AFM 图解

AR=2.04～3.72,在AFM图解(图3-51)中投影于钙碱性岩区,岩石属钙碱性岩系列。固结指数6.86～15.97,分异指数为70.04～90.59,表明岩浆结晶分异程度较高。

表3-28　晚三叠世花岗岩的岩石化学成分及特征参数值表

氧化物含量(w_B/%)														
单元	样号	SiO_2	TiO_2	Al_2O_3	Fe_2O_3	FeO	MnO	MgO	CaO	Na_2O	K_2O	P_2O_5	H_2O^+	Los	Total
$T_3\eta\gamma$	4P7GS12-2	73.76	0.51	13.05	0.82	1.29	0.03	0.73	0.48	3.31	4.49	0.13	1.04	0.50	100.14
	4GS968-1	68.17	0.54	14.37	0.31	3.42	0.07	1.92	2.05	2.66	4.12	0.14	1.63	0.38	99.78
$T_3\gamma\delta$	4P7GS5-2	63.88	0.71	15.98	0.65	4.26	0.08	2.18	3.24	2.99	3.57	0.21	1.67	0.59	100.01
	4P7GS11-1	68.56	0.51	14.35	0.32	3.05	0.07	1.71	1.92	3.09	4.30	0.14	1.47	0.77	100.26
	2GS252-1	66.80	0.48	15.18	1.11	3.33	0.06	1.55	2.50	3.09	4.20	0.17	1.78	0	100.25
	2GS252-2	65.50	0.60	15.53	0.28	4.47	0.07	1.99	2.78	2.86	3.88	0.36	1.37	0	99.69
	2GS97-1	68.91	0.50	14.56	0	4.02	0.06	1.26	3.26	2.94	3.69	0.12	1.02	0	100.34
	2GS482-1	69.52	0.54	14.88	0.15	3.01	0.07	1.34	2.61	2.59	3.68	0.15	1.33	0	99.87

特征参数值													
单元	样号	σ	AR	τ	SI	FL	DI	MF	M/F	OX	K_2O/Na_2O	MgO/FeO	A/CNK	A/NK
$T_3\eta\gamma$	4P7GS12-2	1.98	3.72	19.10	6.86	94.20	73.19	74.30	0.25	0.39	1.36	0.57	1.17	1.27
	4GS968-1	1.82	2.41	21.69	15.45	76.78	70.97	66.02	0.47	0.08	1.55	0.56	1.14	1.63
$T_3\gamma\delta$	4P7GS5-2	2.05	2.04	18.30	15.97	66.94	77.80	69.25	0.39	0.13	1.19	0.51	1.09	1.82
	4P7GS11-1	2.13	2.66	22.08	13.71	79.38	70.04	66.34	0.45	0.09	1.39	0.56	1.08	1.47
	2GS252-1	2.24	2.40	25.19	11.67	74.46	76.60	74.12	0.28	0.25	1.36	0.47	1.07	1.58
	2GS252-2	2.01	2.17	21.12	14.76	70.80	74.76	70.47	0.39	0.06	1.36	0.45	1.11	1.74
	2GS97-1	1.70	2.18	23.24	10.58	67.04	90.59	76.14	0.31	0.00	1.26	0.31	0.99	1.65
	2GS482-1	1.48	2.12	22.76	12.44	70.61	77.57	70.22	0.40	0.05	1.42	0.45	1.15	1.81

注:2GS表示的样品引自1:20万吉多县幅区调报告;其余样品由武汉综合岩矿测试中心测试。

(2) 微量元素特征

微量元素含量见表3-29。由表3-29可知,不同侵入体的微量元素含量变化不大,贫化与富集元素相似。但与世界同类岩石平均值(维氏,1962)比较,大部分亲石元素和亲铜元素趋于贫化,如Ta、Yb、Zr、Y、Sr、U、Cr、W、Li、Be、Ti、P、Cu、Zn、Au,亲铁元素和少量亲石元素趋于富集,如Rb、Th、Mn、Co、Ni、Mo、Pb、Ag、Cs、Sn、Ga。另外,Cu、Pb、Zn和部分Au、Ag等元素显示低丰度值,无明显高点和富集趋势,未见矿化。

洋脊花岗岩标准化后微量元素蛛网图与同碰撞花岗岩接近(图3-52),总体呈现出富集Rb、Th、Ba等强不相容元素,K、Ta、Yb、Zr和Y尤其Yb的负异常明显。

(3) 稀土元素特征

两单元岩石的稀土元素含量及特征参数值见表3-29。两单元岩石的稀土元素总量和球粒陨石标准化稀土配分曲线图非常相近,轻重稀土分馏特点基本一致。其稀土总量中等,多改花岗闪长岩和茶群二长花岗岩的稀土总量分别介于215.38×10^{-6}～257.20×10^{-6}和194.50×10^{-6}～290.16×10^{-6}之间,LREE/HREE比值都较大,分别介于9.24～10.46和7.39～8.89之间;Sm/Nd比值均在0.19～0.22之间。δEu在0.37～0.60之间,具有明显的Eu负异常。两单元岩石具有近于一致的球粒陨石标准化配分曲线(图3-53),稀土曲线均为轻稀土右倾斜、重稀土近于平坦的曲线,显示原始岩浆为下地壳重熔的产物,"V"型谷明显。

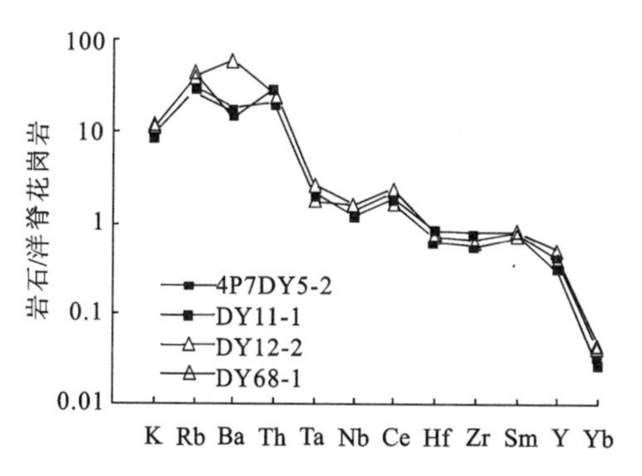

图 3-52　晚三叠世花岗岩的微量元素蛛网图

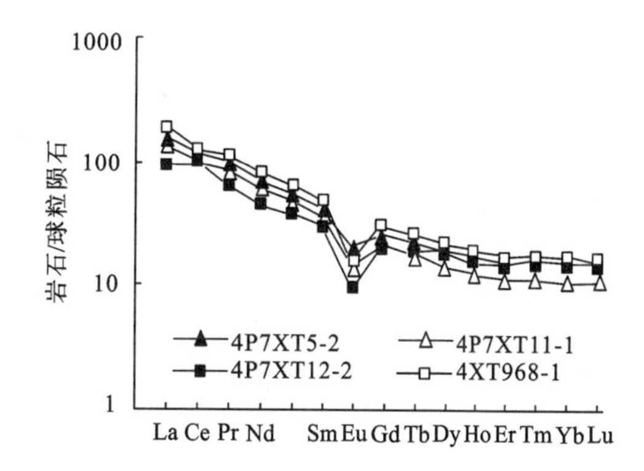

图 3-53　晚三叠世花岗岩的稀土元素配分模式图

所有上述特征，均说明两侵入体同源岩浆演化的产物，稀土元素特征具有明显的一致性，同时显示两单元的岩石均来自中下地壳岩浆的分异。

4. 岩体的侵入深度、剥蚀程度及其就位机制

在两单元各侵入体的边部均出现较多的围岩浅源包体，同时少量发育次棱角状—次浑圆状同源包体，侵入体与围岩界线清楚，侵入关系明显，多外倾，侵入界面呈锯齿状弯曲。在内接触带（岩体边部）含较多集中分布的棱角状围岩捕虏体，成分以片麻岩类为主，呈不规则状、棱角状，大小不一。在外接触带有岩枝穿入围岩中。两单元之间脉动接触界线基本协调，大部分界线清楚。根据该期侵入体中出现大量围岩残留体等特征，推测岩体的侵入深度为中带，属中浅剥蚀程度。

表 3-29　晚三叠世花岗岩微量元素、稀土元素含量及特征参数值表

微量元素分析结果（$w_B/10^{-6}$）

单元	样号	Cu	Pb	Zn	Cr	Co	Ni	Rb	Sr	Ba	Zr	Hf	Nb	Ta	Th	U
$T_3\eta\gamma$	DY12-2	5	6.5	31	19	8	8.4	163	105	2885	249	7.2	16	1.8	21	3.4
	DY968-1	15	26	73	38	13	16	107	150	814	226	6.5	15	1.3	17	3.1
$T_3\gamma\delta$	4P7DY5-2	7	31	55	29	13	14	117	218	918	270	7.6	12	1.5	16	5.1
	DY11-1	14	61	82	22	10	13	160	168	690	175	5.2	12	1.5	23	3.2

稀土元素含量（$w_B/10^{-6}$）

单元	样号	La	Ce	Pr	Nd	Sm	Eu	Gd	Tb	Dy	Ho	Er	Tm	Yb	Lu	Y	ΣREE
$T_3\eta\gamma$	4P7XT12-2	27.87	78.99	7.9	26.94	5.92	0.69	5.21	0.9	5.68	1.1	3.11	0.49	3.11	0.48	26.11	194.50
	4XT968-1	57.17	101.4	13.45	48.12	9.20	1.14	7.95	1.26	7.22	1.39	3.57	0.56	3.47	0.51	33.75	290.16
$T_3\gamma\delta_C$	4P7XT5-2	49.48	93.91	11.88	41.84	8.07	1.48	6.77	1.08	5.97	1.21	3.22	0.50	3.13	0.49	28.17	257.20
	4P7XT11-1	42.26	80.29	10.27	36.44	7.18	1.01	5.47	0.83	4.58	0.89	2.33	0.35	2.18	0.34	20.96	215.38

稀土元素特征参数值

单元	样号	LREE/HREE	La/Yb	La/Sm	Sm/Nd	Gd/Yb	$(La/Yb)_N$	$(La/Sm)_N$	$(Gd/Yb)_N$	δEu	δCe
$T_3\eta\gamma$	4P7XT12-2	7.39	8.96	4.71	0.22	1.68	6.04	2.96	1.35	0.37	1.26
	4XT968-1	8.89	16.48	6.21	0.19	2.29	11.11	3.91	1.85	0.40	0.85
$T_3\gamma\delta$	4P7XT5-2	9.24	15.81	6.13	0.19	2.16	10.66	3.86	1.75	0.60	0.90
	4P7XT11-1	10.46	19.39	5.89	0.20	2.51	13.07	3.70	2.02	0.47	0.90

注：样品由武汉综合岩矿测试中心测试。

侵入体内部总体缺乏叶理、线理等内部定向组构，岩石中矿物颗粒分布均匀，是一种强力顶蚀和岩墙扩张并存的侵位机制，受岩浆自身的上侵力及区域构造应力作用，下地壳熔融岩浆沿构造活动带不断上涌，侵入到陆壳脆性的围岩之中，使其向四周推开移出空间并部分侵蚀围岩而侵位。

5. 岩体侵位时代

该期花岗岩侵入于早石炭世杂多群，在南侧超动侵入于早古生代中元古代花岗片麻岩中，在多改一带可见其上被古—新近纪沱沱河群不整合覆盖。前人在多改花岗闪长岩单元中获得 1.32Ma 的全岩 K-Ar 同位素年龄，故侵位时代在白垩纪之前。区域上有早侏罗世雁石坪群地层不整合覆盖，并获得 219.6Ma 的全岩 Rb-Sr 等时线年龄(据《西藏自治区区域地质志》，1993)，因此，将出露规模巨大的丁青岩浆岩带划为晚三叠世，故将该侵入体的侵位时代暂归为晚三叠世。

6. 岩石成因类型与构造环境判别探讨

晚三叠世花岗岩中两个岩石类型的侵入体在分布空间上紧密相伴，侵入体有着较好的群居性。岩石组合以花岗闪长岩和二长花岗岩为主，具有明显的成分演化特征。SiO_2 含量介于 63.88%～73.76% 之间，岩石的 ASI>1，为过铝质钙碱性花岗岩，相当于 Barbarin 的 MPG 型(含白云母过铝质花岗岩类)。岩石在 AFM 图解上落入钙碱性花岗岩区，在 ACF 图解上所有样品均落入 S 型花岗岩区域内，稀土总量明显高于地幔及下地壳的 ∑REE 值，而与上地壳的 ∑REE 相当(210×10^{-6})，岩石化学和地球化学具有 S 型花岗岩的特征，这可能预示着该侵入体是地壳重熔的产物。

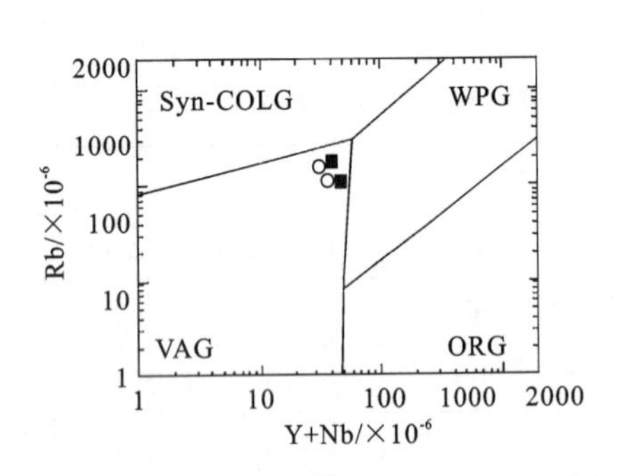

图 3-54 晚三叠世花岗岩的 Rb-(Y+Nb)图解

■茶群二长花岗闪长岩；○多改花岗闪长岩

Syn-COLG. 同碰撞花岗岩；WPG. 板内花岗岩；VAG. 火山弧花岗岩；ORG. 洋中脊花岗岩

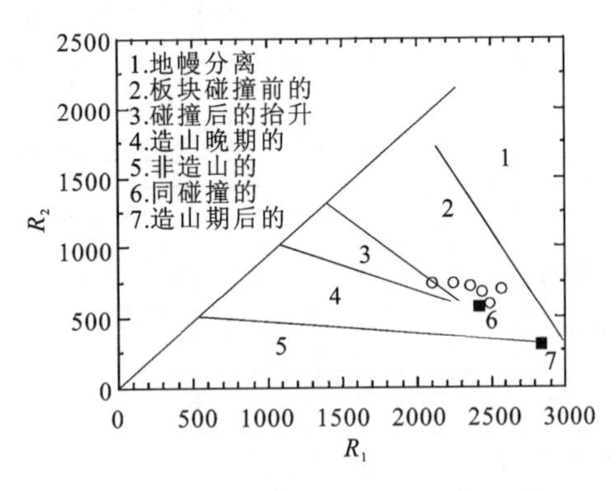

图 3-55 晚三叠世花岗岩的 R_1-R_2 图解

■茶群二长花岗闪长岩；○多改花岗闪长岩

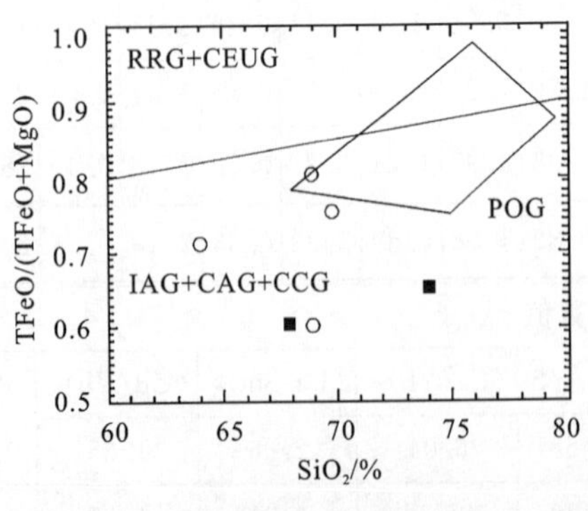

图 3-56 晚三叠世花岗岩 SiO_2-TFeO/(TFeO+MgO)图解

■茶群二长花岗闪长岩；○多改花岗闪长岩

IAG. 岛弧花岗岩；CAG. 陆弧花岗岩；CCG. 大陆碰撞花岗岩；POG. 造山期后花岗岩；RRG. 裂谷花岗岩；CEUG. 大陆隆升花岗岩

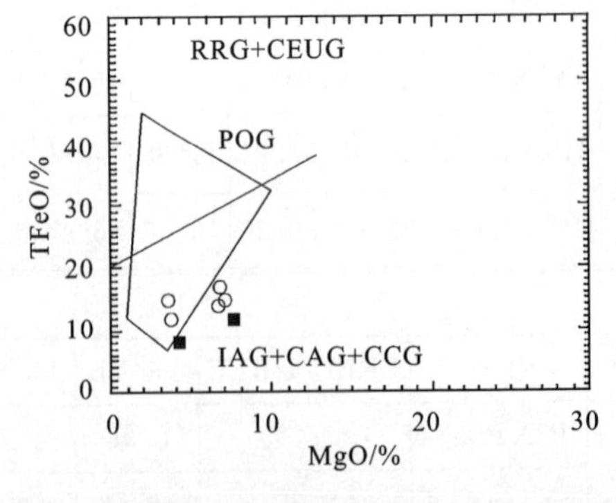

图 3-57 晚三叠世花岗岩 TFeO-MgO 图解

■茶群二长花岗闪长岩；○多改花岗闪长岩

(图中花岗岩代号同图 3-56)

在 Rb-(Y+Nb)及 Y-Nb 判别图(图 3-54)上，所有样品均落入火山弧花岗岩(VAG)内。经洋中脊(ORG)标准化后的稀土元素蛛网图却与同碰撞花岗岩的相似，具有大离子亲石元素呈M形、Ta、Zr、Yb明显亏损的特点。在R_1-R_2构造环境判别图解(图3-55)上落入6区(同碰撞花岗岩)及其附近区内。利用构造环境判别方法，在SiO_2-K_2O图解(图略)中所有点都投至非OP区，而在SiO_2-Al_2O_3图解(图略)、SiO_2-TFeO/(TFeO+MgO)、TFeO-MgO图解(图3-56、图3-57)中落入IAG+CAG+CCG区及附近，可以基本确定为Maniar(1989)划分的造山带型花岗岩中的大陆碰撞花岗岩(CCG)，表明是在晚三叠世造山作用的陆-陆碰撞时期岩浆活动的产物。

第四节 火山岩

本区火山活动较强烈，集中分布于石炭纪及早—中二叠世，在三叠纪中零星出露。火山岩主要赋存于杂多构造岩浆岩带中，成为北羌塘地块的组成部分。岩性以中酸性、中基性火山岩为主。在丁青构造岩浆岩带仅在中元古代吉塘岩群酉西岩组变质岩中见有很少的斜长角闪片岩分布，原岩可能为火山岩，由于在剖面中只见很小的一块透镜体，不再赘述。

一、火山旋回划分

火山岩的形成时间集中分布于杂多构造岩浆岩带及丁青构造岩浆岩带，其中在杂多构造岩浆岩带火山岩分布较广。火山在其活动过程中往往有物质成分、喷发方式及喷发强度的规律性变化，这种变化具有间歇性活动的周期性。一个火山旋回总是由一个或若干个喷发韵律构成，且喷发旋回的界线在走向上比韵律的界线要稳定。

根据调查区火山岩岩石组合、喷发韵律及时空展布特点、接触关系等，对火山旋回进行划分见表3-30。

表3-30 测区火山旋回划分

时代		杂多构造岩浆岩带			丁青构造岩浆岩带	
		旋回	赋存岩石地层		旋回	赋存岩石地层
三叠纪	晚三叠世	$Ⅲ_1$	结扎群	甲丕拉组		
二叠纪	早中二叠世	$Ⅱ_2$		尕笛考组		
		$Ⅱ_1$	开心岭群	诺日巴尕日保组		
石炭纪	晚石炭世	$Ⅰ_2$	加麦弄群	碎屑岩组		
	早石炭世	$Ⅰ_1$	杂多群	碎屑岩组	$Ⅰ_1$	杂多群

二、石炭纪火山岩

石炭纪火山岩在区内分布较少，主要呈夹层产出在早石炭世杂多群碎屑岩组和晚石炭世加麦弄群碎屑岩组中，为一套海相喷发火山岩。

(一)早石炭世杂多群火山岩

该火山岩在测区主要分布于杂多县南山、莫核拉才其涌上游、结扎公社南山、赛柴拉桑、加涌上游、尕尔纳及纳涌赛一带，呈北东-南西向展布，是测区较早一期的火山活动，其中赛柴拉桑、加涌上游、尕尔纳及纳涌赛一带的火山活动较为强烈，形成了一套巨厚的火山岩系。火山岩总体呈带状分布，多呈火山地层、夹层状、透镜状等形式赋存于正常海相沉积地层中，其喷发环境为海相裂隙式喷发的火山岩。同一地区的岩性较单一，但区域上火山岩的岩石类型及分布特点变化较大，局部形成厚度较大的火山地层，是以溢流相为主、间有爆发相的海相火山岩。

1. 火山岩喷发旋回划分

由于受后期构造变动强烈、喷发物大部分已被剥蚀、第四系覆盖严重、潜火山岩及浅成侵入体发育等原因，古火山机构已强烈被改造和破坏，难以恢复。

测区火山岩呈条带状展布，火山活动经历了爆发—溢流—静止 3 种状态，火山地层明显显示有沉积型和熔岩沉积型。

在研究本次调查资料及借鉴前人资料的基础上，兼顾火山活动的旋回应与岩石地层单位组相对应一致的前提下，将测区杂多群火山旋回划分为（I_1）旋回，即岩石地层单位碎屑岩组与该旋回相对应。

2. 时代确定

测区内火山岩呈火山地层、夹层状及透镜状产在碎屑岩组中，而在沉积岩中产有较丰富的古生物化石，如腕足类：*Gigantoproductus* cf. *giganteus*（Sowerby），*Striatifera* cf. *angusta*（Janischewsky），*Delepinea depressa* Ching et Liao；珊瑚：Kueichouphyllum sp.，*Lithotrotion pingtangense* H. D. Wang，*Yuanophyllum* sp.；菊石：*Muensteroceras nandanse* Chao et Ling；腹足类：*Holopea* cf. *bomiensis* Pan Y. T. 等化石，时代属早石炭世。由此，将区内火山岩的时代归属于早石炭世。

3. 岩石特征

测区早石炭世火山岩系的岩石种类有熔岩和碎屑熔岩、火山碎屑岩两大类。

（1）熔岩类

熔岩有玄武岩、流纹岩、流纹英安岩等。

玄武岩：此类岩石呈夹层状分布在沉积岩中，普遍蚀变较强。岩石呈深灰色、浅灰绿色，斑状结构，基质为填间结构。岩石由斑晶和基质组成。斑晶含量为1%，由斜长石及少量暗色矿物组成。基性斜长石被粘土矿物、绿泥石及碳酸盐集合体交代，后者被绿泥石及碳酸盐集合体交代，无暗化，大小在0.73～1.68mm之间。基质含量为99%，由斜长石、绿泥石、方解石、粒状金属矿物（可能是磁铁矿）组成。斜长石占79%，绿泥石占10%，方解石约占7%，金属矿物占3%。其中斜长石呈自形板柱状晶体，柱长在0.124～0.657mm之间，宽在0.031～0.185mm之间，强粘土化伴碳酸盐化，间隙中充填有绿泥石、方解石、粒状金属矿物，构成填间结构。

流纹岩：呈灰紫色、浅灰色，风化面呈杂褐色，呈流纹构造，斑状结构，基质具微粒结构和球粒结构。岩石由斑晶和基质两部分组成。斑晶约占19%，斜长石占15%，钾长石占3%，少量暗色矿物假象占1%。其中斜长石具绢云母化、粘土化，其切面形态多呈板状自形晶或半自形晶状，被碳酸盐交代，伴有绿泥石，析出铁质，偶见残留体的钾长石，被微粒状石英交代。大小在（0.292mm×0.465mm）～（0.949mm×2.38mm）之间。基质约占82%，由石英（约15%）、斜长石（45%）、绢云母（2%）、绿泥石（3%）、少量磷灰石、少量金属矿物等组成。石英呈微粒状，流动构造由不同成分的条带——石英条带、长石条带及绢云母条痕组成。

流纹英安岩：岩石呈浅灰色，块状构造，局部呈现流纹构造和杏仁状构造，变余斑状结构，基质呈显微隐晶状结构。岩石由斑晶、基质、少量火山碎屑组成。斑晶约占36%，主要由斜长石（29%）、石英（5%）、钾长石（1%）及少量黑云母、角闪石假象（1%）等组成，大小在0.438～3.43mm之间。斜长石具强绢云母化、粘土化，测得钙长石组分的An在21～24之间，为更长石；石英呈粒状，发育熔蚀港湾边；钾长石碳酸盐化、粘土化；黑云母强暗花，具绿泥石化，角闪石假象强暗化，并被碳酸盐交代，不见残留体。基质约占74%，由显微隐晶状长英质(74%)及少量金属矿物等组成，多呈正突起，流纹构造由结晶程度不等的条带所显示，副矿物为金属矿物。

(2) 火山碎屑岩

火山碎屑岩分布在测区杂多县南山、莫核拉才、改龙达、其涌上游、结扎公社南山等地，岩石普遍蚀变。火山碎屑岩及含火山碎屑熔岩有熔岩晶屑岩屑角砾凝灰岩、蚀变流纹质晶屑岩屑凝灰岩、英安质凝灰角砾熔岩、英安质凝灰熔岩。

熔岩晶屑岩屑角砾凝灰岩：呈浅灰绿色、灰绿色或浅紫色，具熔岩角砾凝灰结构。岩石由大量火山碎屑和部分熔岩胶结物组成，即火山碎屑占68%(按粒级划分：凝灰级占48%，角砾级占20%；按成分划分：岩屑占50%，更长石晶屑占18%)和熔岩胶结物占32%(斑晶为更长石占3%，基质为显微隐晶状长英质占29%)。火山岩屑成分为岩屑、晶屑，岩屑形态呈棱角状或次棱角状，大小在0.124～4.23mm之间，成分以被绿泥石、粘土矿物及绢云母集合体取代、含斜长石斑晶的中酸性熔岩为主，其次为酸性凝灰熔岩、中酸性熔岩，杂乱排布。晶屑成分为斜长石，具较强的碳酸盐化，伴粘土化，测得An在11～12之间，为更长石，大小在0.096～1.97mm之间，另外，斜长石晶屑牌号显著降低，可能与钙长石化蚀变有关。分布在火山碎屑间的熔岩胶结物具板状结构，基质具隐晶状结构。斑晶大小在0.949～1.059mm之间，为蚀变特征同晶屑的更长石。基质由显微隐晶状长英质组成。

蚀变流纹质晶屑岩屑凝灰岩：呈浅灰紫色或灰紫色，具晶屑、岩屑凝灰结构。岩石由火山碎屑及火山尘胶结物组成，其中火山碎屑占73%(岩屑占60%，晶屑占13%。晶屑由石英13%、斜长石假象6%、钾长石1%组成)，火山尘胶结物占27%(粘土矿物占10%，长英质占16%，碳酸盐占1%)。岩屑多被熔蚀成圆状或次棱角状，大小在0.31～1.61mm之间，成分有蚀变玻屑凝灰岩类、蚀变酸性熔岩类，含少量砂岩岩屑。晶屑带多呈棱角状，大小在0.124～1.168mm之间，成分为被粘土矿物交代的斜长石假象、石英、粘土化钾长石。分布在火山碎屑间的火山尘胶结物已脱玻、蚀变，被显微隐晶状长英质、粘土矿物、碳酸盐集合体取代。

英安质凝灰角砾熔岩：呈灰紫色或浅灰黄色，具凝灰角砾熔岩结构。岩石由火山碎屑和熔岩胶结物两部分组成，其中火山碎屑占35%(按粒级划分：凝灰级占22%，角砾级占13%；按成分划分：岩屑占20%，晶屑占15%。晶屑由石英占5%、钾长石占8%及斜长石2%组成)，熔岩胶结物占65%(斑晶占23%，其中石英占13%，斜长石占10%；基质占42%，其中长英质占32%，粘土矿物为10%)。火山碎屑由岩屑及晶屑组成，前者多被熔蚀成圆状或次棱角状，成分为酸性火山岩、具球粒结构的花岗斑岩，大小在0.76～9.125mm之间，且以角砾级为主；晶屑多呈棱角状，成分有石英、粘土化具钠长石条纹构造的条纹长石，绢云母化更长石的An在12左右，大小在0.217～2.60mm之间，凝灰级者占多数。熔岩胶结物由斑晶和基质两部分组成，其斑晶为自形粒状或具熔蚀现象的石英、绢云母化更长石的An在12左右，大小在0.279～2.16mm之间，基质成分为隐晶状长英质粘土矿物，分布较均匀。

英安质凝灰熔岩：呈浅紫红色或灰紫色，由部分火山碎屑和熔岩胶结物组成，其中火山碎屑占42%(岩屑占15%，玻屑占15%，晶屑占12%。晶屑由斜长石假象12%及少量暗色矿物假象组成)，熔岩胶结物占58%(隐晶状长英质占57%，质点状铁质占1%)。岩屑成分单一，仅为流纹岩，大小在0.186～2.92mm之间，以凝灰级为主，多熔蚀成次棱角状。晶屑多被粘土矿物及少量绢云母集合体取代，仅保留尖棱角状轮廓，从形态推测为斜长石假象，有少量被绢云母集合体取代，边缘有铁质析出，可能是暗色矿物，大小在0.13～1.83mm之间。玻屑多呈弧面棱角状，被粘土矿物集合体取代，大小在0.135～0.584mm之间，熔岩胶结物无板状结构，基质具隐晶状结构，其中基质成分呈正突起，为隐晶状长英质，且长石伴有粘土化(从突起程度看为斜长石)，含质点状铁质，因质点状铁质的存在使标本色泽呈灰紫色。

4. 岩石化学特征

(1) 岩石化学分类

测区早石炭世杂多群碎屑岩组火山岩的岩石化学样品(表3-31)投点于TAS图(国际地科联1989

年推荐的划分方案)(图 3-58),测区火山岩可划分为玄武岩、流纹岩、玄武粗安岩及英安岩 4 个岩石类型,从投图情况来看与实际镜下鉴定基本一致。上述样品的 K_2O 含量变化在 0.33%～5.9%间变化,范围较大。在 SiO_2-K_2O 分类图解(图 3-59)中,多数样品落在高钾、中钾区,仅有 1 个样品落在低钾区,由此可将早石炭世杂多群碎屑岩组火山岩划属中—高钾岩石组合。

表 3-31　早石炭世杂多群碎屑岩组火山岩岩石化学含量表($w_B/10^{-2}$)

样号	岩石名称	SiO_2	TiO_2	Al_2O_3	Fe_2O_3	FeO	MnO	MgO	CaO	Na_2O	K_2O	P_2O_5	H_2O^+	Los	Total
4GS1530-1	晶屑玻屑凝灰岩	79.37	0.26	12.34	0.39	0.63	0.06	0.41	0.41	0.06	2.78	0.04	2.56	0.47	99.78
4GS330-2	酸性熔岩	77.84	0.21	11.85	0.48	0.45	0.03	0.35	1.52	0.38	3.33	0.04	2.33	1.09	99.9
4GS958-1	蚀变玄武岩	53.58	2.11	14.89	3.63	6.38	0.18	3.50	6.30	3.54	2.15	0.90	1.93	0.56	99.65
4GS1009-2	英安质凝灰熔岩	68.84	0.48	14.79	1.48	2.26	0.11	1	2.04	3.67	3.50	0.14	1.26	0.35	99.92
4GS2132-2	蚀变英安岩	52.76	1.23	16.36	1.53	6.05	0.11	4.24	8.08	2.69	2.11	0.34	1.75	2.39	99.64
4GS958	碱长流纹岩	74.37	0.24	12.98	0.96	0.7	0.05	0.37	1.22	3.34	3.47	0.05	1.22	0.67	99.64
4GS2109-1	石英粗安岩	69.28	0.47	12.60	2.36	1.05	0.07	1.97	2.23	2.38	5.90	0.37	0.57	1.08	99.76
4GS2106-1	含霓辉石粗面岩	70.34	0.27	14.93	0.95	1.78	0.06	0.37	1.48	3	5	0.06	0.16	1.65	100.05
2P29GS21-1	多斑状安山岩	55.44	1.01	15.13	2.68	3.26	0.19	2.28	7.65	5.24	1.01	0.29	2.30	3.24	99.73
2GS1084-1	蚀变安山质凝灰熔岩	55.67	0.91	15.17	4.49	3.48	0.2	2.96	10.41	3.07	1.07	0.21	2.01	0.84	100.50
2GS898-2	碳酸盐化中性沉凝灰岩	51.72	0.34	10.74	0.38	10.42	0.16	2.93	5.17	0.24	2.82	0.09	3	12.05	100.08
2GS344-2	杏仁状玄武岩	40.40	1.56	13.82	3.97	3.36	0.16	2.47	13.83	5.33	0.72	0.47	3.26	9.98	99.35
2P37GS14-1	酸性凝灰熔岩	74.97	0.27	11.84	1.14	0.43	0	1.13	2.42	0.6	2.42	0.06	3.94	1.18	99.70
2P37GS21-1	酸性凝灰熔岩	74.73	0.27	10.74	1.45	1.35	0	2.99	2.19	0.44	0.33	0.04	4.98	1.09	100.6

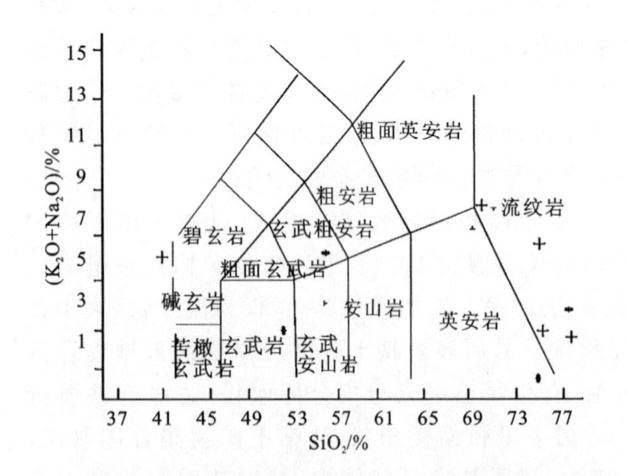

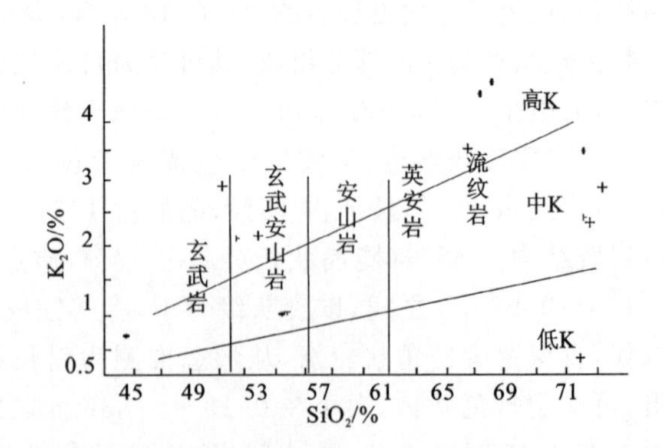

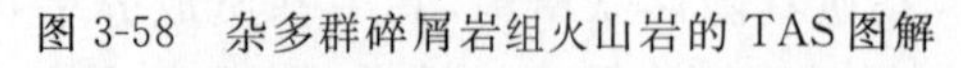
图 3-58　杂多群碎屑岩组火山岩的 TAS 图解

图3-59　杂多群碎屑岩组火山岩的 SiO_2-K_2O 图解

(2) 岩石化学特征

测区早石炭世杂多群碎屑岩组火山岩的岩石化学特征参数值见表 3-31、表 3-32。SiO_2 含量在 51.72%～79.37%之间,仅有 1 个样品的 SiO_2 含量为 40.4%,TiO_2 含量为 0.21%～2.11%,Al_2O_3 含量相对较高。固结指数 SI 值在 10～20 之间,表明结晶分异程度较高。

表 3-32　早石炭世杂多群碎屑岩组火山岩岩石化学特征参数值表

样　号	Nk	F	σ	AR	τ	SI	FL	MF	M/F	OX	K_2O/Na_2O	MgO/FeO	A/CNK	A/NK	FeO^*	$Fe_2O_3{}^*$	R_1	R_2
4GS1530－1	2.86	1.03	0.22	1.57	47.23	9.60	87.38	71.33	0.28	0.38	46.33	0.65	3.20	3.97	0.98	1.09	4580.19	306.27
4GS330－2	3.75	0.94	0.39	1.77	54.62	7.01	70.94	72.66	0.24	0.52	8.76	0.78	1.69	2.80	0.88	0.98	4240.36	412.44
4GS958－1	5.74	10.10	2.98	1.73	5.38	18.23	47.46	74.09	0.25	0.36	0.61	0.55	0.76	1.83	9.65	10.72	1487.46	1139.81
4GS1009－2	7.20	3.76	1.98	2.48	23.17	8.40	77.85	78.90	0.19	0.40	0.95	0.44	1.09	1.51	3.59	3.99	2351.48	558.00
4GS2132－2	4.94	7.79	2.17	1.49	11.11	25.51	37.27	64.13	0.46	0.20	0.78	0.70	0.76	2.44	7.43	8.25	1827.73	1395.81
4GS958	6.88	1.68	1.47	2.84	40.17	4.19	84.81	81.77	0.14	0.58	1.04	0.53	1.13	1.40	1.56	1.74	2906.25	403.50
4GS2109－1	8.34	3.44	2.60	3.53	21.74	14.42	78.78	63.38	0.34	0.69	2.48	1.88	0.88	1.22	3.17	3.53	2290.28	583.51
4GS2106－1	8.13	2.77	2.32	2.90	44.19	3.33	84.39	88.06	0.10	0.35	1.67	0.21	1.15	1.44	2.63	2.93	2370.89	469.57
2P29GS21－1	6.25	5.94	3.14	1.76	9.79	15.76	44.96	72.26	0.26	0.45	0.19	0.70	0.64	1.56	5.67	6.30	1412.18	1228.41
2GS1084－1	4.14	7.97	1.35	1.39	13.30	19.64	28.45	72.92	0.23	0.56	0.35	0.85	0.60	2.44	7.52	8.36	2134.78	1558.23
2GS898－2	3.06	10.80	1.07	1.48	30.88	17.45	37.18	78.66	0.26	0.04	11.75	0.28	0.84	3.12	10.76	11.96	2391.82	909.22
2GS344－2	6.05	7.33	1.08	1.56	5.44	15.58	30.43	74.80	0.22	0.54	0.14	0.74	0.40	1.45	6.93	7.70	397.74	1873.34
2P37GS14－1	3.02	1.57	0.29	1.54	41.63	19.76	55.51	58.15	0.42	0.73	4.03	2.63	1.48	3.28	1.46	1.62	4166.15	547.24
2P37GS21－1	0.77	2.80	0.02	1.13	38.15	45.58	26.01	48.36	0.70	0.52	0.75	2.21	2.12	9.94	2.65	2.95	4661.49	593.37

5. 岩石地球化学特征

（1）稀土元素地球化学特征

测区火山岩的稀土元素含量和特征参数值见表 3-33、表 3-34，轻稀土元素$\sum Ce=68.41\times10^{-6}\sim189.60\times10^{-6}$，重稀土元素$\sum Y=23.86\times10^{-6}\sim36.74\times10^{-6}$，变化范围较小，$\delta Eu=0.54\sim0.93$，显示有铕亏损。Sm/Nd＝0.16～0.21，变化范围较窄，且均＜0.21，反映轻稀土富集型；Gd/Yb＝1.67～2.70，变化范围较小，$(La/Yb)_N=6.34\sim23.69$，变化范围较大，重稀土不富集。

表 3-33　早石炭世杂多群碎屑岩组火山岩的稀土元素含量表（$w_B/10^{-6}$）

样号	La	Ce	Pr	Nd	Sm	Eu	Gd	Tb	Dy	Ho	Er	Tm	Yb	Lu	Y	ΣREE
4XT1530－1	66.06	135.10	15.50	53.87	9.47	1.33	6.83	1.01	5.58	1.14	3.03	0.49	3.01	0.45	27.61	330.48
4XT330－2	69.86	132.40	14.72	46.80	7.72	1.29	5.47	0.83	4.62	0.94	2.62	0.45	2.91	0.44	23.86	314.93
4XT958－1	34.50	68.41	10.08	42.04	8.81	2.76	9.21	1.42	8.33	1.63	4.20	0.6	3.67	0.58	36.74	232.98
4XT1009－2	54.86	95.25	12.95	45.31	8.23	1.66	7.29	1.16	6.68	1.34	3.70	0.56	3.73	0.58	32.85	276.15
4XT2132－2	43.86	74.76	11.13	39.02	7.68	1.82	7.46	1.22	7.05	1.41	3.89	0.60	3.91	0.60	35.28	239.69
4XT2106－1	59.50	118.20	14.23	46.90	8.17	1.32	6.33	1.05	5.85	1.22	3.49	0.57	3.79	0.56	31.11	271.18
4XT2109－1	110.7	189.60	22.75	74.32	12.71	2.86	8.49	1.26	6.44	1.27	3.19	0.51	3.15	0.46	30.71	437.71

表 3-34　早石炭世杂多群碎屑岩组火山岩的稀土元素特征参数值表

样号	ΣREE ($w_B/10^{-6}$)	LREE ($w_B/10^{-6}$)	HREE ($w_B/10^{-6}$)	LREE/HREE ($w_B/10^{-6}$)	La/Yb	La/Sm	Sm/Nd	Gd/Yb	$(La/Yb)_N$	$(La/Sm)_N$	$(Gd/Yb)_N$	δEu	δCe
4XT1530－1	302.87	281.33	21.54	13.06	21.95	6.98	0.18	2.27	14.80	4.39	1.83	0.48	0.98
4XT330－2	291.07	272.79	18.28	14.92	24.01	9.05	0.16	1.88	16.19	5.69	1.52	0.58	0.95
4XT958－1	196.24	166.60	29.64	5.62	9.40	3.92	0.21	2.51	6.34	2.46	2.03	0.93	0.87
4XT1009－2	243.30	218.26	25.04	8.72	14.71	6.67	0.18	1.95	9.92	4.19	1.58	0.64	0.83
4XT2132－2	204.41	178.27	26.14	6.82	11.22	5.71	0.20	1.91	7.56	3.59	1.54	0.73	0.80
4XT2106－1	271.18	248.32	22.86	10.86	15.70	7.28	0.17	1.67	10.58	4.58	1.35	0.54	0.95
4XT2109－1	437.71	412.94	24.77	16.67	35.14	8.71	0.17	2.70	23.69	5.48	2.17	0.79	0.86

表 3-35 早石炭世杂多群碎屑岩组火山岩的微量元素含量表($w_B/10^{-6}$)

样号	Li	Be	Sc	Ga	Th	Sr	Ba	V	Co	Cr	Ni	Cu	Pb	Zn	W	Mo	Ag	As	Sn	Hg
Ⅷ004DY2109－1	40	8.9	5.8	27	71	1037	3352	66	14	57	76	22	166	148	1.88	2.42	0.049	5.46	3.3	0.008
Ⅷ004DY2106－1	26	3.2	6.3	26	28	130	1201	20	4.1	4.3	4.1	7.4	33	57	1.81	2.68	0.05	2.03	3.3	0.014
Ⅷ004DY2132－2	65	3.3	14	22	9	312	275	185	22	83	13	18	17	92	2.7	1.3	0.025	17	2.3	0.007
Ⅷ004DY958－1	35	2.7	11	23	3.4	439	703	242	21	7.4	9.3	14	7.8	113	1.1	1.1	0.03	5.2	1.5	<0.005
Ⅷ004DYl009－2	41	2.9	9	23	14	287	776	41	6.3	9.8	6.3	6.5	59	148	1.7	2.2	0.188	1.3	3.3	0.018
Ⅷ004DY958	42	2.2	4.3	23	10	55	473	23	3.6	9.5	5.4	4	4.3	32	0.5	0.56	0.035	0.54	2.5	0.017
Ⅷ004DY1530－1	34	1.7	3.8	14		31	629	16	2.1	5.3	4.5	3.4	18	21	1.4	<0.2	0.06	2.24	2.4	0.012
Ⅷ004DY330－2	31	2.6	4	20		32	846	15	1.7	4.4	5.1	3.4	9.9	20	2.02	0.68	0.066	5.56	2.3	0.043

样号	F	B	Rb	U	Hf	P	Te	Zr	Au	Cl	Ta	Ce	Se	Y	Bi	Yb	Ti	Sb	Nb	Sm
Ⅷ004DY2109－1	1976	20	322	13	12	1221	0.42	408	0.5	0.01		215		32	0.41	2.9				
Ⅷ004DY2106－1	949	7.5	219	6.8	8.3	222	0.26	330	1	0.012		137		34	0.35	3.8				
Ⅷ004DY2132－2	616	30	147	2	8	529	0.35	256	0.8	0.011		99		36	0.09	3.8		2.42	27	
Ⅷ004DY958－1	334	4.5	64	3.2	5	364	0.1	163	0.5	0.007	<0.5			23	0.16	2.9		0.31	6.5	
Ⅷ004DY1009－2	704	12	62	2.6	5.7	1684	0.069	240		0.029	2.5	72	36		0.06	3.6	6676	0.44		7.1
Ⅷ004DY958	1585	2.5	56	0.95	5.4	4323	0.063	221		0.042	1.8	66	41		0.14	3.5	12270	0.57		8.8
Ⅷ004DY1530－1	376	11	127	3.4	8.3	750	0.061	346		0.037	1.9	75	36		0.32	3.2	2429	0.34		6.6
Ⅷ004DY330－2	532	21	116	2.1	5.5	287	0.066	201		0.042	2.2	36	21		<0.05	2.3	1160	0.22		3.6

用推荐的球粒陨石平均值标准化后分别做配分模式图(图 3-60),显示有如下特征:稀土元素配分曲线为右倾斜型,呈轻稀土元素富集。多数样品有铕亏损。

(2) 微量元素地球化学特征

测区早石炭世杂多群碎屑岩组火山岩的微量元素标准化含量见表 3-36。与地壳丰度值(泰勒,1964;黎彤,1976)相比,强烈富集亲石元素(据 V. M. 戈尔德施密特分类)Rb、Sr、Ba、Sc、V,亲铁元素 Ni 及 Mo 也相对富集,而亲铜元素 Te、Ag、Hg 及 Cl 等与参照值相近,其中 F、Zr、Zn、V、Ba、Sr 元素的含量远远高于地壳的丰度值(黎彤,1976),Ti、Ce、Yb、P 亏损,由微量元素蛛网图(图 3-61)上可见曲线呈"多 M" 型隆起,Rb、La、Nd、Y 强烈富集,Sr、Ti、Yb、P 具有亏损性的特征。

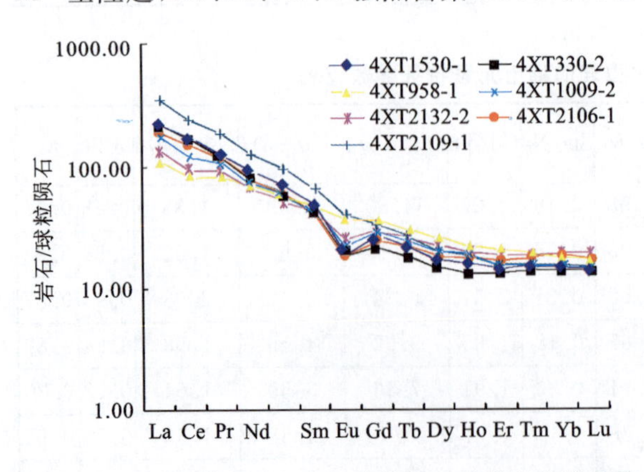

图 3-60 杂多群碎屑岩组火山岩的稀土元素配分模式图

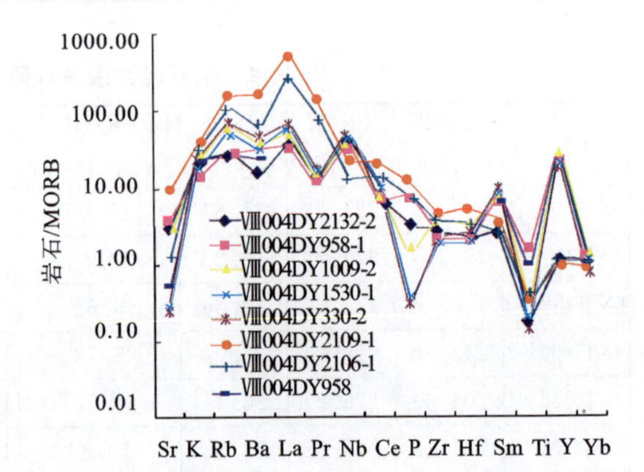

图 3-61 杂多群碎屑岩组火山岩的微量元素蛛网图

表 3-36　早石炭世杂多群碎屑岩组火山岩微量元素标准化含量表

样号	测试结果/洋脊花岗岩														
	Sr	K	Rb	Ba	La	Pr	Nd	Ce	P	Zr	Hf	Sm	Ti	Y	Yb
Ⅷ004DY2132－2	2.6	14.066	31	13.75	43.86	11.13	39.02	7.2	3.21	2.66	2.375	7.68	0.82	35.28	1.058
Ⅷ004DY958－1	3.65	14.3	28	35.15	34.5	10.08	42.04	6.6	8.25	2.455	2.25	8.81	1.406	36.74	1.029
Ⅷ004DY1009－2	2.391	23.3	63.5	38.8	54.86	12.95	45.31	7.5	1.43	3.844	3.458	8.23	0.32	32.85	0.941
Ⅷ004DY1530－1	0.25	18.53	53	31.45	66.06	15.5	53.87	13	0.39	1.866	2	9.47	0.173	27.61	0.764
Ⅷ004DY330－2	0.26	22.2	73	42.3	69.86	14.72	46.8	10.8	0.29	2.11	2.166	7.72	0.14	23.86	0.735
Ⅷ004DY2109－1	8.64	39.33	161.00	67.60	53.50	126.39	21.23	21.50	11.53	4.53	5.00	3.85	0.31	1.07	0.85
Ⅷ004DY2106－1	1.08	33.33	109.50	60.05	27.50	79.06	13.40	13.70	7.55	3.67	3.46	2.48	0.18	1.13	1.12
Ⅷ004DY958	0.46	23.13	28.00	23.65	0.00	0.00	0.00	6.60	12.04	2.46	2.25	2.67	0.16	0.00	1.03

6. 构造环境判别

将测区早石炭世杂多群火山岩投在 $10TiO_2-Al_2O_3-10K_2O$ 三角图解(图 3-62)上，可以看出，该区绝大多数火山岩样品落在岛弧造山带区，仅有 2 个点落在大陆裂谷区，且靠近岛弧造山带区，TiO_2 含量多数小于 1。而在 $\lg\delta-\lg\tau$ 图解(图 3-63)上，绝大多数样品落在岛弧及活动大陆边缘区，仅有 2 个样品落在板内稳定构造区。SiO_2 含量在 51.72%～79.37%之间，TFeO/MgO 比值多数大于 2，K_2O/Na_2O 比值多数大于 0.6。

由此可见，该期火山岩为活动大陆边缘环境的产物。

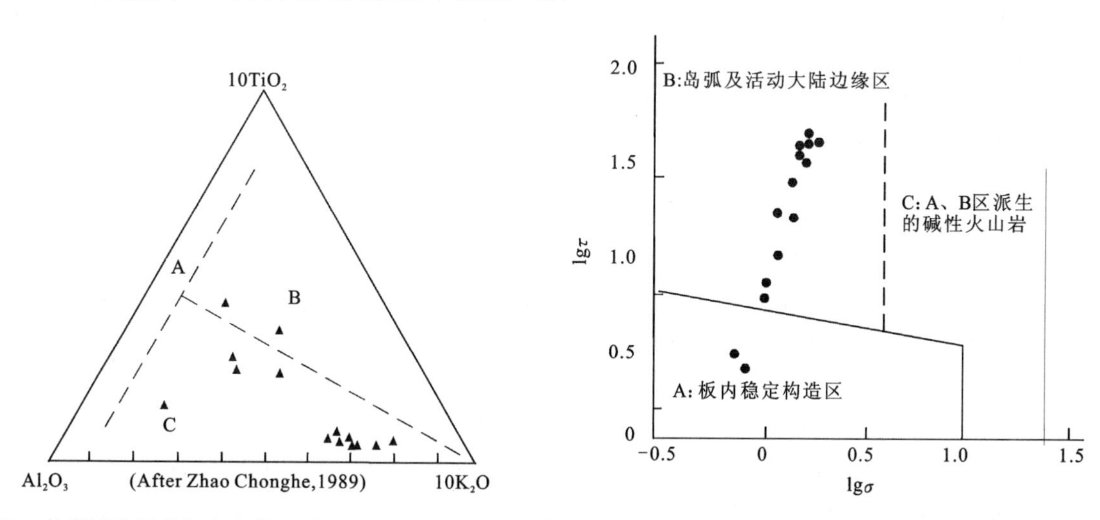

图 3-62　杂多群碎屑岩组火山岩 $10TiO_2-Al_2O_3-10K_2O$ 图解

A. 大洋玄武区；B. 大陆裂谷玄武岩、安山岩区；C. 岛弧造山玄武岩、安山岩

图 3-63　杂多群碎屑岩组火山岩的 $\lg\sigma-\lg\tau$ 图解

(二) 晚石炭世加麦弄群火山岩

加麦弄群火山岩在区内不甚发育，呈零星的火山夹层或透镜体分布在加麦弄群的下部碎屑岩组中，反映出该期火山活动较弱，规模较小，仅在改龙达等地分布。岩石组合为灰绿色中酸性晶屑凝灰岩、灰

绿色杏仁状安山岩、灰绿色安山质火山角砾岩、灰绿色含火山角砾岩屑晶屑凝灰岩及灰绿色霏细岩、灰紫色黑云母英安岩，岩石受后期强烈蚀变，具绿泥石化、绿帘石化。呈厚度较小的层状、透镜状夹于沉积地层中，是溢流相—爆发相的海相火山岩。

测区火山岩主要呈火山夹层及透镜状产在加麦弄群碎屑岩组中，与下伏碳酸盐岩组为整合接触，与结扎群和沱沱河组为角度不整合接触。在沉积岩中产丰富的古生物化石，腕足类：*Chonetes* cf. *carbonifera* Kayserbing，*Choristites* cf. *trautscholdi* (Stuchenberg)；菊石：*Eoasianites* sp.；苔藓：*Fenestella* sp.；腹足类：*Loxonema* sp.；植物：*Archaeocalamites* cf. *scrobiaulatus* (Schloth)等化石，其中䗴类化石 *Pseudoschwagerina* sp.，*Triticites* sp.，*Rugosofusulina* sp. 为晚石炭世，由这些化石组合分析，加麦弄群火山岩可归为晚石炭世。

1. 火山岩旋回划分

由于表层第四系覆盖严重、潜火山岩及浅成侵入体发育等原因，区内火山岩出露零星。

在火山活动的旋回应与岩石地层单位组相对应一致的前提下，将测区加麦弄群火山旋回划分为(I_2)旋回，即岩石地层单位碎屑岩组与该旋回相对应。

2. 火山岩岩石类型

根据路线上出露的晚石炭世火山岩及1:20万资料，测区火山岩系的岩石种类有熔岩和碎屑熔岩、火山碎屑岩两大类。

熔岩有流纹岩、英安岩、安山岩及玄武岩等。

流纹岩：浅灰色，风化面呈杂褐色，显流纹构造，斑状结构，基质具微粒结构及球粒结构。由斑晶(钾长石假象为2%，斜长石假象<1%)、基质(长石为59%，石英为23%，绢云母为9%，绿泥石为3%，氧化铁为2%～3%)组成。副矿物有锗石、磷灰石。斑晶为0.3～0.73mm，基质为0.01～0.041mm。钾长石由高岭土构成假象。

英安岩：浅灰色，块状构造，局部为流纹构造及杏仁状构造，变余斑状结构，基质具微粒结构。由斑晶(斜长石假象为2%，角闪石假象为1%，水化黑云母为1%，少量白云母)、基质(斜长石为54%，石英为16%，绢云母为21%)和杏仁体(5%)组成。副矿物有磷灰石、锆石。斑晶为0.2～1mm，基质为0.02～0.1mm，杏仁体为0.13～2mm。斜长石呈柱状，由次生方解石、绢云母构成假象；角闪石呈柱状，由次生方解石、氧化铁构成假象；杏仁体为浑圆状，由次生石英、绢云母及方解石充填其间。

安山岩：浅灰绿色，块状构造，斑状结构，基质交织结构。由斑晶(斜长石为7%，辉石假象为2%)、基质(斜长石为63%，绿泥石为24%，氧化铁为2%～3%)和杏仁体(1%)组成。斑晶为0.4～0.7mm，基质为0.1～0.31mm，杏仁体为0.31～1.2mm。斜长石呈板条状，具绢云母脱钙蚀变；辉石假象呈柱状，横断面为八边形，具强烈绿泥石化、碳酸盐化；杏仁体呈浑圆状，由次生方解石及少量绿泥石充填其间。

玄武岩：灰绿色，杏仁状构造，填间结构。由基性斜长石(40%)、辉石假象(31%)、帘石(13%)、白钛石(1%～2%)及杏仁体(14%)组成。斜长石强烈帘石-绢云母化，辉石全绿泥石化；杏仁体为0.57～3.7mm，外形不规则，由次生绿泥石、方解石充填其间。

火山碎屑岩及含火山碎屑熔岩有火山角砾岩、凝灰岩、火山角砾熔岩等。

火山角砾岩：岩石为安山玄武质、安山质及英安质，灰色、灰紫色及灰黄色，块状构造，晶屑岩屑火山角砾结构，胶结物具火山灰—晶粒粒状结构。由火山碎屑(火山角砾为46%～67%，火山砂为16%～30%)和胶结物(9%～27%)组成。火山碎屑呈不规则棱角状、尖棱角状，分选性差，角砾为2～18mm，最大达5～10cm；火山砂为0.1～0.3mm。碎屑成分为安山玄武岩、辉石安山岩、安山岩、英安岩、流纹岩岩屑及斜长石、石英、暗色矿物晶屑等；胶结物成分为绢云母、绿泥石集合体、方解石、长石晶屑、铁染岩屑、氧化铁质点及硅化火山灰等。

火山角砾熔岩：岩石为中酸性及酸性、浅灰色—灰色、暗紫色、灰黑色、浅灰绿色，块状构造，火山角砾熔岩结构，熔岩具霏细结构。由火山碎屑（火山角砾为11%～31%，火山砂为5%～22%）和熔岩胶结物（47%～85%）组成。火山碎屑为不规则棱角状、次棱角状及弧面棱角状，分选性差，角砾为2～15mm，最大达30～50mm；火山砂为0.5～2mm。碎屑成分为安山岩、英安岩岩屑及碳酸盐化、硅化晶屑，局部见有玻屑；熔岩胶结物为长石、石英、角闪石、绢云母、氧化铁、碳酸盐及少量凝灰质，其中见少数长石，石英呈斑晶出现，构成稀斑结构。

凝灰岩：浅灰紫色，块状构造，变余凝灰结构。由玻屑（3%～5%）、晶屑（1%～2%）、火山灰（93%）及铁质（1%～2%）组成。玻屑具撕裂状，呈不规则状外形，由于脱玻化作用而生成绢云母集合体、石英及铁质，晶屑除石英外，偶见暗色矿物及锆石；火山灰经重结晶而生成绢云母及铁质。

3. 岩石化学及地球化学特征

由于测区加麦弄群碎屑岩组火山岩呈夹层状或透镜状产出，且受后期强烈剥蚀作用及第四系沉积物覆盖的影响，对其调查及采样工作带来一定的难度。

（1）岩石化学分类

测区晚石炭世加麦弄群碎屑岩组火山岩样品投点于TAS图（国际地科联1989年推荐的划分方案）（图3-64），由TAS图中投点可见，与实际镜下鉴定结果基本一致。测区火山岩可划分为玄武岩、流纹岩及英安岩3个岩石类型，K_2O含量在1.51%～3.33%之间变化，范围较小。在SiO_2-K_2O分类图解（图3-65）中，2个样品落在高钾区，且2个样品均靠近中钾，2个样品落在中钾区，由此晚石炭世加麦弄群碎屑岩组火山岩划属中—高钾岩石组合。

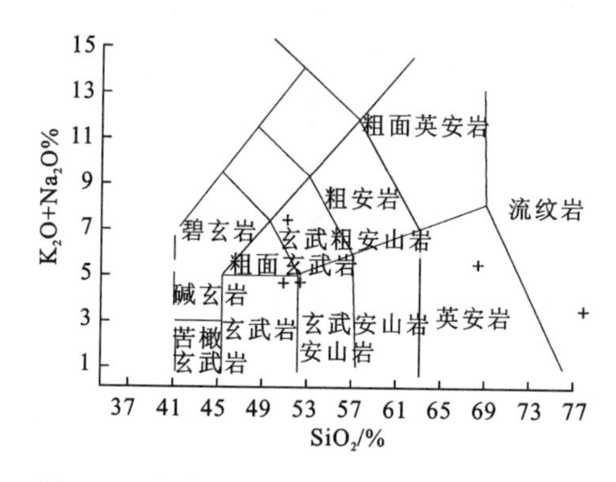

图3-64　加麦弄群碎屑岩组火山岩TAS图解

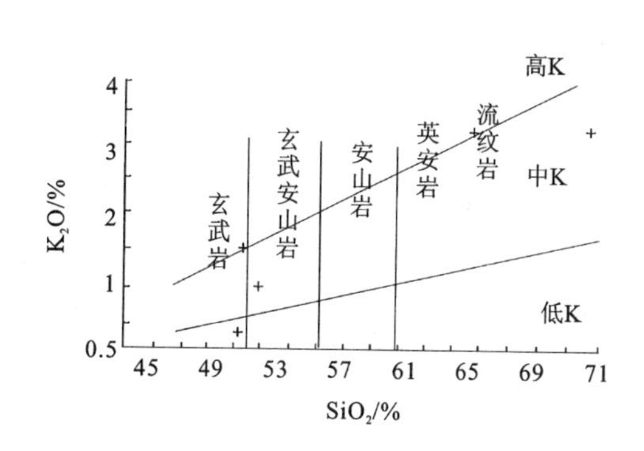

图3-65　加麦弄群碎屑岩组火山岩SiO_2-K_2O图解

（2）岩石化学特征

岩石化学主要氧化物成分及特征参数值见表3-37、表3-38，其SiO_2含量为51.48%～77.84%，K_2O含量为0.36%～3.33%；CaO含量为1.52%～6.72%，呈钙碱性火山岩，里特曼指数为1.13～6.49，显示钙碱性；固结指数SI多数在10～20之间，表明结晶分异程度较强。Al_2O_3含量为11.85%～19.48%，Fe_2O_3含量为0.48%～3.90%，含量相对较高。

表3-37　晚石炭世加麦弄群碎屑岩组火山岩岩石化学含量表（w_B/%）

样号	岩石名称	SiO_2	TiO_2	Al_2O_3	Fe_2O_3	FeO	MnO	MgO	CaO	Na_2O	K_2O	P_2O_5	H_2O^+	Los	Total
4P3GS0-1	流纹英安岩	68.56	0.44	14.04	3.38	0.55	0.05	0.67	2.73	2.31	3.11	0.15	1.85	1.96	99.80
4GS667-6	玄武岩	51.79	1	19.48	1.80	6.13	0.13	4.47	6.72	3.36	1.51	0.20	2.79	0.66	100.04
4GS330-2	酸性凝灰熔岩	77.84	0.21	11.85	0.48	0.45	0.03	0.35	1.52	0.38	3.33	0.04	2.33	3.42	99.90
4GS918-2	安山质岩屑晶屑凝灰岩	52.98	0.92	17.84	1.84	6.43	0.15	4.95	5.57	3.84	1.02	0.21	3.14	4	99.75
2P32GS13-1	安山玄武质岩屑凝灰岩	51.48	1.13	16.64	3.90	4.68	0.10	2.36	5.37	7.06	0.36	0.28	2.95	3.38	99.70

表 3-38 晚石炭世加麦弄群碎屑岩组火山岩岩石化学特征参数值表

样号	Nk	F	σ	AR	τ	SI	FL	MF	M/F	OX	K_2O/Na_2O	MgO/FeO	A/CNK	A/NK	FeO^*	$Fe_2O_3^*$	R_1	R_2
4P3GS0 - 1	5.54	4.02	1.13	1.96	26.66	6.69	66.50	85.43	0.09	0.86	1.35	1.22	1.16	1.96	3.59	3.99	2907.63	600.74
4GS667 - 6	4.90	7.98	2.64	1.46	16.12	25.88	42.02	63.95	0.45	0.23	0.45	0.73	1.01	2.72	7.75	8.61	1662.17	1322.92
4GS330 - 2	3.71	0.93	0.40	1.77	54.62	7.01	70.94	72.66	0.24	0.52	8.76	0.78	2.27	3.19	0.88	0.98	226.50	33.52
4GS918 - 2	4.86	8.27	2.37	1.52	15.22	27.38	46.60	62.56	0.48	0.22	0.27	0.77	1.71	3.67	8.09	8.99	82.94	79.00
2P32GS13 - 1	7.42	8.58	6.49	2.02	8.48	12.85	58.01	78.43	0.19	0.45	0.05	0.50	1.30	2.24	8.19	9.10	15.46	70.22

4. 地球化学特征

(1) 稀土元素

稀土元素含量、标准化含量及特征参数值见表 3-39～表 3-41。$\sum$REE＝95.20×10^{-6}～314.90×10^{-6}、La/Yb＝6.96～24.01，Sm/Nd、$(La/Yb)_N$都显示轻稀土富集特征。在稀土元素配分模式图(图 3-66)中曲线向右倾，总体表现轻稀土富集型特征。δEu 多数在 0.58～0.66 之间，显示铕具有亏损性的特征。

表 3-39 晚石炭世加麦弄群碎屑岩组火山岩的稀土元素含量表($w_B/10^{-6}$)

样号	La	Ce	Pr	Nd	Sm	Eu	Gd	Tb	Dy	Ho	Er	Tm	Yb	Lu	Y	$\sum$REE
4P3XT0 - 1	53	97.56	11.73	41.74	7.92	1.62	6.95	1.16	6.72	1.38	3.76	0.58	3.7	0.56	35.69	274.07
4XT667 - 6	14.82	31.55	4.43	17.7	3.96	1.31	3.86	0.63	3.77	0.78	2.15	0.34	2.13	0.32	18.92	106.67
4XT330 - 2	69.86	132.4	14.72	46.8	7.72	1.29	5.47	0.83	4.62	0.94	2.62	0.45	2.91	0.44	23.86	314.90
4XT918 - 2	15.25	29.78	4.2	16.12	3.27	1.26	3.01	0.47	2.73	0.6	1.67	0.26	1.68	0.26	14.61	95.20

表 3-40 晚石炭世加麦弄群碎屑岩组火山岩的稀土元素标准化含量表

样号	La	Ce	Pr	Nd	Sm	Eu	Gd	Tb	Dy	Ho	Er	Tm	Yb	Lu
XT1	60.16	51.06	47.38	41.27	33.59	19.59	25.79	17.93	14.04	13.93	13.86	12.65	11.72	10.56
4P3XT0 - 1	170.97	120.74	96.15	69.57	40.62	22.04	26.83	24.47	20.87	19.22	17.90	17.90	17.70	17.39
4XT667 - 6	47.81	39.05	36.31	29.50	20.31	17.82	14.90	13.29	11.71	10.86	10.24	10.49	10.19	9.94
4XT330 - 2	225.35	163.86	120.66	78.00	39.59	17.55	21.12	17.51	14.35	13.09	12.48	13.89	13.92	13.66
4XT918 - 2	49.19	36.86	34.43	26.87	16.77	17.14	11.62	9.92	8.48	8.36	7.95	8.02	8.04	8.07

表 3-41 晚石炭世加麦弄群碎屑岩组火山岩的稀土元素特征参数值表

样号	La/Yb	La/Sm	Sm/Nd	Gd/Yb	$(La/Yb)_N$	$(La/Sm)_N$	$(Gd/Yb)_N$	δEu	δCe
4P3XT0 - 1	14.32	6.69	0.19	1.88	9.66	4.21	1.52	0.65	0.90
4XT667 - 6	6.96	3.74	0.22	1.81	4.69	2.35	1.46	1.01	0.93
4XT330 - 2	7.61	2.85	0.26	2.73	5.13	1.79	2.20	0.66	0.95
4XT918 - 2	24.01	9.05	0.16	1.88	16.19	5.69	1.52	0.58	0.95

(2) 微量元素

微量元素含量见表 3-42。据 Pearce(1982)微量元素蛛网图(图 3-67)，火山岩具典型的钙碱性火山岩系列"多 M 隆起"的特征型式，表现为 Sr、K、Rb、Ba、Nb、Ce、P、Zr、Hf、Sm 等元素较为富集，其中 Rb、Ba、P 等元素强烈富集，Ti、Y、Yb、Sc、Cr 等元素亏损，低于 MORB 标准值。

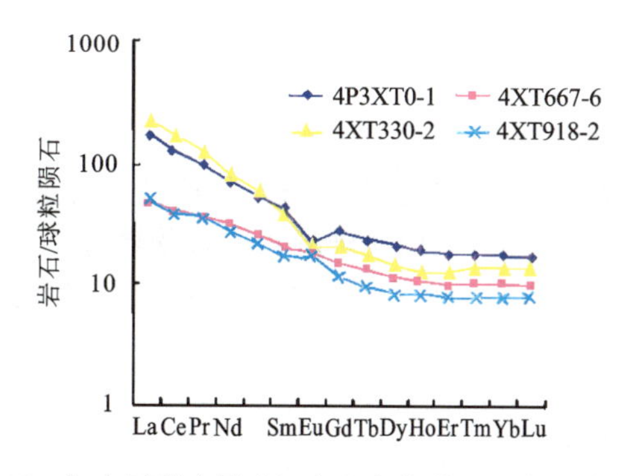

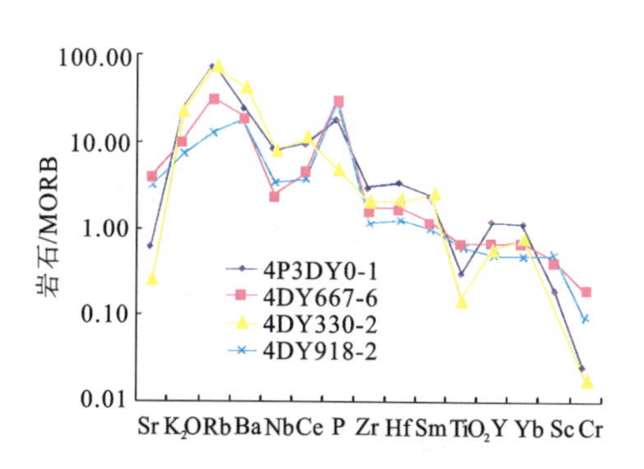

图 3-66 加麦弄群碎屑岩组火山岩的稀土元素配分模式图 图3-67 加麦弄群碎屑岩组火山岩的微量元素蛛网图

表 3-42 晚石炭世加麦弄群碎屑岩组火山岩微量元素含量表($w_B/10^{-6}$)

样号	Li	Be	Sc	Ga	Th	Sr	Ba	V	Co	Cr	Ni	Cu	Pb	Zn	W	Mo	Ag	As	Sn	Hg
4P3DY0－1	9.5	2.6	7.8	19		71	463	36	3.4	5.6	4.2	4	8.9	34	1.05	0.49	0.05	3.58	1.3	0.008
4DY667－6	35	1.5	18	22		480	356	164	24	47	30	33	14	92	0.7	1.05	0.047	0.35	0.83	<0.005
4DY330－2	31	2.6	4	20	15	32	846	15	1.7	4.4	5.1	3.4	9.9	20	2.02	0.68	0.066	5.56	2.3	0.043
4DY918－2	31	1.3	20	21	2.4	360	346	160	23	24	16	31	7	92	0.77	0.51	0.064	3.57	1.0	0.013

样号	F	B	Rb	U	Hf	P	Te	Zr	Au	Cl	Ce	Se	Y	Bi	Yb	Ti	Sb	Nb
4P3DY0－1	616	30	147	2	8	529	0.35	256	0.8	0.011		99		0.09	36	16	3.8	
4DY667－6	566	53	62	0.79	4.1	890	0.39	140	1.6	0.009		42		0.05	20	3.7	2.3	
4DY330－2	602	32	146	9.7	5.2	150		190	0.8		108		20	0.09	2.5		1.14	28
4DY918－2	437	26	24	0.61	3.1	784		99	2		38		15	0.08	1.7		0.15	12

5. 构造环境判别

将测区早石炭世杂多群火山岩投在$10TiO_2-Al_2O_3-10K_2O$三角图解(图 3-68)上,可以看出火山岩样品落在岛弧造山带区。而在 $\lg\delta-\lg\tau$ 图解(图略)上,绝大多数样品落在岛弧及活动大陆边缘区,仅有1个样品落在C区。SiO_2含量在51.72%～79.37%之间,TFeO/MgO比值多数大于2,K_2O/Na_2O比值多数大于0.6,显示为活动陆缘环境的产物。在$TFeO-MgO-Al_2O_3$三角图解(图 3-69)中,多数样品投在造山带区,TiO_2含量多数小于1。

综上所述,结合岩相学、岩石化学、地球化学等特征研究,该期火山岩为活动大陆边缘环境的产物。

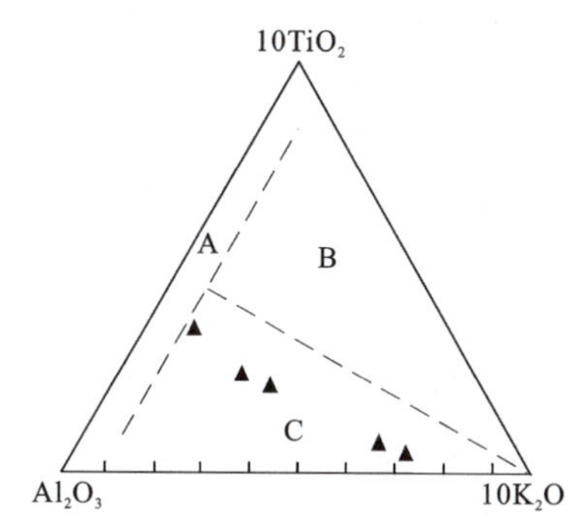

图 3-68 加麦弄群碎屑岩组火山岩 $10TiO_2-Al_2O_3-10K_2O$ 图解

(After Zhao Conghe,1989)

A. 大洋玄武岩区;B. 大陆裂谷型玄武岩、安山岩区;C. 岛弧造山带玄武岩、安山岩

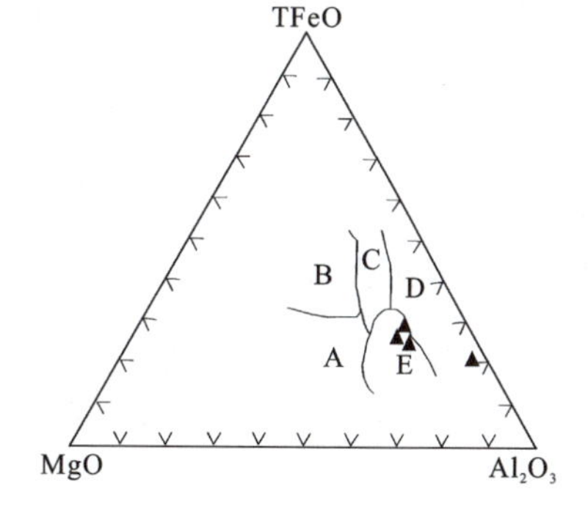

图 3-69 加麦弄群碎屑岩组火山岩的 $TFeO-MgO-Al_2O_3$ 图解

(After Zhao Conghe,1989)

A. 洋中脊火山岩;B. 洋岛火山岩;C. 大陆火山岩;D. 岛弧扩张中心火山岩;E. 造山带火山岩

三、早中二叠世火山岩

早中二叠世火山岩在测区较为发育,且分布比较广泛,呈北北西向、东西向展布,主要分布在杂多构

造岩浆岩带中。其中在杂多构造岩浆岩带中分布于子吉赛、莫海、征莫能、播格尕尔赛等地的火山岩范围较广，火山活动较强。

早中二叠世火山岩可分为两类，一类以夹层状、透镜状零星分布在开心岭群诺日巴尕日保组中，岩石主要由安山岩、玄武岩及少量凝灰熔岩等组成，出露厚度仅有几米至数十米，为海相溢流相火山岩。另一类呈火山地层分布于尕笛考组中，由安山岩、玄武岩、流纹岩、火山角砾凝灰熔岩及岩屑凝灰角砾岩等火山碎屑岩夹沉积岩组成，岩石类型复杂，出露厚度较大，岩层中夹有早二叠世化石的海相沉积夹层，为溢流相—爆发相火山岩，属海相裂隙式火山岩。

（一）中二叠世开心岭群诺日巴尕日保组火山岩

1. 火山岩喷发韵律和旋回划分

（1）喷发韵律划分

中二叠世开心岭群诺日巴尕日保组火山岩为杂多岩浆岩带火山活动的主要组成部分之一，据现有资料及借鉴前人的研究资料，诺日巴尕日保组火山岩呈火山夹层及透镜状产出，受后期剥蚀作用、构造地质作用强烈，火山岩出露零星，范围较少。根据前人在子吉赛一带测制的剖面及结合其他路线中的火山岩，诺日巴尕日保组火山活动有三个喷发韵律，即Ⅰ韵律的特点是由中酸性火山碎屑岩、熔岩—中基性火山碎屑岩—中酸性火山碎屑岩—正常沉积为序列，火山活动以爆发为主兼溢流类型。Ⅱ韵律以火山碎屑岩—正常沉积岩、酸性熔岩—正常沉积岩、中酸性火山碎屑熔岩—正常沉积岩的交替重复为该韵律的特点，火山活动以爆发—溢流兼顾的火山活动方式。Ⅲ韵律以中酸性火山碎屑熔岩—正常沉积为主的韵律特点，火山活动呈溢流类型，经历了由爆发—爆发兼溢流—溢流—沉积的活动过程，火山活动呈强—弱—静止的典型活动规律。据前人的资料，地措日火山活动由3个韵律组成，其中Ⅰ、Ⅱ韵律出露厚度较小，以爆发—正常沉积为火山活动特点；Ⅲ韵律构成该火山活动的主韵律序列，以中基性火山碎屑岩为主，主要为爆发相兼溢流相类型，经历了由爆发(间夹溢流)—正常沉积的完整过程。

（2）喷发旋回划分

火山活动旋回代表某一期的火山活动，两个火山活动旋回间通常有区域性沉积事件、不整合面来表征，而不同的火山岩喷发旋回其形成时间、环境等方面显差异性。火山活动旋回应当与岩石地层单位组相对应。早中二叠世开心岭群诺日巴尕日保组火山岩与诺日巴尕日保组($Ⅱ_1$)旋回相对应。

诺日巴尕日保组火山岩分布在子吉赛、地措日一带，在俄让涌、东吉尕牙尕法、判切赛、播格尕尔赛、然也涌曲等地也有零星出露，受区域构造控制，子吉赛、地措日一带火山岩呈北西西-南东东向，地貌上形成主脊山脉。南西与三叠纪结扎群呈断层接触关系，地措日火山活动可划为一个旋回，由3个韵律组成，经历了由爆发(间夹溢流)—正常沉积的完整过程。子吉赛火山活动按其3个喷发韵律也可划为一个旋回，经历了由爆发—爆发兼溢流—溢流—沉积的活动过程，火山活动呈强—弱—静止的典型活动规律。

2. 火山岩形成时代依据

诺日巴尕日保组火山岩呈夹层状或透镜状产在该地层中。在诺日巴尕日保组地层中采得的古生物化石有，腕足类：*Martinia* sp.，*Marginifera* sp.，*Oethotichia indica* Waagen，*Squamularia* sp.，*Athyris* sp.，*Spirifer* sp.，*Crurithyris*，*Dielasma* sp.；珊瑚：*Liangshanophyllum* sp.，*Wentzella* sp.，*Maagenophyllum* sp.；䗴：*Neoschwanggerina douvilina* Ozawa，*Parafusulina* cf. *yabei* Hanzawa，*Yabeina kwangsiania* (Lee)，*Pseudofusulina yunnanensis* Zhang；菊石：*Agathicera suessi* Gemmmellaro，*Attinskia* sp.。其中 *Neoschwanggerina douvilina* Ozawa，*Yabeina kwangsiania* 为中二叠世的标准分子。据此，火山岩的时代应为中二叠世。

3. 火山岩相及旋回划分

（1）火山岩相划分

根据路线及剖面资料研究，诺日巴尕日保组旋回主要由溢流相、爆发相组成。

溢流相：以出露英安岩、蚀变安山玄武岩、安山岩、蚀变玄武岩、流纹岩等岩石组合为特点。分布于子吉赛、地措日、俄让涌、东吉尕牙尕法、判切赛、播格尕尔赛、然也涌曲、莫海北、结扎乡贡纳涌等地。

爆发相：由火山角砾岩、火山角砾凝灰熔岩、凝灰岩等组成，分布于莫海北、判切赛、播格尕尔赛、然也涌曲、结扎乡贡纳涌等地。

(2) 火山旋回划分

火山活动旋回应与岩石地层单位组相对应一致的前提下，将测区诺日巴尕日保组火山旋回划分为($Ⅱ_1$)旋回，即岩石地层单位碎屑岩组与该旋回相对应。

4. 岩石类型及特征

早中二叠世火山岩主要为一套中酸性—中基性熔岩，火山碎屑岩次之。

杏仁状安山岩：灰绿色，斑状结构，基质具交织结构，杏仁状构造。岩石由斑晶和基质组成。斑晶为斜长石和普通辉石，粒径一般在0.32～4mm之间。斜长石(17%)呈板柱状，具环带结构，在边缘部分测得An=26±，属更长石。中心部位已绢云母化并有隐晶帘石析出。据蚀变产物分析，中部要比边部偏基性些。普通辉石(3%)具四边形和六边形外形，已碳酸盐化和绿帘石化。基质由0.05～0.3mm的斜长石(74%)、绿帘石(14%)、绿泥石(6%)及褐铁矿化磁铁矿(6%)组成。斜长石呈条板状作半定向排列构成基质的交织结构。岩石中的杏仁体(5%)由次生绿泥石、绿帘石和方解石充填气孔形成。多呈不规则浑圆状外形。

安山岩：具灰绿色，斑状结构，基质具交织结构。岩石由斑晶和基质组成。斑晶数不多，大小在0.5～1mm之间，主要由中—拉长石和暗色矿物假象组成。中—拉长石呈自形板柱状，具环带状构造。暗色矿物假象呈不完整的八边形，已碳酸盐化。基质由0.1～0.3mm的绢云母化斜长石微晶(58%)、绿泥石(24%)、方解石(10%)、褐铁矿化磁铁矿(4%)、石英(1%)等组成。有少量杏仁体，大小为0.2～0.6mm，呈长圆形。充填物为方解石和石英。

斑状玄武岩：多为紫色，具杏仁状空洞，斑状结构，基质具填间结构，杏仁构造不明显。岩石由斑晶和基质组成。斑晶主要由斜长石(44%)和普通辉石(11%)组成，粒径多在0.82～2.35mm之间；斜长石为中酸性斜长石，呈板状，粒径最大为0.55mm×1.65mm。绢云母化强，普通辉石已全蚀变，被碳酸盐、硅质及铁质所代替，仅见横切面为八边形的假象。基质由斜长石(20%)、辉石(15%)及铁质(10%)组成。斜长石呈0.06mm的半自形粒状和0.03mm×0.11mm的条状微晶杂乱分布，云母化。辉石与铁质充填隙间构成填间结构。

杏仁状安山玄武岩：暗紫色，杏仁体不均匀。具斑状结构，基质具交织-填间结构，杏仁构造。岩石由斑晶、基质及杏仁体组成。斑晶主要为普通辉石和斜长石。普通辉石为2%，粒度为0.55mm左右，测得光轴角中等，$C \wedge Ng'$为40°±。斜长石(3%)呈板状，粒径一般为0.22mm×0.32mm。基质由斜长石(43%)、绿帘石(15%)、铁质(15%)、辉石(5%)及碳酸盐(2%)组成。斜长石呈条状微晶在斑晶边缘作平行排列，绿泥石、铁质等充填隙间构成交织石(钛辉石)。杏仁体(15%)比较发育，形态不规则，大小不均匀，充填物为绿泥石、绿纤石及金属矿物，矿物为含钛磁铁矿(2%)，具骸晶状格架。

中基性火山角砾岩：灰绿色，岩屑角砾状结构，胶结物具变余火山灰结构。岩石由碎屑和胶结物两部分组成。碎屑(65%)为不规则棱角状中—中基性熔岩岩屑，分选性差，小的仅0.1mm，大的有10mm，大小混杂堆集。小者多为斜长石晶屑。大于2mm的为火山角砾(35%)，小于2mm的为火山砂(30%)。胶结物(35%)由小于0.1mm的斜长石晶屑、脱玻化了的中基性玻屑、隐晶帘石、绢云母、绿泥石、氧化铁等组成。其中小于0.1mm的斜长石晶屑和中基性玻屑属于火山灰。

火山集块岩：灰绿色，块状构造。岩石由集块和胶结物两部分组成。集块成分为蚀变玄武岩(75%)，具棱角状和次棱角状外形，具定向排列，分选性差，砾径大小一般为30～50cm，最大者可达150cm。胶结类型属接触式胶结。镜下观察：集块(蚀变玄武岩)呈灰绿色色调，具斑状结构，基质具填间结构；由基质及少量杏仁体组成。斑晶占35%，由斜长石（25%）和暗色矿物（7%）组成。长石系为中基性斜长石，呈半自形，强烈蚀变。暗色矿物已全蚀变成为硅质、绿泥石及褐铁矿。基质由斜长石（35%）、褐铁矿（15%）、绿泥石（10%）组成。长石呈0.05mm×0.14mm的条状微晶，杂乱分布，褐铁矿、绿泥石等充填隙间，填间结构，杏仁体（2%），充填物为绿泥石、硅质及方解石。

火山角砾凝灰岩：呈紫红色，火山角砾结构和凝灰结构，由碎屑和胶结物两部分组成。碎屑占80%，主要为安山岩岩屑和玄武安山岩岩屑。胶结物占20%，为隐晶质，由褐铁矿、硅质及粘土矿物组成。

安山质火山角砾岩：呈灰绿色，具火山角砾结构，胶结物具隐晶结构，岩石由火山角砾、凝灰质及胶结物三部分组成。火山角砾（80%）主要为安山岩岩屑，英安岩岩屑和硅质岩屑少量，砾径多在2～30mm之间，基质具交织结构，杏仁构造。岩屑由斑晶、基质及杏仁体组成。英安岩岩屑和硅质岩岩屑常呈椭圆状外形。凝灰质（12%）以安山岩岩屑为主，斜长石晶屑和石英晶屑少量，粒径一般均小于2mm。胶结物（8%）主要为帘石质、硅质、绿泥石、方解石等。大多呈隐晶质。

安山玄武质晶屑岩屑火山角砾凝灰岩：呈灰绿色或浅紫色，具凝灰结构和火山角砾结构。岩石由火山角砾、凝灰质及胶结物三部分组成。火山角砾（25%～30%）为安山玄武岩岩屑，具斑状结构，基质具填间结构。岩屑由斑晶和基质组成。斑晶为辉石和绿泥石化斜长石。凝灰质（40%～53%）以小于2mm的安山玄武岩岩屑为主，斜长石晶屑次之，见少量绿泥石化辉石晶屑。胶结物（22%～30%）均由隐晶质的绿泥石、绿帘石、硅质以及铁质组成。

安山质火山角砾熔岩：呈灰紫色，具含火山碎屑的斑状结构，杏仁状构造。基质具交织结构。岩石由斑晶（4%）、杏仁体（6%）、火山碎屑（27%）及基质（63%）组成。斑晶为斜长石，呈板柱状，大小常在0.2～0.75mm之间。基质由0.05～0.1mm的斜长石及绿泥石、氧化铁、磁铁矿等组成。斜长石呈条板状微晶作半定向排列构成基质的交织结构。杏仁体大小多在0.13～0.8mm之间，呈不规则状。充填物为绿帘石和沸石。火山碎屑以不规则状安山岩岩屑为主，斜长石晶屑次之。碎屑大小不等，小者仅0.1mm，大者可达1.2～2cm。

中基性火山角砾熔岩：呈灰紫色，含火山角砾斑状结构，基质具交织-间隐结构，杏仁状构造。岩石由斑晶、基质、火山碎屑及杏仁体组成。斑晶（7%～8%）为板柱状钠长石化斜长石和普通辉石，粒径大小多在0.2～1.7mm之间。基质（52%～53%）由0.03～0.10mm的斜长石、氧化铁、方解石及绿泥石组成。斜长石呈长条状微晶作半定向到杂乱分布构成交织-间隐结构。火山碎屑（32%）主要为棱角状和不规则状玄武岩岩屑和安山玄武岩岩屑。杏仁体（7%）呈不规则状，大小在0.10～0.16mm之间。充填物以绿泥石常见。

中基性凝灰熔岩：为浅灰绿色，具含碎屑斑状结构，基质具交织结构，杏仁状构造。岩石由斑晶、基质、杏仁体及凝灰级碎屑组成。斑晶（20%～24%）主要由0.3～1.3mm的斜长石假象和辉石假象组成。它们已全被绿帘石和方解石所代替。其中斜长石呈纵切面为长方形的柱状假象。辉石呈八边形假象。基质已蚀变成为绿帘石、方解石及次生石英。杏仁体为不规则状，大小在0.5～2.6mm之间，常见方解石、石英和氧化铁等次生矿物充填。

5. 岩石化学及地球化学特征

（1）岩石化学分类

测区早中二叠世开心岭群诺日巴尕日保组火山岩的岩石化学含量见表3-43，在TAS图解（图3-70）中，诺日巴尕日保组火山岩落在苦橄玄武岩、玄武岩、粗安玄武岩、玄武安山岩、安山岩和英安岩区；火山岩可划分为玄武岩、粗面玄武岩、安山岩和英安岩4个岩石类型；在SiO_2-K_2O分类图（图3-71）中，诺日巴尕日保组火山岩在高钾、中钾及低钾区均有分布，其中以中钾落点较多，以中钾为主，而测区火山岩部分样品的H_2O^+及烧失量均较高，结合TAS图研究结果表明，该区部分岩石均遭受过不同程度的蚀变/变质作用。

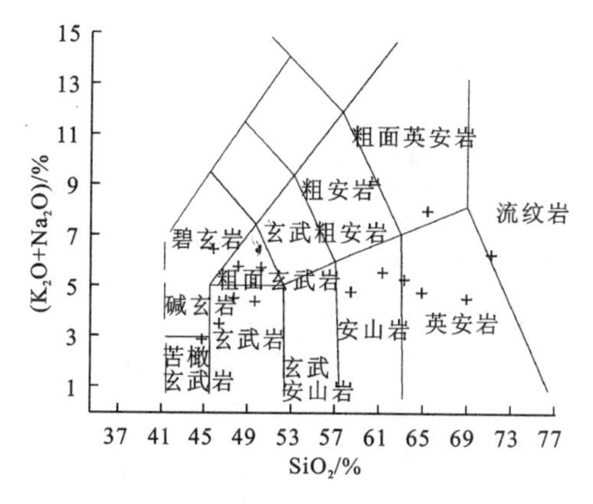

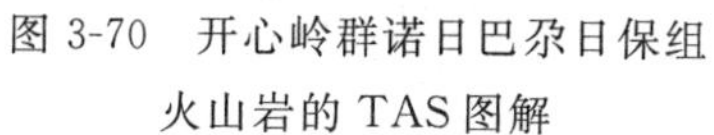
图 3-70　开心岭群诺日巴尕日保组火山岩的 TAS 图解

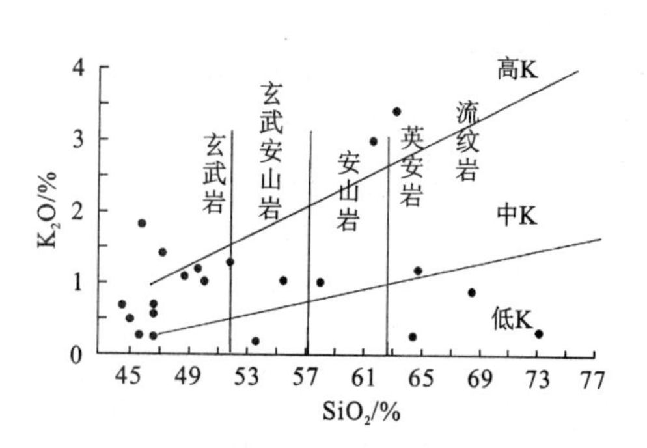

图 3-71　开心岭群诺日巴尕日保组火山岩 SiO_2-K_2O 图解

表 3-43　早中二叠世诺日巴尕日保组火山岩岩石化学含量表($w_B/\%$)

样号	岩性	SiO_2	TiO_2	Al_2O_3	Fe_2O_3	FeO	MnO	MgO	CaO	Na_2O	K_2O	P_2O_5	H_2O^+	Los	Total
2P26GS16－1	安山玄武质晶屑岩屑火山角砾凝灰岩	45.71	1.49	17.86	5.37	5.13	0.15	6.33	6.48	4.72	0.48	0.3	1.29	4.10	99.41
2P26GS31－1	杏仁状安山岩	48.29	1.5	17.41	6.01	5.09	0.17	5.58	6.44	4.45	1.14	0.31	0.11	2.92	99.24
2GS324－2	玄武岩	44.87	1.40	14.70	5.75	5.41	0.14	8.37	12.91	2.5	0.62	0.26	0.22	3.21	100.37
2ⅣKGS－3	安山岩	46.82	1.66	17.05	5.85	5.58	0.20	6.63	7.17	4.91	0.65	0.33	0	3.39	100.28
2ⅣKGS－4	杏仁状安山岩	46.39	1.59	16.55	3.74	6.37	0.18	6.67	10.09	3.92	0.76	0.35	0.10	3.97	100.56
2P16GS1－1	安山玄武质火山角砾岩	53.84	1.09	14.92	7.54	2.25	0.14	1.93	6.12	6.90	0.22	0.26	1.42	3.71	100.35
2P15GS1－1	中基性凝灰质火山角砾岩	49.50	1.59	15.96	3.27	6.63	0.16	6.15	8.48	2.99	1.31	0.33	3.83	0.55	100.76
2P15GS3－1	安山质岩屑晶屑凝灰岩	65.09	0.82	17.27	4.21	0.63	0.05	0.37	0.94	6.81	1.22	0.15	2.95	0.03	100.64
2P15GS6－1	橄榄玄武岩	64.98	1.57	17.99	7.19	3.70	0.18	5.61	8.66	4.46	0.36	0.26	3.50	0.24	100.72
2GS1504－1	玄武安山岩	45.81	1.93	17.95	3.01	6.64	0.22	4.18	6.70	3.96	1.88	0.34	3.70	4.33	100.66
2GS1515	安山岩	44.42	1.45	17.04	3.92	6.30	0.18	5.30	11.24	2.35	0.69	0.28	4.32	3.41	100.91
2GS1495－1	火山角砾岩凝灰岩	46.80	1.88	16.42	5.41	6.48	0.16	6.77	6.66	3.11	0.33	0.36	0.93	4.69	100.01
2GS3086－2	灰绿色安山岩	55.48	0.88	17.55	2.69	3.83	0.16	2.77	7.46	4.06	1.08	0.29	0.50	2.67	99.40
2GS610－1	碳酸盐化含磁铁矿玄武岩	45.62	1.53	14.74	5.61	4.70	0.21	5.01	7.35	5.39	1.00	0.26	5.20	4.49	101.11
2P15GS63－1	安山岩	50.17	1.26	18.06	1.99	5.42	0.15	3.48	7.64	4.51	1.06	0.45	2.50	3.93	100.68
2GS3077－1	晶屑凝灰岩	52.19	0.40	11.27	0.64	2.33	0.48	0.85	14.33	4.08	1.33	0.22	9.90	2.15	100.17
2GS4625－1	安山玄武岩	64.76	0.67	16.18	0.28	6.29	0.06	1.14	4.40	1.60	3.19	0.14	0.05	0.88	99.66
2GS27－1	碳酸盐化玄武岩	47.13	1.45	14.86	0.80	7.34	0.07	2.91	9.69	3.06	1.50	0.50	6.60	4.41	100.59
2P9GS2－1	中酸性凝灰熔岩	71.66	0.50	11.69	1.24	4.61	0.09	0.88	0.81	5.83	0.41	0.12	0.74	1.24	99.87
2P38GS1－1	含火山角砾凝灰熔岩	58.74	0.82	13.35	2.38	6.06	0.28	2.62	6.50	3.67	1.06	0.20	1.20	3.64	100.64
2GS462－1	中酸性凝灰熔岩	68.93	0.66	11.94	0.64	5.34	0.22	1.52	2.69	3.60	0.98	0.20	0.93	2.23	99.90
2GS1201－1	中酸性凝灰岩	63.24	0.83	12.91	1.64	5.97	0.25	2.53	2.56	1.84	3.27	0.24	1.49	3.52	100.32
2GS436－1	中酸性火山角砾凝灰熔岩	61.46	0.85	13.09	0.63	8.50	0.22	3.14	1.99	2.22	2.98	0.21	0.91	4.11	100.32
4GS625－1	含霓辉石粗面岩	58.73	0.80	12.78	4.01	1.00	0.059	4.52	5.09	2.68	8.11	1.17	0.72	1.04	100.01

(2) 岩石化学特征

测区火山岩岩石化学特征参数值、CIPW 标准矿物含量见表 3-44、表 3-45。测区熔岩类样品在 Ol′-Ne′-Q′图解(图 3-72)中落在亚碱性系列区及碱性系列区。在 FAM 三角图解中(图 3-73),亚碱性系列样品落在钙碱性系列,仅有少数样品落在拉斑玄武岩系列,并靠近钙碱性系列。

表 3-44　早中二叠世诺日巴尕日保组火山岩的岩石化学特征参数值表

样号	Nk	F	σ	AR	τ	SI	FL	MF	M/F	OX	K_2O/Na_2O	MgO/FeO
2P26GS16－1	5.20	10.50	9.98	1.54	8.82	28.73	44.52	62.39	0.40	0.51	0.10	1.23
2P26GS31－1	5.59	11.10	5.91	1.61	8.64	25.06	46.47	66.55	0.32	0.54	0.26	1.10
2GS324－2	3.12	11.16	5.21	1.25	8.71	36.95	19.46	57.14	0.49	0.52	0.25	1.55
Ⅳ2KGS－3	5.56	11.43	8.09	1.60	7.31	28.07	43.68	63.29	0.38	0.51	0.13	1.19
Ⅳ2KGS－4	4.68	10.11	6.46	1.43	7.94	31.08	31.69	60.25	0.48	0.37	0.19	1.05
2P16GS1－1	7.12	9.79	4.68	2.02	7.36	10.24	53.78	83.53	0.11	0.77	0.03	0.86
2P15GS1－1	4.30	9.90	2.84	1.43	8.16	30.22	33.65	61.68	0.46	0.33	0.44	0.93
2P15GS3－1	8.03	4.84	2.92	2.58	12.76	2.79	89.52	92.90	0.04	0.87	0.18	0.59
2P15GS6－1	4.82	10.89	1.06	1.44	8.62	26.31	35.76	66.00	0.31	0.66	0.08	1.52
2GS1504－1	5.84	9.65	12.14	1.62	7.25	21.25	46.57	69.78	0.32	0.31	0.47	0.63
2GS1515	3.04	10.22	6.51	1.24	10.13	28.56	21.29	65.85	0.37	0.38	0.29	0.84
2GS1495－1	3.44	11.89	3.11	1.35	7.08	30.63	34.06	63.72	0.39	0.46	0.11	1.04
2GS3082－2	5.14	6.52	2.12	1.52	15.33	19.20	40.79	70.18	0.30	0.41	0.27	0.72
2GS610－1	6.39	10.31	15.58	1.81	6.11	23.08	46.51	67.30	0.31	0.54	0.19	1.07
2P15GS63－1	5.57	7.41	4.33	1.55	10.75	21.14	42.17	68.04	0.36	0.27	0.24	0.64
2GS3077－1	5.41	2.97	3.18	1.54	17.98	9.21	27.41	77.75	0.21	0.22	0.33	0.36
2GS4625－1	4.79	6.57	1.05	1.61	21.76	9.12	52.12	85.21	0.16	0.04	1.99	0.18
2GS27－1	4.56	8.14	5.03	1.46	8.14	18.64	32.00	73.67	0.32	0.10	0.49	0.40
2P9GS2－1	6.24	5.85	1.36	2.99	11.72	6.78	88.51	86.92	0.12	0.21	0.07	0.19
2P38GS1－1	4.73	8.44	1.42	1.63	11.80	16.59	42.12	76.31	0.24	0.28	0.29	0.43
2GS462－1	4.58	5.98	0.81	1.91	12.64	12.58	63.00	79.73	0.22	0.11	0.27	0.28
2GS1201－1	5.11	7.61	1.29	1.99	13.34	16.59	66.62	75.05	0.27	0.22	1.78	0.42
2GS436－1	5.20	9.13	1.46	2.05	12.79	17.97	72.32	74.41	0.31	0.07	1.34	0.37
4GS625－1	10.79	5.01	7.40	4.05	12.63	22.24	67.95	52.57	0.50	0.80	3.03	4.52

表 3-45　早中二叠世诺日巴尕日保组火山岩 CIPW 标准矿物含量表(w_B/%)

样号	Or	Ab	An	Wo	Den	Dfs	Di	Fa	Fo	Ol	Ap	Il	Mt	En	Fs
2P26GS16－1	2.84	34.64	26.13	1.78	1.17	0.48	3.43	4.60	10.23	14.83	0.66	2.83	5.65		
2P26GS31－1	6.74	37.65	24.16	2.49	1.60	0.73	4.82	4.31	8.51	12.82	0.68	2.85	6.28	0.15	0.07
2GS324－2	3.66	13.75	27.06	14.81	9.77	3.98	28.56	3.49	7.77	11.26	0.57	2.66	5.19		
Ⅳ2KGS－3	3.84	32.78	22.56	4.62	3.06	1.23	8.91	4.19	9.43	13.62	0.72	3.15	6.37		
Ⅳ2KGS－4	4.49	24.39	25.32	9.47	6.34	2.43	18.24	3.04	7.20	10.24	0.76	3.02	5.39		
2P16GS1－1	1.30	58.39	9.09	8.24	4.19	3.86	16.29	0.31	0.30	0.61	0.57	2.07	6.22	0.19	0.17
2P15GS1－1	7.74	25.30	26.26	5.79	3.69	1.72	11.20				0.72	3.02	4.74	11.62	5.42
2P15GS3－1	7.21	57.62	3.78								0.33	1.56	3.51	0.92	0.85
2P15GS6－1	2.13	37.74	28.00	5.61	3.88	1.27	10.76				0.57	2.98	6.93	10.09	3.30
2GS1504－1	11.11	29.14	25.65	2.33	1.34	0.89	4.56	4.66	6.36	11.02	0.74	3.67	4.36		
2GS1515	4.08	19.89	33.91	8.44	5.02	2.98	16.44	2.50	3.82	6.32	0.61	2.75	4.77	2.72	1.62
2GS1495－1	1.95	26.32	29.87	0.44	0.28	0.13	0.85				0.79	3.57	5.83	16.58	7.93
2GS3082－2	6.38	34.35	26.47	3.69	2.27	1.20	7.16				0.63	1.67	3.90	4.63	2.45
2GS610－1	5.91	29.67	13.07	9.13	5.87	2.65	17.65	2.30	4.63	6.93	0.57	2.91	5.93		
2P15GS63－1	6.26	38.16	25.90	3.91	2.15	1.61	7.67	1.82	2.20	4.02	0.98	2.39	2.89	3.37	2.53
2GS3077－1	7.86	34.52	8.51	5.96	2.12	3.98	12.06				0.48	0.76	0.93		
2GS27－1	8.86	25.89	22.38	9.50	3.90	5.67	19.07	0.24	0.15	0.39	1.09	2.75	1.16	3.14	4.57
2P9GS2－1	2.42	49.33	3.31								0.26	0.95	1.80	2.19	6.78
2P38GS1－1	6.26	31.05	16.82		2.61	3.33	11.89				0.44	1.56	3.45	3.92	5.00
2GS462－1	5.79	30.46	12.17								0.44	1.25	0.93	3.79	8.60
2GS1201－1	19.32	15.57	11.29								0.52	1.58	2.38	6.30	8.70
2GS436－1	17.61	18.79	8.64								0.46	1.61	0.91	7.82	14.09
4GS625－1	47.93	20.58	1.85	7.67	6.17	0.60	14.44				2.56	1.52	2.99	5.08	0.49

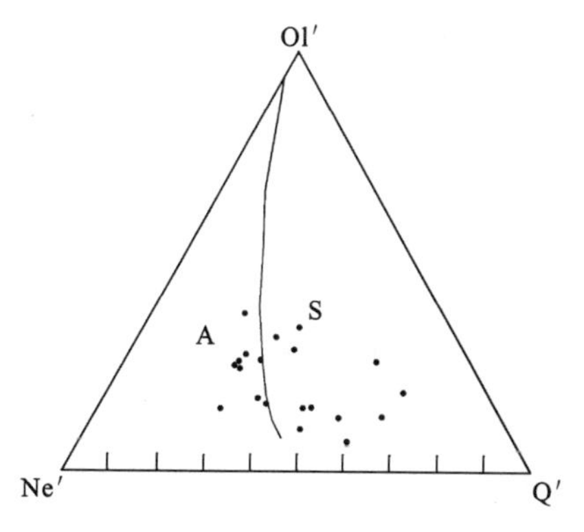

图 3-72 开心岭群诺日巴尕日保组火山岩的 Ol′- Ne′- Q′图解
(T N Irvine 等,1971)
A. 碱性系列;S. 亚碱性系列

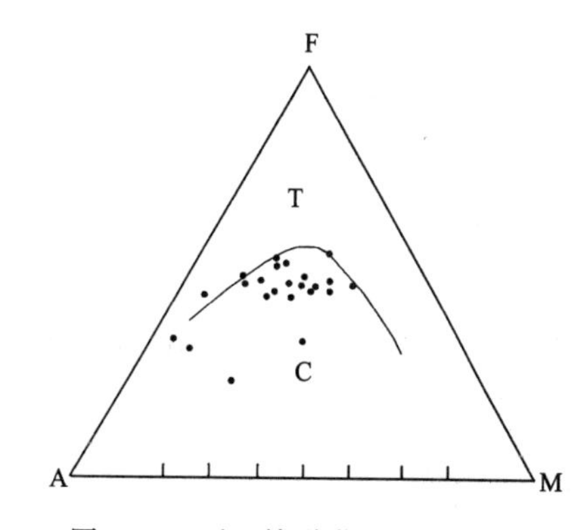

图 3-73 开心岭群诺日巴尕日保组火山岩的 FAM 三角图解
(T N Irvine 等,1971)
T. 拉斑玄武系列;C. 钙碱性系列

(3) 稀土元素地球化学特征

诺日巴尕日保组火山岩的稀土含量见表 3-46,特征参数值见表 3-47,用推荐的球粒陨石平均值标准化后分别做稀土配分模式图。

表 3-46 早中二叠世开心岭群诺日巴尕日保组火山岩稀土元素含量表($w_B/10^{-6}$)

样号	La	Ce	Pr	Nd	Sm	Eu	Gd	Tb	Dy	Ho	Er	Tm	Yb	Lu	Y	∑REE
4XT625 - 1	251.30	430.70	49.80	174	28.22	6.93	19.28	2.30	10.19	1.66	3.50	0.46	2.56	0.37	37.22	981.27

表 3-47 早中二叠世开心岭群诺日巴尕日保组火山岩稀土元素特征参数值表

样号	LREE	HREE	LREE/HREE	La/Yb	La/Sm	Sm/Nd	Gd/Yb	$(La/Yb)_N$	$(La/Sm)_N$	$(Gd/Yb)_N$	δEu	δCe
	($w_B/10^{-6}$)											
4XT625 - 1	940.95	40.32	23.34	98.16	8.91	0.16	7.53	66.18	5.60	6.08	0.86	0.87

从表 4-47 中可以看出,火山岩的稀土元素特征参数中 LREE/HREE=23.34,反映轻稀土较为富集,轻、重稀土间分馏程度较高。火山岩稀土元素配分模式图(图 3-74)曲线向右倾,且倾斜曲线比较平滑,总体呈现轻稀土富集型特征。δEu=0.86,δEu<1,且趋向靠近 1,表明 Eu 具有负异常。

(4) 微量元素地球化学特征

诺日巴尕日保组火山岩的微量元素含量见表 3-48、表 3-49,与泰勒(1964)值相比,贫 Cr、Nb、Mo、Ta、Zr、Ba、Pb,富 Sr,而 Zn、Sn、Cs、Hf、Bi、U、Co、Ni、Cu 等相当的特征。在微量元素蛛网图(图 3-75)上 K、Rb、Ba、Th、Ce 强烈富集,Zr、Hf、Sm 相对富集,Y、Yb 等元素亏损。

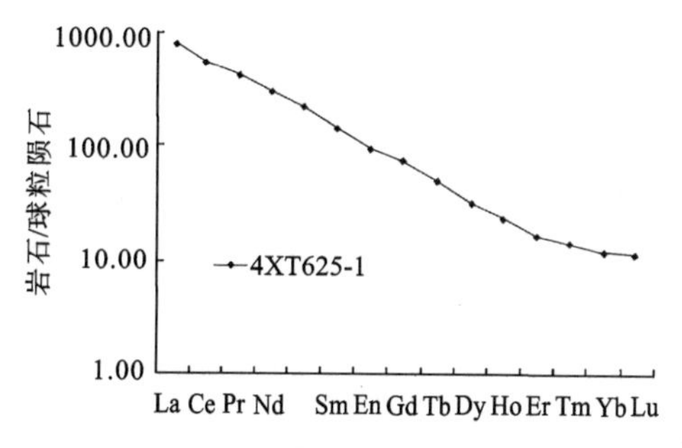

图 3-74 开心岭群诺日巴尕日保组火山岩稀土元素配分模式图

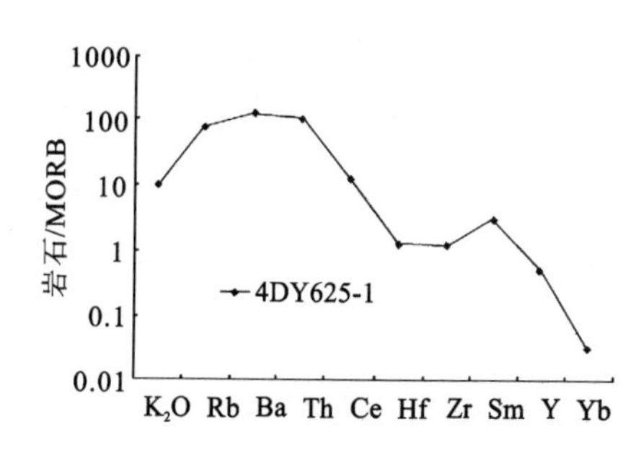

图 3-75 开心岭群诺日巴尕日保组微量元素蛛网图

表 3-48 早中二叠世开心岭群诺日巴尕日保组火山岩微量元素含量表($w_B/10^{-6}$)

样号	Li	Be	Sc	Ga	Th	Sr	Ba	V	Co	Cr	Ni	Bi	F	B	Rb	U
4DY625-1	39	8.55	10.10	18.10	80.20	2100	6474	108	26.4	246	155	0.68	4572	6.70	315	8.60
样号	Hf	P	Te	Zr	Au	Cl	Cu	Pb	Zn	W	Mo	Ag	As	Sn	Hg	
4DY625-1	10.70	3719	0.066	420	0.90	0.014	96.80	147	80	1.77	0.40	0.093	9.10	3.90	0.005	

表 3-49 早中二叠世开心岭群诺日巴尕日保组火山岩微量元素标准化含量表

微量元素测试结果/洋脊花岗岩										
样号	K_2O	Rb	Ba	Th	Ce	Hf	Zr	Sm	Y	Yb
4DY625-1	10.03	78.75	129.50	100.30	12.31	1.189	1.235	3.136	0.532	0.032

6. 构造环境判别

在里特曼-戈蒂里图解(图 3-76)中,火山岩样品落在碱性火山岩区,个别在岛弧区。多数点落在二者界线处,SiO_2 含量在 44.87%~68.93%之间,TFeO、Al_2O_3、Na_2O 含量相对较高。根据稀土元素配分模式图反映,与裂张环境相似。在火山岩 TFeO-Al_2O_3-MgO 三角图解(图 3-77)中,多数点落在大陆火山岩区,表明火山岩形成环境趋向于裂张环境。

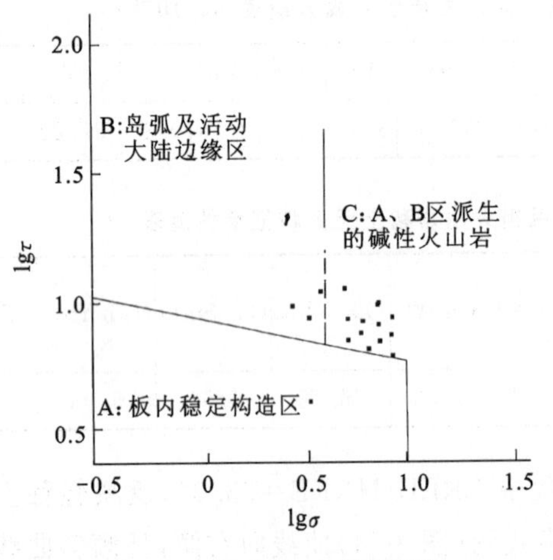

图 3-76 里特曼-戈蒂里图解

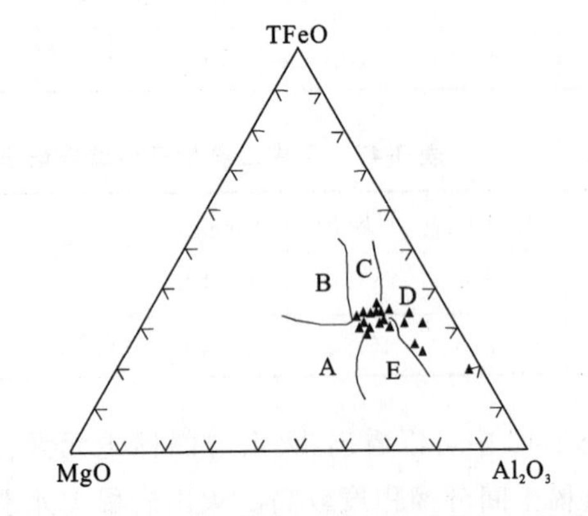

图 3-77 开心岭群诺日巴尕日保组火山岩的 TFeO-Al_2O_3-MgO 三角图解

(After Pearce,1977)

A. 洋中脊火山岩;B. 洋岛火山岩;C. 大陆火山岩;D. 岛弧扩张中心火山岩;E. 造山带火山岩

综上所述,结合二叠纪诺日巴尕日保组火山岩岩石类型、岩石化学、稀土元素、微量元素等特征,诺日巴尕日保组火山岩可能形成于裂张环境。

(二) 早中二叠世尕笛考组火山岩

尕笛考组火山岩在测区较为发育,且分布比较广泛,呈北东-南西向长条状展布,分布在杂多构造岩浆岩带及丁青岩浆岩带中。其中在莫海北尕毛登走等地的火山岩呈火山地层出露,范围相对较广,火山活动较强。

1. 火山岩喷发韵律和旋回划分

(1) 喷发韵律划分

早中二叠世火山岩尕笛考组火山岩为杂多岩浆岩带火山活动的主要组成部分,以火山岩出露厚度大、面积广为特点。尕笛考组火山地层出露在莫海北尕毛登走、结扎乡贡纳涌等地，呈北东-南西向长条状产出，根据本次在尕毛登走一带测制的尕笛考组火山岩剖面（Ⅷ004P14），与上覆晚三叠世结扎群甲丕拉组层状页岩呈断层接触关系，与下伏早石炭世杂多群碎屑岩组板岩及石英砂岩呈断层接触关系。

尕笛考组火山岩（Ⅷ004P14）剖面可划分为4个韵律（图3-78），其中Ⅰ韵律火山活动经历了爆发—喷溢—正常沉积等不同阶段，属爆发—喷溢类型，由火山集块岩、英安质火山角砾岩—英安岩—灰岩、石英砂岩组成，形成了火山活动早期的强烈爆发、中期的宁静溢流及后期接受正常沉积的完整演化特点。Ⅱ韵律显示出与Ⅰ韵律相反的活动规律，即早期玄武岩、安山岩、安山玄武岩呈溢流相，出露面积较大，后转变为英安-安山质火山角砾岩为主的爆发火山地层，此阶段火山活动呈喷溢类型，火山活动逐渐减弱，最后逐渐停止活动，接受正常的沉积。Ⅲ韵律火山活动处于由早期的爆发相到正常沉积的过程，起始呈爆发相，火山活动期较短，火山爆发结束后接受正常的沉积序列，该韵律中火山活动经历了爆发—沉积的演化特征。之后火山活动进入Ⅳ韵律，火山活动处于间歇性的溢流—爆发特点，这阶段火山活动强烈且喷溢时间长，爆发产物为火山角砾岩、火山角砾凝灰熔岩，在早二叠世火山地层爆发程度较强，且出露面积较大，为尕笛考组火山地层的主要组成部分。所有火山岩韵律自下而上反映了由酸性—中基性—中酸性的演化规律。

（2）喷发旋回划分

尕笛考组火山岩分布于结扎乡贡纳涌等地，以溢流相、爆发相及爆发沉积相出露于尕笛考组火山地层中，呈火山地层、夹层状和透镜状，由Ⅷ004P14、Ⅷ004P8剖面控制的尕笛考组火山地层岩性主要为火山角砾岩、中酸性凝灰岩、流纹岩、安山岩及玄武岩等组成，形成由爆发—溢流—沉积的一个完整旋回。火山活动旋回代表某一期的火山活动，火山活动旋回应当与岩石地层单位组相对应，即尕笛考组与尕笛考组旋回（$Ⅱ_2$）相对应。

2. 火山岩相划分

根据路线及剖面资料研究，尕笛考组旋回主要由溢流相、爆发相组成。

溢流相：以出露英安岩、蚀变安山玄武岩、安山岩、蚀变玄武岩、流纹岩等岩石组合为特点。分布于地措日、俄让涌、东吉尕牙尕法、判切赛、播格尕尔赛、然也涌曲、莫海北尕毛登走、结扎乡贡纳涌等地。

爆发相：由火山角砾岩、火山角砾凝灰熔岩、凝灰岩等组成，分布于莫海北尕毛登走、判切赛、播格尕尔赛、然也涌曲、结扎乡贡纳涌等地。

3. 时代确定

在尕笛考组地层中呈夹层状或透镜状灰岩中所采得的古生物化石有，腕足类：*Liosotella cylinrica*（Ustriski），*Orthotichia morganina*（Derby）；䗴：*Misellina claudiae*（Deprat），*Pseudofusulina* sp.。这些化石为早二叠世的重要分子，可鉴其时代为早中二叠世。据此，火山岩的时代应为早中二叠世。

4. 岩石类型及特征

早中二叠世杂多构造岩浆岩带火山岩主要为一套中酸性—中基性熔岩，火山碎屑岩次之。

（1）熔岩类

绢云母化玄武岩：灰褐色，斑状结构，块状构造。岩石由斑晶和基质两部分组成，其中斑晶占34%（强绢云母化斜长石约占30%，辉石占4%），基质约占66%（斜长石微晶约占55%，帘石占3%，绿帘石占5%，微粒状金属矿物占1%，与蚀变同时伴生的金属矿物占1%）。斑晶成分为斜长石假象、透辉石，前者呈板状自形晶、强绢云母化，不易测到钙长石组分An的牌号和具体名称，透辉石呈短柱状或断面呈八边形，具绿泥石化，斑晶大小在（0.077mm×0.185mm）～（1.25mm×1.56mm）之间。基质由柱状绢云母化斜长石微晶、绿泥石、帘石微粒状金属矿物组成。绢云母化斜长石微晶呈柱状，柱长在0.06～0.154mm之间，杂乱分布，其间充填着帘石、绿泥石、微粒状金属矿物等。

粘土化绢云母化安山岩：浅紫色或灰紫色，斑状结构，块状构造，基质具变余玻晶交织结构。岩石由斑晶和基质两部分组成。其中，斑晶占33%（斜长石占30%，辉石假象占3%，角闪石假象少量），基质占67%（斜长石微晶占46%，长英质占18%，绿泥石占2%，微粒状金属矿物占1%）。斑晶成分为强绢

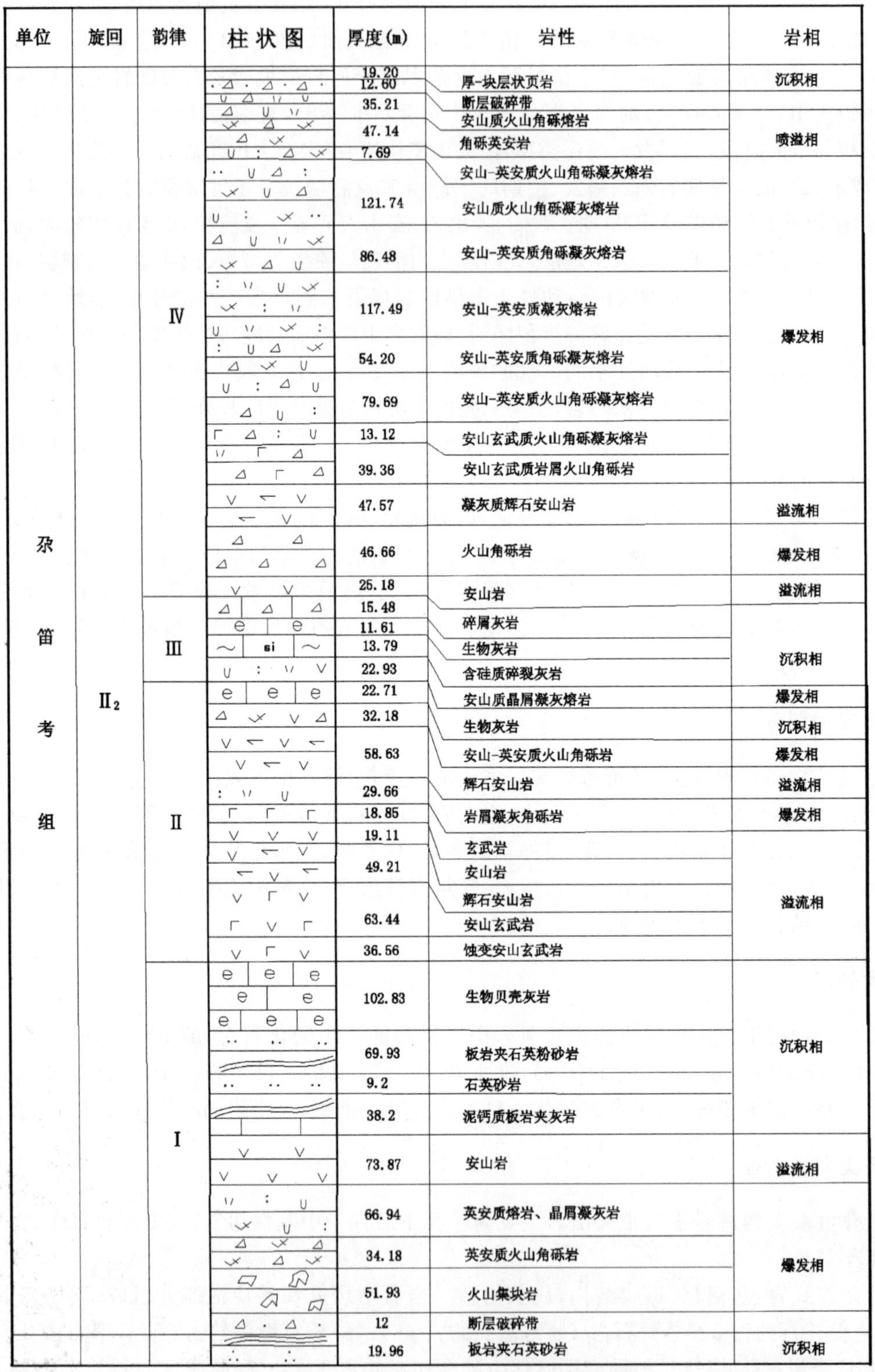

单位	旋回	韵律	柱状图	厚度(m)	岩性	岩相
尕笛考组	Ⅱ₂	Ⅳ		19.20	厚-块层状页岩	沉积相
				12.60	断层破碎带	喷溢相
				35.21	安山质火山角砾熔岩	
				47.14	角砾英安岩	
				7.69	安山-英安质火山角砾凝灰熔岩	爆发相
				121.74	安山质火山角砾凝灰熔岩	
				86.48	安山-英安质角砾凝灰熔岩	
				117.49	安山-英安质凝灰熔岩	
				54.20	安山-英安质角砾凝灰熔岩	
				79.69	安山-英安质火山角砾凝灰熔岩	
				13.12	安山玄武质火山角砾凝灰熔岩	
				39.36	安山玄武质岩屑火山角砾岩	
				47.57	凝灰质辉石安山岩	溢流相
				46.66	火山角砾岩	爆发相
				25.18	安山岩	溢流相
		Ⅲ		15.48	碎屑灰岩	沉积相
				11.61	生物灰岩	
				13.79	含硅质碎裂灰岩	
				22.93		
		Ⅱ		22.71	安山质晶屑凝灰熔岩	爆发相
				32.18	生物灰岩	沉积相
				58.63	安山-英安质火山角砾岩	爆发相
				29.66	辉石安山岩	溢流相
				18.85	岩屑凝灰角砾岩	爆发相
				19.11	玄武岩	溢流相
				49.21	安山岩	
				63.44	辉石安山岩	
					安山玄武岩	
				36.56	蚀变安山玄武岩	
		Ⅰ		102.83	生物贝壳灰岩	沉积相
				69.93	板岩夹石英粉砂岩	
				9.2	石英砂岩	
				38.2	泥钙质板岩夹灰岩	
				73.87	安山岩	溢流相
				66.94	英安质熔岩、晶屑凝灰岩	爆发相
				34.18	英安质火山角砾岩	
				51.93	火山集块岩	
				12	断层破碎带	
				19.96	板岩夹石英砂岩	沉积相

图 3-78　尕笛考组火山岩韵律旋回柱状图

云母化，伴绿泥石化，具环带构造，但不易测到钙长石组分的牌号 An。斜长石被绿泥石交代，保留柱状、粒状及八边形断面结晶形态的辉石假象，强暗化角闪石。斑晶大小在(0.657mm×0.949mm)～(2.16mm×4.74mm)之间。基质由斜长石微晶和玻璃质、微粒状金属矿物等组成，其中斜长石微晶呈柱状，强粘土化，柱长在 0.018～0.06mm 之间，杂乱或平行分布，玻璃质经脱玻交代蚀变作用，现被粒径在 0.01～0.04mm之间的微粒状长英质及绿泥石集合体取代。

（2）火山碎屑岩类

有安山质火山角砾凝灰熔岩、岩屑凝灰角砾岩、安山质晶屑凝灰熔岩、英安质熔岩晶屑凝灰岩。

安山质火山角砾凝灰熔岩：暗紫色或紫红色，火山碎屑熔岩结构，块状构造。岩石由火山碎屑、熔岩胶结物及氧化铁组成，其中火山碎屑占45%（按粒级划分：角粒级占15%，凝灰级占30%；按成分划分：岩屑占20%，更长石晶屑占25%），熔岩胶结物占55%（斑晶占11%，由更长石10%、辉石假象1%和少量黑云母假象组成；基质占44%，由显微隐晶状长英质组成）以及少量氧化铁。火山碎屑为岩屑、晶屑。岩屑呈次棱角状或次圆状，大小在0.546～8.19mm之间，标本上最大达14mm，成分以中酸性熔岩为主，含有安山岩。晶屑呈不规则棱角状，或沿节理短列成阶步状，成分为强粘土化，更长石An在3左右，晶屑粒径在0.22～1.56mm之间。熔岩胶结物具斑状结构，基质具显微隐晶状结构，由斑晶和基质组成，其中斑晶大小在0.712～2.65mm之间，成分为强粘土化，发育钠长石双晶的更长石An在13左右，具有暗化边被高岭石交代单斜辉石假象，被白云母交代，析出大量铁质的黑云母假象。

岩屑凝灰角砾岩：呈浅紫色，晶屑岩屑凝灰角粒结构，斑状结构。岩石由岩屑、晶屑、火山尘胶结物组成，其中火山碎屑占82%（按粒级划分：角砾级占60%，凝灰级占22%；按成分划分：岩屑占75%，更长石晶屑占6%，暗色矿物占1%），火山尘胶结物变化产物占18%（方解石为3%，长英质为15%，氧化铁少量）。岩屑成分以中酸性熔岩为主，含有安山岩，标本上含有形态不完整的紫色火山碎屑岩。形态多呈次棱角状，少数呈次圆状，大小在0.34～6.71mm之间，标本上最大达65mm，且大于2mm的角砾级岩屑占多数。晶屑成分为不易测牌号粘土化、绢云母化更长石，形态多呈尖棱角状，含有强暗化不易确定名称的暗色矿物，晶屑大小在0.077～1.092mm之间。火山尘胶结物经蚀变脱玻后被方解石、隐晶状长英质及氧化铁集合体取代。

英安质熔岩晶屑凝灰岩：呈紫色，熔岩凝灰结构，块状构造。岩石由火山碎屑和熔岩胶结物两部分组成，其中火山碎屑岩占55%，主要为更长石晶屑；熔岩胶结物占45%（斑晶占15%，基质占30%、隐晶状长英质占29%，氧化铁占1%）。火山碎屑成分晶屑，大小在0.23～1.72mm之间，成分为粘土化更长石An=10～13，其形态呈棱角状或沿节理短列成阶步状。

5. 岩石化学及地球化学特征

（1）岩石化学分类

早中二叠世尕笛考组火山岩的岩石化学含量见表3-50～表3-52，在TAS图解（图3-79）中，火山岩样品落在玄武岩、玄武粗安岩、粗面玄武岩、英安岩、流纹岩、粗面英安岩、安山岩区。根据投点总数及实际镜下鉴定结果，可划分为玄武岩、英安岩、流纹岩三个岩石类型；在SiO_2-K_2O分类图（图3-80）中，火山岩呈中—高钾特性，其中以高钾为主，在低钾区也有2个样品，且靠近中钾区，总体呈中高钾的岩石组合。火山岩的H_2O^+及烧失量部分较高，表明本区岩石遭受过蚀变、变质作用。

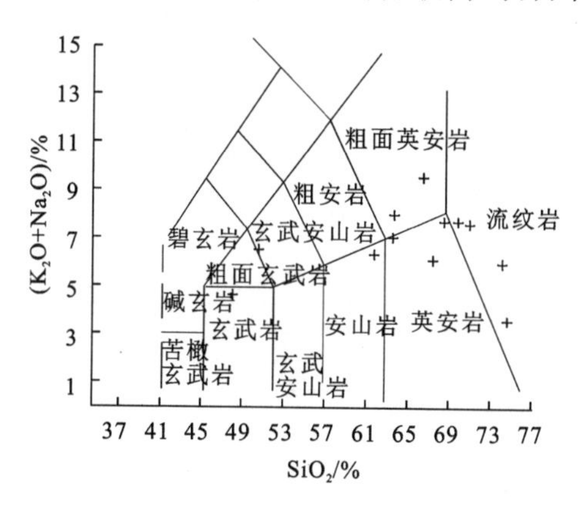

图3-79　尕笛考组火山岩TAS图解

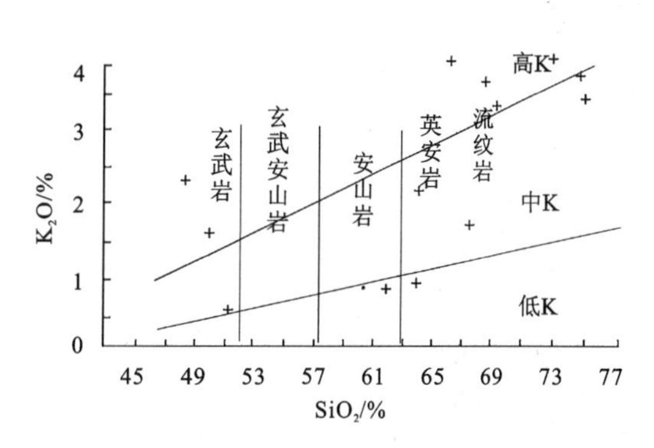

图3-80　尕笛考组火山岩SiO_2-K_2O图解

表 3-50 早中二叠世尕笛考组火山岩岩石化学含量表(w_B/%)

样号	岩性	SiO_2	TiO_2	Al_2O_3	Fe_2O_3	FeO	MnO	MgO	CaO	Na_2O	K_2O	P_2O_5	H_2O^+	Los	Total
4P14GS6－1	安山质火山角砾熔岩	61.68	0.86	15.79	4.36	2.15	0.07	2.14	2.66	5.52	0.89	0.21	2.33	1.71	100.37
4P14GS19－1	安山质晶屑凝灰熔岩	51.11	1.58	15.98	4.53	2.88	0.16	3.17	6.76	6.11	0.60	0.35	2.48	4.08	99.79
4P14GS23－1	岩屑凝灰角砾岩	64.02	0.63	15.36	4.45	0.22	0.07	0.20	3.80	6.99	0.95	0.21	0.56	2.39	99.85
4P14GS24－1	绢云母化玄武岩	48.49	1.85	16.14	5.72	5.12	0.29	6.33	7.82	2.46	2.33	0.28	2.76	0.10	99.69
4P14GS26－1	辉石安山岩	67.51	0.64	14.65	3.09	2.13	0.05	2.23	0.74	4.50	1.72	0.21	2.18	0.16	99.81
4P14GS35－1	含铁质安山岩	66.18	0.65	16.45	4.35	0.35	0.03	0.37	0.75	4.89	4.46	0.18	0.98	0.13	99.77
4P14GS36－1	含铁质安山岩	53.13	0.11	42.23	0.07	0.38	0.01	0.76	2.55	0.04	0.01	0.07	0.31	0.18	99.85
4P14GS37－1	英安质晶屑凝灰岩	64.08	0.71	16.66	3.43	1.40	0.04	0.60	2.33	4.98	2.19	0.21	1.73	1.47	99.83
4GS1502－4	含角砾凝灰岩	74.52	0.36	14.60	1.06	0.56	0.011	0.60	0.62	0.27	3.46	0.10	3.62	0.05	99.831
4GS621－1	安山质凝灰熔岩	50.10	1.38	18.86	3.88	5.40	0.24	4.29	7.55	3.92	1.63	0.31	1.78	0.46	99.80
4GS2150－1	珍珠岩	69.43	0.37	14.66	1.16	1.92	0.07	0.48	1.05	4.42	3.37	0.09	1.39	1.33	99.74
4P8GS15－1	球粒流纹岩	68.82	0.31	14.50	2.12	1.31	0.10	0.49	1.50	3.98	3.69	0.07	1.44	1.32	99.65
4P8GS23－1	斜长流纹岩	74.52	0.22	11.75	0.88	1.53	0.06	0.43	1.60	2.34	3.82	0.04	1.32	1.32	99.83
4P8GS25－1	蚀变流纹英安岩	71.09	0.30	13.87	1.22	1.03	0.07	0.56	1.64	3.30	4.13	0.09	1.25	1.12	99.67
4P14GS36－1	晶屑岩屑凝灰岩	56.64	1.24	16.58	3.35	4.54	0.14	7.02	0.84	4.55	0.63	0.21	0.08	4.4	100.22

表 3-51 早中二叠世尕笛考组火山岩岩石化学特征参数值表

样号	Nk	F	σ	AR	τ	SI	FL	MF	M/F	OX	K_2O/Na_2O	MgO/FeO	A/CNK	A/NK	FeO^*	$Fe_2O_3{}^*$	R_1	R_2
4P14GS6－1	6.50	6.60	2.16	2.06	11.94	14.21	70.67	75.26	0.20	0.67	0.16	1.00	1.06	1.57	6.07	6.75	1748.82	700.53
4P14GS19－1	7.01	7.74	4.73	1.84	6.25	18.33	49.81	70.04	0.26	0.61	0.10	1.10	0.70	1.49	6.96	7.73	860.77	1194.03
4P14GS23－1	8.15	4.79	2.93	2.42	13.29	1.56	67.63	95.89	0.02	0.95	0.14	0.91	0.79	1.23	4.22	4.69	1426.05	717.78
4P14GS24－1	4.81	10.88	4.07	1.50	7.39	28.83	37.99	63.13	0.38	0.53	0.95	1.24	0.78	2.46	10.27	11.41	1479.13	1467.40
4P14GS26－1	6.24	5.24	1.57	2.36	15.86	16.31	89.37	70.07	0.27	0.59	0.38	1.05	1.38	1.58	4.91	5.46	2343.14	477.21
4P14GS35－1	9.38	4.72	3.76	3.38	17.78	2.57	92.57	92.70	0.04	0.93	0.91	1.06	1.16	1.28	4.26	4.74	1494.25	421.28
4P14GS37－1	7.29	4.91	2.40	2.21	16.45	4.76	75.47	88.95	0.07	0.71	0.44	0.43	1.13	1.58	4.49	4.99	1844.73	605.86
4GS1502－4	3.74	1.62	0.44	1.65	39.81	10.08	85.75	72.97	0.22	0.65	12.81	1.07	2.75	3.49	1.51	1.68	4006.67	382.50
4GS621－1	5.59	9.34	4.20	1.53	10.83	22.44	42.37	68.39	0.32	0.42	0.42	0.79	0.86	2.30	8.89	9.88	1281.57	1390.63
4GS2150－1	7.92	3.13	2.27	2.97	27.68	4.23	88.12	86.52	0.11	0.38	0.76	0.25	1.14	1.34	2.96	3.29	2175.13	423.72
4P8GS15－1	7.67	3.43	2.28	2.84	33.94	4.23	83.64	87.50	0.09	0.62	0.93	0.37	1.58	1.89	2.32	3.58	94.82	38.98
4P8GS23－1	6.16	2.41	1.20	2.71	42.77	4.78	79.38	84.86	0.13	0.37	1.63	0.28	1.51	1.91	2.13	2.58	155.54	33.96
4P8GS25－1	7.43	2.25	1.97	2.84	35.23	5.47	81.92	80.07	0.16	0.54	1.25	0.54	1.53	1.87	0.44	2.36	113.36	38.70
4P14GS36－1	0.05	0.45	0.00	1.00	14.00	60.32	0.09	37.19	1.21	0.16	0.25	2.00	0.00	3.60	0.00	0.49	8.04	320.66

表 3-52 早中二叠世尕笛考组火山岩的 CIPW 标准矿物含量表($w_B/10^{-6}$)

样号	Or	Ab	An	C	En	Fs	Hy	Ap	Il	Mt	Wo	Dfs	Den	Di	Q	Total
4P14GS6－1	5.38	47.64	12.21	1.39	5.43	2.35	7.78	0.46	1.67	4.51					17.08	98.12
4P14GS19－1	3.66	49.92	14.78					0.79	3.08	4.80	7.34	1.61	5.12	14.07		95.68
4P14GS23－1	5.67	59.57	7.77					0.46	1.20	3.36	1.58	1.14	0.50	3.22	14.19	97.36
4P14GS24－1	14.18	21.49	26.94		11.52	4.42	15.94	0.63	3.63	6.21	4.76	1.22	3.18	9.16		99.74
4P14GS26－1	10.40	39.01	2.48	4.61	5.68	1.68	7.36	0.48	1.25	3.84					30.36	99.79
4P14GS35－1	26.65	41.89	2.71	2.63	0.92	0.57	1.49	0.39	1.25	3.70					18.95	99.66
4P14GS37－1	13.18	42.99	10.57	2.33	1.52	1.24	2.76	0.46	1.37	3.54					21.19	98.39
4GS1502－4	21.27	2.37	2.59	9.87	1.54	0.33	1.87	0.22	0.70	1.15					59.86	99.90
4GS621－1	9.81	33.85	29.64		5.10	2.42	7.52	0.70	2.68	5.61	2.79	0.84	1.77	5.40		99.52
4GS2150－1	20.27	37.99	4.78	2.06	1.22	2.11	3.33	0.20	0.72	1.71					27.59	98.65
4P8GS15－1	22.22	34.27	7.18	1.40	1.25	1.09	2.34	0.15	0.61	2.68					27.78	98.63
4P8GS23－1	22.93	20.14	7.80	0.96	1.10	1.86	2.96	0.09	0.42	1.29					42.08	98.67
4P8GS25－1	24.82	28.35	7.76	1.19	1.42	0.54	1.96	0.20	0.57	1.80					32.22	98.87

（2）岩石化学特征

测区火山岩的岩石化学特征参数值见表3-51，CIPW标准矿物含量见表3-52，测区熔岩类样品在Ol′-Ne′-Q′图解（图3-81）中全部落在亚碱性系列。在FAM三角图解（图3-82）中，绝大多数样品落在钙碱性系列，仅有1个样品落在拉斑玄武岩系列，并靠近钙碱性系列。

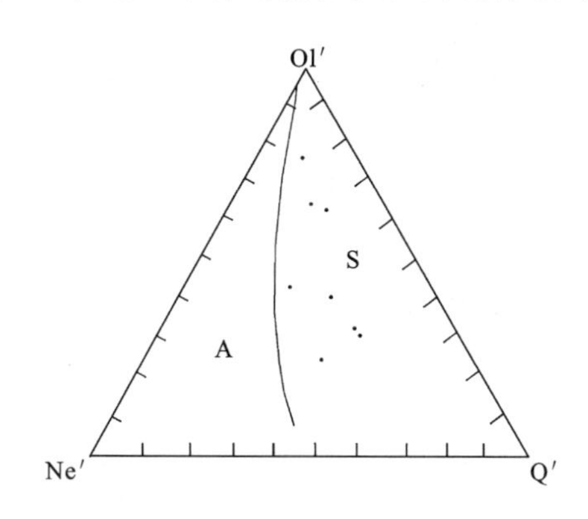

图3-81　尕笛考组火山岩的Ol′-Ne′-Q′图
A.碱性系列；S.亚碱性系列

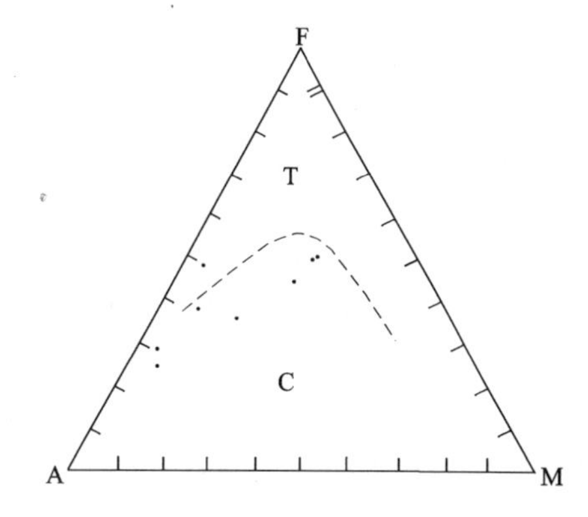

图3-82　尕笛考组火山岩的FAM三角图解
T.拉斑玄武岩系列；C.钙碱性系列

（3）稀土元素地球化学特征

尕笛考组火山岩的稀土含量见表3-53，特征参数值见表3-54，用推荐的球粒陨石平均值标准化后作稀土配分模式图。

从表3-53中可以看出，尕笛考组火山岩的稀土含量中$\sum$REE＝$98.87\times10^{-6}\sim314.22\times10^{-6}$，LREE/HREE＝4.31～14.60，反映轻稀土富集，轻、重稀土间分馏程度较高，稀土配分模式图（图3-83）曲线均向右倾，总体表现轻稀土富集型特征。δEu＝0.33～1.11，尕笛考组火山岩稀土配分模式图显示部分铕呈负异常，反映岩浆来源较深。

表3-53　早中二叠世尕笛考组火山岩稀土元素含量表（$w_B/10^{-6}$）

样号	La	Ce	Pr	Nd	Sm	Eu	Gd	Tb	Dy	Ho	Er	Tm	Yb	Lu	Y	$\sum$REE
4P14XT6－1	25.22	66.99	6.13	22.19	4.11	0.79	3.66	0.62	3.54	0.76	2.25	0.38	2.57	0.4	19	158.61
4P14XT19－1	34.13	69.55	8.79	35.53	7.31	2.13	6.79	1	5.68	1.10	2.87	0.41	2.38	0.36	27.71	205.74
4P14XT23－1	34.15	62.70	7.73	28.54	5.58	1.91	4.77	0.73	3.83	0.76	1.92	0.28	1.79	0.28	18.11	173.08
4P14XT24－1	22.30	46.92	6.62	26.89	6.30	1.95	6.05	0.94	5.28	1.02	2.57	0.36	2.21	0.34	24.58	154.33
4P14XT26－1	16.38	35.36	3.79	14.16	2.56	0.55	2.58	0.42	2.76	0.63	1.83	0.27	1.66	0.25	15.67	98.87
4P14XT35－1	33.36	77.66	8.39	29.22	5.51	1.38	4.59	0.76	4.32	0.89	2.41	0.38	2.48	0.40	21.62	193.37
4P14XT36－1	46.39	87.48	10.69	40.88	7.63	2.20	6.88	1.01	5.17	1.01	2.48	0.36	2.19	0.35	22.98	237.70
4P14XT37－1	40.48	72.01	8.65	31.04	5.36	1.27	4.69	0.74	4.35	0.89	2.45	0.39	2.56	0.40	21.64	196.92
4XT2150－1	53.74	91.85	11.85	41	6.98	1.34	5.97	0.99	6.2	1.33	3.72	0.62	4.16	0.63	32.53	262.91
4XT1502－4	59.20	103.30	12.19	39.18	6.49	1.25	4.57	0.68	3.71	0.79	2.22	0.37	2.47	0.37	18.79	255.58
4XT621－1	13.97	30.41	4.59	20.57	4.92	1.67	5.03	0.82	4.89	0.97	2.62	0.42	2.53	0.4	22.49	116.30
4P8XT13－1	39.20	73.49	9.19	30.44	6.02	0.59	4.67	0.80	4.84	0.98	2.85	0.48	3.16	0.46	26.32	203.49
4P8XT15－1	61.20	110.30	13.55	38.34	8.85	1.69	7.44	1.20	7	1.43	4.04	0.67	4.19	0.66	34.70	295.26
4P8XT23－1	65.18	115.3	14.69	51.12	9.37	1.56	7.69	1.20	6.84	1.31	3.54	0.55	3.45	0.53	31.89	314.22
4P8XT25－1	53.31	90.30	11.26	36.53	6.27	1.24	5.21	0.83	4.82	0.99	2.84	0.44	2.88	0.45	24.83	242.20

表 3-54　早中二叠世尕笛考组火山岩稀土元素特征参数值表

样号	ΣREE	LREE	HREE	LREE/HREE	La/Yb	La/Sm	Sm/Nd	Gd/Yb	$(La/Yb)_N$	$(La/Sm)_N$	$(Gd/Yb)_N$	δEu	$δEu^*$	δCe
	($w_B/10^{-6}$)													
4P14XT6－1	139.61	125.43	14.18	8.85	9.81	6.14	0.19	1.42	6.62	3.86	1.15	0.61	0.62	1.26
4P14XT19－1	178.03	157.44	20.59	7.65	14.34	4.67	0.21	2.85	9.67	2.94	2.30	0.91	0.92	0.95
4P14XT23－1	154.97	140.61	14.36	9.79	19.08	6.12	0.20	2.66	12.86	3.85	2.15	1.11	1.13	0.89
4P14XT24－1	129.75	110.98	18.77	5.91	10.09	3.54	0.23	2.74	6.80	2.23	2.21	0.95	0.97	0.92
4P14XT26－1	83.20	72.80	10.40	7.00	9.87	6.40	0.18	1.55	6.65	4.02	1.25	0.65	0.65	1.04
4P14XT35－1	171.75	155.52	16.23	9.58	13.45	6.05	0.19	1.85	9.07	3.81	1.49	0.82	0.84	1.09
4P14XT36－1	214.72	195.27	19.45	10.04	21.18	6.08	0.19	3.14	14.28	3.82	2.54	0.91	0.93	0.91
4P14XT37－1	175.28	158.81	16.47	9.64	15.81	7.55	0.17	1.83	10.66	4.75	1.48	0.76	0.77	0.88
4XT2150－1	230.38	206.76	23.62	8.75	12.92	7.70	0.17	1.44	8.71	4.84	1.16	0.62	0.63	0.84
4XT1502－4	236.79	221.61	15.18	14.60	23.97	9.12	0.17	1.85	16.16	5.74	1.49	0.67	0.70	0.88
4XT621－1	93.81	76.13	17.68	4.31	5.52	2.84	0.24	1.99	3.72	1.79	1.60	1.02	1.03	0.91
4P8XT13－1	177.17	158.93	18.24	8.71	12.41	6.51	0.20	1.48	8.36	4.10	1.19	0.33	0.34	0.90
4P8XT15－1	260.56	233.93	26.63	8.78	14.61	6.92	0.23	1.78	9.85	4.35	1.43	0.62	0.64	0.89
4P8XT23－1	282.33	257.22	25.11	10.24	18.89	6.96	0.18	2.23	12.74	4.38	1.80	0.55	0.56	0.86
4P8XT25－1	217.37	198.91	18.46	10.78	18.51	8.50	0.17	1.81	12.48	5.35	1.46	0.65	0.66	0.85

（4）微量元素地球化学特征

该组火山岩的微量元素含量及标准化含量见表 3-55、表 3-56，与泰勒（1964）值相比，贫 Cr、Nb、Mo、Ta、Co、Ni、Cu、Zr、Ba、Pb，富 Sr，而 Zn、Sn、Cs、Hf、Bi、U 相当的特点；在微量元素蛛网图（图 3-84）上 K、Rb、Ba、Th 强烈富集，Ta、Ce、P、Zr、Hf 相对富集，Sm、Ti、Yb 等元素在部分样品中亏损，而 Sc、Cr 呈亏损特征，尕笛考组火山岩微量元素蛛网图与岛弧型火山岩特征相似。

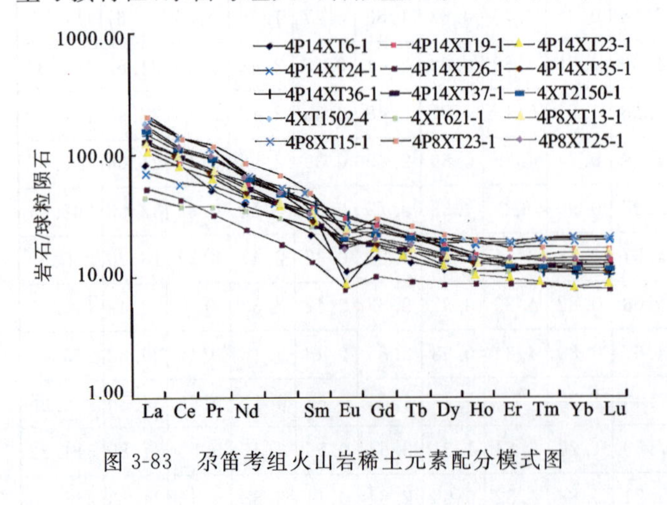

图 3-83　尕笛考组火山岩稀土元素配分模式图

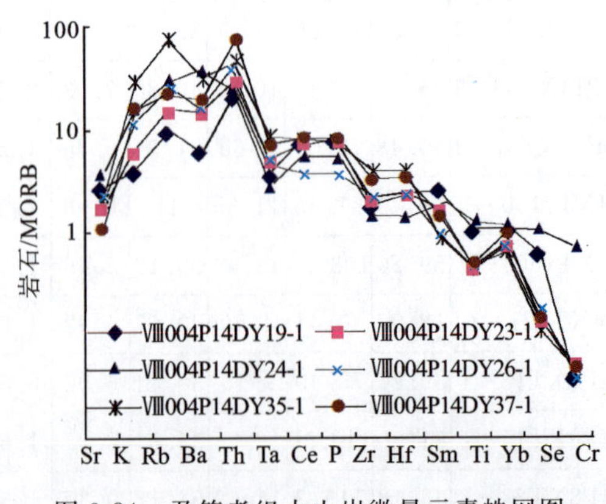

图 3-84　尕笛考组火山岩微量元素蛛网图

表 3-55　早中二叠世尕笛考组火山岩微量元素含量表($w_B/10^{-6}$)

样号	Li	Be	Sc	Ga	Th	Sr	Ba	V	Co	Cr	Ni	Cu	Pb	Zn	W	Mo	Ag	As	Sn
Ⅷ004P14DY6－1	5.7	2.4	6.6	19.2	19.8	219	1136	60	4.4	16	3.89	9	13.5	65.8	1.48	0.46	0.049	1.07	2.4
Ⅷ004P14DYl9－1	41.4	0.8	23.6	17.6	4.9	315	112	352	23.9	8.3	6.74	19.3	6.8	258	1.44	0.44	0.03	0.63	1.1
Ⅷ004P14DY23－1	2.9	1	5.4	14	6	190	299	57	5.3	12	0.64	4.3	6.4	29.4	0.86	0.34	0.027	0.99	0.7
Ⅷ004P14DY24－1	42.8	0.8	40.8	20.3	4.3	434	791	401	41.1	168	74.5	65.3	7.5	130	0.51	0.38	0.053	0.79	0.9
Ⅷ004P14DY26－1	27.6	1.1	7.1	17.5	9.2	218	293	105	15.5	9.6	10.7	1.9	2.8	222	0.73	0.32	0.031	0.46	1.1
Ⅷ004P14DY35－1	3.9	2.6	4.3	19.4	9.3	217	598	60	4.8	10.7	4.34	0.56	13.6	54.7	0.51	0.74	0.056	1.38	1.7
Ⅷ004P14DY36－1	22.3	1.4	21	22.2	5.7	804	269	264	11.5	9.5	10.3	14.7	41.8	127	1.92	0.5	0.054	2.77	1.5
Ⅷ004P14DY37－1	6.9	1.5	5.2	13.1	14.5	122	402	54	4.5	11.3	0.67	24.4	4.1	63.8	0.73	0.26	0.04	0.34	1.1
Ⅷ004DY1502－4	38	2.94	4.4	23.9	17.7	62	366	34	3.9	6	13	8.2	5.5	52	7.73	0.61	0.02	9.8	4
Ⅷ004DY621－1	52	1.84	17.6	16.3	2.4	410	544	203	25.2	16	16	77.9	25	102	0.56	0.26	0.19	5.7	1.2
Ⅷ004P8DY15－1	16	2.8	7.5	25	12	89	929	20	3.7	9	4.4	4.4	13	81	1.1	1.8	0.042	3.9	3.3
样号	Hg	Bi	F	B	Rb	U	Hf	P	Te	Zr	Au	Cl	Ta	Ce	Ti	Yb	Sb	Sm	Nd
Ⅷ004P14DY6－1	<0.005	0.1	352	13.7	130	3.77	9.3	776	<0.05	341	0.66	82	1.6	101	3877	4.1	0.25	4.3	22.9
Ⅷ004P14DYl9－1	<0.005	<0.05	432	8.6	19.2	0.82	5.6	1434	0.096	162	0.51	88	0.63	80.7	9104	3.6	0.13	7.9	37.8
Ⅷ004P14DY23－1	<0.005	<0.05	239	9.6	31.4	0.51	5.8	862	<0.05	185	0.47	72	0.85	75.5	3421	2.4	0.16	5.6	26.6
Ⅷ004P14DY24－1	0.01	<0.05	360	43.8	57.2	0.76	3.2	1086	<0.05	131	3.04	75	0.49	54.6	9767	3.7	0.1	6.8	30.8
Ⅷ004P14DY26－1	<0.005	0.06	322	9.5	51.7	1.04	5.7	763	<0.05	196	0.51	85	0.81	35.4	3179	2.7	0.12	3	16.1
Ⅷ004P14DY35－1	0.007	0.09	456	i6.8	154	1.95	9	868	<0.05	344	0.48	82	1.5	75.6	3653	2.2	0.25	3	16.1
Ⅷ004P14DY36－1	<0.005	0.1	505	23	24.1	1	4.9	1483	<0.05	194	0.97	110	0.71	86.3	8847	3.2	0.46	7.8	40.9
Ⅷ004P14DY37－1	0.033	<0.05	328	13.4	42.9	2.82	7.9	676	<0.05	277	0.6	88	1.23	79.2	3078	3.2	0.12	4.6	27.1
Ⅷ004DY1502－4	<0.005	0.1	871	47.4	125	4.1	6.2	389	0.084	230	0.9	0.011							
Ⅷ004DY621－1	<0.005	<0.05	554	48.1	116	0.9	2.3	1204	0.065	86	1.8	0.007							
Ⅷ004P8DYl5－1	0.008	0.11	580	16	127	3.1	10	404	<0.05	397		0.018	2.5	70	30	3.3	0.56	5.4	

表 3-56　早中二叠世尕笛考组火山岩微量元素标准化含量表

微量元素测试结果/洋脊花岗岩															
样号	Sr	K_2O	Rb	Ba	Th	Ta	Ce	P	Zr	Hf	Sm	TiO_2	Yb	Sc	Cr
Ⅷ004P14DY6－1	1.83	5.93	65.00	56.80	99.00	8.89	10.10	1.48	1.00	3.88	1.30	0.57	1.21	0.17	0.06
Ⅷ004P14DY19－1	2.63	4.00	9.60	5.60	24.50	3.50	8.07	2.74	1.80	2.33	2.39	1.05	1.06	0.59	0.03
Ⅷ004P14DY23－1	1.58	6.33	15.70	14.95	30.00	4.72	7.55	1.65	2.06	2.42	1.70	0.42	0.71	0.14	0.05
Ⅷ004P14DY24－1	3.62	15.53	28.60	39.55	21.50	2.72	5.46	2.07	1.46	1.33	2.06	1.23	1.09	1.02	0.67
Ⅷ004P14DY26－1	1.82	11.47	25.85	14.65	46.00	4.50	3.54	1.46	2.18	2.38	0.91	0.43	0.79	0.18	0.04
Ⅷ004P14DY35－1	1.81	29.73	77.00	29.90	46.50	8.33	7.56	1.66	3.82	3.75	0.91	0.43	0.65	0.11	0.04
Ⅷ004P14DY36－1	6.70	0.00	12.05	13.45	28.50	3.94	8.63	2.83	2.16	2.04	2.36	0.00	0.94	0.53	0.04
Ⅷ004P14DY37－1	1.02	14.60	21.45	20.10	72.50	6.83	7.92	1.29	3.08	3.29	1.39	0.47	0.94	0.13	0.05
Ⅷ004DY1502－4	0.52	23.07	62.50	18.30	88.50	0.00	0.00	0.74	2.56	2.58	0.00	0.24	0.00	0.11	0.02
Ⅷ004DY621－1	3.42	10.87	58.00	27.20	12.00	0.00	0.00	2.30	0.96	0.96	0.00	0.92	0.00	0.44	0.06
Ⅷ004P8DY15－1	0.74	24.60	63.50	46.45	60.00	13.89	7.00	15.8	4.41	4.17	1.64	0.21	0.97	0.19	0.04

6. 构造环境判别

尕笛考组火山岩的岩石类型、岩石化学、稀土元素特征反映一套钙碱性系列为主的火山岩，将尕笛考组火山岩样品投在里特曼-弋蒂里图解中（图 3-85），绝大多数点均落在岛弧区及活动大陆边缘区，SiO_2含量在 50.1%～74.52%之间，KO_2/NaO_2多数小于 0.6，表明尕笛考组火山岩的形成环境为岛弧环境。在 TFeO－MgO－Al_2O_3三角图解（图 3-86）中，多数点落在岛弧区，少数点落在造山带区。

综上所述，尕笛考组火山岩形成于岛弧环境。

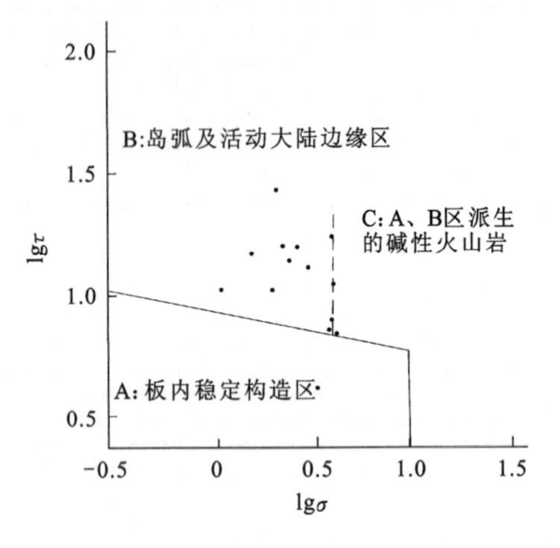

图 3-85　里特曼-弋蒂里图解

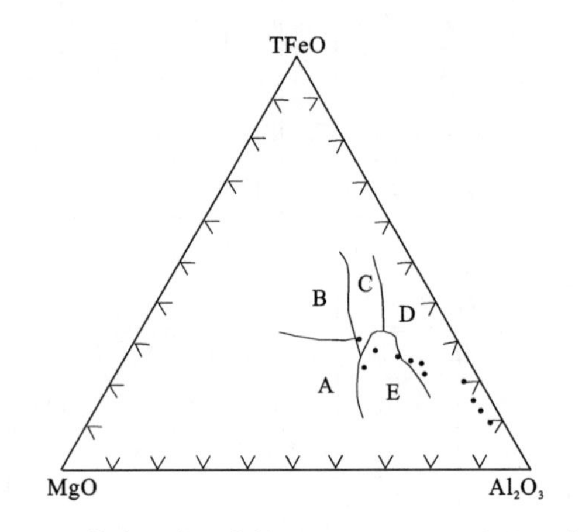

图 3-86　尕笛考组火山岩的 TFeO－MgO－Al_2O_3三角图解

（After Pearce，1977）

A. 洋中脊火山岩；B. 洋岛火山岩；C. 大陆火山岩；
D. 岛弧扩张中心火山岩；E. 造山带火山岩

四、三叠纪火山岩

区内三叠纪火山岩极不发育，仅产在子曲食宿站北侧及结扎公社东高格扎那附近的晚三叠世结扎群甲丕拉组中夹有中—中酸性火山碎屑岩中，岩石组合为灰色晶屑凝灰岩、浅灰绿色安山质岩屑晶屑凝灰岩等，皆呈透镜状产出。由于所处的构造部位不同，火山岩的分布特征也不同。

（一）火山旋回划分

测区结扎群火山岩呈透镜状、夹层状产出，出露规模小，范围局限，火山岩以早期爆发相的火山碎屑岩石类型为主。火山活动旋回代表某一期的火山活动，火山活动旋回应当与岩石地层单位组相对应，即结扎群甲丕拉组（$Ⅲ_1$）旋回与结扎群甲丕拉组相对应。

（二）火山岩时代确定

测区晚三叠世结扎群甲丕拉组不整合于早中二叠世诺日巴尕日保组、九十道班组之上，其上与晚三叠世结扎群波里拉组呈整合接触。在甲丕拉组地层中产有植物化石：*Equisetites rogersii* Schimper，*Equisetites arenaceus* （Jaeger） Schenk；双壳类：*Halobia* sp.，*Halobia talauana* Wanner，*Halobia yandongensis* Chen，*Halobia superbescens* Kittl，*Cuspidaria* cf. *alpis ciricae* Bittner，*Myophorigonia gemaensis* Chen et Lu，时代属晚三叠世。据此，可将该期火山岩归为晚三叠世。

（三）岩石类型

本区火山岩的岩石种类主要由火山碎屑岩组成。岩性主要为中酸性晶屑凝灰岩、安山质岩屑晶屑凝灰岩，皆呈透镜状产出，分布较少。

晶屑凝灰岩：分布较少。呈灰色—灰紫色，凝灰结构，块状构造。岩石由火山碎屑和熔岩胶结物两部分组成，其中火山碎屑岩占55%，主要为更长石晶屑；熔岩胶结物占45%（斑晶占15%，基质占30%，隐晶状长英质占29%，氧化铁占1%）。火山碎屑成分为晶屑，大小在0.23～1.72mm之间，成分为粘土化更长石An=10～13，其形态呈棱角状或沿节理短列成阶步状。

安山质岩屑晶屑凝灰岩：分布少，主要由岩屑、晶屑及少量玻屑组成。玻屑弓形管状、楔状。晶屑为长石、石英。晶屑具裂纹，形状不规则。石英具强烈的波状消光。胶结物为火山灰，已重结晶为绿泥石、绢云母和长英质微粒。

（四）岩石化学特征

1. 岩石化学分类

测区晚三叠世结扎群甲丕拉组火山岩的岩石化学含量、特征参数值及CIPW标准矿物含量见表3-57～表3-59，将样品投点于国际地科联1989年推荐的划分方案TAS图（图3-87），可划分为玄武安山岩、英安岩2个岩石类型。K_2O含量在0.76%～2.43%之间，变化小。在SiO_2-K_2O分类图解（图3-88）中可看出，有2个样品为中钾，火山岩属中钾岩石组合。

表3-57　晚三叠世结扎群甲丕拉组火山岩的岩石化学含量表（w_B/%）

样号	岩石名称	SiO_2	TiO_2	Al_2O_3	Fe_2O_3	FeO	MnO	MgO	CaO	K_2O	Na_2O	P_2O_5	CO_2	H_2O	Total
2GS401-4	晶屑凝灰岩	63.22	0.53	11.49	0.84	2.99	0.06	2.36	6.42	2.43	1.74	0.14	5.30	3.17	100.69
2GS193-1	安山质岩屑晶屑凝灰岩	56.52	1.04	16.82	4.49	2.70	0.20	4.67	3.88	0.76	5.07	0.39	0.13	3.10	99.77

表3-58　晚三叠世结扎群甲丕拉组火山岩的岩石特征参数值表

样号	Nk	*F*	σ	AR	τ	SI	FL	MF	*M/F*	OX	K_2O/Na_2O	MgO/FeO
2GS401-4	4.14	3.80	0.87	1.61	17.09	22.78	39.38	61.87	0.50	0.22	0.72	0.79
2GS193-1	5.84	7.21	2.50	1.78	15.44	26.40	60.04	60.62	0.39	0.62	6.67	1.73

表3-59　晚三叠世结扎群甲丕拉组火山岩的CIPW标准矿物含量表（w_B/%）

样号	Or	Ab	C	En	Fs	Hy	Q	Ap	Il	Mt	Cc	An	Total
2GS401-4	14.24	14.64	5.96	4.95	4.00	8.95	38.71	0.31	1.01	1.20	11.09		96.11
2GS193-1	4.49	42.99	1.75	11.66	3.44	15.10	8.66	0.85	1.98	4.47	0.30	16.18	96.77

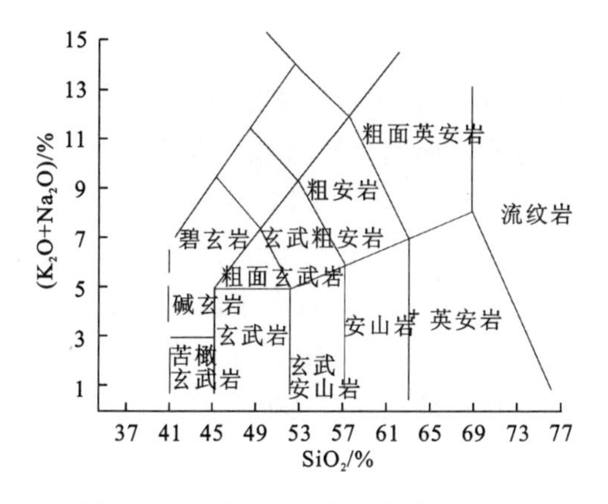

图3-87　甲丕拉组火山岩的TAS图

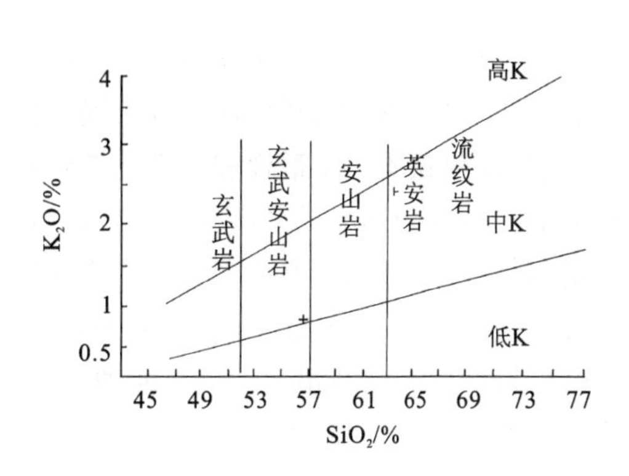

图3-88　甲丕拉组火山岩的SiO_2-K_2O分类图解

2. 岩石化学特征

测区晚三叠世结扎群甲丕拉组火山岩的 CIPW 标准矿物含量见表 3-59。固结指数 SI 在 20～30 之间，表明分异程度较高。将测区熔岩类样品投在 Ol′-Ne′-Q′图解（图 3-89）中，样品全部落在亚碱性系列。而在 AFM 三角图解（图 3-90）中，多数落在钙碱性系列区。而里特曼指数在 0.87～2.50 之间，为钙碱性系列。

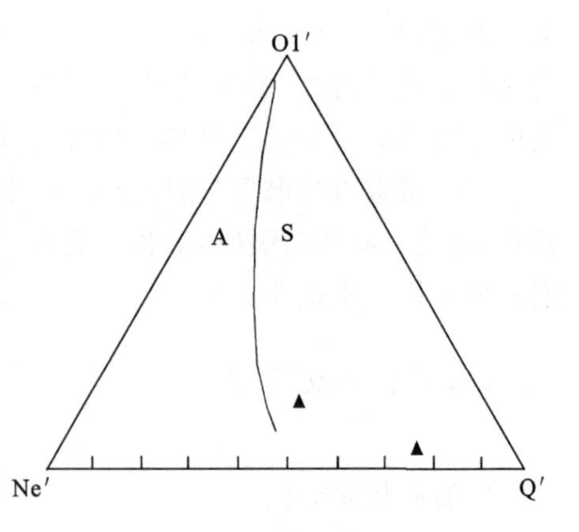

图 3-89　结扎群甲丕拉组火山岩的 Ol′-Ne′-Q′图解

（T N Irvine 等，1971）

A. 碱性系列；S. 亚碱性系列

（五）构造环境判别

将火山岩样品投在 TFeO－MgO－Al_2O_3三角图解（图 3-91）中，火山岩样品均落在岛弧区，SiO_2含量为 56.52%～63.22%之间，SiO_2、Al_2O_3含量相对较高，MnO、TiO_2含量较低。TFeO/MgO 均小于 2.0。结合结扎群甲丕拉组火山岩的岩石学、岩石化学等研究，其形成环境为岛弧环境。

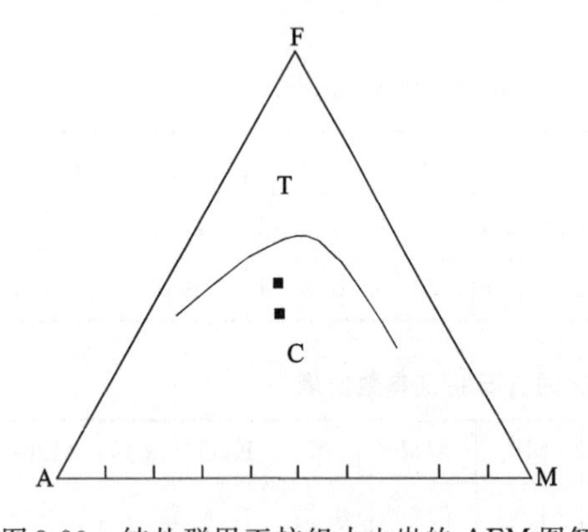

图 3-90　结扎群甲丕拉组火山岩的 AFM 图解

（T N Irvine 等，1971）

T. 拉斑玄武系列；C. 钙碱性系列

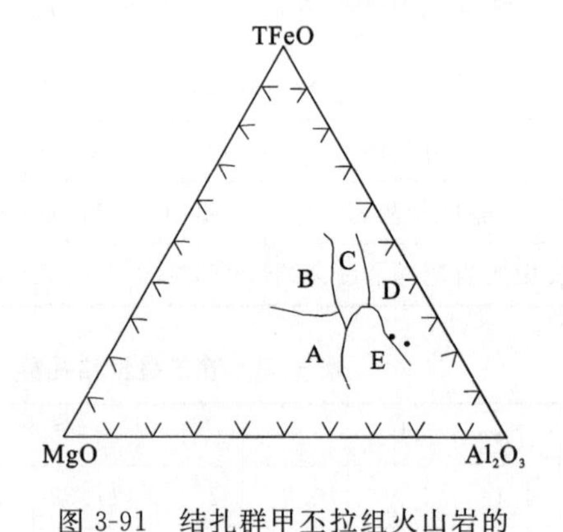

图 3-91　结扎群甲丕拉组火山岩的 TFeO－MgO－Al_2O_3三角图解

（After Pearce，1977）

A. 洋中脊火山岩；B. 洋岛火山岩；C. 大陆火山岩；D. 岛弧扩张中心火山岩；E. 造山带火山岩

第五节　脉　岩

测区内脉岩极为发育，分布也比较广泛，几乎遍布于测区不同时代的地质体之中。从元古代到晚三叠世，不同构造分区的不同构造层次及其不同的地质体中发育有不同类型的脉岩。其岩石种类繁多，从深成到浅成、从超镁铁质到中酸性和碱性均有规模各异的脉岩发育，并且具多期次性和专属性。

根据脉岩与深成岩体的关系，可分为与侵入作用有密切关系的相关性脉岩和与侵入作用无关的发源于深部的区域性脉岩两类，其中相关性脉岩多发育在早期的岩体及其周围，由于风化的差异（脉岩多数难以风化），使之多凸出地表成脉状而易于识别，而区域性脉岩多受区域构造的影响，脉岩大多沿深大断裂带、次级裂隙面贯入，或沿早期地层面理顺层侵入，不同的构造部位发育特征不同。

各类脉岩的基本特征如下。

一、区域性脉岩

测区内该类脉岩分布最为广泛,在测区中生代以前的各种地质体内均能见其出露。该类脉岩的侵位不仅限于与某一个或一期岩体有关,而且还与区域构造环境相关,如印支期的辉绿玢岩,多数产状受区域构造线的控制与之协调,脉岩规模不等,往往单脉宽0.5～10m,延伸20～500m,脉岩形态在走向上的变化较为稳定,时间上具有多期次性。主要脉岩类型包括基性岩脉、石英岩脉、各类玢岩、斑岩、煌斑岩脉、花岗细晶岩等。

1. 基性—超基性岩脉

主要岩石类型有未分的超镁铁质岩脉、辉长岩脉、辉长辉绿岩脉、辉绿玢岩脉、煌斑岩脉等。分布在测区中部北羌塘—昌都陆块的杂多晚古生代—中生代活动陆缘的着晓—杂多—子曲一带,根据区域认识,分别为海西期和燕山期的产物。

(1) 海西期变质镁铁质-超镁铁质岩脉。该岩脉分布于测区所属的测区中部北羌塘-昌都陆块的杂多晚古生代—中生代活动陆缘的着晓—杂多一带,由于海西期测区经历了大地构造的拉张,形成了具有区域大地构造意义的区域裂解意义的基性岩脉,因此属区域性岩脉。按岩性进一步划分为超镁铁质岩脉和基性岩脉。该期岩脉皆与测区早二叠世纪查涌辉长岩一致,全部侵入于早二叠世杂多群碎屑岩之中,在杂多以南的洼里涌辉长杂岩的角闪石辉石橄榄岩中取角闪石的$^{40}Ar/^{39}Ar$同位素测年,获得Total age=277.7Ma和非常平坦的坪年龄275.3±1.9Ma,故将本期岩浆活动确定为早二叠世,分布方向多为近东西向。

其中超镁铁质岩脉分布在杂多县南的里洼涌、东坝乡的年治弄一带。走向北西西向,与区域构造带的走向一致。与围岩早石炭世杂多群呈构造接触。脉宽10m,呈透镜状,延长50m。岩石发育强烈片理化和绿泥石化蚀变。风化色呈黄褐色,新鲜面为墨绿色、黑色,致密块状结构,变余中细粒结构。主要岩性为橄榄辉石岩、辉石橄榄岩,其矿物成分主要为橄榄石和辉石、副矿物(铬铁矿、磁铁矿、磷灰石)。橄榄石多为假象,包含于粗大的辉石中形成包含结构。岩石蚀变强烈,蛇纹石化、绿泥石化、滑石化明显,蛇纹石多沿橄榄石或辉石的矿物边缘或裂隙分布,为网环状交代的产物。

基性岩脉(墙)分布在杂多县附近及里洼涌一带,该期岩脉宽2～20m不等,长50～200m不等,多以单脉状出现。该期岩脉岩石类型以辉长岩为主,少量变质辉长辉绿(玢)岩。岩石多经历强烈的变形改造,蚀变较强。

辉长岩:呈灰绿色—深灰色,辉长结构、嵌晶含长结构,块状构造。矿物成分:拉长石为45%～49%,普通角闪石为13%～20%,辉石为30%～48%,磁铁矿为1%,少量磷灰石。普通辉石呈较粗大的半自形粒状晶,为含钛的普通辉石,已蚀变具次闪石化、绿泥石化等。普通角闪石呈半自形粒状、不规则粒状,常被次闪石部分或大部分交代。斜长石呈自形柱状,均已被微晶状帘石集合体交代、取代,仅以假象存在。副矿物主要有磁铁矿、锆石、榍石、石榴石等。

灰绿色蚀变辉长辉绿(玢)岩:变余斑状结构,基质变余辉绿结构,块状构造。斑晶为2～5mm,含量为10%～15%,成分为斜长石和具辉石假晶的角闪石。斜长石呈自形板状,常被绢云母、黝帘石交代,表面脏。其中基质为0.1～0.5mm;辉石呈假象出现,为单斜辉石,少量残余在角闪石的核部,大部被角闪石全部交代。基质由斜长石、单斜辉石、角闪石、黑云母和少量石英、钾长石组成。斜长石呈板条状无规律分布,辉石多被次闪石、黑云母交代,充填于斜长石架间。副矿物有钛铁矿、榍石、磷灰石等。次生矿物有绿帘石、黝帘石、方解石、葡萄石、绿泥石等。该期基性—超基性岩脉的岩石地球化学特征见早二叠世纪查涌辉长岩体。

(2) 燕山期辉绿岩—辉绿玢岩脉。岩石集中分布在北羌塘-昌都陆块的杂多晚古生代—中生代活动陆缘的着晓—结扎一带,岩脉侵入分布在早石炭世杂多群、早中二叠世开心岭群中,在图区北侧的1∶25万治多幅有莫鬼辉长辉绿岩体侵入到晚三叠世结扎群碎屑岩之中。在相邻的沱沱河幅中在扎尼日多卡一带的辉绿岩中取得167Ma的锆石U-Pb同位素年龄值，表明其形成时代为中晚侏罗世，由于经历了区域大地构造意义的拉张，形成了具有区域裂解意义的基性岩脉，因此，属区域性岩脉。单脉宽2～200m，延长100～1300m不等，多数规模较小，走向上脉岩的形态较为稳定，倾角近于直立，与围岩多为顺层侵入接触，走向北西-南东向，个别呈近南北或东西向切层侵入。主要岩石类型为辉绿岩、辉长辉绿玢岩、辉绿玢岩等。岩石为灰绿色—深灰色，辉绿岩为变余辉绿结构，辉绿玢岩具变余斑状结构，基质具有辉绿结构，块状构造。不同岩石具有不同的矿物组成，但主要矿物成分都离不开板条状微晶斜长石、单斜辉石、角闪石及其变质矿物阳起石、绿帘石、绿泥石和少量石英等，岩脉多帘石化、纤闪石化、绿泥石化。

2. 石英脉

石英脉是区内较为广泛的特殊岩脉之一，石英脉多呈细脉状、肠状、枝叉状、网格状、团块状、褶皱状等形态沿裂隙、节理及断裂带贯入，就体积而言，它们之间相差悬殊，长者可达百余米，短者仅在数十厘米，宽从几厘米到十余米不等。在整个基岩地区均有该类岩脉产出，多分布在中—新元古代吉塘岩群、宁多岩群及早期的花岗片麻岩中，在处于造山带的巴颜喀拉山群和巴塘群中也有分布，其产状与区域构造线相吻合，形态变化较大，但矿化特征不甚明显。

3. 细晶岩脉

该区细晶岩脉也较为常见，在测区多数地质体特别是侵入体中都见有其踪迹，单脉宽0.01～2m不等，延长多大于10m，成分相当于花岗岩—花岗闪长岩。

4. 微细粒闪长岩脉、闪长玢岩脉

该岩脉分布在测区新生代以前的各种地质体中。两者成分上一致，均由角闪岩、中性长石组成，另见有黑云母及石英等闪长玢岩脉，斑状结构，块状构造；闪长岩微细粒半自形—他形结构，块状构造。

5. 花(岗)斑岩脉

肉红色，斑状结构，基质细粒结构或微粒花岗结构，块状构造。斑晶为更长石(10%～25%)、石英(5%～10%)和钾长石(5%～20%)，含有少量黑云母。

二、相关性脉岩

该类脉岩主要为测区内及区域岩浆活动晚期残余岩浆侵位形成的后期脉体，其岩石类型、矿物成分、岩石化学、地球化学与相关的深成岩体具有较好的一致性，而且在分布空间、侵位时间上也密切相关——分布多局限于岩浆事件活动主期形成的深成岩体内部或接触带附近的围岩中，时间上紧随侵入体最初固结冷凝阶段。该类脉岩的发育程度、分布规律及其成分也是其主岩体划分岩浆演化侵入体、侵入体的一个依据。相关性岩脉与围岩呈侵入关系，其规模一般较小，延伸不稳定，展布方向规律性不强，多与相关的主岩体侵位形成的岩体构造及其侵位机制有关，不受区域构造方位更多的控制。

由于受控岩浆事件的不同，因而各岩体相关的脉岩种类也不尽相同，使得这类脉岩岩石种类繁多，有闪长(玢)岩、二长岩、石英闪长(玢)岩、花岗斑岩、花岗闪长玢岩、英云闪长岩、二长花岗岩、正长花岗岩、碱长正长岩和一些花岗细晶岩、闪长玢岩等脉体。

1. 晚三叠世相关性脉岩

该区晚三叠世花岗岩是分布最为广泛、岩浆活动最为强烈的岩浆活动，在各构造侵入体均有出露，是印支期岩浆活动期末岩体定位后由残余岩浆侵位形成的，时间为晚三叠世。脉体主要分布于晚三叠世花岗岩侵入体中或外接触带附近的围岩地层中，早侏罗世地质体中未见穿插。脉体数量及规模相对

较大，最长达300m，一般为70～150m，最宽见10m，一般为1～5m，窄处小于0.5m。脉体长轴方向大多呈北西向、近东西向，部分呈北东向。主要有二长花岗岩、花岗闪长岩、花岗闪长玢岩、花岗斑岩等浅成岩脉和少量细晶岩，岩石特征与花岗岩基本一致。

晚三叠世花岗斑岩脉的岩石地球化学测定结果及特征参数值见表3-60。在苏鲁岩体的北西，有一花岗斑岩脉侵入到早石炭世杂多群，其岩石化学分析数据及特征参数见表3-28。其 SiO_2 含量为70.34%，岩石的 $Al_2O_3>CaO+Na_2O+K_2O$，为过铝质岩石。岩石的铝过饱和指数ASI=1.15，里特曼指数为2.32，属于钙碱性系列。在 SiO_2－ALK图解（图略）中，样品投影点落入亚碱性系列，在AFM图解（图略）中位于钙碱性岩区，故岩石属钙碱性岩系列。

表3-60 晚三叠世花岗斑岩脉的岩石地球化学测定结果及特征参数值表

岩石化学测定结果表（w_B/%）														
样号	SiO_2	TiO_2	Al_2O_3	Fe_2O_3	FeO	MnO	MgO	CaO	Na_2O	K_2O	P_2O_5	H_2O^+	Los	Total
4GS2106－1	70.34	0.27	14.93	0.95	1.78	0.06	0.37	1.48	3	5	0.06	0.16	1.49	99.89

岩石化学特征参数值														
样号	Nk	*F*	σ	AR	τ	SI	FL	MF	*M*/*F*	OX	K_2O/Na_2O	MgO/FeO	A/CNK	A/NK
4GS2106－1	8.13	2.77	2.32	2.90	44.19	3.33	84.39	88.06	0.10	0.35	1.67	0.21	1.15	1.44

稀土元素测定结果（$w_B/10^{-6}$）																	
样号	La	Ce	Pr	Nd	Sm	Eu	Gd	Tb	Dy	Ho	Er	Tm	Yb	Lu	Y	∑REE	LREE	HREE
4XT2106－1	59.5	118.2	14.23	46.9	8.17	1.32	6.33	1.05	5.85	1.22	3.49	0.57	3.79	0.56	31.11	302.29	248.32	22.86

稀土元素特征参数值										
样号	LREE/HREE	La/Yb	La/Sm	Sm/Nd	Gd/Yb	$(La/Yb)_N$	$(La/Sm)_N$	$(Gd/Yb)_N$	δEu	δCe
4XT2106－1	10.863	15.699	7.2827	0.1742	1.6702	10.584	4.5811	1.3478	0.5414	0.9481

微量元素分析结果（$w_B/10^{-6}$）																			
样号	Li	Be	Sc	Ga	Sr	Ba	Co	Cr	Ni	Cu	Pb	Zn	Rb	U	Hf	Zr	Th	Yb	Nb
DY2106－1	26	3.2	6.3	26	130	1201	4.1	4.3	4.1	7.4	33	57	219	6.8	8.3	330	28	3.8	25

注：样品由武汉综合岩矿测试中心测试。

在花岗斑岩脉的微量元素分析结果中不相容元素K、Rb、Th明显富集，Ta、Nb、Sm、Hf轻度富集或无异常，Ba、Y、Yb等强烈亏损。其微量元素蛛网图（图3-92）的分布形式与火山弧花岗岩相近，总体显示了同造山花岗岩的特点。花岗斑岩的稀土配分曲线见图3-25，岩石的稀土总量∑REE较高，为 302.29×10^{-6}；LREE/HREE为10.863，均属轻稀土富集型；δEu值为0.54，具有明显的Eu负异常，其稀土元素球粒陨石标准化的分布型式为明显右倾具铕负异光滑曲线（图3-93）。

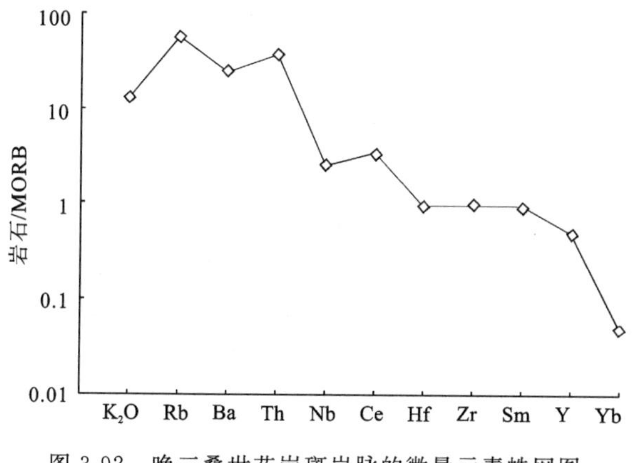

图3-92 晚三叠世花岗斑岩脉的微量元素蛛网图

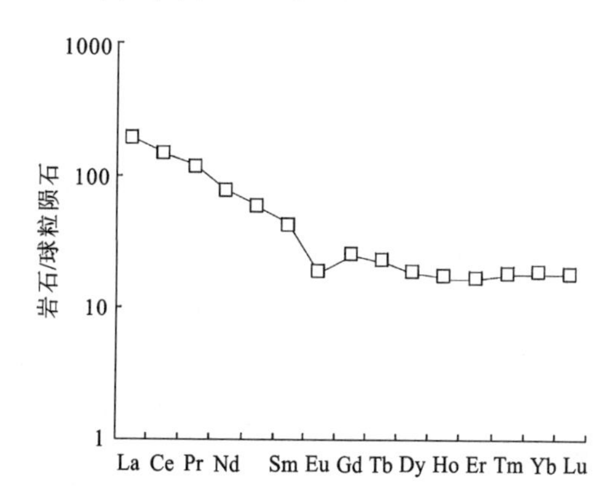

图3-93 晚三叠世花岗斑岩脉的稀土元素配分模式图

在花岗斑岩脉中取锆石 U－Pb 同位素测定（表 3-61，图 3-94），1、2 颗锆石为棕黄色透明短柱状，$^{206}Pb/^{238}U$表面年龄统计权重平均值为 207.3±0.5Ma，表明在该区肯定存在晚印支期的构造岩浆事件，其形成时代为晚三叠世。

表 3-61　U－Pb 法同位素地质年龄测定结果

样品号：Ⅷ004JD2106－1													实验号：T03120
样品情况		质量分数		普通铅量		＊同位素原子比率					表面年龄（Ma）		
点号	锆石类型及特征	质量(kg)	U(kg/g)	Pb(kg/g)	ng	$^{206}Pb/^{204}Pb$	$^{208}Pb/^{206}Pb$	$^{206}Pb/^{238}U$	$^{207}Pb/^{235}U$	$^{207}Pb/^{206}Pb$	$^{206}Pb/^{238}U$	$^{206}Pb/^{238}U$	$^{206}Pb/^{238}U$
1	浅棕黄色透明短柱状	40	693	32	0.23	177	0.1363	0.032 66<10>	0.2302<120>	0.05114<252>	207.1	210.4	247
2	浅黄色透明短柱状	40	618	23	0.054	603	0.1398	0.032 72<11>	0.2244<101>	0.04973<210>	207.5	205.5	182.5
3	浅棕黄色透明短柱状	40	407	18	0.058	399	0.1499	0.035 94<17>	0.2408<159>	0.0860<303>	227.6	219.1	128.5
4	浅棕黄色透明短柱状	40	478	32	0.22	188	0.09999	0.049 07<18>	0.3499<127>	0.05172<176>	308.8	304.7	273.1
测定结果	1－2 号点$^{206}Pb/^{238}U$ 表面年龄统计权重平均值：207.3±0.5Ma；3 号点$^{206}Pb/^{238}U$ 表面年龄值：225.2±0.5Ma；4 号点$^{206}Pb/^{238}U$ 表面年龄值：308.8±0.5Ma												
备注	＊$^{206}Pb/^{204}Pb$ 已对实验空白（Pb＝0.05ng，U＝0.002ng）及稀释剂作了校正。其他比率中的铅同位素均为放射成因铅同位素，括号内的数字为（2σ）绝对误差，例如 0.055 27<11>表示 0.055 27±0.000 11（2σ）												

测试单位：国土资源部天津地质研究所。

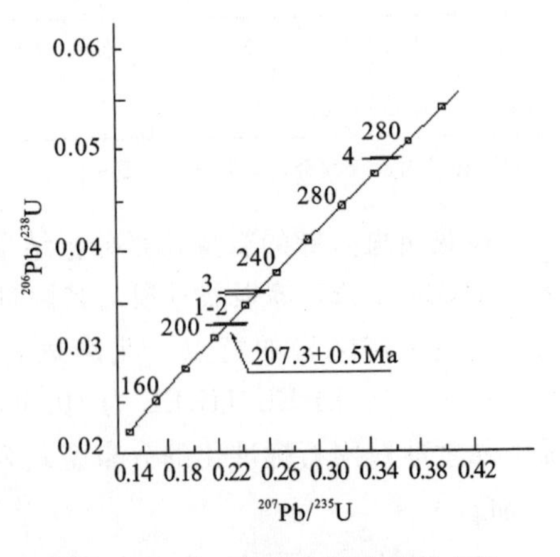

图 3-94　晚三叠世花岗斑岩脉中的锆石 U－Pb 同位素测定

2. 早白垩世相关脉岩

该类脉岩分布在北羌塘-昌都地块的杂多晚古生代—中生代活动陆缘的早白垩世花岗岩侵入体中及其外接触带围岩中。岩石类型为中细粒正长花岗岩、花岗细晶岩、碱长花岗斑岩、碱长正长岩等。脉体多呈不规则状、枝叉状，部分脉体走向为北西向，近于直立或高角度向南西倾。岩脉最宽 15m，一般为 0.05～10m，窄处小于 0.1m；长度大多小于 20m，最长见 500m 左右。

岩石多具有独特的橙红色—砖红色，中粗粒结构、碎裂结构，块状构造，其中长石多为碱性长石或正长石。

3. 古近纪相关性岩脉

该类岩脉分布在北羌塘-昌都陆块的杂多晚古生代—中生代活动陆缘的古新世花岗斑岩侵入体中及附近的外接触带中，与该期侵入体相关的岩脉包括蚀变石英闪长玢岩脉、闪长玢岩脉、花岗斑岩及部分正长花岗岩脉，脉体多呈不规则状、透镜状，大部分脉体走向为北西向，近于自立或高角度倾。岩脉宽 2～25m，窄处小于 0.1m；长度大多小于 20m，最长见 500m 左右。多数具有斑状结构，分布醒目。

第四章　变质岩

第一节　概　述

测区位于青藏高原腹地的唐古拉山北坡，大地构造位置属特提斯-喜马拉雅构造域的东段。《青海省及毗邻地区变质作用及变质岩》(王云山等，1987)将测区由北至南依次划分为唐古拉变质地区沱沱河-囊谦变质地带、唐古拉变质地带。不同类型变质岩变质地带的分布与测区大地构造单元基本相同，表明受区域大地构造控制明显。作为造山带基本组成的变质岩类，在测区出露广泛，是不同成因、不同期次、不同变质程度的变质岩的复合体，在布塔结晶基底和丁青岩浆岩带中，早期变质岩普遍受后期变质作用不同程度的改造，而在其他地域，早期变质岩受后期脆性断裂活动和岩浆侵入活动的影响，不同程度地受到脆性动力变质作用和接触变质作用改造。测区新生代沉积虽有不同程度的构造变形、但没有区域变质作用发生、为非变质岩系外，不同变质作用形成的变质岩在时间上从中新元古代、石炭纪—侏罗纪、古近纪、新近纪均有产出，变质作用类型以区域变质作用为主，动力变质作用和接触变质作用次之。由于造山带变质岩的主体是区域变质岩，根据变质作用的特点，测区区域变质岩可综合划分为三大类：晋宁—四堡期区域动力热液变质作用形成的结晶基底变质岩系、海西期—印支期区域低温动力变质作用形成的低绿片岩相浅变质岩系和燕山期区域埋深变质作用形成的亚绿片岩相浅变质岩系(图4-1)，变质岩石矿物名称及其代号见表4-1，测区区域变质岩划分见表4-2。

表4-1　变质岩中矿物名称及其代号

矿物名称	代号	矿物名称	代号	矿物名称	代号
钠长石	Ab	白云石	Do	绢云母	Ser
阳起石	Act	石榴石	Gt	蛇纹石	Se
铁铝榴石	Alm	普通角闪石	Hb	黝帘石	Zo
红柱石	And	高岭石	Ka	绿帘石	Ep
黑云母	Bit	钾长石	Kp	正长石	Or
方解石	Cal	白云母	Mu	透辉石	Di
绿泥石	Chl	斜长石	Pl	透闪石	Ti
堇青石	Crd	石英	Qz		

第二节　区域变质作用及变质岩

根据变质岩的特点，按变质作用类型可将测区区域变质岩分为三大类：四堡—晋宁期区域动力热流作用及变质岩、海西期—印支期区域低温动力变质作用及变质岩和燕山期区域埋深变质作用及变质岩。

一、区域动力热流变质作用及变质岩——中元古代吉塘岩群酉西岩组变质岩

测区区域动力热流变质作用及变质岩只分布在测区南部的中元古代吉塘岩群西西岩组地层中，变质岩石组合为一套片岩夹片麻岩。

表 4-2　测区的变质作用

变质作用		变质期	变质地(岩)层	变质相	变质带	变质矿物
区域变质作用	区域埋深变质作用	燕山期	侏罗纪雁石坪群(JY)	低绿片岩相	绢云母-绿泥石带	绢云母、石英、方解石、高岭石等
	区域低温动力变质作用	印支期	晚三叠世结扎群(T_3J) 中三叠世结隆组(T_2j)	低绿片岩相	绢云母-绿泥石带为主，基性火山岩区出现绿泥石-阳起石带	绢云母、绿泥石、绿帘石、钠长石、阳起石、石英、方解石等
		海西期	早中二叠世开心岭群($P_{1-2}K$) 早中二叠世尕笛考组($P_{1-2}gd$) 晚石炭世加麦弄群(C_2J) 早石炭世杂多群(C_1Z)	低绿片岩相	绢云母-绿泥石带为主，局部出现黑云母(雏晶)带，基性火山岩区出现绿泥石-阳起石带	黑云母(雏晶)、绢云母、绿泥石、绿帘石、钠长石、阳起石、石英、方解石、纤闪石等
	区域动力热流变质作用	晋宁期	中新元古代吉塘岩群西西岩组($Pt_{2-3}y$)	高绿片岩相	石榴石带	石榴石、正长石、斜长石、白云母、黑云母、石英、方解石
动力变质作用	韧性动力变质作用	海西期	新元古代亚龙能花岗片麻岩($Pt_3\gamma\delta gn$) 中元古代白龙能花岗片麻岩($Pt_2\gamma\delta gn$) 中元古代吉塘岩群西西岩组(Pt_2y)	绿片岩相		斜长石、阳起石、黑云母、白云母、绿泥石、钠长石、绢云母、石英等
接触变质作用	热接触变质作用	印支期—喜马拉雅期	前第三纪地层	钠长石绿帘石相	硅化-角岩化带	绿泥石、绿帘石、微斜长石、黑云母、白云母、阳起石、石英、方解石、钠长石等
		印支期、燕山期	前第三纪地层	普通角闪石相	角岩带	红柱石、堇青石、矽线石、石榴石、透辉石、透闪石、正长石、斜长石、黑云母、白云母、石英
	接触交代变质作用	印支期、燕山期	前第三纪地层		矽卡岩带	透辉石、透闪石、石榴石、方柱石、长石、黑云母、石英、阳起石、绿泥石、绿帘石等

1. 岩石组合

中元古代吉塘岩群西西岩组变质岩分布在布塔结晶基底带中，呈北西-南东向带状展布，受构造运动和岩浆活动影响，原有的空间分布规律已被完全破坏，变质岩石组合以白云石英片岩、二云石英片岩、石英岩、白云母片岩、二云更长片麻岩为主，夹少量大理岩及绿帘阳起石片岩，岩石中钠长石化蚀变强烈。其中分布有海西晚期韧性动力变质作用叠加形成的构造片岩、片麻岩类，岩石以发育透入性区域片理、片麻理为特征，在片岩、石英岩中塑性流变褶皱、紧闭顶厚同斜褶皱、“N”型褶皱、石香肠构造十分发

图 4-1 变质岩分布图

1.第四系；2.第三系；3.白垩纪风火山群；4.侏罗纪雁石坪群；5.三叠纪结扎群；6.中二叠世开心岭群；7.中二叠世尕笛考组；8.晚石炭世加麦弄群；9.早石炭世杂多群；10.中—新元古代吉塘岩群；11.新近纪中酸性侵入岩；12.早白垩世中酸性侵入岩；13.中白垩世中酸性侵入岩；14.三叠纪中酸性侵入岩；15.晚二叠世中酸性侵入岩；16.晚泥盆世中酸性侵入岩；17.地质界线；18.角度不整合线；19.逆冲断层；20.逆掩断层；21.边界断裂；22.性质不明断层；23.韧性剪切带；24.晋宁期区域动力热流变质岩；25.海西期区域低温动力变质岩；26.印支期区域低温动力变质岩；27.燕山期区域埋深变质岩

育，石英岩中具成分层特征的条纹状、条带状构造多见，且石英岩与石英片岩呈渐变过渡关系。

2. 岩石学特征

按岩石化学特征，可将岩石分为长英质变质岩、钙质变质岩和中基性变质岩。

(1) 长英质泥质变质岩类

该类岩石主要有白云母石英片岩、二云母石英片岩、(钠长石化)白云母片岩、二云更长片麻岩及石英岩等。

白云母片岩：鳞片粒状变晶结构，片状构造。主要矿物：白云母 30%～43%，石英 43%～67%，斜长石 0～3%，黑云母≤3%，绿泥石≤5%，方解石≤4%。

绿泥白云石英片岩：鳞片粒状变晶结构，片状构造。主要矿物：正长石 0～3%，白云母 20%～32%，石英 43%～60%，绿泥石 10%～20%，斜长石≤5%，方解石 0～2%，钠长石 0～4%。

(含)石榴绿泥石白云石英片岩：鳞片粒状变晶结构，片状构造。主要矿物：白云母 18%～30%，石英 30%～60%，铁铝榴石 2%～10%，绿泥石少量～10%，钠长石 0～7%。

钠长(石榴)白云石英片岩：斑状变晶结构，基质具鳞片粒状变晶结构，片状构造。矿物成分：白云母 25%～30%，石英 43%～50%，钠长石 18%～20%(变斑晶)，铁铝榴石 0～15%。

条带状二云石英片岩：鳞片粒状变晶结构，片状构造。矿物成分：石英 50%，黑云母 20%，正长石 4%，白云母 20%，钠长石 6%。

(钠长石化)石榴白云母片岩：斑状变晶结构，基质具有鳞片粒状变晶结构，片状构造。主要矿物成分：变斑晶中钠长石 0～42%，铁铝榴石 2%～10%；基质中白云母 31%～58%，石英 20%～25%，绿泥石 2%～5%。

二云更长片麻岩：具鳞片粒状变晶结构，片麻状构造。主要矿物成分：更长石 24%，正长石 2%；基质：石英 48%，黑云母 10%，白云母 15%。

白云母石英岩：鳞片粒状变晶结构，块状构造，条带状、条纹状构造。主要矿物：石英 82%～89%，白云母 5%～15%，方解石 0～14%，绿泥石 0～3%。

(2) 中基性岩变质岩类

绿帘阳起石片岩：柱状粒状变晶结构，片状构造。主要矿物：阳起石 52%，绿帘石 38%，钠长石 8%，石英 2%。

(3) 钙质变质岩类

条带状方解石大理岩：粒状变晶结构，条带状构造，定向构造，块状构造。主要矿物：方解石 94%～96%，白云母 1%，石英 2%～3%，炭质 1%。

含绿泥石大理岩：鳞片粒状变晶结构，块状构造，定向构造。矿物成分：方解石 85%，绿泥石 10%，绿帘石 2%，石英 2%。

3. 岩石化学特征及原岩恢复

岩石化学成分见表 4-3、表 4-4。长英质、泥质变质岩类的尼格里值 al>akl+c，为铝过饱和系列岩石，钙质数 c<7.91；SiO_2 含量为 67.81%～80.74%，Al_2O_3含量为 8.78%～16.59%，除一个样品的 Na_2O>K_2O 外，其余 K_2O>Na_2O。岩石在(al+fm)－(c+alk)－Si 图解(图 4-2)上大部分落在砂质沉积岩区，在 ACF 和 A′KF 图解(图 4-3)上均落在粘土岩和页岩、杂砂岩区。岩石的函数判别式 DF_3<0，在－2.25～6.06 之间，显示负变质特点。

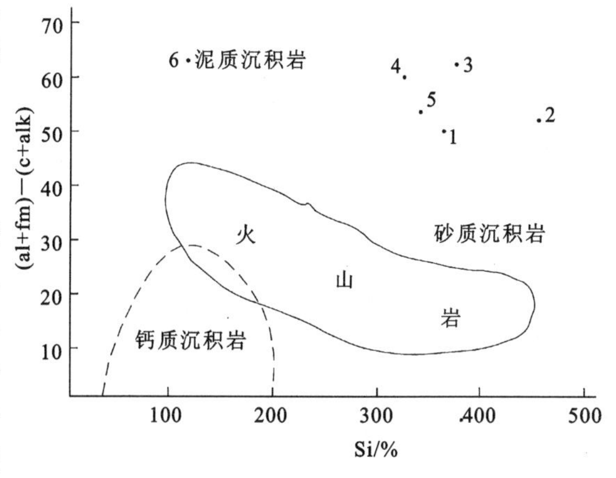

图 4-2　吉塘岩群酉西岩组(al+fm)－(c+alk)－Si 图解

表 4-3　中元古代吉塘岩群西西岩组变质岩的岩石化学成分表(w_B/%)

样号	岩性	SiO_2	TiO_2	Al_2O_3	Fe_2O_3	FeO	MnO	MgO	CaO	Na_2O	K_2O	P_2O_5	H_2O^+	CO_2	Total
4P5GS2-1	二云更长片麻岩	70.42	0.58	11.94	2.46	2.77	0.11	1.81	1.35	0.78	3.26	0.15	2.3	1.78	99.71
4P5GS8-1	白云石英片岩	74.77	0.57	11.31	1.48	2.76	0.05	1.48	0.97	0.48	3.02	0.14	1.98	1.33	100.34
4P5GS11-1	白云石英片岩	70.67	0.53	12.97	1.29	4.39	0.07	2.22	0.26	0.9	3.01	0.14	2.77	0.93	100.15
4P5GS15-1	白云石英片岩	67.2	0.71	15.46	2.2	3.28	0.05	2.18	0.29	1.18	3.87	0.12	2.58	0.89	100.01
4P5GS24-1	石榴白云片岩	67.81	0.52	16.59	1.73	2.44	0.08	1.48	0.38	1.47	3.82	0.1	2.39	1.09	99.9
4P5GS30-1	绿帘阳起石片岩	48.25	0.74	11.3	16.81	4.79	0.06	5.14	3.55	2.37	0.62	0.09	3.52	2.75	99.99
4GS369-1	石英岩	80.84	0.42	8.78	1	1.55	0.03	1.16	0.28	2.05	2	0.15	1.27	0.28	99.81

表 4-4　中元古代吉塘岩群西西岩组变质岩的岩石化学特征参数值表

样号	al	fm	c	alk	c/fm	si	ti	h	p	k	mg	o	t	DF3
4P5GS2-1	38.50	38.08	7.91	15.51	0.21	385.29	2.39	41.97	0.35	0.73	0.39	0.27	15.07	−4.25
4P5GS8-1	42.27	35.97	6.59	15.17	0.18	474.24	2.72	41.88	0.38	0.81	0.39	0.20	20.51	−5.30
4P5GS11-1	40.82	42.78	1.49	14.91	0.03	377.41	2.13	49.34	0.32	0.69	0.41	0.12	24.42	−5.47
4P5GS15-1	43.96	37.11	1.50	17.43	0.04	324.26	2.58	41.52	0.25	0.68	0.42	0.22	25.03	−3.71
4P5GS24-1	49.72	28.57	2.07	19.64	0.07	344.89	1.99	40.54	0.22	0.63	0.39	0.23	28.01	−2.25
4P5GS30-1	17.75	64.94	10.14	7.18	0.16	128.58	1.48	31.29	0.10	0.15	0.31	0.52	0.43	−6.06
4GS369-1	41.26	30.33	2.39	26.02	0.08	644.63	2.52	33.78	0.51	0.39	0.45	0.20	12.85	−4.32

岩石的稀土元素成分见表 4-5、表 4-6。岩石的稀土总量较高,$\sum REE > 186.2\times10^{-6}$,Sm/Nd 比值$<0.21$,$\delta Eu=0.57\sim0.82$,稀土配分模式呈轻稀土富集型(图 4-4),岩石稀土型式均一,其富集轻稀土,重稀土则基本平坦的模式显示沉积岩特点,在 La/Yb-$\sum$REE 图解(图略)上均落在杂砂岩区。在野外露头上,石英片岩与石英岩呈渐变过渡关系,在条纹条带状石英岩中,条纹条带为长英类。矿物组成且条纹条带状延伸稳定,显示成分层特征,其原岩应为成熟度较高的碎屑岩类,为离物源区较远的海相沉积环境。

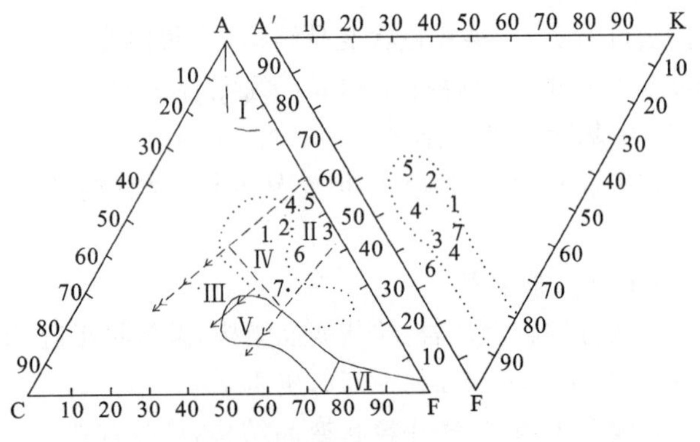

图 4-3　吉塘岩群西西岩组 ACF 和 A′KF 图解

(据温克勒,1976)

Ⅰ.富铝粘土和页岩;Ⅱ.粘土和页岩(含碳酸盐 0～35%)(断线之内);Ⅲ.泥灰岩(含碳酸盐 35%～65%)(箭头线之间);Ⅳ.杂砂岩(点线之间);Ⅴ.玄武质岩和安山质岩(实线之内);Ⅵ.超镁铁质岩

表 4-5　中元古代吉塘岩群西西岩组变质岩的稀土元素含量表($w_B/10^{-6}$)

样号	La	Ce	Pr	Nd	Sm	Eu	Gd	Tb	Dy	Ho	Er	Tm	Yb	Lu	Y	总量
4P5XT15-1	52.18	97.03	12.01	43.27	8.46	1.48	6.79	1.06	6.4	1.3	3.6	0.57	3.73	0.6	32.94	271.4
4P5XT24-1	39.1	94.33	10.05	36.28	7.25	1.16	5.88	0.97	5.63	1.17	3.46	0.53	3.54	0.54	28.09	238
4P5XT8-1	40.63	69.53	8.18	26.3	4.84	0.7	3.97	0.67	3.97	0.84	2.51	0.4	2.69	0.43	20.59	186.2
4P5XT27-1	45.39	89.13	11.61	43.73	8.96	1.8	8.41	1.42	8.89	1.91	5.5	0.92	6	0.86	49.4	283.9
4P5XT30-1	36.58	71.6	9.35	33.28	6.49	1.07	5.13	0.74	3.96	0.73	1.88	0.29	1.85	0.3	14.7	187.9

表 4-6　中元古代吉塘岩群酉西岩组变质岩的稀土元素特征参数值表

样号	ΣREE	LREE	HREE	LREE/HREE	La/Yb	La/Sm	Sm/Nd	Gd/Yb	$(La/Yb)_N$	$(La/Sm)_N$	$(Gd/Yb)_N$	δEu	δCe
	($w_B/10^{-6}$)												
4P5XT15－1	271.4	214.43	56.99	3.76	13.29	5.87	0.21	1.88	8.96	3.70	1.52	0.63	0.86
4P5XT27－1	238	188.17	49.81	3.77	14.45	5.46	0.20	2.32	9.74	3.43	1.87	0.82	0.90
4P5XT24－1	186.2	150.18	36.07	4.16	11.60	5.89	0.20	1.81	7.82	3.71	1.46	0.64	0.84
4P5XT30－1	283.9	200.62	83.31	2.41	16.41	6.56	0.20	2.08	11.06	4.12	1.68	0.57	0.82
4P5XT8－1	187.9	158.37	29.58	5.35	11.89	6.39	0.20	1.71	8.02	4.02	1.38	0.73	0.91

微量元素含量见表 4-7，微量元素蛛网图见图 4-5。微量元素蛛网图上曲线呈"M"型隆起，微量元素含量变化表明原岩为沉积岩。

表 4-7　中元古代吉塘岩群酉西岩组变质岩的微量元素标准化含量表

微量元素测试结果/洋脊花岗岩															
样号	Sr	K_2O	Rb	Ba	Th	Ta	Ce	P	Zr	Hf	Sm	TiO_2	Y	Yb	Sc	Cr
DY8－1	0.20	20.13	86.50	26.70	85.00	8.33	9.50	3.01	3.40	3.46	1.47	0.38	0.69	0.79	0.30	0.24
DY11－1	0.41	20.07	42.00	48.55	75.00	7.22	9.30	3.32	2.17	2.21	1.97	0.35	0.93	0.94	0.33	0.22
DY15－1	0.30	25.80	71.50	30.00	70.00	8.89	8.60	2.84	2.30	2.29	2.56	0.47	1.10	1.10	0.30	0.25
DY24－1	0.41	25.47	61.50	50.55	70.00	8.33	7.80	2.20	2.34	2.79	2.20	0.35	0.94	1.04	0.30	0.12
DY27－1	0.73	0.00	25.00	58.80	36.50	6.67	7.90	2.82	3.23	3.54	2.72	0.00	1.65	1.76	0.33	0.10
DY30－1	0.91	4.13	7.50	3.90	31.00	2.61	9.30	2.62	2.12	2.13	1.97	0.49	0.49	0.54	0.25	0.08
DY369－1	0.05	13.33	22.00	12.05	24.50	5.56	2.10	0.86	2.21	2.13	0.79	0.28	0.33	0.35	0.08	0.10

中基性变质岩类仅一件，其原岩镜下恢复为火成岩，在野外露头上，其在片岩中呈较稳定延伸的夹层出现，推测其原岩为中基性火山岩。钙质变质岩类在剖面及路线上均呈透镜状产出，其原岩显然为碳酸盐岩。

据上述岩石地球化学特征，结合野外宏观特征，中元古代吉塘岩群酉西岩组变质岩的原岩建造为一套成熟度较高的碎屑岩、中基性火山岩夹碳酸盐岩建造。

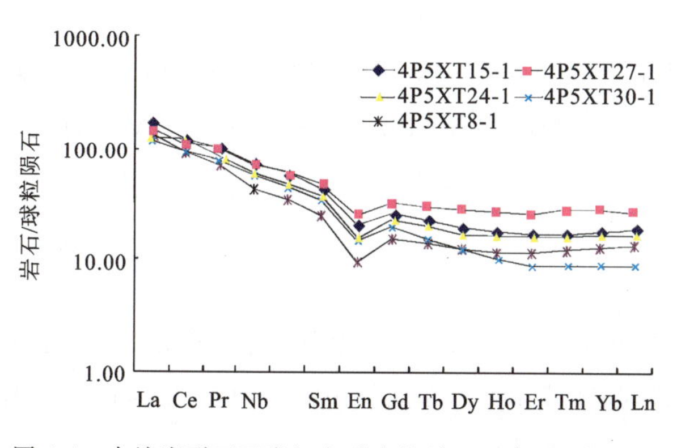

图 4-4　吉塘岩群酉西岩组变质岩的稀土元素配分模式图

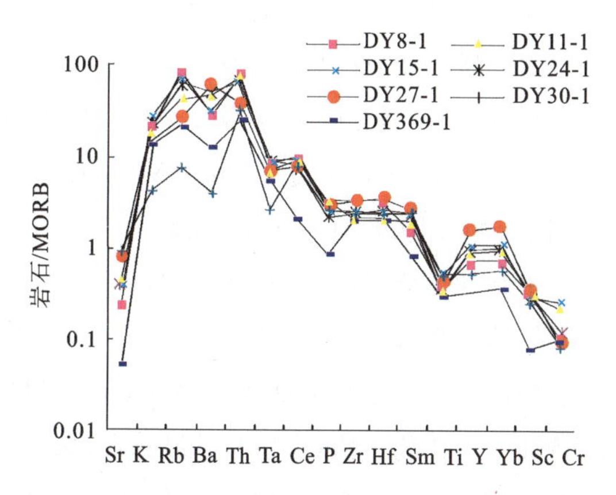

图 4-5　吉塘岩群酉西岩组变质岩的微量元素蛛网图

4. 变质作用特征

(1) 变质矿物特征

变质岩石组合中的变质矿物有：白云母、黑云母、斜长石、正长石、铁铝榴石、阳起石、绿泥石、绿帘石、钠长石、石英、方解石等。

白云母：呈鳞片状变晶，彼此依长轴方向定向排列，在后期韧性动力变质作用叠加的岩石中，早期形成的白云母片组成的片理褶皱或与晚期形成的白云母组成的片理大角度斜交，含量一般为15%～30%。

黑云母：鳞片状变晶，呈褐色，与白云母等片状矿物聚在一起形成片理或云母质条痕、条纹，多被绿泥石交代而仅保留假象，含量为1%～10%。

斜长石：他形粒状—半自形短柱状变晶，多呈变斑晶，在有韧性动力变质作用叠加的岩石中呈残留碎斑，并发育钠长石双晶，晶内有质点状不透明矿物和绢云母残缕体，残缕体排列方向与片理一致，斜长石牌号 An 不易测，但与树胶比较折射率，为偏酸性更长石，含量为1%～10%，最高为24%。

铁铝榴石：粒状变晶，在岩石中多呈变斑晶，晶内含大量石英及绿泥石和白云母残缕体而呈筛状变晶，残缕体的排列方向与片理一致，在韧性动力变质作用叠加的岩石中，石榴石中残缕体的排列方向与构造片理斜交，铁铝榴石在岩石中分布不均匀，晶粒大小不一，最大粒径为5.0mm，一般为0.3～3mm，平均含量为1%～10%，局部富集达20%。

绿泥石：鳞片状变晶，多与白云母沿长轴方向走向排列，构成片理，退变质作用形成的绿泥石多保留黑云母假象或于石榴石、斜长石、钠长石晶内呈残缕体。

钠长石：他形粒状变晶、半自形粒状变晶，在岩石中多呈变斑晶，晶内包含的白云母、石英、绿泥石结晶形态与基质中的白云母、石英、绿泥石结晶的形态、排列方向一致，但片理并不围绕钠长石排列或生长，说明白云母、石英及绿泥石的形成时间早于钠长石，部分钠长石晶内包含自形粒状铁铝榴石，说明钠长石的生长时间晚于铁铝榴石。在韧性动力变质作用叠加的岩石中，钠长石波状、块状消光强烈，晶内残缕体具弯曲褶皱现象，且钠长石短轴两端分布有重结晶石英和白云母集合体，构成不对称压力影，含量一般在4%～42%。

石英：多呈等轴状他形、半自形或自形晶，在有韧性动力变质作用叠加的岩石中，石英呈矩形或拉长状，且波状、带状消光强烈，含量为15%～89%。

正长石：他形粒状—半自形状变晶，晶内含条痕状残缕体，残缕体与片理、片麻理整合一致，含量为1%～5%。

(2) 变质矿物共生组合及其变质相

主变质期变质矿物共生组合如下。

长英质、泥质变质岩类：Mu+Bit+Pl+Qz±Cal；Pl+Or+Mu+Bit+Qz；Pl+Or+Mu+Bit+Q；Alm+Pl+Mu±Bit±Qz；Alm+Mu+Qz；Or+Bit+Mu+Qz；Alm+Bit+Mu+Qz；Pl+Mu±Bit+Qz；Pl+Alm+Qz；Mu+Chl+Qz。

中基性变质岩类：Act+Ep+Qz。

钙质岩类：Cal+Mu+Qz+Cal+Chl+Ep+Qz。

据以上特征变质矿物及其共生组合，可确定其变质相为高绿片岩相。根据泥质、长英质变质岩中出现特征变质矿物石榴石，划归石榴石带，属中低压相系，是区域动力热变质作用的产物，其变质作用的温压条件应为：P=0.2～1.0GPa，T=350～500℃。

(3) 变质变形特征及变质期次

中元古代吉塘岩群变质岩经历了强烈的变质变形,发育透入性区域面理置换,总体显示层状无序特征。根据变质岩系的产状特征及矿物共生组合、矿物的时代关系,变质岩石经历了三期明显的变质变形过程。

第一期为四堡—晋宁期区域动力热流变质作用,形成的变质岩石组合中发育透入性区域面理置换,总体显示层状无序特征,同时发育塑性流变褶皱、紧闭顶厚同斜褶皱、M 型褶皱及黏滞型石香肠等(图 4-6、图 4-7),总体显示中浅构造层特征,后期线层次绿片岩相韧性变形叠加,退变质作用明显,沿构造面理出现绿泥石、白云母、黑云母、绢云母等新生变质矿物,变质矿物组合特征显示其变质环境达高绿片岩相。

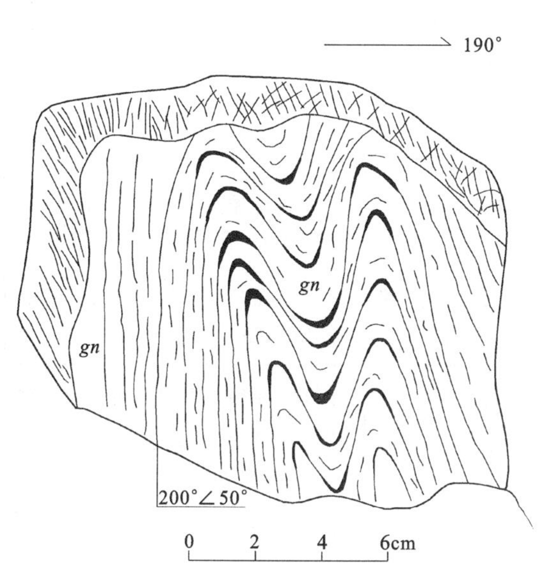

图 4-6 黑云斜长片麻岩中的"M"型褶皱

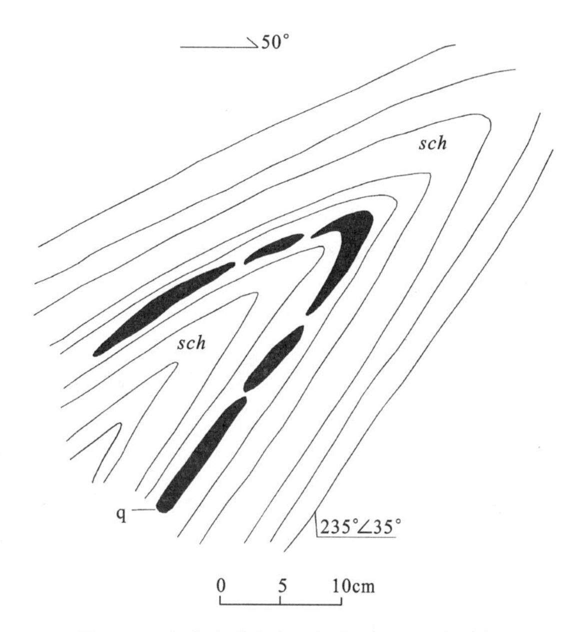

图 4-7 片岩中的紧闭顶厚褶皱及石英脉褶

在该期动力热流变质中元古代花岗片麻岩中取锆石 U－Pb 同位素样,4 颗锆石具较好的线理分布,获得 1252±22Ma 的上交点年龄表明变质侵入体的成岩年龄为中元古代。中元古代变质侵入体与中元古代吉塘岩群变质地层的局部残留侵入接触证据。区域上,在中元古代吉塘岩群酉西岩组片岩中有 757.1Ma 的 Rb－Sr 等时线热年龄,表明有晋宁期构造热事件发生。

第二期为海西期韧性动力变质作用,形成北西-南东向展布的韧性剪切带,晚期新生面理广泛而强烈置换早期面理,韧性变形构造群落发育,宏微观特征显示浅构造相韧性剪切变形特征,宏观运动学标志判断具右行斜冲性质,变质矿物组合特征显示其变质作用为绿片岩相。该期韧性动力变质在白云母片岩中获得 Ar－Ar 同位素年龄值为 251.5±2.6Ma,在中元古代花岗片麻岩中获得锆石 U－Pb 同位素下交点年龄为 249±49Ma,故将变质期确定为海西期,是海西期乌兰乌拉湖-澜沧江结合带 A 型俯冲时韧性动力变质作用的产物。

二、区域低温动力变质作用及变质岩

石炭纪、二叠纪及晚三叠世地层受区域低温动力变质作用形成低绿片岩相浅变质岩系。岩石变质均匀,程度轻微,岩层基本层序清楚,原岩组构保留良好,以发育板理、劈理及层间褶皱变形为特征。按变质变形特点及变质期,可分为海西期区域低温动力变质岩和印支期区域低温动力变质岩(表 4-8)。

表 4-8　区域低温动力变质岩石类型

岩石分类	岩石类型	岩石名称	结构构造	变质矿物
区域变质岩类	变质碎屑岩	绢云母千枚岩	显微—微粒鳞片状变晶结构、千枚状结构	绢云母、石英微粒、钠长石、方解石、绿泥石
		粉砂质板岩、泥钙质板岩	变余细砂泥质结构，斑点状构造、板状构造	绢云母、绿泥石、微粒石英，含量为 12%～35%
		变质砾岩、变质岩屑长石砂岩、变质岩屑石英砂岩、变质岩屑砂岩、变质长石石英砂岩、变质粉砂岩	变余砾状结构、变余砂状结构、变余粉砂结构，块状构造	绢云母和绿泥石含量为 3%～10%或单晶方解石含量为 5%～10%及少量黑云母(雏晶)
	变质火山碎屑岩	变质流纹英安质晶屑凝灰岩、变质玻屑晶屑凝灰岩、变质玻屑晶屑岩屑凝灰岩、变质凝灰岩	变余火山碎屑熔岩结构、变余凝灰结构，块状构造	绢云母、绿泥石、绿帘石，含量为 1%～26%不等，微粒状钠长石含量为 6%～15%，长英质微粒含量为 8%～20%
		变质沉凝灰岩、变质含火山角砾沉凝灰岩	变余凝灰结构、变余沉火山角砾结构，块状构造	长英质微粒、绢云母、绿泥石、绿帘石，含量为 10%～50%
		变质沉凝灰质长石砂岩	变余凝灰结构、砂状结构，块状构造	绢云母、绿泥石、方解石、绿帘石，含量为 10%～35%
	变质火山岩	变英安岩、变流纹岩	变余斑状结构、基质具显微鳞片粒状变晶结构，块状构造	长英质微粒状变晶集合体、绢云母、绿泥石等，含量为 10%～15%及少量黑云母(雏晶)
		变质玄武岩、变质安山岩	变余斑状结构、基质具变余间粒结构，变余杏仁状构造、片理化构造	斑晶退变为纤闪石、绿泥石，基质有阳起石、绿帘石、石英、钠长石等
	结晶灰岩	变粉晶灰岩、含粉砂粉晶灰岩、变含生物碎屑粉晶灰岩	变余粉晶结构，块状构造	方解石、石英、钠长石、绢云母

(一) 海西期区域低温动力变质岩

1. 产状及岩石组合

测区海西期低温动力变质岩在空间上分布于杂多晚古生代活动陆缘、开心岭岛弧带(和多彩蛇绿混杂岩带)中，变质地层有早石炭世杂多群(C_1Z)、晚石炭世加麦弄群(C_2J)、早中二叠世尕笛考组($P_{1-2}gd$)、早中二叠世开心岭群($P_{1-2}K$)，岩石变质较轻，以发育片理、板劈理和层间褶皱变形为特征，变质岩石类型有变质砂岩、变质硅质岩、板岩、变质基性火山岩—碳酸盐岩。

(1) 变质砂岩

岩石呈变余砂状、粉砂状结构。杂基和胶结物完全重结晶为绢云母、绿泥石和方解石、石英。在变余碎屑岩中，长石类砂屑沿边部退变为钠长石、绢云母、石英重结晶增大，部分片理化变质砂岩杂基中出现黄绿色雏晶黑云母，含量少于 10%。

(2) 板岩、千枚岩类

岩石呈显微鳞片变晶结构、变余泥质结构、变余粉砂质结构、板状、千枚状结构，岩石由粘土矿物(部分或大部分向绢云母过渡)、绢云母、绿泥石、石英、方解石组成，方解石呈微粒状变晶集合体，在岩石中不甚均匀分布，石英呈微粒状，彼此紧密接触，呈定向分布，绢云母、绿泥石呈片状变晶，与粘土矿物彼此依长轴方向定向分布，构成板理、千枚理。

（3）变质碳酸盐岩类

岩石呈变余微晶、泥晶结构，变余生物碎屑、砂屑结构，变余碎屑结构，变余鲕状结构，块状构造、条带状构造。岩石的变质表现为钙质胶结物、生物碎屑，内碎屑重结晶为方解石，粘土矿物重结晶为绢云母，条带状灰岩中的硅质条带重结晶为隐晶状、微粒状石英。

（4）变质硅质岩

岩石呈隐晶质—微粒状结构。新生变质矿物为岩石中的硅质重结晶为隐晶状、微粒状石英，岩石中尚有少量重结晶形成的绢云母，部分片理化硅质岩中出现雏晶状黑云母，呈黄绿色。

（5）变质火山岩类

变质橄榄玄武岩：呈变余斑状结构，基质具变余间粒、间隐结构，块状构造，变余杏仁状构造。变斑晶主要由橄榄石、斜长石、辉石组成。斜长石部分或全部退变为绢云母、绿泥石或钠长石，辉石部分或完全退变为绿泥石，角闪石被次闪石部分或全部交代。基质由同斑晶成分的矿物残留体及其退变形成的绢云母、绿泥石、绿帘石、阳起石组成，部分玄武岩中基质几乎由纤状阳起石组成，杏仁体原充填物被绿泥石、方解石完全取代。

变质安山岩：呈变余斑状结构，基质具变余交织结构，块状构造，变余杏仁状构造，部分安山岩具变余枕状构造。变余斑晶由斜长石和普通辉石或普通角闪石组成。斜长石部分或全部退变为绢云母化，辉石部分或全部退变为次闪石。基质由同斑晶成分的矿物或其退变形成的绢云母、绿泥石、绿帘石组成，杏仁充填物已被变质新生矿物绿泥石取代。

英安岩：呈变余斑状结构，基质具变余微粒镶嵌结构、鳞片花岗变晶结构，块状构造、变余流动构造。变斑晶由石英、斜长石、黑云母组成。斜长石部分或全部退变为绢云母、绿帘石，黑云母全部退变为绿泥石。基质由同斑晶成分的矿物或其退变质形成的绢云母、绿泥石组成，岩石中普遍有重结晶石英。

变质流纹岩：呈变余斑状结构，基质具变余微粒结构、变余球粒结构。变斑晶由斜长石、石英组成。斜长石部分或大部分退变为绢云母，个别石英变斑晶边部具次生增大现象。基质主要由微粒状长石、石英、绢云母、绿泥石组成，部分片理化流纹岩基质中出现少量雏晶状黑云母。

（6）变质火山碎屑岩类

变质凝灰岩类：呈变余晶屑凝灰结构、变余多屑凝灰结构、变余凝灰结构。岩石由变余火山碎屑和变余火山尘胶结物组成。变余晶屑由石英、斜长石及少量暗色矿物组成。斜长石部分或全部退变为绢云母，暗色矿物完全退变为绿泥石，变余玻屑、浆屑全部或部分重结晶为绢云母、绿泥石及隐晶状、微粒状长英质。胶结物被隐晶状、微粒状长英质和绢云母、绿泥石取代。

变质凝灰熔岩类；呈变余凝灰熔岩结构。岩石由变余火山碎屑和熔岩胶结物组成。变余火山碎屑中，晶屑成分有石英、钾长石、斜长石，钾长石具钠长石化退变，斜长石部分或全部退变为绢云母，玻屑重结晶为隐晶状、微粒状长英质、绢云母。熔岩胶结物由斑晶和基质组成，变斑晶由石英及具绢云母化退变的斜长石组成；基质由隐晶状长英质、绢云母、绿泥石等组成。

变质火山角砾岩：呈变余火山角砾结构。岩石由变余火山角砾及胶结物组成。变余火山角砾中，斜长石具绿泥石化、钠长石化、绢云母化蜕变质，暗色矿物辉石、角闪石具绿泥石化、绿帘石化、阳起石化退变质，在部分岩石中，辉石退变为绿色角闪石，胶结物重结晶为绢云母、绿泥石长英质微粒。

变质火山角砾熔岩：呈变余火山角砾熔岩结构，块状构造。变质岩由变余火山角砾和熔岩胶结物组成。火山角砾中的斜长石具绢云母化、绿泥石化、钠长石化退变质。暗色矿物辉石、角闪石具绿泥石化、绿帘石化、阳起石化退变质，黑云母具绿泥石化退变质。熔岩胶结物由斑晶和基质组成，变斑晶中斜长石具绢云母化、绿泥石化退变质；基质由隐晶状长英质、绢云母、绿泥石组成。

2. 变质矿物共生组合及变质相、带划分

综上所述，变质岩石中的新生变质矿物：在变质碎屑岩和变质碳酸盐岩中，新生变质矿物多数为杂基或胶结物重结晶形成；在变质火山岩中，部分变质矿物为岩石中矿物退变质形成，部分为基质或胶结物重结晶形成；而在变质侵入岩中，新生变质矿物均为岩石中的矿物退变质形成，形成的变质矿物共生组合有以下几种。

变质碎屑岩类：Ser＋Chl＋Bit（雏晶）＋Qz，Ser＋Chl＋Bit（雏晶）＋Cal，Ser±Chl±Cal，Ser＋Qz，Ser＋Ab＋Chl±Cal＋Qz，Ser＋Ab＋Cal，Ser＋Cal＋Qz。

变质火山岩类：Ab＋Ep＋Chl，Chl＋Act±Ab，Ab＋Chl＋Ep＋Ser＋Qz，Ab＋Chl±Ser＋Qz，Chl±Ep＋Ser±Qz，Chl＋Ser，Ser＋Ep，Ep＋Chl＋Qz，Act＋Ep＋Ab＋Qz，Act＋Ep＋Chl＋Cal＋Ab，Se±Ep＋Qz，Ab＋Chl＋Bit（雏晶）＋Qz。

变质火山碎屑岩：Ser＋Ep±Chl，Ab＋Ser＋Qz，Chl＋Ser＋Qz，Ser＋Ep＋Qz，Ser＋Chl±Ep＋Cal，Act＋Chl。

钙质变质岩类：Cal＋Ab，Chl＋Ser±Qz，Cal＋Qz。

据上述变质矿物共生组合及生矿条件认为，属低绿片岩相，以绢云母-绿泥石带为主，局部强变形带出现黑云母（雏晶）带，在基性火山岩中出现绿泥石-阳起石带。属中—低压相系，变质温度为400～500℃。

3. 变质变形特征及变质期次确定

变质岩石的变质程度较轻，岩层基本层序清楚，原岩组构保留较好。在局部强变形带内，变质地层中褶皱变形强烈，发育紧闭同斜褶皱（图 4-8）、尖棱褶皱、不协调褶皱，沿强变形带岩石中片理发育，片理强烈置换原始层理。在弱变形带内变质地层中发育宽缓褶皱，以发育板理、劈理为特征，局部可见轴面劈理（S_1）置换原始层理（S_0）现象，总体表现为较强应力和较低温压条件下的区域低温动力变质，变质作用程度相当于低绿片岩相。

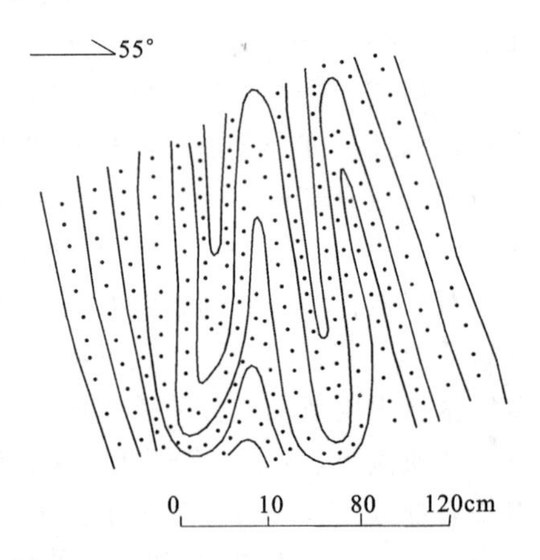

图 4-8 早—中二叠世诺日巴尕日保组砂岩中的紧闭同斜褶皱变形素描图

另外，中元古代吉塘岩群海西期表现为退变质作用和韧性动力变质作用，形成北西-南东向展布的韧性剪切带，晚期新生面理广泛而强烈置换早期面理，变质矿物组合特征显示其变质作用为绿片岩相。

区内见有晚二叠世岩浆侵入，丁青-包青涌构造带中在中元古代花岗片麻岩中获得锆石 U－Pb 同位素下交点年龄为 249±49Ma（表 3-23，图 3-44），在中元古代吉塘岩群白云母片岩中获得 Ar－Ar 同位素年龄为 251.5±2.6Ma，表明有晚二叠世构造热事件发生，故将变质期确定为海西期。

（二）印支期区域低温动力变质岩

1. 产状及岩石组合

测区印支期区域低温动力变质岩空间上分布于结扎类弧后前陆盆地中，变质地层有晚三叠世结扎群甲丕拉组、波里拉组、巴贡组。

岩石变质程度较轻，以发育板理、劈理和层间褶皱变形为特征，变质岩石类型有变质砂岩、板岩、千枚岩、变质硅质岩、变质基性—酸性火山岩、变质火山碎屑岩、变质碳酸盐岩。

（1）变质砂岩

岩石呈变余砂状、粉砂状结构。杂基和胶结物完全重结晶为绢云母、绿泥石和方解石、石英。在变余碎屑岩中，长石类砂屑沿边部退变为钠长石、绢云母、石英重结晶增大。

（2）板岩、千枚岩类

岩石呈显微鳞片变晶结构，变余泥质结构，变余粉砂质结构，板状、千枚状结构。岩石由粘土矿物（向绢云母过渡）、绢云母、绿泥石、石英、方解石组成。方解石呈微粒状变晶集合体，在岩石中不甚均匀分布，石英呈微粒状，彼此紧密接触，呈定向分布，绢云母、绿泥石呈片状变晶，与粘土矿物彼此依长轴方向定向分布，构成板理、千枚理。

(3) 变质碳酸盐岩类

岩石呈变余微晶、泥晶结构，变余生物碎屑、砂屑结构，变余碎屑结构、变余鲕状结构，块状构造、条带状构造。岩石的变质表现为钙质胶结物、生物碎屑，内碎屑重结晶为方解石，粘土矿物重结晶为绢云母，条带状灰岩中的硅质条带重结晶为隐晶状、微粒状石英。

(4) 变质硅质岩

岩石呈隐晶质—微粒状结构。新生变质矿物为岩石中的硅质重结晶为隐晶状、微粒状石英，岩石中尚有少量重结晶形成的绢云母。

(5) 变质火山岩类

变质橄榄玄武岩、玄武岩：呈深绿色、灰绿色，蚀变较强，变余斑状结构，基质具变余间粒、间隐结构，块状构造，变余杏仁状构造。变斑晶主要由橄榄石、斜长石、辉石组成。斜长石部分或全部退变为绢云母、绿泥石或钠长石，辉石部分或完全退变为绿泥石，角闪石被次闪石、绿泥石、绿帘石部分或全部交代。基质由同斑晶成分的矿物残留体及其退变形成的绢云母、绿泥石、绿帘石、阳起石组成，部分玄武岩中基质几乎由纤状阳起石组成，杏仁体原充填物被绿泥石、方解石完全取代。

变质安山岩：呈变余斑状结构，基质具变余交织结构，块状构造，变余杏仁状构造，部分安山岩具变余枕状构造。变余斑晶由斜长石和普通辉石或普通角闪石组成。斜长石部分或全部退变为绢云母化，辉石部分或全部退变为次闪石或绿泥石、绿帘石。基质由同斑晶成分的矿物或其退变形成的绢云母、绿泥石、绿帘石组成，杏仁充填物已被变质新生矿物绿泥石取代。

变质英安岩：呈变余斑状结构，基质具变余微粒镶嵌结构、鳞片花岗变晶结构，块状构造、变余流动构造。变斑晶由石英、斜长石、黑云母组成。斜长石部分或全部退变为绢云母、绿帘石，黑云母全部退变为绿泥石。基质由同斑晶成分的矿物或其退变质形成的绢云母、绿泥石组成，岩石中普遍有重结晶石英。

变质流纹岩：呈变余斑状结构，基质具变余微粒结构、变余球粒结构。变斑晶由斜长石、石英组成。斜长石部分或大部分退变为绢云母，个别石英变斑晶边部具次生增大现象。基质主要由微粒状长石、石英、绢云母、绿泥石组成。

(6) 变质火山碎屑岩类

变质凝灰岩类：呈变余晶屑凝灰结构、变余多屑凝灰结构、变余凝灰结构。岩石由变余火山碎屑和变余火山尘胶结物组成。变余晶屑由石英、斜长石及少量暗色矿物组成。斜长石部分或全部退变为绢云母，暗色矿物完全退变为绿泥石，变余玻屑、浆屑全部或部分重结晶为绢云母、绿泥石及隐晶状、微粒状长英质，胶结物被隐晶状、微粒状长英质和绢云母、绿泥石取代。

变质凝灰熔岩类：呈变余凝灰熔岩结构。岩石由变余火山碎屑和熔岩胶结物组成。变余火山碎屑中，晶屑成分有石英、钾长石、斜长石，钾长石具钠长石化退变，斜长石部分或全部退变为绢云母，玻屑重结晶为隐晶状、微粒状长英质、绢云母。熔岩胶结物由斑晶和基质组成，变斑晶由石英及具绢云母化退变的斜长石组成；基质由隐晶状长英质、绢云母、绿泥石等组成。

变质火山角砾岩：呈变余火山角砾结构。岩石由变余火山角砾及胶结物组成。变余火山角砾中，斜长石具绿泥石化、钠长石化、绢云母化蜕变质，暗色矿物辉石、角闪石具绿泥石化、绿帘石化、阳起石化退变质。在部分岩石中，辉石退变为绿色角闪石，胶结物重结晶为绢云母、绿泥石长英质微粒。

变质火山角砾熔岩：呈变余火山角砾熔岩结构，块状构造。变质岩石由变余火山角砾和熔岩胶结物组成。火山角砾中的斜长石具绢云母化、绿泥石化、钠长石化退变质，暗色矿物辉石、角闪石具绿泥石化、绿帘石化、阳起石化退变质，黑云母具绿泥石化退变质。熔岩胶结物由斑晶和基质组成，变斑晶中斜长石具绢云母化、绿泥石化退变质；基质由隐晶状长英质、绢云母、绿泥石组成。

2. 变质矿物共生组合及变质相带划分

综上所述，变质岩石中的新生变质矿物：在变质碎屑岩、变质碳酸盐岩中，变质矿物绝大多数为杂基或胶结物变质重结晶形成；在变质基性火山岩中，新生变质矿物均为原岩中的矿物退变质形成。新生变质矿物共生组合有以下几种。

变质碎屑岩类：Ser±Chl±Cal+Qz，Ser+Cal，Ser±Chl+Ab±Qz，Ser+Cal±Ep，Ser+Qz。

变质火山岩类：Ab+Chl+Act，Ab+Ep+Chl±Ser+Qz，Ser±Chl±Ab±Qz，Ep+Chl±Cal+Qz，Act+Ep+Ab+Qz，Ct+Ep+ Chl+Cal+Ab，Se+Qz，Ser+Chl±Ep。

变质火山碎屑岩：Ab+Ser±Qz，Chl±Ep+Ser+Qz，Ser±Ep+Qz，Act±Ep+Ab+Qz，Ser+Ab±Chl±Qz。

变质钙质岩类：Cal±Ser±Qz，Cal+Ab。

根据上述新生变质矿物共生组合及其生成条件，认为属低绿片岩相，以绢云母-绿泥石带为主，在变质基性火山岩中出现绿泥石-阳起石带，属中—低压相系。

3. 变质变形特征与变质期次

岩石变质程度较轻，岩层基本层序清楚，原岩组构保留较好。在强变形带内，变质地层中褶皱变形强烈，发育紧闭同斜褶皱、尖棱褶皱、不协调褶皱（图 4-9），轴面劈理置换原始层理，以发育板理、劈理为特征。在弱变形带内，变质地层中发育宽缓褶皱，局部轴面劈理置换原始层理，总体表现为较强应力和较低温压条件下的低绿片岩相区域低温动力变质作用，是印支期区域低温动力变质作用的产物。

NE

0 1 2cm

图 4-9 褶皱变型素描图

变质期的确定依据有：

a. 晚三叠世变质地层中采获大量古生物化石，确定地层时代为晚三叠世，地层时代依据充分；

b. 区内有大量晚三叠世岩浆侵入，表明有晚三叠世构造热事件发生；

c. 区内侏罗纪雁石坪群变质地层经受亚绿片岩相区域埋深变质作用，变质变形特征与晚三叠世变质地层中的变质变形特征存在明显的差异。

三、区域埋深变质作用及变质岩

区域埋深变质作用发生在北羌塘拗陷的主体——中晚侏罗世雁石坪群地层中，形成一套浅变质岩系，主要分布在色汪涌曲一带。变质地层由中晚侏罗世雁石坪群雀莫错组、布曲组和夏里组组成。雀莫错组和夏里组为一套变碎屑岩，布曲组为一套变碳酸盐岩。变质岩石类型有变砾岩、变砂岩、变粉砂岩、变粉砂质泥岩、变泥晶灰岩、变微晶灰岩、变生物碎屑灰岩、变生物介壳灰岩等。岩石变质极轻微，局部地段基本未发生变质，只有部分钙质胶结物重结晶为微粒状方解石。岩层基本层序清楚，原岩组构保留良好，以发育宽缓褶皱变形为特征。出现的变晶矿物很少，在变质岩石中含量为 3%～30%，部分变质岩石中变质矿物（方解石）含量达 42%左右。

新生变质矿物为变砂岩、变粉砂岩、变砾岩杂基中的粘土矿物重结晶为绢云母或向绢云母过渡，胶结物重结晶为石英和方解石以及变碳酸盐岩中的基质或胶结物，重结晶为晶粒状方解石，部分胶结物中的粘土矿物重结晶为绢云母或向绢云母过渡。新生变质矿物有：绢云母、方解石、石英等，变质矿物共生组合有：Ser+Cal±Qz，Ser+Qz，Cal+Ser，Cal+Qz。

根据上述新生变质矿物组合特征，其变质作用程度相当于亚绿片岩相，属绢云母带。

在剖面上雁石坪群变质地层由底部向上变质作用有依次减弱趋势，表现为变质地层中变砂岩、变粉砂岩杂基中的粘土矿物在中下部部分或大部分重结晶为绢云母，在中上部向绢云母过渡，上部粘土矿物基本未发生重结晶。该特征表明变质地层遭受区域埋深变质作用，且随埋深程度的递减，变质作用也依次减弱甚至不发生变质。区内白垩纪地层虽有一定程度的变形，但没有发生变质作用，为非变质岩系。

故将变质期确定为燕山期。

第三节　动力变质作用及变质岩

在区域变质作用的基础上，沿构造带叠加动力变质作用而形成动力变质岩。根据动力变质作用的特点，将动力变质岩划分为韧性动力变质作用形成的变质岩和脆性动力变质作用形成的变质岩。

一、韧性动力变质作用形成的变质岩

测区韧性动力变质作用呈现多期次多体制特点，根据测区韧性动力变质作用特征和其卷入的最新地质体时代，韧性动力变质作用可分为两期不同的韧性动力变质岩。

1. 海西期动力变质岩

该期韧性动力变质作用透入性叠加在布塔结晶基底中新元古代吉塘岩群西西岩组变质岩、中元古代亚龙能变质侵入体及新元古代白龙能变质侵入体中，形成的岩石类型有(绿泥石)白云母石英片岩，眼球状白云母石英片岩，眼球状、条纹条带状黑云更长片麻岩，眼球状糜棱岩等，眼球状、条纹条带状二云更长片麻岩等。岩石具斑状变晶结构，基质具鳞片粒状变晶结构，条纹条带状、眼球状构造，片麻状构造，发育"δ"旋转碎斑(图 4-10)，含量少量至 15%。黑云母发育缎带式波状消光，并显示 S-C 组构(图 4-11)；石英波状、块状消光明显，部分石英颗粒具核幔构造；长石呈眼球状，并见多米诺骨牌效应(图 4-12)。新生变质矿物有更长石、石英、黑云母、白云母、绿泥石等。

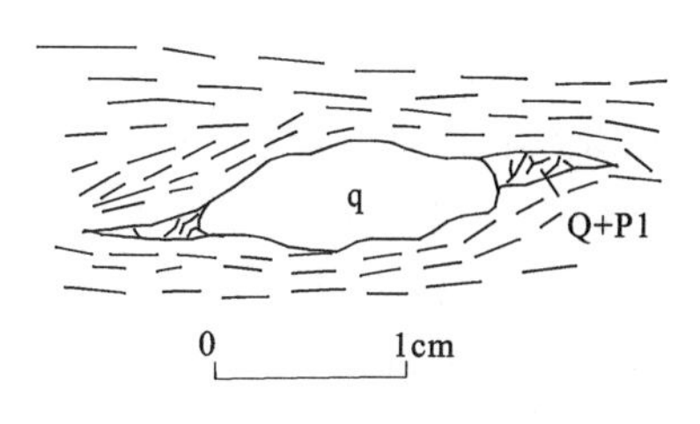

图 4-10　石英"δ"碎斑素描图

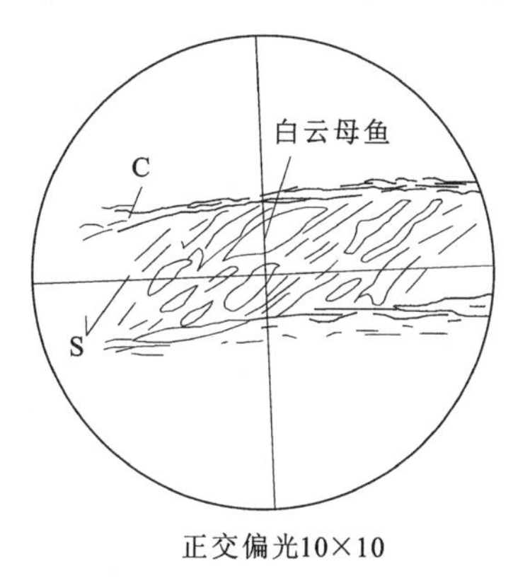

图 4-11　片岩中 S-C 组构镜下特征

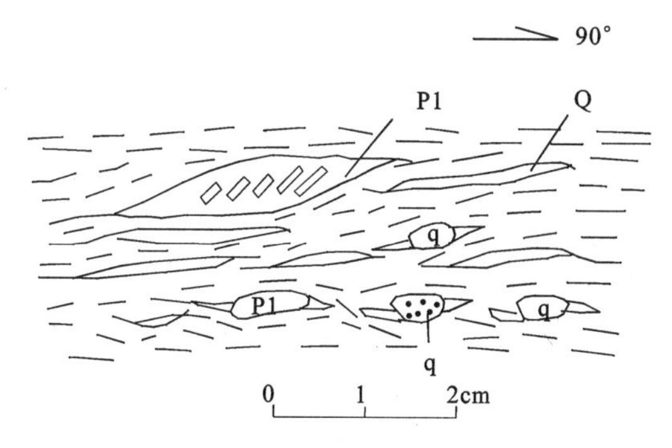

图 4-12　韧性剪切带中的"δ"碎斑系及多米诺骨牌效应

(绿泥石)白云母石英片岩：呈鳞片粒状变晶结构，变余斑状结构。变斑晶钠长石碎斑由形态呈鱼状白云母和钠长石石英组成，碎斑含量少量至 20%。基质由白云母、石英及绿泥石组成。钠长石晶内定向分布有石英、白云母残缕体，残缕体的排列方向与片理方向近于垂直或斜交，且岩石中早期形成的由白云母组成的片理褶皱与晚期形成的、由白云母组成的片理呈大角度斜交。

眼球状白云母石英片岩：呈碎斑结构，基质具鳞片粒状变晶结构，眼球状构造，片状构造。碎斑由长石组成，含量较少。基质由石英、长石、白云母及少量绿泥石、绿帘石等组成。岩石中早期形成的、由白云母组成的片理与晚期形成的、由白云母组成的片理呈大角度斜交。

眼球状糜棱岩：变余碎斑结构、糜棱结构，基质具鳞片粒状变晶结构，片麻状、片状构造，眼球状构造。碎斑含量 15%～38%，为钠长石。基质由白云母、黑云母、石英、钠长石等组成。

透辉石质糜棱岩：呈糜棱结构，透镜状构造，眼球状构造。碎斑由透辉石组成，含量12%。基质由阳起石、绿泥石、绿帘石等组成。岩石以具条纹条带状构造，片状、片麻状构造，眼球状构造和完全重结晶的变晶糜棱结构为特征，岩石中早期面理被晚期新生糜棱面理广泛而强烈置换，并发育S-C组构、云母鱼构造、δ旋转碎斑、不对称压力影，眼球状碎斑、透入性矿物拉伸线理多见。斜长石变形呈眼球状，并具部分晶质塑性应变，石英双峰式结构明显。宏、微观特征显示浅层次的特征，新生变晶矿物有斜长石、钠长石、阳起石、黑云母、白云母、绿泥石、绿帘石、绢云母、石英等，变质矿物组合有：Pl+Mu±Bit+Chl+Qz±Cal，Bit+Mu+Qz，Mu±Chl+Qz±Cal，Act ±Ep+Chl±Qz，Act+Ep+Ab+Qz，Ab+Mu±Chl+Qz，Ser±Ab±Chl，Qz±Cal。

据特征矿物组合，属绿片岩相动力变质岩。该期韧性动力变质作用透入性叠加在新元古代吉塘岩群变质侵入体和晚泥盆世变质侵入体中，使其发生广泛的绿片岩相退变质，据运动学指向判断，具韧性右行斜冲性质。据该期韧性动力变质作用卷入的最新地质体晚泥盆世白龙能片麻变质侵入体时代，将其主变质期归入海西期，是海西期乌兰乌拉湖-澜沧江结合带形成时同构造期韧性动力变质作用的产物、伸展体制下韧性动力变质作用的产物。

2. 燕山期韧性动力变质岩

该期变质岩叠加分布在布塔结晶基底带及丁青岩浆岩带中，印支期动力变质作用在上述构造单元中以糜棱岩化岩石为基本组合，发育透入性片理、糜棱面理并间隔性置换早期面理，形成明显的“SW”倾的构造面理，平面上具有强弱变形带平行间隔状产出、剖面上具叠瓦状排列的特点。沿强变形带出现带状、束状糜棱岩，初糜棱岩和各种糜棱岩化岩石，宏观表现为狭长的退化变质带，变质作用形成的糜棱面理与片理化面理一致，沿面理出现新生变质矿物，表明变质和变形作用基本同时发生，具同构造期的特点，据宏观运动学标志判断具右行斜冲性质，形成的动力变质岩石类型有各类糜棱岩、(糜棱)片岩及糜棱岩化岩石。

糜棱岩化岩石：具糜棱岩化结构、显微鳞片粒状变晶结构，各种变余结构，平行条纹条带状构造，平行定向构造，片状构造，个别具眼球状构造。岩石碎斑含量35%～75%，碎斑多为岩块组成，部分重结晶绢云母、绿泥石、绿帘石、石英、方解石及白云母、钠长石等。

糜棱岩：糜棱结构，残斑状结构，基质具鳞片粒状变晶结构，片状构造，定向构造，条纹条带状构造，眼球状构造。岩石碎斑含量20%～35%，碎斑主要由石英、长石、方解石等组成，变形组构发育。基质重结晶为石英、方解石、绿泥石、绿帘石、白云母、绿色黑云母、钠长石等。岩石以眼球状、条纹条带状构造为特征，发育“δ”旋转碎斑、S-C组构及顺片理的紧闭尖棱褶皱、“N”型褶皱，紧闭顶厚同斜褶皱多见。矿物变形组构特征有：石英、长石、辉石、石榴石、方解石，具不对称压力影。长石具沙盅构造，石英波状、带状消光强烈，并具核幔构造，“云母鱼”、S-C组构发育。岩石中新生变晶矿物有：绢云母、绿泥石、绿帘石、阳起石、石英、方解石、钠长石、斜长石、黑云母、白云母等，形成的新生矿物组合有：Mu±Ab+Qz，Chl+Ser+Ab±Qz，Pl+Bit+Mu+Qz±Ep，Ep+Bit+Qz，Bit+Ep+Cal，Ser+Bit+Qz±Ep，Chl+Act+Ab，Ser±Cal±Chl，Cal+Qz±Ab等。据以上新生变质矿物组合，其变质作用程度为低绿片岩相；综合宏、微观特征，认为是浅构相韧性动力变质作用的产物。该期韧性动力变质作用卷入的最新地质体为印支期中酸性侵入岩，故构造期定为印支期。

二、脆韧性动力变质作用形成的变质岩

脆性动力变质岩测区表构相脆性断裂带呈带状分布，岩石以碎裂作用为主要变形，形成的变质岩石类型有构造角砾岩、碎裂岩、碎裂岩化岩石等，新生变质矿物很少，主要有葡萄石、绿纤石、绿泥石、绢云母、钠长石、方解石等。据变质岩中出现的特征变质矿物，其变质作用属葡萄石相和葡萄石-绿纤石相，是表部构造层次的脆性动力变质作用的产物。测区脆性动力变质作用具多期活动叠加的特点，变质作用一直影响至古近纪地层。

据上述矿物特征组合及生成条件，变质作用程度为绿片岩相。该期韧性动力变质作用透入性叠加在新元古代吉塘岩群变质岩及中元古代花岗片麻岩、新元古代花岗片麻岩中，使其发生广泛的绿片岩相退变质，据宏、微观运动学标志判断具韧性右行剪切性质。该期韧性动力变质在吉塘岩群白云母片岩中获得 Ar－Ar 同位素年龄为 251.5±2.6Ma（表 4-9，图 4-13），在中元古代花岗片麻岩中获得锆石 U－Pb 同位素的下交点年龄为 249±49Ma（见岩浆岩部分），表明有海西期构造热事件发生，故将变质期归为海西期。可能是海西期乌兰乌拉湖-澜沧江结合带 A 型俯冲形成的浅层次韧性动力变质作用的结果。

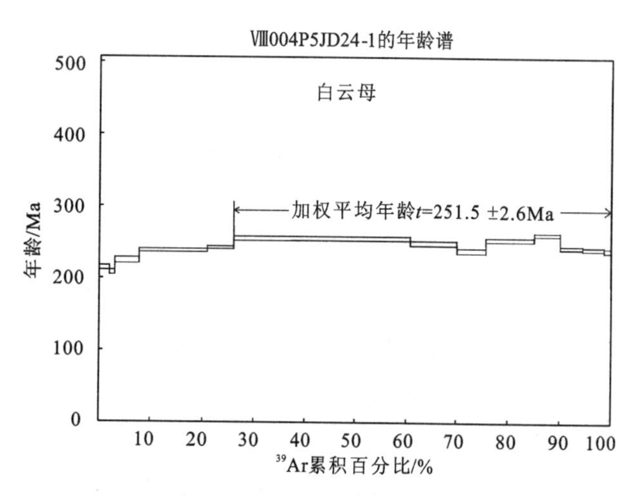

图 4-13 吉塘岩群白云母片岩 Ar－Ar 同位素年龄

表 4-9 吉塘岩群白云母片岩 Ar－Ar 同位素年龄参数

Ⅷ004P5JD24－1		W＝101.00mg			J＝0.011 717		2006/1/6		
T(℃)	$(^{40}Ar/^{39}Ar)_m$	$(^{36}Ar/^{39}Ar)_m$	$(^{37}Ar/^{39}Ar)_m$	$(^{38}Ar/^{39}Ar)_m$	F	$^{39}Ar(10^{-14}mol)$	^{39}Ar(Cum)(%)	Age(Ma)	±1σ(Ma)
400	18.2420	0.0250	0.0536	0.0192	10.8421	117.52	1.73	215.7	3.2
500	14.9324	0.0151	0.1160	0.0233	10.4773	84.99	2.98	208.9	3.1
600	14.6253	0.0110	0.0770	0.0165	11.3824	320.09	7.69	225.8	4.0
700	13.8629	0.0060	0.0629	0.0153	12.0971	902.33	20.97	239.1	2.4
750	14.1850	0.0063	0.0745	0.0159	12.3213	349.78	26.12	243.3	2.5
820	14.2359	0.0042	0.0486	0.0147	12.9872	2362.19	60.89	255.5	2.5
870	14.2619	0.0058	0.6554	0.0215	12.6066	644.88	70.38	248.5	2.7
930	13.5266	0.0053	0.7588	0.0228	12.0310	354.24	75.59	237.9	2.4
980	13.7928	0.0033	0.2598	0.0164	12.8407	662.98	85.20	252.8	2.6
1030	14.5917	0.0046	0.0829	0.0168	13.2363	343.95	90.27	260.1	2.8
1080	14.8084	0.0086	0.1253	0.0178	12.2708	286.63	94.49	242.3	2.5
1180	13.8832	0.0058	0.1401	0.0169	12.1635	287.25	98.71	240.4	2.7
1280	14.9302	0.010	0.5330	0.0272	12.0199	65.02	99.67	237.7	3.3
1400	18.1496	0.0294	0.6520	0.0537	9.5224	22.42	100.00	190.8	5.2

注：表中下标 m 代表样品中测定的同位素比值，Total age＝246.8Ma；F＝$*^{40}Ar/^{39}Ar$。

第四节 接触变质作用及其变质岩

测区岩浆作用较为强烈，尤以印支期岩浆作用最为强烈。由于后期区域变质作用和动力变质作用的叠加改造，展布于丁青中生代岩浆带中的中元古代、新元古代变质侵入岩与围岩的侵入接触关系被后期构造彻底改造，除接触变质作用不明显外，区内印支期—喜马拉雅期侵入体与围岩的接触变质作用十分普遍，不仅与各时代围岩中的火山岩、碎屑岩接触处形成较宽的热接触变质带，而且在与各时代地层中的碳酸盐岩接触处形成接触交代成因的矽卡岩类变质岩，部分印支期和燕山期中酸性侵入体与围岩接触带上发育不甚完整的热接触递增变质带及阶段交代递增变质带。

一、热接触变质作用的变质岩

该类变质岩主要分布于印支期—喜马拉雅期侵入岩与围岩接触地带附近，多呈不规则环带状分布，宽数米至数百米不等，部分地段发育不完全的热接触递增变质带。

1. 岩石类型及特征

(1) 角岩化岩石：围绕侵入体呈环带状分布，部分分布于热接触带的最外带，与区域正常岩石及角岩呈过渡关系，各种变余结构发育。新生矿物主要有绿泥石、绿帘石、阳起石、绢云母、黑云母、白云母、石英、钠长石等。岩石类型以角岩化砾岩、角岩化砂岩、角岩化粉砂岩、角岩化粉砂质泥岩及角岩化凝灰岩、角岩化安山岩为主，此外还有角岩化英安岩、角岩化流纹岩、角岩化火山角砾岩以及斑点状板岩等。

(2) 角岩：是区域热接触变质岩的主体之一，围绕侵入体呈环带状分布于热接触带的中带和内带，呈角岩结构，斑状变晶结构，块状构造，岩石中变余结构、构造不发育。重结晶形成的变质矿物有石榴石、红柱石、堇青石、普通角闪石、硅灰石、透辉石、斜长石、钾长石、黑云母、绿泥石、绿帘石、石英等。岩石类型有红柱石角岩、堇青石角岩、含石榴堇青石黑云母角岩、黑云母长英质角岩、透辉石阳起石角岩、石榴石角岩、长英质角岩、钠长绿帘角岩等。

(3) 大理岩：产于侵入体与碳酸盐岩接触带上，呈粒状变晶结构，条带状构造，块状构造。主要变晶矿物有方解石、钙铝榴石、透辉石、透闪石、长石、绿泥石、绢云母、硅灰石等。岩石类型有大理岩、硅灰石大理岩、透辉石大理岩、透闪石大理岩等。

2. 矿物共生组合及接触变质相的划分

由于侵入体外接触带的出露宽度、原岩性质及离侵入体距离等因素不同，形成不同类型的接触变质相带，部分地段形成明显的变质分带现象，大部分则以角岩化带为主，分带现象不明显。

依据接触变质岩石特点及矿物组合，本区接触变质作用可划分为三个热接触变质相。

(1) 钠长绿帘角岩相

测区所有发育于海西期、印支期、燕山期和喜马拉雅期侵入岩周围的角岩化带及部分燕山期侵入岩周围的角岩带均属于该相，是测区热接触变质相的主体相，岩石结构未达平衡状态，并与Cu、Mo、Pb、Zn矿化关系密切而引人注目。新生变质矿物组合有如下几种。

变泥砂质长英质岩类：Bit＋Ep±Ab＋Qz，Bit＋Mu±Qz，Bit＋Ser±Mu±Chl±Qz，Ser±Chl＋Qz，Qz＋Ab＋And＋Mu＋Bit＋Chl，Mi＋Mu＋Bit＋Ab±Qz。

基性变质岩类：Act＋Bit＋Ep，Act＋Ab＋Chl，Ab＋Ep＋Act＋Chl±Bit＋Qz。

钙质变质岩类：Cal＋Qz，Cal±Chl＋Ser＋Bit＋Qz，Cal±Bit＋Mu 。

据上述变质矿物共生组合及生成条件，将其归入钠长绿帘角岩相。

(2) 普通角闪石角岩相

出露于苏鲁、吓纳、杂玛拉等地的燕山期(早白垩世等)侵入岩周围的大部分岩带均属于该相，形成的变质矿物共生组合有如下几种。

泥砂质、长英质变质岩类：And＋Bit＋Pl＋Qz，Sil＋Crd＋Mu，Gt＋Crd＋Bit±Qz±Pl，Crd＋Bit＋Pl＋Qz，Pl＋Kf＋Bit＋Qz，Gt＋Crd＋Bit＋Di＋Qz。

基性变质岩类：Di＋Pl＋Qz，Hb＋Pl＋Di＋Bit＋Qz，Di＋Tr＋Pl＋Qz。

钙质变质岩类：Gt＋Di＋Pl＋Qz，Gt＋Di＋Cal＋Qz，Di＋Tr＋Cal±Qz，Di＋Tr＋Gt＋Cal。

据上述变质矿物共生组合及生成条件，将其归入普通角闪石角岩相。

(3) 辉石角岩相

该角岩相仅出现在燕山期部分中酸性侵入岩与围岩接触带中，出现的矿物组合有：And＋Pl＋Kf＋Qz。

该相接触变质作用中，仅在燕山期中酸性侵入体外接触带局部出现，其范围有限。

综上所述，测区除燕山期侵入岩周围发育不完全的递增变质带外，其他各时代侵入岩周围形成的热接触变质岩均属于钠长绿帘角岩相。

依据各侵入岩的时代，测区热接触变质作用的期次分为海西期、印支期、燕山期、喜马拉雅期四个期。

二、接触交代变质作用及变质岩

接触交代变质岩主要分布于印支期和燕山期中酸性侵入岩与石炭纪、二叠纪及晚三叠世碳酸盐岩的外接触带，在部分地段，石炭纪、二叠纪地层中，同期喷发的石炭纪—二叠纪中酸性火山熔岩与碳酸盐岩接触带上形成规模较小的接触交代变质岩——矽卡岩(如吉龙地区)。接触交代变质岩在空间上多呈透镜状、似层状、扁豆状、囊状及串珠状产出，一般规模不大，但与有色金属、贵金属矿化关系密切，测区有很多Cu、Mo、Pb、Zn、Ag等金属矿(化)点产于各种矽卡岩中。

矽卡岩呈半自形粒状—柱状变晶结构，块状、条带状构造。主要变质矿物有透辉石、透闪石、石榴石、绿帘石、绿泥石、阳起石、方柱石、硅灰石、长石、石英、黑云母等。岩石类型有透辉石矽卡岩、透闪石矽卡岩、石榴石矽卡岩、硅质矽卡岩、含石榴绿帘石矽卡岩、透辉石石榴石矽卡岩等。变质矿物组合有：Tr＋Cal±Di＋Ep＋Pl＋Qz，Di＋Hb＋Bit＋Gt＋Pl＋Qz，Tr＋Ep±Chl±Bit±Cal，Tr＋Act＋Chl±Bit，Di＋Ep＋Cal＋Gt＋Q±Sc，Gt＋Di＋Cal＋Qz，Ep＋Gt＋Cal＋Qz等。

在杂玛拉、吓纳等地燕山期侵入岩与碳酸盐岩外接触带形成透辉石矽卡岩—透闪石矽卡岩—大理岩的阶段交代递增变质带。

第五节 变质作用演化

测区变质作用与变形具多期性和多样性，根据各主要变质岩系的基本特征，结合大地构造演化，测区变质作用演化大致分为五个阶段。

1. 中新元古代基底岩系形成阶段

中元古代宁多群地层在晋宁期区域动力热流变质作用条件下，形成一套由中深变质岩系组成的造山带结晶基底变质岩系，其被构造围限的残留基底块体分布于丁青-包青涌构造带中。岩石变质变形强烈，发育透入性区域面理置换，形成区域性片理、片麻理，并发育中深构造层次的塑性流变褶皱。变质矿物共生组合特征显示其变质作用程度相当于高绿片岩相，原岩建造为一套成熟度较高的碎屑岩、火山岩、碳酸盐岩建造。区内在中元古代花岗片麻岩中获得锆石U－Pb同位素上交点年龄1252±22Ma，而中元古代花岗片麻岩局部尚残留有与中元古代吉塘岩群变质岩侵入接触依据，表明有四堡期构造热事件发生。区域上，在吉塘岩群西西岩组片岩中有Rb－Sr等时线年龄值757.1Ma，表明区域上有晋宁期构造热事件发生，故将主变质期确定为四堡—晋宁期。

2. 海西期洋—陆转换阶段

随着古特提斯多岛洋在石炭纪离散扩张，至早二叠世扩张进入高潮，洋盆中出现洋壳物质，中二叠世洋盆开始闭合并向南发生B型俯冲，至晚二叠世洋盆闭合形成西金乌兰-金沙江蛇绿混杂岩带，乌兰乌拉-澜沧江结合带在区内形成强变形带。该带内绿片岩相韧性剪切带是该期构造事件的产物，该期韧性动力变质作用较透入，叠加在中元古代花岗片麻岩、新元古代花岗片麻岩和中元古代吉塘岩群中深变质的基底岩系中，由剪切面理透入置换的糜棱岩、千糜岩、糜棱岩化岩石及构造片岩、构造片麻岩的岩石组合而成。韧性剪切带内韧性变形构造群落发育、特征明显，变质矿物共生组合表明变质作用程度达绿片岩相。同期，受构造应力影响，石炭纪、二叠纪地层经受较强应力和较低温压条件下的区域低温动力变质作用，形成低绿片岩相浅变质岩系，变质地层中岩石变质较轻，程度较均匀，基本层序清楚，原岩组构保留较好。构造变形表现为沿强变形带褶皱变形强烈，岩石中片理发育，片理强烈置换原始层理；在弱变形带，变质地层中发育宽缓褶皱，局部出现轴面劈理置换原始层理现象。

3. 印支期洋—陆转换阶段

早—中三叠纪，甘孜-理塘有限洋盆开始扩张形成；晚二叠世早期，研究区内沿金沙江结合带发生扩张，中期洋盆洋壳向南发生俯冲消减，晚期洋盆消亡，碰撞带弧盆体系形成。区内晚三叠世结扎群地层受构造应力影响，经受区域低温变质作用，形成相线变质岩系，岩石变质轻微，程度均匀，原岩组构保留良好，基本层序清楚，以发育板理、劈理为特征，表现为较强应力和较低温压条件下的区域低温动力变质作用。印支期后，测区大规模的区域低温动力变质作用彻底结束。

4. 燕山期后造山阶段

侏罗纪随着班公湖-怒江构造带发生俯冲，在区内形成中—晚侏罗纪雁石坪群海相—海陆交互相碎屑岩、碳酸盐岩沉积。同时，在丁青-包青涌构造带发生动力变质作用，形成向北西向展布的断裂带。区内中—晚侏罗纪雁石坪群地层发生亚绿片岩相区域埋深变质作用，形成浅变质岩系，且呈现随埋深程度的递减，变质作用亦依次减弱甚至不发生变质的特点。现有资料表明，白垩纪地层虽有一定程度的变形，但没有变质作用发生，为非变质岩系。燕山期后，测区大规模的区域变质作用彻底结束。

5. 新生代高原隆升阶段

古近纪—新近纪受印度板块与欧亚板块碰撞的影响，区内早期断裂继承性活动，在南北向强烈挤压下，陆内断块差异性升降，沿断裂发育一系列北西向展布的断陷盆地和走滑拉分盆地，接受沱沱河组，雅西措组、查保玛组、五道梁组及曲果组河湖相碎屑岩、碳酸盐岩沉积。由于燕山期后，测区大规模的区域变质作用彻底结束，因此，该阶段的变质作用以浅表层次的脆性动力变质作用和接触变质作用为主。其中喜马拉雅期接触变质作用与有色金属矿化关系密切而引人注目。

第五章　地质构造及构造演化史

第一节　区域构造特征概述

测区位于青藏高原腹地的唐古拉山北坡，大地构造位置属特提斯-喜马拉雅构造域的东段，西金乌兰-金沙江结合带与怒江结合带之间，区域上双湖-澜沧江结合带在测区西南通过，经历了自元古代以来漫长的构造演化历史，主要记录了青藏高原特提斯演化及其青藏高原隆升过程等构造事件。

一、区域重力、航磁特征

（一）区域重力特征

根据1:100万青海省布格重力异常图，测区区域重力异常（图5-1）显示幅值为很大的负值。异常等

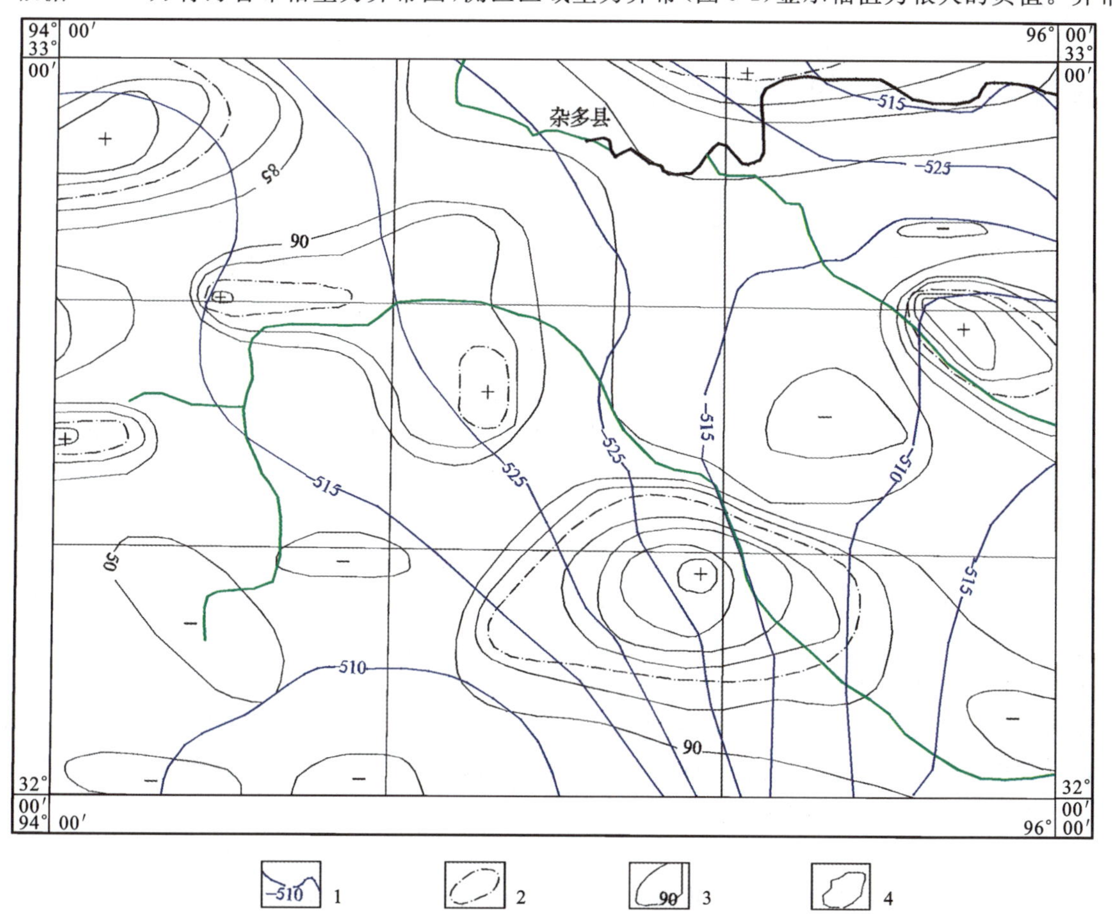

图5-1　测区重力布格异常、航磁异常分布图

（重力异常单位：$10^{-5}m/s^2$，磁场强度单位：nT）

1.重力布格异常图例；2.航磁异常零等值峰；3.航磁异常负等值峰；4.航磁异常正等值峰

值线总体呈北西向，与区域构造线方向一致，重力异常值一般为$-525\times10^{-5}\sim-510\times10^{-5}m/s^2$，最高为$-510\times10^{-5}m/s^2$，最低为$-525\times10^{-5}m/s^2$。在测区西南丁青一带，为一低重力异常线性梯级带；在测区西侧，靠近昂歉县一带，为一高重力异常线性梯级带，测区总体表现为两个较明显北西向展布的线性重力异常带，反映出地壳厚度基本一致，无大的变化。

（二）区域航磁特征

根据1∶100万青海航磁异常图，测区航磁异常（图5-1）形态特征以较密集负异常为主，局部正异常和负异常，正负相间的梯度异常带，航磁异常表现为北西向展布，异常形状具纺锤状、串珠状，磁场强度峰值分别达50nT和－90nT。

（三）地壳岩石圈的深部结构

邻区深部大地电磁测深研究成果表明，研究区岩石圈总体具纵向上分圈层，横向上呈块断的结构特征；在视电阻率断面上，囊谦至下拉秀间，只现电阻率陡变带，下拉秀以南显示一个低阻区，以北视电阻率中等，等值线疏缓；上地幔软流层的深度在93～116km之间，总趋势为南高北低，变化幅度不大；莫霍面的平均深度约60km，在剖面上显示出囊谦幔凹，下拉秀至巴塘幔隆，莫霍面之上的低阻层一般厚约10km，相当稳定，其低阻层电阻率变化较大，一般为1～10Ω·m，最高为300Ω·m，且电阻率在幔凹区相对幔隆区偏低；上下地壳界面其深度变化很大，一般在20km左右，最大可达36km，在下拉秀以北，该界面有与莫霍面同步起伏的特点，其南侧显示相反的结果；下地壳厚度在囊谦至下拉秀为37km，电阻率仅500Ω·m。

二、区域构造特征与测区构造单元划分

测区位于青藏高原腹地的唐古拉山北坡，大地构造位置属特提斯-喜马拉雅构造域的东段，位于冈瓦纳古陆与欧亚古陆强烈碰撞、挤压地带，自元古代以来，经历了漫长的构造演化历史，地质构造复杂。现今的构造面貌是在造山带基底形成之后，经过青藏高原特提斯开合演化和青藏高原隆升这两个不同动力学性质构造过程完成的。区内原特提斯构造演化阶段的构造-建造记录缺失，主要构造-建造实体记录了晚古生代以来的构造演化历程，该阶段海西—印支期构造运动强烈，石炭纪随着古特提斯多岛洋离散扩张，至早二叠世形成西金乌兰-玉树-金沙江洋盆和澜沧江-乌兰乌拉湖有限洋盆；中二叠世，扩张洋盆沿西金乌兰-玉树-金沙江缝合带和澜沧江-乌兰乌拉缝合带向南发生B型俯冲消减，至晚二叠世，洋盆消失，弧-陆碰撞形成西金乌兰-金沙江缝合带和澜沧江-乌兰乌拉缝合带；晚二叠世晚期—晚三叠世早期三江造山带发生扩张，形成三叠纪甘孜-理塘有限洋盆。晚三叠世早期，该洋盆向南发生俯冲，至晚三叠世晚期，洋盆闭合，形成甘孜-理塘结合带，该带以北巴颜喀拉山地带最终演化为双向前陆盆地，以南晚三叠世碰撞带弧-盆体系形成；侏罗纪随着班公湖-怒江洋盆的扩张裂陷，发生凹陷，接受沉积；白垩纪洋盆闭合，测区局部形成上叠盆地；新生代随着冈底斯南新特提斯洋的相继开启及向北俯冲，印度洋的打开与扩张导致印度和欧亚板块于80Ma期间碰撞及大规模陆内俯冲（许志琴，1992）远程效应，使包括调查区在内的青藏高原成为一个长期的陆内汇聚活动区，壳幔动力学环境发生了根本改变，在拆离作用和拆沉作用的共同作用下，引起岩石圈突发性减薄，青藏高原快速抬升，铸就了岩石圈同一的深部幔拗和地表隆升的双凸性构造-地貌景观（图5-2）。

有关本区构造单元的划分，不同的学者认识不一，彼此之间存在一定的分歧，其原因之一是测区及邻区尚属于地质科研的薄弱区，对诸多重大地质问题的认识，构造背景的研究明显有不确定的因素；第二个原因是青藏特提斯在晚古生代—中生代阶段的古板块格局异常复杂。基于上述原因，我们对测区大地构造单元的划分，在突出强调构造-建造实体的基础上，以晚古生代—中生代特提斯板块构造格局和构造演化为主导，参考《青藏高原及其周边大地构造格局及演化》（潘国堂，2000），并结合区域资料及

有关参考文献等，对测区构造单元提出了如下划分方案(表 5-1，图 5-3)。

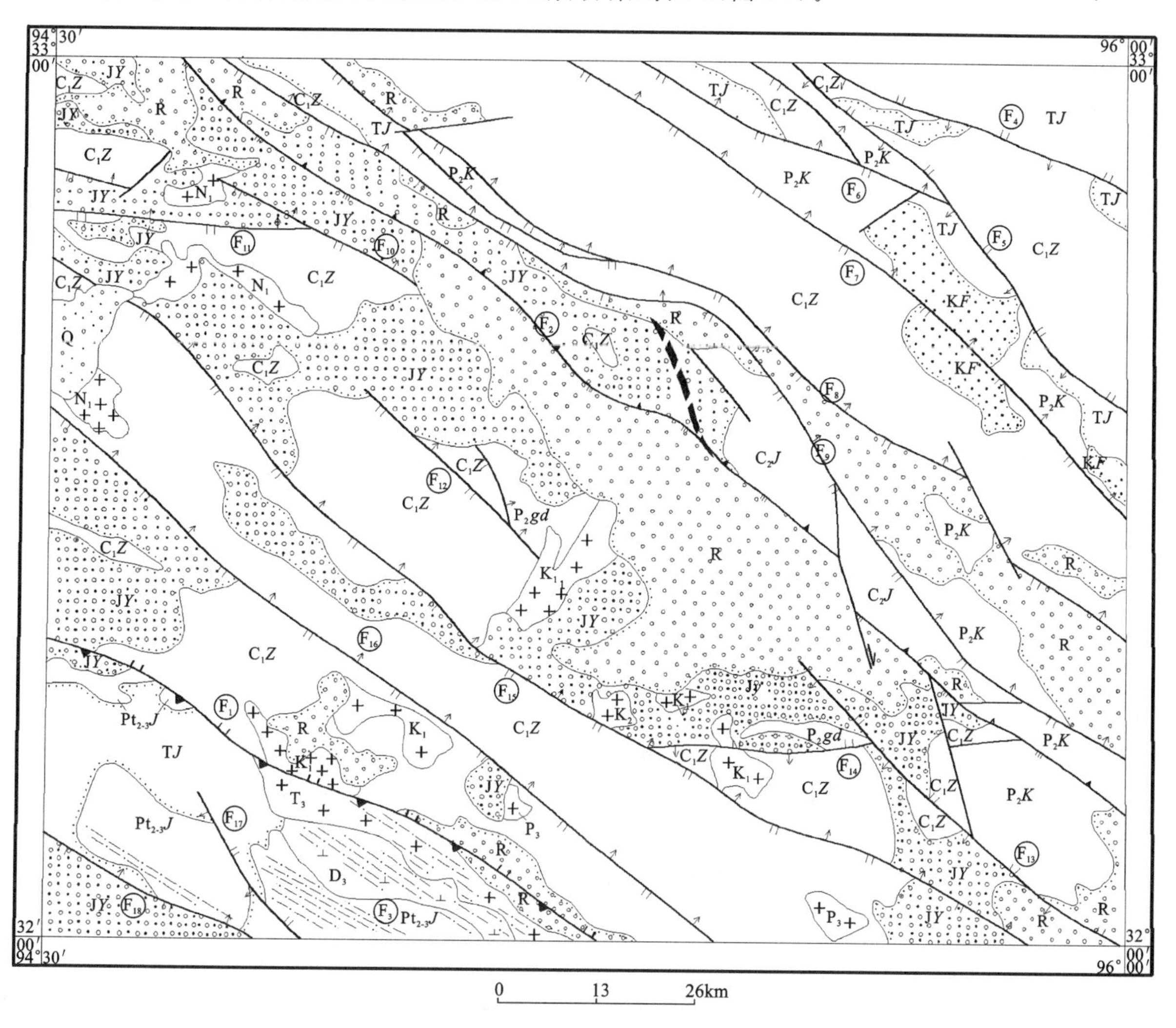

图 5-2　构造纲要图

Q 第四系	R 第三系	KF 白垩纪风火山群	JY 侏罗纪雁石坪群	TJ 三叠纪结扎群
P_2K 中二叠世开心岭群	P_2gd 中二叠世尕笛考组	C_2J 晚石炭世加麦弄群	C_1Z 早石炭世杂多群	$Pt_{2-3}J$ 中—新元古代吉塘岩群
N_1 新近纪中酸性侵入岩	K_1 早白垩世中酸性侵入岩	K_2 中白垩世	T_3 三叠纪	P_3 晚二叠世
D_3 晚泥盆世	地质界线	角度不整合界线	逆冲断裂层	逆掩断层
边界断层	性质不明断层	韧性剪切带	F_1 断层编号	M_1 褶皱编号

表 5-1　测区构造单元划分

<table>
<tr><th>一级</th><th>二级</th><th colspan="2">三级</th></tr>
<tr><td>羌北-昌都地块(Ⅰ)</td><td>杂多晚古生代—中生代活动陆缘($Ⅰ_1$)</td><td>结扎弧后前陆盆地($Ⅰ_1^1$)
子曲岛弧带($Ⅰ_1^2$)
阿多-东坝弧后盆地($Ⅰ_1^3$)
杂多晚古生代浅海陆棚($Ⅰ_1^4$)
莫云上叠盆地($Ⅰ_1^5$)
结多中生代前陆盆地($Ⅰ_1^6$)</td><td rowspan="2">新生代走滑拉分盆地</td></tr>
<tr><td>羌南-左贡地块(Ⅱ)</td><td colspan="2">丁青岩浆岩带($Ⅱ_1^1$)
布塔结晶基底($Ⅱ_1^2$)</td></tr>
</table>

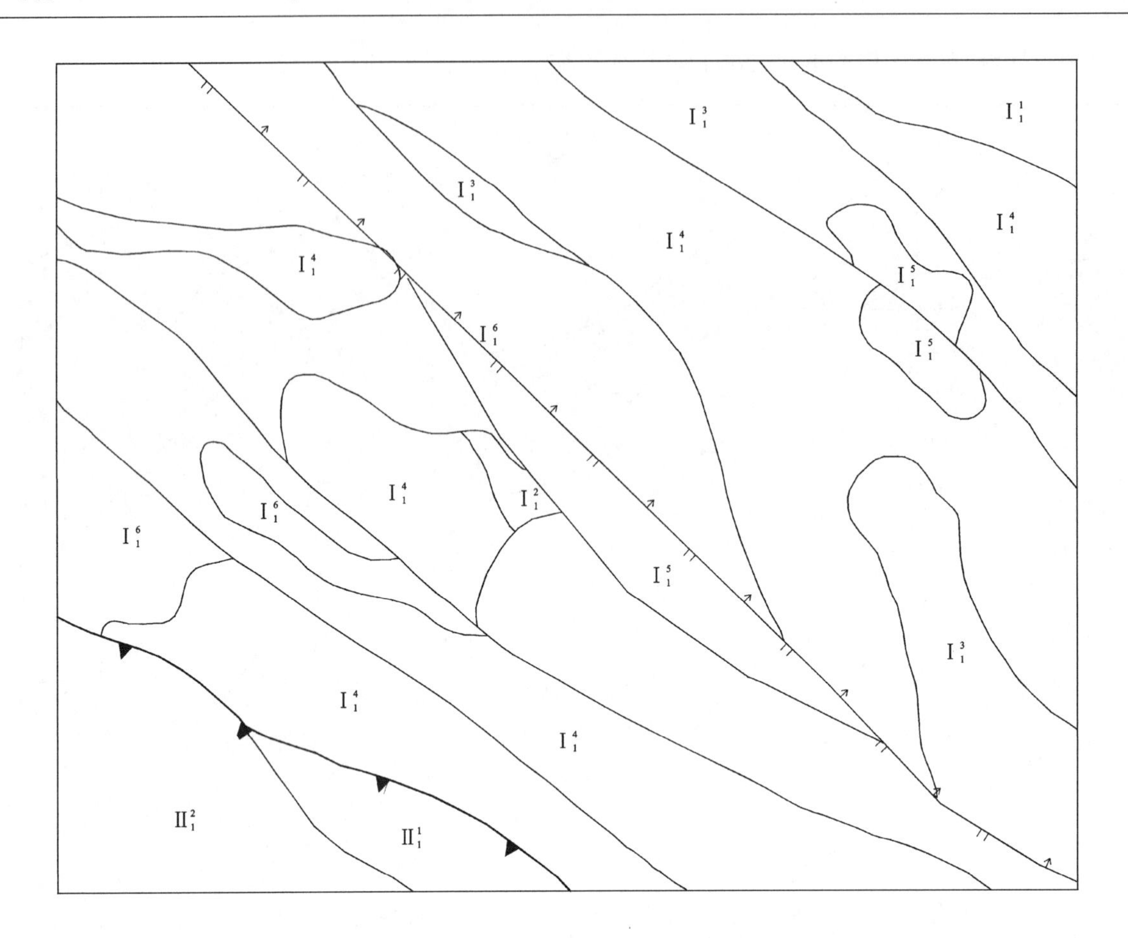

I_1^1 1　I_1^2 2　I_1^3 3　I_1^4 4　I_1^5 5　I_1^6 6　II_1^1 7　II_1^2 8

图 5-3　构造单元划分略图

1.结扎弧后前陆盆地；2.子曲岛弧带；3.阿多-东坝弧后盆地；4.杂多晚古生代浅海陆棚；5.莫云上叠盆地；6.结多中生代前陆盆地；7.丁青岩浆带；8.布塔结晶基底

（一）羌北-昌都地块杂多晚古生代—中生代活动陆缘（I_1）

该构造单元展布于测区木曲-包清涌断裂以北（乌兰乌拉湖-澜沧江缝合带组成部分）的广大地区，为区内主要构造单元，呈北西向展布。该单元在石炭纪—早二叠世，随着西金乌兰-金沙江洋盆扩张形成，接受扩张洋盆活动性浅海陆棚碎屑岩、碳酸盐岩、火山岩沉积；中二叠世随着洋盆闭合，形成活动大陆边缘弧-盆体系；晚二叠世洋盆闭合，弧-陆碰撞，褶皱隆起，进入陆内造山演化阶段；晚三叠世中期，随着甘孜-理塘洋盆闭合，形成晚三叠世活动陆缘，弧后前陆盆地内结扎群沉积；晚三叠世晚期，甘孜-理塘洋盆闭合，弧后前陆盆地褶皱回返；侏罗纪受班公湖-怒江洋盆扩张形成的影响，南羌塘-左贡陆块向北陆内冲断，测区内形成中—晚侏罗纪结多前陆盆地，接受雁石坪群沉积；白垩纪班公湖-怒江洋盆闭合，前陆盆地褶皱成山，局部形成上叠盆地，风火山群河湖相粗碎屑岩沉积。

区域重力异常显示幅值为很大的负值，平均为$-500\times10^{-5}\,\mathrm{m/s^2}$，异常等值线呈北西向，与区域构造线方向一致，重力场总体呈由南向北方向单调降低的阶梯状，显示地壳厚度由南向北逐渐减薄的斜坡式特点，区域航磁异常表现为比较密集正异常和负异常相间的梯度异常带，形态呈封闭的串珠状，走向多呈北西向，磁场强度峰值分别达 50nT 和－90nT。

该单元组成复杂，除前寒武纪结晶基底在区内没有出露外（区域上在玉树县巴塘乡以南小苏莽乡一带出露中—新元古代变质结晶基底），出露地层有早石炭世杂多群、晚石炭世加麦弄群、早中二叠世尕笛考组、开心岭群诺日巴尕日保组、九十道班组、晚三叠世结扎群、侏罗纪雁石坪群、白垩纪风火山群、古近纪—新近纪沱沱河组、雅西措组、五道梁组、曲果组等。带内早二叠世纪查能辉长岩侵入于早石炭世杂多群中，印支—燕山期中酸性岩浆侵入活动较为强烈，主要为晚二叠世布嘎正长花岗岩、晚三叠世开古曲顶闪长岩、侧群石英闪长岩、借金英云闪长岩；早白垩世尼青塞二长花岗岩、吓纳正长花岗岩；晚白垩世开古曲顶石英闪长岩、莫海闪长玢岩；喜马拉雅期浅成—超浅成中酸性、碱性侵入岩发育，主要有古新世稿涌花岗斑岩、中新世阿多霓辉石正长岩侵入。

早二叠世辉长杂岩：主要岩性为灰绿色—深灰色辉长岩、灰绿色辉长辉绿岩、暗绿色—墨绿色强蚀变辉石橄榄岩，岩石中 TiO_2 含量为 1.31%～2.44%，$K_2O<Na_2O$，$\sigma=0.83\sim5.22$，$\sum REE=100.42\times10^{-6}\sim339.98\times10^{-6}$，LREE/HREE＝4.89～9.89，$\delta Eu=0.70\sim0.99$，$(La/Yb)_N=4.82\sim14.96$，稀土配分曲线为右倾光滑曲线，基本无铕异常，构造环境判别显示 MORB 型富集型地幔源特征，系早二叠世西金乌兰-金沙江洋盆闭合向南俯冲时，在岛弧带南侧发育的不完善弧后扩张盆地中侵位基性岩，角闪石辉石橄榄岩中角闪石 Ar－Ar 同位素测年获得 275.3±1.9Ma 年龄值，与构造演化时期相吻合。

晚二叠世布嘎正长岩中，$Na_2O+K_2O=5.62\%\sim8.53\%$，$\sigma=1.03\sim2.69$，$K_2O/Na_2O=1.72\sim15.03$，$\sum REE=759.12\times10^{-6}\sim848.4\times10^{-6}$，LREE/HREE＝3～7.68，$\delta Eu=0.03$，$(La/Yb)_N=4.29\sim5.27$，轻稀土富集，具有强负铕异常，稀土配分曲线为右倾“V”字型，环境判别显示典型的 S 型花岗岩特征，侵位时代为 251.4±0.6Ma(U－Pb)，系西金乌兰湖-金沙江结合带和澜沧江-乌兰乌拉湖结合带晚二叠世碰撞时形成碰撞型花岗岩。

晚三叠世中酸性侵入岩中，$Na_2O+K_2O=4.05\%\sim10.87\%$，$\sigma=0.94\sim6.79$，大部分岩石中 $Na_2O>K_2O$，$\sum REE=155.41\times10^{-6}\sim302.42\times10^{-6}$，LREE/HREE＝5.98～12.05，$\delta Eu=0.65\sim1.09$，$(La/Yb)_N=6.79\sim16.2$，轻稀土富集，稀土配分曲线为右倾圆滑曲线，环境判别显示活动大陆边缘弧花岗岩特征，侵位时代为 207.3±0.5Ma，为晚三叠世甘孜-理塘洋盆向南发生 B 型俯冲时，活动陆缘中岩浆活动物质记录。

早白垩世花岗岩中，$Na_2O+K_2O=5.62\%\sim9.41\%$，$\sigma=1.03\sim2.69$，$\sum REE=115.23\times10^{-6}\sim555.2\times10^{-6}$，LREE/HREE＝5.52～9.72，$\delta Eu=0.04\sim0.6$，$(La/Yb)_N=5.17\sim11.26$，轻稀土富集，具有明显的负铕异常，稀土配分曲线为右倾，Eu 处呈明显的“V”字型，构造环境判别显示壳内重熔 S 型花岗岩特征，侵位时代为 126Ma(K－Ar)，为早白垩世受班公湖-怒江洋盆闭合、陆-陆碰撞造山作用影响，陆内冲断形成花岗岩。

晚白垩世花岗岩中，$Na_2O+K_2O=4.68\%\sim9.01\%$，$\sigma=1.21\sim4.89$，$\sum REE=109.37\times10^{-6}\sim167.92\times10^{-6}$，LREE/HREE＝4.35～5.44，$\delta Eu=0.64\sim0.92$，$(La/Yb)_N=3.66\sim4.97$，轻稀土中等富集，具有弱负铕异常，稀土配分曲线为明显右倾平滑曲线，构造环境判别具 I 型和 S 型花岗岩特征，为造山晚期花岗岩，系造山带造山作用晚期岩浆活动的表现。古新世花岗斑岩中，$Na_2O+K_2O=5.61\%\sim7.97\%$，$K_2O>Na_2O$，$\sigma=1.14\sim2.50$，$\sum REE=110.5\times10^{-6}\sim166.49\times10^{-6}$，LREE/HREE＝16.1～30.56，$\delta Eu=0.81\sim0.90$，$(La/Yb)_N=32.49\sim86.88$，轻稀土富集，稀土配分曲线为明显右倾光滑曲线，构造环境判别显示为上地壳部分熔融的 S 型花岗岩特征，侵位时代为 50.5±62.9Ma(K－Ar)，系新生代高原隆升阶段地壳大规模差异性抬升，形成壳内重熔型花岗岩。

中新世霓辉石正长岩中，$Na_2O+K_2O=6.57\%\sim10.83\%$，$K_2O/Na_2O=1.75\sim8.4$，$\sigma=2.60\sim7.36$，$\sum REE=947.38\times10^{-6}\sim417.19\times10^{-6}$，LREE/HREE＝12.43～26.22，$\delta Eu=0.79\sim0.90$，$(La/Yb)_N=23.69\sim66.18$，轻稀土富集程度较高，稀土配分曲线为轻稀土强烈富集的明显右倾光滑曲线，构造环境判别显示 A 型花岗岩特征，侵位时代为 10.71±0.08Ma、10.26±0.16Ma(Ar－Ar)、8.99Ma(K－Ar)，为新生代高原隆升阶段在“前缘挤压，后缘滞后扩张”的构造环境下形成的花岗岩。构造变形以发育北西向脆性断裂为特征，沿断裂带地层多呈菱形块体相拼的格局，断裂对带内地质体的展布具较明显的控制作用。

该单元依据与其板块构造相关联的构造-地貌类型、物质建造组成、变质变形特征可进一步划分为：结扎弧后前陆盆地（I_1^1）、子曲岛弧带（I_1^2）、阿多-东坝弧后盆地（I_1^3）、杂多晚古生代浅海陆棚（I_1^4）、结多中生代前陆盆地（I_1^6）、莫云上叠盆地（I_1^5）6 个三级构造单元。

1. 结扎弧后前陆盆地（$Ⅰ_1^1$）

该构造单元呈北西向展布，由于晚古生代浅海陆棚、岛弧带、弧间盆地分割，连续性较差。盆地沉积建造主体由晚三叠世结扎群甲丕拉组和波里拉组组成，由碎屑岩、碳酸盐岩夹少量中酸性火山岩等组成，碎屑岩中发育交错层理、斜层理及波痕等沉积构造，其沉积环境为前陆盆地浅海陆表海—海陆交互相碎屑岩、碳酸盐岩及火山岩建造。结扎群岩石变质轻微，普遍经历低绿片岩相区域低温动力变质，出现绢云母、绿泥石、方解石等变质矿物组合，构造变形以发育北西向展布的脆性逆冲断裂及等厚褶皱为特征。

2. 子曲岛弧带（$Ⅰ_1^2$）

该构造单元位于测区苏鲁及赛柴拉桑一带，总体呈北西向断续展布，由于中新生代地层覆盖，多呈弧岛状散布。由中二叠世尕笛考组组成。尕笛考组由灰绿色、紫红色火山碎屑岩、火山岩夹生物碎屑灰岩及碎屑岩组成。火山岩为玄武岩、辉石安山岩、安山质火山角砾凝灰熔岩、岩屑凝灰角砾岩、安山质晶屑凝灰熔岩、英安质熔岩晶屑凝灰岩、流纹岩、英安岩夹生物碎屑灰岩及碎屑岩组成，火山岩以中基性为主体，岩石中 $Na_2O+K_2O=0.05\%\sim9.35\%$，$\sigma=0.44\sim4.73$，$K_2O/Na_2O=0.10\sim12.81$，$\sum REE=98.87\times10^{-6}\sim314.22\times10^{-6}$，$LREE/HREE=4.31\sim14.60$，$\delta Eu=0.33\sim1.11$，$(La/Yb)_N=3.72\sim16.16$，轻稀土富集，稀土配分曲线为右倾光滑曲线，构造环境判别具岛弧火山岩特征，系中二叠世，西金乌兰-金沙江洋盆闭合时活动陆缘中火山活动的直接表现。

区内岩浆活动的记录仅有喜马拉雅期浅成—超浅成花岗斑岩侵入，这次事件区域上以形成明显的铜、钼多金属矿化为特征，形成区域性斑岩型铜、钼成矿带，二叠纪地层普遍经历低绿片岩相区域低温动力变质作用，构造变形以发育北西向、北北西向逆冲断层及等厚褶皱为特征。

3. 阿多-东坝弧间盆地（$Ⅰ_1^3$）

该构造单元呈条块状散布于研究区中南部扎青—东坝一带，条块北西-南东向延展，“夹”持于杂多晚古生代—中生代活动陆缘带中不同构造单元内，由早中二叠世开心岭群诺日巴尕日保组浅海相碎屑岩夹碳酸盐岩、火山岩建造，九十道班组浅海相碳酸盐岩组成。诺日巴尕日保组中火山岩的主要岩石类型有安山岩、玄武岩、安山玄武岩、中基性火山角砾岩、安山质火山角砾岩、中基性凝灰熔岩、中基性含火山角砾凝灰岩、安山玄武质晶屑岩屑火山角砾凝灰岩，岩石中 $Na_2O+K_2O=3.04\%\sim8.03\%$，$\sigma=0.81\sim15.58$，$K_2O/Na_2O=0.03\sim67.79$，$\sum REE=981.27\times10^{-6}$，$LREE/HREE=23.34$，$\delta Eu=0.86$，$(La/Yb)_N=66.18$，轻稀土元素较为富集，稀土配分曲线为右倾平滑曲线，构造环境判别显示为一套伸展环境下中高钾碱性火山岩，为区内中二叠世西金乌兰-金沙江洋盆闭合时，在其活动陆缘弧后扩张盆地中火山活动的表现，从其沉积岩的岩石组合特征、沉积岩相特征分析，该盆地具有初始演化形成、发育不完善的特点。该带内地层普遍经历低绿片岩相变质变形，构造变形以发育北西向断面南倾逆冲断层及宽缓褶皱为特征。

4. 杂多晚古生代浅海陆棚（$Ⅰ_1^4$）

该构造单元总体呈北西向展布于测区木曲-包青涌断裂以北一带，其上局部被晚三叠世结扎群弧后前陆盆地结扎群甲丕拉组、侏罗纪前陆盆地雁石坪群、白垩纪上叠盆地风火山群角度不整合。该单元主体由早石炭世杂多群、晚石炭世加麦弄群组成。

杂多群碎屑岩组由岩屑砂岩、粉砂岩、炭质页岩、板岩、凝灰岩夹灰岩及煤层组成，偶见中基性、中酸性火山岩；碳酸盐岩组为灰岩夹少量碎屑岩；加麦弄群碎屑岩组由板岩、粉砂岩夹灰岩；碳酸盐岩组由灰岩组成。杂多群、加麦弄群均为一套次稳定的浅海陆棚滨浅海相—海陆交互相的含煤碎屑岩、碳酸盐岩、火山岩建造。

杂多群中的火山岩，其岩石类型主要有玄武岩、流纹岩、流纹英安岩、熔岩晶屑岩屑角砾凝灰岩、流纹质晶屑岩屑凝灰岩、英安质凝灰角砾熔岩、英安质凝灰熔岩等，岩石中 $Na_2O+K_2O=2.84\%\sim8.28\%$，$\sigma=0.02\sim3.14$，$K_2O/Na_2O=0.35\sim11.75$，$\sum REE=68.41\times10^{-6}\sim189.6\times10^{-6}$，LREE/HREE=5.62～14.92，$\delta Eu=0.54\sim0.93$，$(La/Yb)_N=6.34\sim23.69$，轻稀土富集，稀土配分曲线为右倾平滑曲线。

加麦弄群中的火山岩，其岩石类型主要有流纹岩、英安岩、安山岩、玄武岩、安山质玄武岩、安山质英安质火山角砾岩、中酸性及酸性火山角砾熔岩、凝灰岩等，岩石中 $Na_2O+K_2O=3.71\%\sim7.42\%$，$\sigma=0.40\sim6.49$，$K_2O/Na_2O=0.05\sim8.76$，$\sum REE=95.2\times10^{-6}\sim314.9\times10^{-6}$，$\delta Eu=0.58\sim1.01$，$(La/Yb)_N=4.69\sim16.19$，轻稀土富集，稀土配分曲线为右倾光滑曲线，构造环境判别显示杂多群、加麦弄群中火山岩均具有活动陆缘弧火山岩特征，系晚古生代古特提斯多岛洋构造演化时期，活动陆缘浅海陆棚中火山活动的物质记录。

该单元内二叠纪基性岩、印支期闪长岩、石英闪长岩、英云闪长岩、燕山期二长花岗岩、正长花岗岩、喜马拉雅期霓辉石正长岩等岩浆活动较强烈，岩体均呈岩株状产出，宏观上呈北西向带状展布。

二叠世基性岩其岩石类型为辉石橄榄岩、辉长岩为主，系西金乌兰湖-金沙江缝合带中二叠世俯冲消减时，弧后扩张环境下岩浆活动的产物。印支期侵入岩系特提斯海闭合，陆-陆碰撞事件相联系的壳幔型花岗岩；燕山期中酸性侵入岩则是班公湖-怒江洋盆闭合—碰撞期岩浆活动在区内的直接表现；喜马拉雅期碱性岩是喜马拉雅期新生代青藏高原差异性隆升时期，陆内断块差异性升降，在前缘挤压、后缘滞后扩张构造环境下岩浆活动的产物。

该单元内的地层普遍经历低绿片岩相区域低温动力变质，岩石中原岩特征保留完整，构造变形也以发育北西向脆性逆断层为主，在解曲以北结多乡一带，发育走向北西、断面北倾的逆掩断层，褶皱构造以宽缓短轴背斜、向斜为特征，在断裂带附近发育小型不协调剪切褶皱、牵引褶皱及挤压劈理，脆性变形特征明显，断裂对单元内地层、侵入岩的展布起一定的控制作用，且新生代活动性明显，主要表现为断裂活化，控制了新生代断陷盆地的展布。

5. 莫云上叠盆地(Ⅰ$_1^5$)

该构造单元主体展布于测区西部莫云一带，宏观上形态呈不规则状，主体沉积建造为白垩纪风火山群错居日组，其岩石组合为一套山间上叠盆地杂色粗碎屑岩夹灰岩、泥岩、含铜砂岩、石膏组成的河湖相碎屑岩建造，和下伏前白垩纪地层多呈角度不整合，单元内岩浆活动微弱，仅在杂多县东南稿涌一带喜马拉雅期花岗斑岩侵入，构造变形以发育宽缓的褶皱构造为特征。

6. 结多中生代前陆盆地(Ⅰ$_1^6$)

该构造单元总体展布于测区中部，结多—尕羊一带，主体由中—晚侏罗世雁石坪群组成，其岩石组合为一套以碎屑岩、碳酸盐岩为主夹少量石膏层组成的海相—海陆交互相碎屑岩、碳酸盐岩建造，岩石基本未变质，构造变形以发育北西向脆性断裂及轴向北西向宽缓等厚褶皱为特征，在断裂带附近，发育挤压剪切褶皱及牵引褶皱。

(二) 羌南-左贡陆块(Ⅱ)

该构造单元以木曲-包青涌断裂为界，北西-南东向展布于研究区西南角易涌—茶涌一带，区域航磁异常呈正、负异常相间的北西向展布的椭圆状、纺锤状，磁场强度最高为 50nT，最低为 −20nT；区域重力异常呈北西向展布的梯级异常带，与区域构造线一致，异常等值线最低为 $-525\times10^{-5}\,m/s^2$，呈由南西向北东、单调逐渐升高的趋势。木曲-包青涌断裂作为区域上乌兰乌拉湖(或双湖)-澜沧江结合带的组成部分，在区内北西向延伸，断裂带中没有发现蛇绿岩组分，但区域上在类乌齐北西石炭系中具洋脊型玄武岩，在乌兰乌拉湖一带见有超基性岩或混杂岩。

区内该单元中物质建造较为简单，主要由中元古代深变质岩系吉塘岩群西西岩组和中元古代变质侵入体白龙能花岗片麻岩、新元古代变质侵入体亚龙能花岗片麻岩及大量印支期中酸性侵入岩组成，局部有晚三叠世结扎群角度不整合其上。该单元中构造变形复杂，综合分析具有四期明显记录。

第一期：中元古代吉塘岩群酉西岩组区域动力变质作用，形成区域性片理、片麻理(S_n)。

第二期：晋宁期区域动力热流变质作用，在挤压剪切流变褶皱、无根褶皱、粘滞型石香肠构造、中深构造层次韧性剪切带岩石中矿物生长线理发育，面理置换型式多为“W”型、“N”型，该期变形发生在中元古代吉塘岩群中，由于后期构造叠加改造，仅在局部弱变形域中残存，连续性、延展性差。

第三期：发生在中元古代深变质岩系吉塘岩群酉西岩组、中—新元古代白龙能花岗片麻岩、亚龙能花岗片麻岩变质侵入体中，以中浅构造层次韧性右行剪切变形为主要特征。该期变形作为构造演化过程中主期变形，在地质体中发育广泛，形变特征明显，其变形特点为在吉塘岩群中发育透入性剪切面理。岩石普遍具片状构造、条带状构造，石英均被压扁拉长，长英质脉体多呈条带状、透镜状、香肠状，变质侵入体中，糜棱岩化现象明显。岩石中发育透入性片麻状构造、眼球状构造，长石、石英呈眼球状，构成“δ”碎斑系，长英质变质分异脉体沿片麻理分布，并形成不对称褶皱。糜棱岩中广泛出现长石、石英、黑云母、白云母、方解石等矿物，反映其变形环境达绿片岩相。在吉塘岩群石榴石白云母石英片岩中，获得的白云母 Ar - Ar 年龄值为 251.5±2.6Ma，在中元古代白龙能花岗片麻岩中获得 249±49MaU - Pb 下交点年龄，反映出在晚二叠世—早三叠世构造热事件的存在，时限与本期变形事件基本一致，可能系晚二叠世—早三叠世乌兰乌拉湖-澜沧江结合带 A 型俯冲碰撞期的构造变形的产物。

第四期：变形以脆性改造为特征，形成北西向展布、断面南倾的逆冲断层及背形、向形构造及折劈构造。该期变形具明显的活动性，沿断裂带形成新生代断陷盆地，断裂构造宏观上控制了新生代断陷盆地的空间展布。

根据其构造带内的物质组成，将其划分为两个二级构造单元，分别为丁青岩浆岩带($Ⅱ_1^1$)和布塔结晶基底($Ⅱ_1^2$)，各单元的基本特征如下。

1. 丁青岩浆岩带($Ⅱ_1^1$)

该构造单元展布于测区西南白龙能—过否涌一带，由中元古代变质侵入岩白龙能花岗片麻岩、新元古代变质侵入岩亚龙能花岗片麻岩、晚三叠世多改花岗闪长岩、茶群二长花岗岩组成。白龙能花岗片麻岩和中元古代吉塘岩群呈侵入接触，其原岩为花岗闪长岩。亚龙能花岗片麻岩的主要岩性为钠长石化二云母斜长片麻岩、钠长石化黑云母更长片麻岩，原岩为二长花岗岩，与白龙能花岗片麻岩呈侵入关系。白龙能花岗片麻岩中，SiO_2 含量为 64.38%～70.93%，Na_2O+K_2O=3.6%～4.42%，σ=0.49～0.88，$\sum REE=216.88\times10^{-6}\sim250.08\times10^{-6}$，LREE/HREE=8.43～8.09，$\delta Eu$=0.56～0.59，$(La/Yb)_N$=8.83～8.93，轻稀土富集，稀土配分曲线为右倾光滑曲线，构造环境判别显示 I 型花岗岩特征，侵入时代为 1252Ma(U - Pb)，系南羌塘-左贡陆块中四堡期岩浆活动的表现。亚龙能花岗片麻岩中，SiO_2 含量为 53.71%～70.94%，Na_2O+K_2O=4.61～7.59，σ=0.76～5.11，$\sum REE=212.55\times10^{-6}\sim283.93\times10^{-6}$，LREE/HREE=5.92～9.56，$\delta Eu$=0.55～0.64，$(La/Yb)_N$=5.1～8.83，轻稀土富集，稀土配分曲线具缓右倾特点，构造环境判别显示具 S 型花岗岩特征，系南羌塘-左贡陆块中晋宁期汇聚事件相关的岩浆活动的物质记录。片麻岩普遍经历低绿片岩相浅层次韧性剪切变形，糜棱岩化现象明显，岩石多呈眼球状、片麻状构造。晚三叠世中酸性侵入岩侵入于亚龙能花岗片麻岩中，岩石中具间隔性浅层次韧性剪切变形，强变形带中发育糜棱岩、弱变形域中原岩特征保留完整，岩石中 Na_2O+K_2O=6.27%～7.8%，σ=1.48～2.24，$\sum REE=194.5\times10^{-6}\sim290.16\times10^{-6}$，LREE/HREE=7.39～10.46，$\delta Eu$=0.37～0.60，$(La/Yb)_N$=6.04～13.07，稀土配分曲线为右倾“V”字型曲线，侵入时代为 219.6Ma，构造环境判别显示 S 型花岗岩特征，系晚三叠世陆块陆内碰撞期形成花岗岩。

2. 布塔结晶基底($Ⅱ_1^2$)

该构造单元呈不规则条带状，团块状展布于研究区西现角布塔—嘎塔一带，其上局部被晚三叠世甲丕拉组和中—晚侏罗世雁石坪群角度不整合。由中元古代吉塘岩群酉西岩组组成，主要岩性为白云石英片岩、二云石英片岩、石英岩、局部夹大理岩，岩石普遍经历晋宁期高绿片岩相区域动力热液变质作用，出现石榴石、斜长石、白云石、黑云母、石英等变质矿物组合，后期浅层次绿片岩相韧性剪切变形叠加，退变质作用明显，原岩恢复为一套成熟度较高的碎屑岩夹碳酸盐岩建造，构造变形甲丕拉组、雁石坪群中发育北西向宽缓等厚褶皱和北西向脆性断层，吉塘岩群中发育中深构造层次塑性剪切流变和浅层次韧性变形叠加改造为特征，五期形变特征记录明显。

（三）新生代走滑拉分盆地

该单元基本上在整个测区内均有展布，沉积建造由古近纪—新近纪沱沱河组、雅西措组、查保玛组、曲果组组成，盆地展布方向与区域构造线方向一致，均呈北西向，构造变形以发育北西向脆性断裂为特征。

第二节　构造变形

研究区地处三江造山带北段，是一个经历长期的、多阶段、不同构造程度发展演化的复杂性造山带，现存基本构造格局形成于晚古生代—中生代，新生代伴随青藏高原的整体隆升，强烈的陆内汇聚作用又进行了剧烈改造，地质构造复杂，所形成的构造形迹既有深层次塑造流变、浅层次韧性剪切变形，又有浅—表部层次褶皱、断裂构造，不同时期、不同环境、不同层次的构造并存，相互叠加改造极其明显。

一、褶皱构造

区内褶皱构造的内容较为丰富，从深层次塑造流变褶皱、浅层次各种不对称剪切褶皱到浅—表部构造层次同斜褶皱、宽缓背、向斜构造、折劈构造均有发育，不同时期、不同动力学环境下形成褶皱构造形态各异，类型众多，且各具特点。

（一）早期褶皱形迹

该类褶皱发育在区内亚龙能—易涌一带中元古代深变质结晶岩系吉塘岩群西西岩组中，其变形特点是以早期片理、片麻理（S_n）为主变形面，经深层次的塑性流变，形成各种不对称流变褶皱、无根褶皱、石香肠等构造，反映出深层次韧性剪切流变特征（图 5-4～图 5-6）。

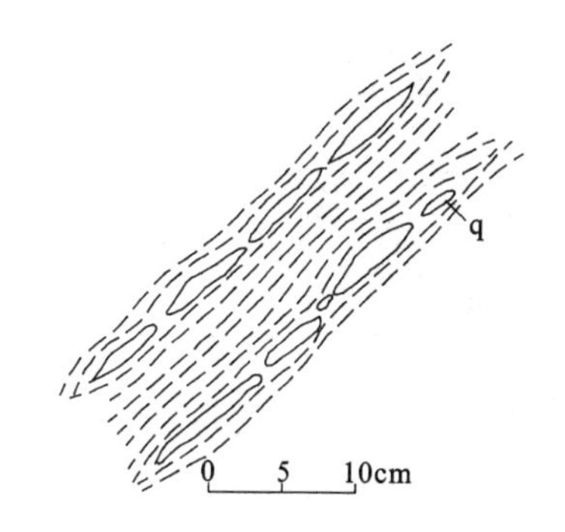

图 5-4　吉塘岩群中香肠化长英质脉体素描图

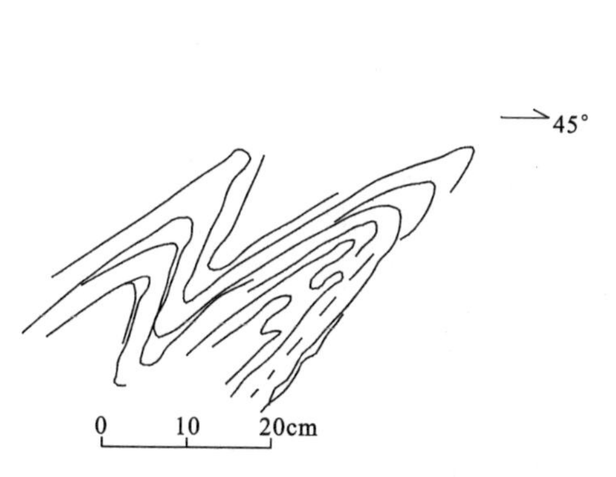

图 5-5　吉塘岩群中“W”型脉褶素描图

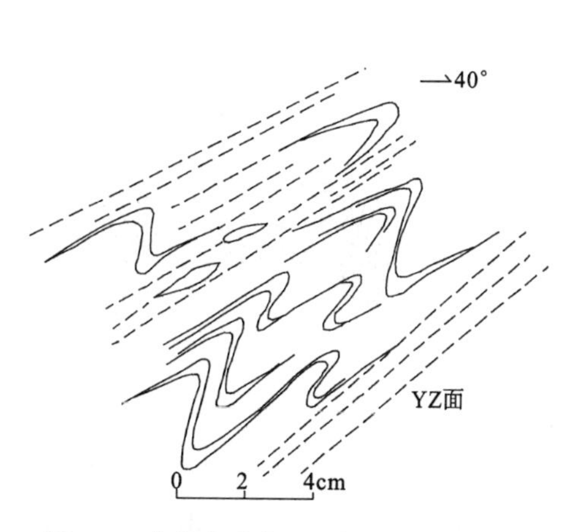

图 5-6　吉塘岩群中无根褶皱特征素描图

（二）主期褶皱及其形成机制

该期褶皱作为海西—印支期造山阶段同构造期变形的产物，其形成机制受控于造山带构造演化过程中不同的动力学机制。在强应变带内，强烈的韧性挤压剪切作用形成一系列复杂的剪切褶皱，伴随强烈的构造置换，形成新生的构造面理，岩石中矿物生长线理、拉伸线理、旋转碎斑及香肠构造发育，显示变形具有浅部构造层次韧性变形特征。

结扎类弧后前陆盆地内结扎群中陆内冲断作用形成一系列不协调同斜褶皱，该类褶皱在地表宽 5～20m，轴向北西向，轴面多倾向南西，枢纽平直，局部地段由于后期断裂构造改造，枢纽发生倾伏，形成倾伏同斜褶皱（图 5-7～图 5-9）。在中二叠世尕笛考组、开心岭群中火山岩、碎屑岩中，褶皱构造以发育核部较开阔的等厚褶皱为特征。这类褶皱一般轴向北西向，轴面一般直立，核部劈理不发育。在断裂带附近，由于强烈的挤压作用，形成一些不协调褶皱（图 5-10、图 5-11）；在局部地段碎屑岩中，由于受岩石能干性控制，在粉砂岩中形成一系列小型挤压剪切褶皱。

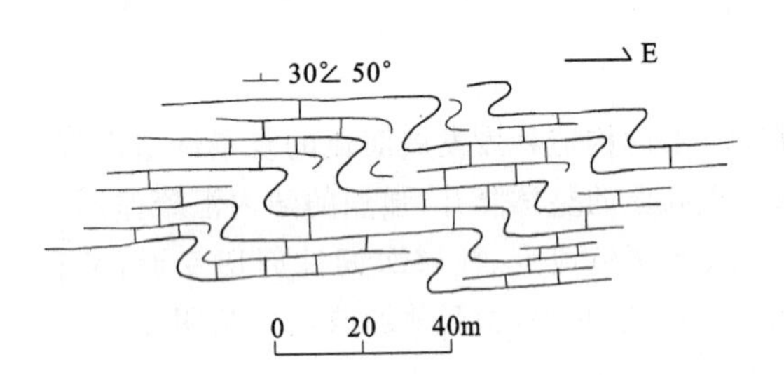

图 5-7　结扎群层间剪切褶皱特征素描图

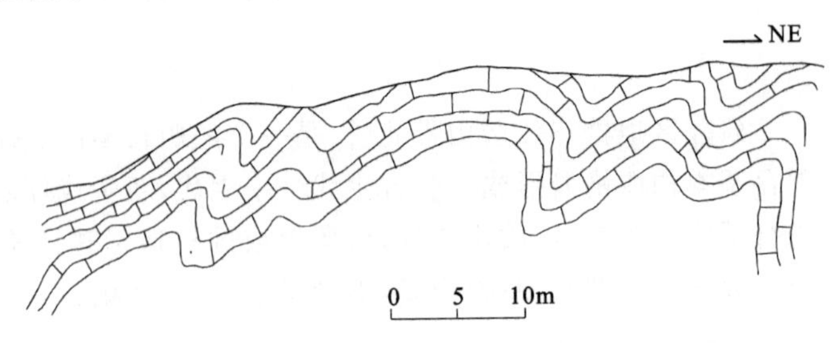

图 5-8　结扎群波里拉组灰岩中同斜褶皱特征素描图

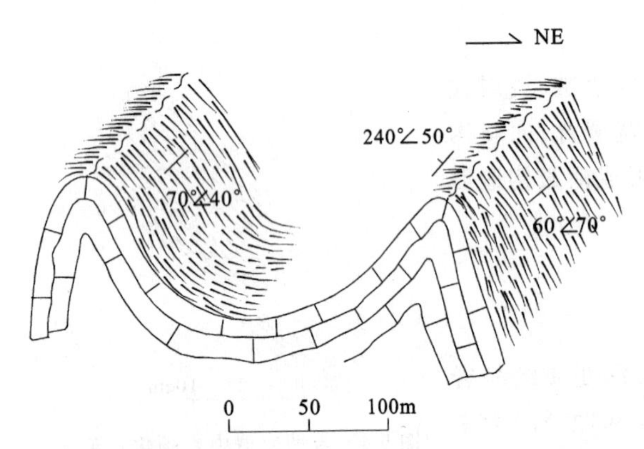

图 5-9　结扎群波里拉组中不对称等厚褶皱素描图

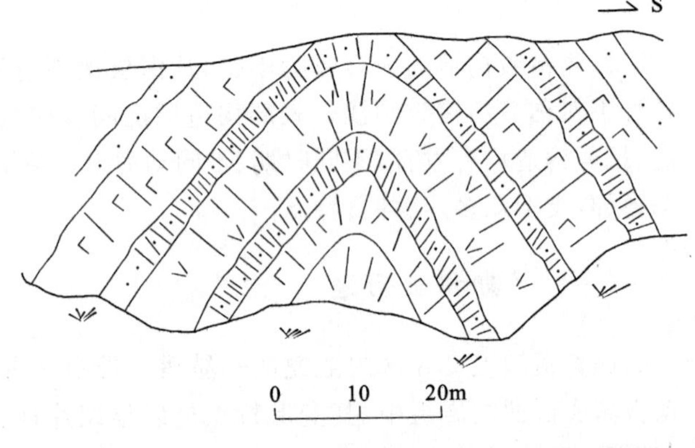

图 5-10　尕笛考组中等厚褶皱及核部劈理特征素描图

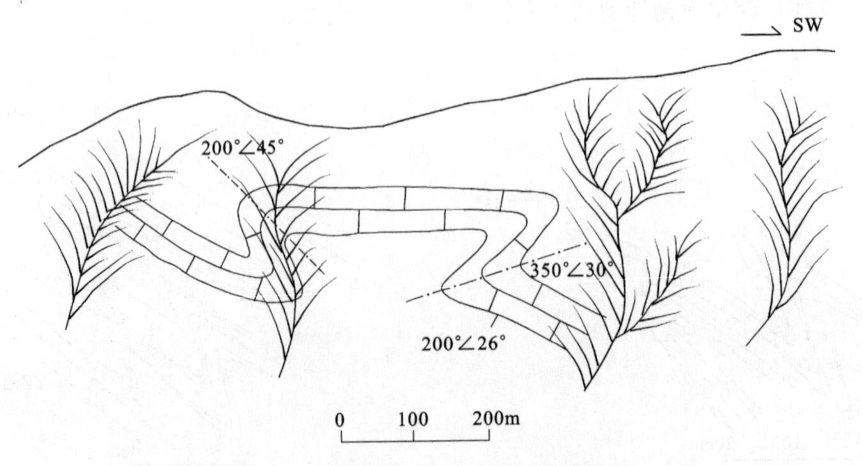

图 5-11　开心岭群灰岩中箱状褶皱素描图

杂多晚古生代活动陆缘内杂多群、加麦弄群中褶皱构造以发育宽缓等厚褶皱、不对称同斜褶皱为特征，该类褶皱在地表的宽度一般为10～200m；轴向北西，等厚褶皱轴向直立，核部劈理不发育，同斜褶皱轴面倾向南西，发育间隔性挤压劈理；局部褶皱构造中发育层间褶皱，受岩石能干性控制，在能干性较弱的粉砂岩、板岩中，发育不协调小褶皱，所夹薄层砂岩透镜化；而能干性较强的中—厚层砂岩则形成宽缓等厚褶皱。在碎屑岩与块状灰岩的接触部位，往往形成复杂的不对称褶皱(图5-12～图5-17)。

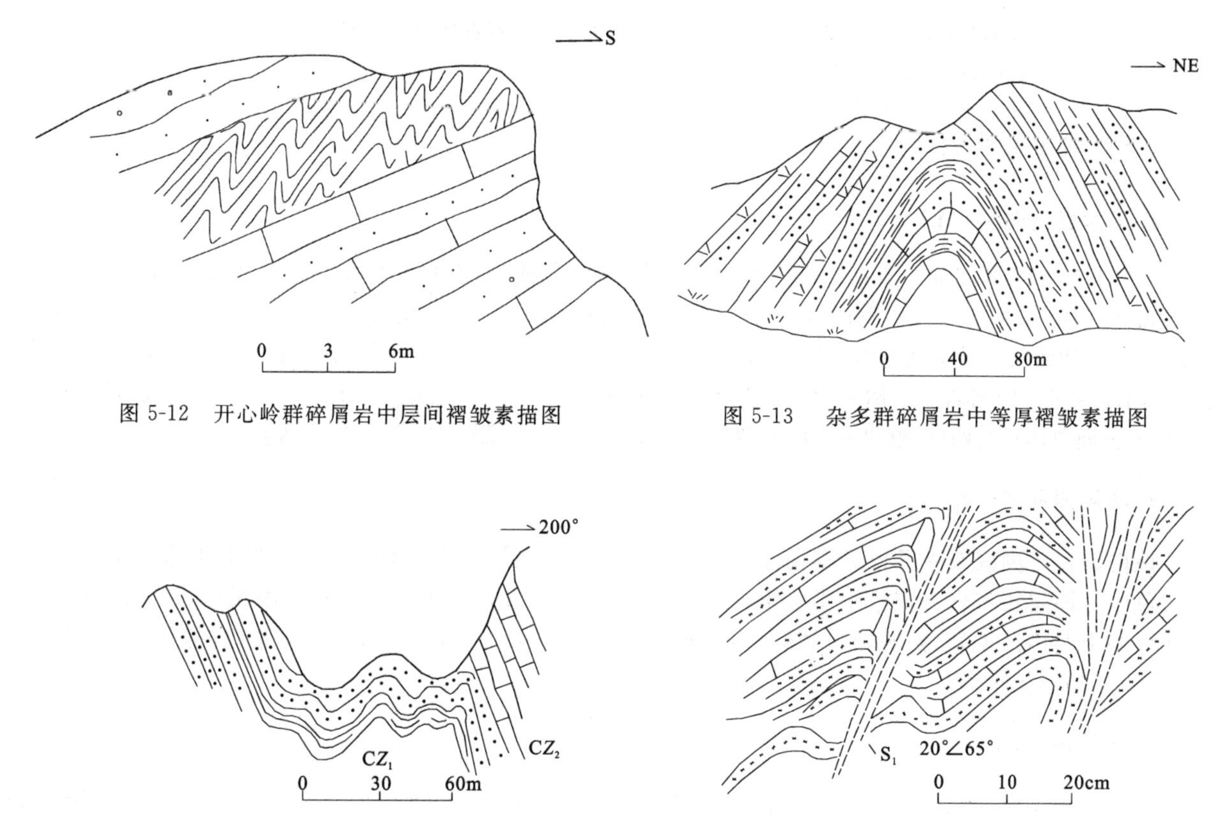

图5-12 开心岭群碎屑岩中层间褶皱素描图

图5-13 杂多群碎屑岩中等厚褶皱素描图

图5-14 杂多群碎屑岩组与灰岩组接触面处不对称褶皱素描图

图5-15 杂多群碎屑岩组中不对称褶皱素描图

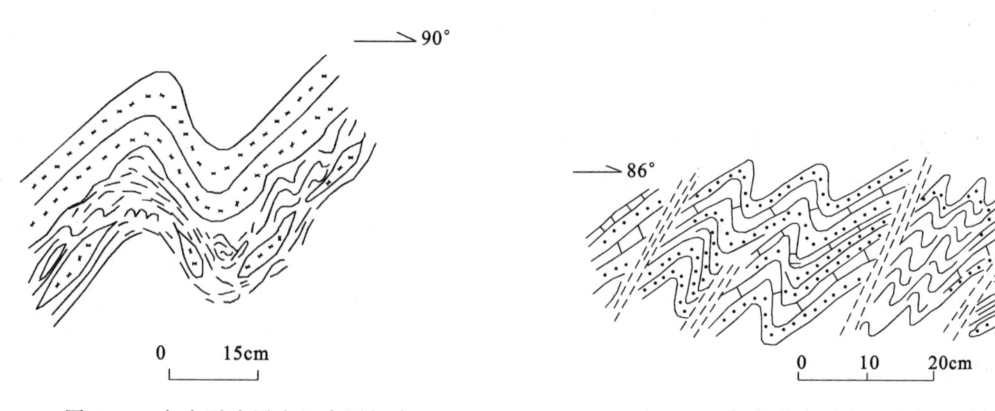

图5-16 杂多群碎屑岩组中层间小褶皱及砂岩透镜素描图

图5-17 杂多群碎屑岩组中紧闭同斜褶皱及轴面劈理素描图

在北羌塘拗陷和莫云上叠盆地中侏罗纪雁石坪群和白垩纪风火山群中，以发育轴向北西变宽等厚短轴背斜、向斜构造为特征。该类褶皱在地表的宽度为20～150m，轴面直立，枢纽平直，核部及翼部劈理不发育(图5-18、图5-19)，主要褶皱描述如下。

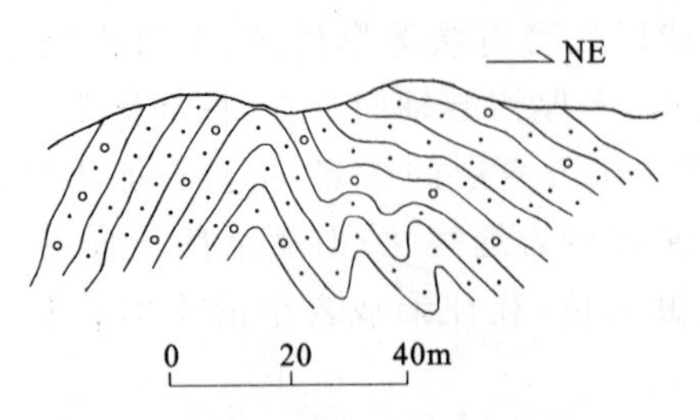

图 5-18　雁石坪群碎屑岩中等厚褶皱核部次级褶皱特征素描图

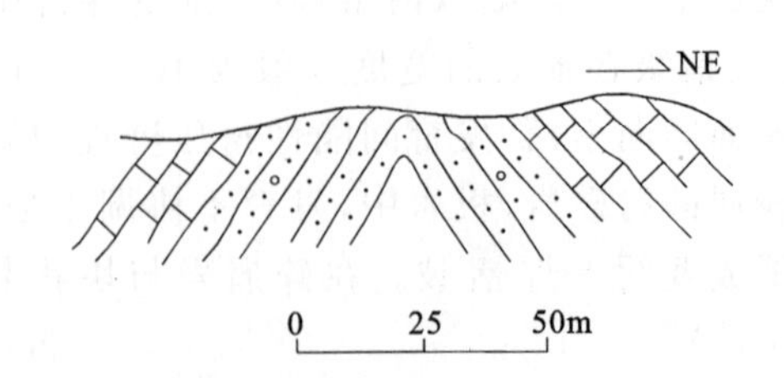

图 5-19　雁石坪群中发育等厚褶皱特征素描图

（三）测区主要褶皱

1. 泗木西拉向斜(M_1)

该向斜位于测区北部杂多县北西泗木西拉一带，轴向北西向，发育在早石炭世杂多群碳酸盐岩组中，褶皱北翼产状为215°∠52°，南翼产状为40°∠55°，褶皱枢纽向300°方向倾伏，侧伏角为35°左右。褶皱两翼被北西向逆冲断层所破坏而发育不完整，核部岩层为碳酸盐岩组中灰色中层状粉晶灰岩，向南东方向褶皱扬起，出露杂多群碎屑岩组。褶皱轴面近直立，核部劈理不发育，核部发育一系列小型不协调褶皱，其轴面产状多变，轴向总体呈北西向，枢纽亦多向北西275°～320°方向倾伏，侧伏角17°～25°不等，为一倾伏等厚向斜。

2. 赛勤涌向斜(M_2)

该向斜位于测区杂多县以北赛勤涌，轴向北西向，发育在早—中二叠世开心岭群九十道班组灰色—浅灰色中—厚层状灰岩夹灰色中层状角砾状灰岩中，褶皱北翼产状为210°∠60°，南翼产状为25°∠65°。核部地貌上为山体主脊，褶皱轴向倾向南西，产状为200°∠72°，枢纽向110°方向倾伏，侧伏角为30°左右，为一短轴倾伏向斜。

3. 高涌向斜(M_3)

该向斜位于测区东北角子曲南高涌，轴向北西向，发育在晚三叠世结扎群甲丕拉组和波里拉组中，核部岩层为波里拉组深灰色中—厚层状灰岩、角砾状灰岩，两侧对称出现甲丕拉组紫红色薄—中层状粉砂质泥岩及灰黄色薄—中层状细粒长石石英砂岩。褶皱北翼产状为200°∠40°，南翼产状为10°∠50°，轴面直立，核部劈理不发育，枢纽平直，两翼被北西向断层破坏而发育不完整，为一等厚向斜构造。

4. 吉龙向斜(M_4)

该向斜位于测区杂多县以南吉龙—麻牙一带，轴向北西西向，发育在早石炭世杂多群中，核部出露地层为碳酸盐岩组，两侧对称出现碎屑岩组。褶皱轴延伸长度约为18km，发育宽度为4～7km。在曲龙一带，褶皱北翼产状为190°∠57°，南翼产状为10°∠55°，轴面近直立，枢纽向280°方向倾伏，侧伏角10°左右。在麻牙一带，灰岩出露界线弧形弯曲，北翼产状为230°∠55°，南翼产状为325°∠53°，枢纽亦向北西西向倾伏，褶皱两翼地层被北西向断层切割，发育不完整，该褶皱为一倾伏等厚向斜构造。

5. 布涌背斜(M_5)

该背斜位于测区西北角布涌一带，轴向150°～330°，发育在早石炭世杂多群碎屑岩组紫红色中—厚层状细粒岩屑长石砂岩夹灰色中层状泥钙质粉砂岩中。褶皱北翼产状为50°∠20°，南翼产状为240°∠21°，枢纽向320°方向倾伏，侧伏角为20°，轴面直立，核部开阔，核部劈理在砂岩中间隔性发育，在粉砂岩中透入性发育，而且形态呈反扇形，地貌上沿褶皱轴向呈宽大沟谷，为一倾伏等厚背斜构造。

6. 冬青才扎倾伏向斜(M_6)

该向斜位于杂多县结多乡冬青才扎一带，轴向130°～310°，发育在晚石炭世加麦弄群碎屑岩组深灰色薄层状粉砂岩夹灰色—浅灰色中—厚层状中细粒岩屑长石砂岩及深灰色—灰黑色炭质板岩中，褶皱轴向延伸4～5km左右，发育宽度为150～300m。褶皱北翼产状为220°∠40°，南翼产状为65°∠55°，枢纽向142°方向倾伏，侧伏角为13°左右，轴面直立，核部劈理不发育，核部一带发育宽度1～1.5m不等小型褶皱，该类褶皱轴面直立，转折端多呈尖棱状，为尖棱状等厚褶曲。由于断层破坏，两翼地层发育不完整。

7. 洗绞向斜（M_7）

该向斜位于测区东南着晓乡东洗绞一带，轴向北西向，发育在早石炭世杂多群中，褶皱北翼发育较完整，出露地层为杂多群碎屑岩组和碳酸盐岩组，南翼由于断层切割，仅出露地层为碳酸盐岩组，核部地层为杂多群碳酸盐岩组。褶皱北翼产状为45°∠65°，南翼产状为220°∠60°，轴面直立，枢纽平直，为一等厚向斜构造。

8. 茶米能向斜（M_8）

该向斜位于测区西部解曲上游茶米能一带，轴向近南北向，发育在中—晚侏罗世雁石坪群夏里组紫红色中层状细粒岩屑长石砂岩夹青灰色中层状岩屑长石石英砂岩中。东翼产状为320°∠20°，西翼产状为65°∠15°，枢纽向2°方向倾伏，侧伏角为8°左右，核部开阔，核部劈理不发育，两翼对称性好，为一开阔倾伏等厚向斜构造。

9. 尼玛能向斜（M_9）

该向斜位于测区西部解曲上游尼玛能一带，轴向北西向，发育在早石炭世杂多群碎屑岩组及碳酸盐岩组中，核部出露大范围碳酸盐岩组地层，而且构成山体主脊，在沟谷低凹地带出露碎屑岩组地层。该褶皱为一倾伏向斜，轴向延伸长约20km，发育宽度为10～13km。在色龙能一带，为该向斜扬起部位，地层出露界线呈北西凸出弧形，出露大量碎屑岩组地层。北翼产状为（120°～140°）∠（50°～60°），南翼产状为（110°～105°）∠（50°～55°），枢纽向140°方向倾伏，侧伏角为30°左右，为一长轴倾伏向斜扬起。

10. 木切背斜（M_{10}）

该背斜位于测区南部木曲上游木切一带，轴向在懈龙扎玛一带，呈南北向，向北至木切一带呈北西向，平面上呈弧形弯曲，卷入地层为早石炭世杂多群，核部地层为杂多群碎屑岩组灰色—灰黄色中—细粒长石石英砂岩夹灰色—深灰色粉砂质板岩，两侧高火山脊部位对称出现碳酸盐岩组灰色中—厚层状含生物碎屑灰岩、角砾状灰岩。在懈龙扎玛一带，西翼产状为280°∠65°，东翼产状为120°∠60°，轴向185°，枢纽向185°方向倾伏，侧伏角为18°～21°。在木切一带，北翼产状为40°∠60°，南翼产状为215°∠55°，枢纽向140°方向倾伏，侧伏角为13°。核部碎屑岩中发育次级小褶皱，轴向与主褶皱轴向一致，但轴面产状多变，板岩中顺层透入性劈理化，发育宽度为1～3m，枢纽亦向185°方向倾伏，在主褶皱翼部碎屑岩组和碳酸盐岩组接触部位，碎屑岩中发育顺层不协调褶皱，该褶皱为一倾伏等厚背斜构造。

11. 刚能向斜（M_{11}）

该向斜位于测区南部木曲支流等曲上游刚能—公龙一带，发育在早石炭世碎屑岩组和碳酸盐岩组中，轴向在刚能一带近南北向，在公龙一带逐渐呈北西向。核部出露地层为碳酸盐岩组灰色—深灰色中—厚层状粉晶灰岩夹灰色中层状生物碎屑灰岩在刚能一带，褶皱西翼产状为90°∠55°，东翼产状为280°∠52°，轴面略倾向西，枢纽倾伏，其产状为侧伏向175°，侧伏角为15°～20°。在公龙一带，轴向呈北西向，南翼产状为45°∠50°，北翼产状为240°∠60°，枢纽倾伏，侧伏向70°，侧伏角20°。褶皱两翼出现碎屑岩组灰色中—厚层状中细粒岩屑长石砂岩夹灰紫色薄层状细粒长石石英砂岩、深灰色粉砂质板岩和灰色中层状结晶灰岩，地层中发育次级小背斜、向斜构造，发育宽度为5～10m。该类褶皱轴面直立，枢纽倾伏，核部劈理在砂岩中间隔性稀疏发育且呈正扇性，在粉砂岩、板岩中透入性密集发育，其形态呈反扇形，主褶皱为一倾伏向斜。

12. 舍涌向斜（M_{12}）

该向斜位于测区西部木曲支流松曲上游舍涌一带，轴向北西，延伸达22km，发育宽度为2～3km，卷入地层为中—晚侏罗纪雁石坪群夏里组灰黄色薄—中层状粗粒岩屑砂岩夹灰黄色薄层状细粒岩屑长石砂岩及浅黄色中—薄层状细砾岩中，北翼产状为205°∠35°，南翼产状为20°∠35°，轴面直立，核部岩层较陡，劈理不发育，为一开阔等厚向斜构造。

13. 啊恰能向斜(M_{13})

该向斜位于测区南部包青涌以北啊恰能一带，轴向北西，延伸10km，发育宽度为1～1.5km，发育在早石炭世杂多群碎屑岩组、碳酸盐岩组中。核部地层为碳酸盐岩组，两侧对称出现碎屑岩组。褶皱北翼产状为245°∠87°，南翼产状为60°∠45°，轴面倾向北东，产状为50°∠63°，枢纽向320°方向倾伏，侧伏角为15°左右。核部劈理间隔性发育，其产状为50°∠68°，劈理带内岩石多呈板状，不规则透镜状，为一斜歪倾伏向斜构造。

14. 公产改向斜(M_{14})

该向斜位于测区中部公产改一带，发育在中—晚侏罗纪雁石坪群中，轴向北北西向，发育宽度约为8～10km，其东翼被断层所破坏，而发育不完整，核部为夏里组，两翼依次出现布里组、雀莫错组，轴线弯曲，两翼倾角为30°～45°，枢纽向325°方向倾伏，侧伏角为21°～32°，为一大型长轴等厚倾伏向斜。

二、断裂构造

区内断裂从浅层次韧性剪切带到表部构造层次脆性逆冲断裂均有发育，尤以脆性逆冲断裂发育，活动性明显，并对早期韧性断裂进行了强烈的脆性叠加改造，断裂以北西向为主，其次为北北西向、北东向，构造线方向为北西向。宏观上表现出由不同时期、不同层次断裂分割，块体拼贴的格局。

(一) 脆性断裂

区内脆性断裂发育，分别分布在各构造单元中，属表部构造层次变形。测区脆性断裂主体以与区域构造线一致的北西向断层为主，其次为少量的北东向断层、北北西向断层和近东西向断层。其中木曲-包清涌断裂(F_1)是杂多晚古生代活动陆缘与南羌塘-左贡陆块之间的边界断层。另外，分布于测区中部北西向展布的查美能-多改断裂(F_2)为一逆冲推覆断层比较明显，现叙述如下。

1. 木曲-包清涌边界断裂(F_1)

该断裂西起木曲，向东经帮涌、茶涌至包青涌，区内延伸长约80km，两端沿走向进入邻幅。该断裂系区域上乌兰乌拉湖-澜沧江结合带的组成部分，在区内呈北西-南东向延伸，是重要的构造单元分界线，断裂以北为杂多晚古生代活动陆缘，以南为南羌塘-左贡陆块。断裂断面倾向南西，倾角为50°～70°不等，沿断裂面宽50～100m的断层破碎带，带内岩石破碎、发育杂色断层泥及构造角砾岩，两侧岩层产状紊乱，为一高角度逆冲断层。该断裂具多期活动特点，形成于海西期，表现为浅层次韧性右行剪切，形成透入性展布的韧性剪切带；印支期沿断裂带的陆内冲断，发生大规模中酸性岩浆侵入，控制作用明显；侏罗纪发生以浅层次韧性右行斜冲为主的变形，在前侏罗纪地质体中形成间隔性平等展布的韧性剪切带；喜马拉雅期该断裂发生继承性活动，沿断裂发生由南向北的逆冲推覆，将印支期中酸性侵入岩逆冲推覆于新近纪地层之上，沿断裂带地下水大量涌出，形成含水泥沼地带，在断裂附近有温泉溢出，航卫片上线形影像极其清楚，山脊被错断，水系有同步拐弯现象。

2. 查美能-多改逆冲推覆断裂(F_2)

该断裂西起查美能，经加涌、结多至多改，两端沿走向进入邻幅，区内延伸长约158km，呈北西-南东向延伸。沿断裂古近纪沱沱河组、侏罗纪雁石坪群、中二叠世开心岭群、晚石炭世加麦弄群地层被切割，并将雁石坪群、加麦弄群逆掩推覆在沱沱河组之上，活动性极其明显。

断裂断面倾向北东，倾角为35°～40°不等，为一逆掩断层。宏观上断裂变形具较明显的分带性(图5-20)。靠近断裂发育150～300m宽的断层破碎带，向北依次发育1～1.5km宽的强挤压同斜断褶带及2～4km宽的冲断带。破碎带内变形亦具明显的分带性，主要由断层泥砾带、挤压构造透镜体带、牵引褶曲带、透入性挤压劈理化带、挤压剪切褶皱带组成。断层泥砾带中均为杂色断层泥及构造角砾，没有构造透镜体；构造透镜体带中，透镜体呈透镜状，大小不一，长轴与断面近一致，透镜体之间呈雁列状排列，显示逆冲性质，透镜体周围被透入性劈理化粉砂岩所包绕，透镜体表面多具擦痕、镜面。牵引褶曲带中发育一系列牵引褶皱，多呈等厚状，轴面近直立，核部较开阔，轴向310°左右，翼部岩层劈理化明显；透入性劈理化带中，岩石透入性劈理化，粉砂岩呈薄片状，薄层砂岩均被顺劈理拉断，呈透镜状，顺劈理化带呈串珠状展布，中—厚层砂岩均呈透镜体状，顺劈理“夹”在粉砂岩中，粉砂岩、板岩形成紧闭同斜褶皱。多具顶厚性质，轴面与劈理平行；挤压剪切褶皱带中发育一系列不协调挤压剪切褶皱，轴面北倾，多具顶厚性质，核部劈理发育。

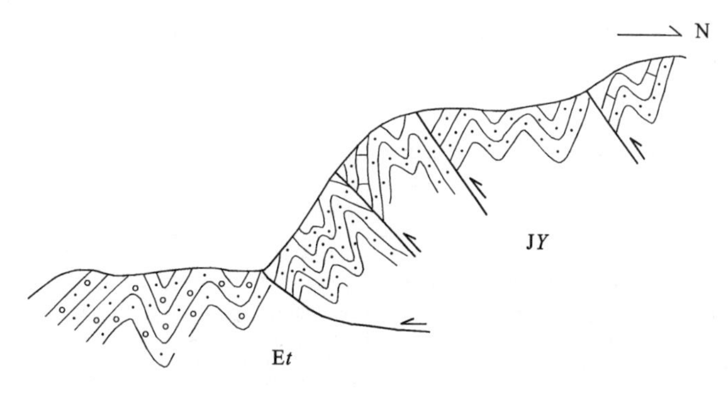

图5-20　断裂带剖面结构示意图

该断层中发育推覆前峰带的紧密同斜褶皱(图5-21)，在强挤压同斜断褶带中，发育一系列轴面北倾的同斜褶皱及其断面北倾的逆冲断层。同斜褶皱形态复杂，多具顶厚性质，核部次级不协调褶皱发育，两翼岩层顺层透入性劈理化，断层破碎带宽1～3m左右，均为松散断层泥砾组成，局部具牵引现象；冲断带内主要由逆冲断层及轴向北西、轴面直立的等厚褶皱组成。该断裂形成于喜马拉雅期，对解曲河盆地的形成控制作用明显，现代活动性很明显，近代地震震中多位于断裂带中。

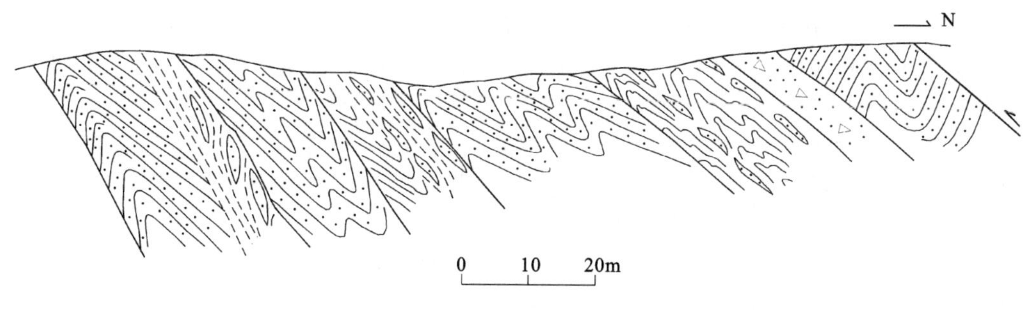

图5-21　断裂破碎带中形变特征素描图

该推覆构造为一叠瓦状推覆构造，从卷入的地层反映出形成时代在古近纪以后，可能为新近纪，与高原隆升关系密切。

3. 一般断裂

测区内其他断层以北西断裂，其次为北北西断裂，北东向断裂分布较少。北西-南东向断裂：此方向的断裂约占工区总断裂数的70%，也代表着该区构造线方向，从产生主体看主要分布在杂多晚古生代活动陆缘带。从空间布局位置分析主要分布在活动断裂两侧及分界断裂附近，其他地区较稀疏，暗示着活动断裂的一次次复活对邻近地质体的影响，此方向断裂广布及成为测区主构造的事实，也说明其形成时代为该区主造山期的产物，部分为造山期后形成，推测为晚印支期—燕山期，多为北面倾逆冲断层。测区其他断裂见表5-2。

表 5-2　测区断裂一览表

断层编号	断层名称	产状	规模	断层特征	性质	形成时期
F_4	早切弄-高涌断层	走向北西，断面倾向南西，倾角62°	规模中等，两端延伸进入邻区，区内长44.5km	断层切割结扎群、杂多群，具断层破碎带，两侧岩石破碎，发育构造角砾，多见擦痕，航卫片上线形影像清楚	逆断层	形成于晚三叠世喜马拉雅期活化
F_5	扎格涌-牙日弄断层	走向北西，断面倾向北东，倾角67°	规模中等，两端延伸进入邻区，区内长61.5km	断层切割结扎群、杂多群、开心岭群及风火山群，具50～60m破碎带，两侧岩石破碎，发育断层泉，附近有大量泉华分布	逆断层	形成于晚三叠世喜马拉雅期活化
F_6	错米日-拥灯卡断层	走向北西，断面倾向北东，倾角54°	规模中等，北西端延伸进入邻区，南东端被F_5断层所错，区内长46km	断层切割结扎群、杂多群、开心岭群地层，发育断层角砾岩，见有阶步、擦痕，岩石破碎，两侧地层中发育挤压劈理，地貌上负地形明显	逆断层	形成于晚三叠世
F_7	泗木龙-多色弄断层	走向北西，倾向北东，倾角65°	规模较大，两端沿走向进入邻区，区内长95km	断层切割杂多群、开心岭群及风火山群，50～100m破碎带，产状紊乱，具牵引褶曲，航卫片上线形影像清楚，地貌上负地形明显	逆断层	形成于晚三叠世喜马拉雅期活化
F_8	夹荣涌-各青曲断层	走向北西，倾向北东，倾角58°	规模大，两端延伸进入邻区，区内长127km	断层切割结扎群、杂多群、开心岭群及沱沱河组，岩石破碎，负地形明显，沿断裂形成新生代断陷盆地，航卫片线形影像特征清楚	逆断层	形成于喜马拉雅期
F_9	查美能-马莫嘎断层	走向北西，倾向北东，倾角60°	规模大，两端延伸进入邻区，区内长144.5km	断层切割结扎群、杂多群、加麦弄群及沱沱河组，40m破碎带，岩石破碎，负地形明显，牵引褶皱及挤压劈理，航卫片线形影像清楚	逆断层	形成于晚三叠世喜马拉雅期活化
F_{12}	尼玛能-解青能断层	走向北西，倾向北东，倾角56°	规模中等，长约31km	切割杂多群、尕笛考组、雁石坪群，具破碎带，两侧岩石破碎，发育角砾岩，破碎带松散，有较多碎裂石英脉，负地形明显	逆断层	形成于燕山期
F_{10}	刚群能断层	走向北西，倾向北东，倾角60°	两端被新近纪地层及侵入岩覆盖，长31.5km	切割杂多群、雁石坪群，20～40m破碎带，角砾岩，有牵引挠曲，断层泉沿破碎带分布	逆断层	形成于燕山期
F_{11}	卡牙-结郎赛断层	走向东西，断面倾向北，倾角62°	规模中等，两端出图，东端与F_{11}断层复合	断层切割杂多群、雁石坪群，具30m宽断层破碎带，见牵引褶皱，两侧产状变化大，航卫片上线形影像清楚，负地形明显	逆断层	形成于燕山期
F_{13}	灯卡车-白牙额断层	走向北西，断面倾向南西，倾角65°	规模较大，南东端延伸出图，区内长57km	断层切割雁石坪群、杂多群、开心岭群，具20～25m破碎带，发育杂色断层泥及构造透镜体，见擦痕、阶步，沿断层发育断层泉，形成灰白色泉华层	逆断层	形成于喜马拉雅期
F_{14}	宗龙涌-吉涌断层	走向东西，断面倾向南，倾角57°	两端分别被F_{13}和F_{15}断层所切，长约29km	断层切割尕笛考组、杂多群、雁石坪群，破碎带两侧岩石破碎，上盘砂岩中发育一系列挤压褶皱，下盘岩层发育挤压劈理	逆断层	形成于燕山期
F_{15}	色青能-落弱卡断层	走向北西，倾向北东，倾角63°	规模较大，两端沿走向进入邻区，区内长159.5km	断层切割杂多群、雁石坪群及沱沱河组，70～100m宽破碎带，岩石破碎，发育构造角砾，破碎带松散，具牵引褶皱，负地形明显	逆断层	形成于燕山期、喜马拉雅期活化
F_{16}	霞舍涌-买沙能断层	走向北西，倾向北东，倾角60°	规模大，两端延伸进入邻区，区内长104km	断层切割杂多群、雁石坪群，具50～70m宽破碎带，两侧产状混乱，发育挤压劈理及牵引褶皱，破碎带中发育杂色断层泥及构造透镜体，多见擦痕、镜面、负地形明显	逆断层	形成于燕山期
F_{17}	热涌断层	走向北西，倾向南西，倾角64°	规模中等，南东端延伸进入邻区，区内长36km	具30m破碎带，带中多为杂色断层泥，构造角砾及少量构造透镜体，没有胶结，两侧岩层中挤压片理发育，负地形明显	逆断层	形成于燕山期
F_{18}	耐青涌断层	走向北西，倾向南西，倾角60°	规模中等，南东端延伸进入邻区，区内长34km	切割吉塘岩群、雁石坪群，破碎带，发育牵引褶皱，负地形明显，航卫片上线形影像清楚	逆断层	形成于燕山期

（二）韧性断裂

亚龙能韧性剪切带(F_3)：位于测区西南角茶涌—易涌一带，呈北西向带状展布于南羌塘-左贡陆块中，发育宽度在亚龙能断续达9km，在岗嘎—尕海一带发育宽度为10～70m不等，平面上具变形不均匀现象，发育在中元古代吉塘岩群酉西岩组、中元古代变质侵入体白龙能花岗片麻岩、新元古代变质侵入体亚龙能花岗片麻岩及晚三叠世中酸性侵入岩中，剪切面理均倾向南西，构造面理产状为(200°～225°)∠(42°～55°)。

该剪切带发育明显具两期变形地质记录。第一期变形发生在前三叠纪地质体中，吉塘岩群中表现为岩石具片状构造、条带状构造，石英颗粒具压扁拉长现象，变质分异长英质脉体多呈条带状，局部可见透镜状、香肠状、糜棱岩中具近水平矿物拉伸线理；在中—新元古代变质侵入体中表现为岩石中发育透入性片麻状构造，岩石中大量发育呈眼球状分布的长石、石英碎斑，构成“δ”碎斑系，石英碎斑具拔丝现象，斜长石具多米诺骨牌状排列现象，岩石中石英脉沿片麻理分布，并随片麻理形成不对称香肠状褶皱，顶厚褶皱，沿片麻理暗色矿物多已绿泥石化，显微构造中，石英、长石多呈他形，长轴排列方向与片麻理一致，片麻理具揉皱现象，钠长石双晶具波状消光，常见显微裂纹。糜棱岩中普遍出现长石、石英、黑云母、白云母、方解石等特征变质矿物组合，其变质环境为高绿片岩相，运动指向标志判断，该期变形具右行剪切性质。第二期变形间隔性展布于整个混杂带所有地质体中，后期面理间隔性置换早期面理，在中元古代吉塘岩群中，发育宽度为10～70cm不等的强变形带，带内岩石均呈片状，构造面理与早期片理、片麻理基本一致，变形带内长英质脉体多呈香肠状、透镜状，发育不对称剪切脉褶，S-C组构，“δ”碎斑，矿物拉伸线理发育，其拉伸线理产状为侧伏向130°，侧伏角65°；在中—新元古代变质侵入体及晚三叠世中酸性侵入岩中表现为沿变形带形成以糜棱岩化、千糜岩、初糜棱岩、糜棱岩为主的动力变质岩，岩石中间隔性发育强片麻状构造，在弱变形域的弱片麻状岩石中可见明显的花岗结构，强变形带宽10～35cm不等，带内岩石呈薄片状，与弱片麻状构造岩石呈间隔性分布，并与弱变形域的块状岩石呈渐变过渡关系，局部强变形带内岩石中发育长英质和暗色矿物相间的微细条带状构造，且沿片麻理形成“N”型褶皱。糜棱岩显微构造中钠长石双晶弯曲，可见钠长石机械双晶，发育波状消光，石英破碎并构造重结晶，边界不规整，他形粒状石英聚集呈断续定向的多晶条带，其变形环境为低绿片岩相，运动指向标志判断具韧性右行斜冲性质(图5-22～图5-24)。

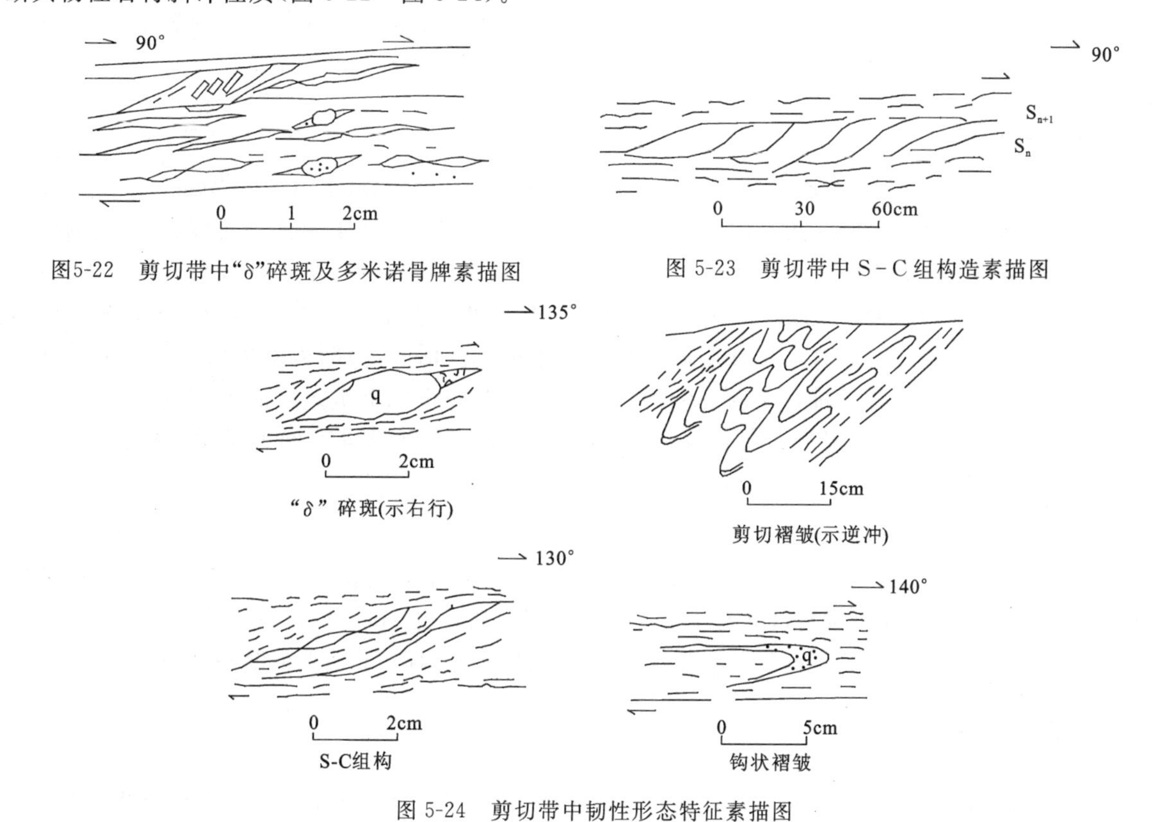

图5-22　剪切带中“δ”碎斑及多米诺骨牌素描图

图5-23　剪切带中S-C组构造素描图

图5-24　剪切带中韧性形态特征素描图

该韧性剪切带中早期变形可能系海西期乌兰乌拉湖-澜沧江结合带形成时的同构造期变形产物；吉塘岩群中石榴石白云母石英片岩中251.4Ma的白云母Ar－Ar年龄基本代表了该期变形发生的时限；后期变形则为晚侏罗世受班公湖-怒江洋盆扩张作用的远程影响，区内发生陆内汇聚作用时构造变形的地质记录。

第三节　新构造运动与高原隆升

一、新构造运动

新构造运动是铸成现代盆山地貌景观的主要原因。测区新构造运动表现强烈，形式多样，断裂活动、褶皱作用、岩浆活动、地壳间歇性抬升和掀斜、地震等十分显著。

（一）活动断裂

测区内活动断裂极其发育，约占断裂总数的80％，多为先成断裂的复合。已有的资料及现代地震资料表明：其变形机制由原来的挤压为主逆冲断裂构造转化为以挤压为主兼走滑性质斜冲断裂及以走滑为主的走向滑移断裂，区内主要的活动断裂特征择述如下。

1. 吉曲断裂

该断裂西起玛宝本桑，经查拉杀耶、巴群赛、查普麻至多改，区内至北西-南东向延展，长约198km，沿断裂走向两端均延伸进入邻区，在查纪永池一带，被北东向右行剪切走滑断裂所错。规模较大，断面倾向北东，倾角为50°～70°，具逆冲性质。该断裂形成于燕山期，沿断裂基本控制了中侏罗世雁石坪群地层的展布。在喜马拉雅期该断裂复活，控制了吉曲河新近纪走滑拉分盆地的形成及展布。1973—1985年，沿断裂带发生3次ML＝4.9级、ML＝5.0级、ML＝5.5级地震，震中均位于断裂带之上，航卫片上线形影像清楚，沿断裂泉水大量出现，充水性明显，表明近代活动性仍较明显。

2. 木曲-包清涌断裂

该断裂西起木曲，经帮涌、茶涌至包青涌，区内延伸长约80km，两端沿走向进入邻幅。

该断裂系区域上乌兰乌拉湖-澜沧江结合带的组成部分，在区内呈北西-南东向延展，是重要的构造单元分界线，断裂以北为杂多晚古生代活动陆缘，以南为丁青中生代岩浆岩带。断裂断面倾向南西，倾角为50°～60°，为一逆冲断裂。该断裂形成于海西期，在印支期—燕山期复活，沿断裂发生大规模中酸性岩浆侵入，控制作用明显。在喜马拉雅期该断裂又发生继承性活动，沿断裂发生由南往北的逆冲推覆，将印支期黑云母花岗岩逆冲推覆于新近纪地层之上。沿断裂带地下水大量涌出，形成含水泥沼地带，在断裂附近有温泉溢出，航卫片上线形影像极其清楚，山脊被错断，水系有同步拐弯现象。

（二）地震

地震是现代地壳活动的直接证据和主要的表现形式之一，研究区地处三江地震多发地带。据地震记录资料，自1970—1999年间，研究区共发生地震12次，其中共发生ML＝4.4～4.9级地震7次，ML＝5.3～5.5级地震3次，ML＝6.5～6.7级地震2次，震中均位于北西向、北西西向断裂带中。

（三）褶皱

区内褶皱构造发育，古近纪—新近纪地层普遍被卷入，新构造运动产生的褶皱基本存在两种形成方式：一是借助走滑拉分盆地的起伏造成原始沉积的背、向斜形态，在新构造运动时期的挤压作用下进一步弯曲变形，形成现今的构造盆地和穹隆构造；二是断层活动造成的，形成牵引褶皱。断块之间挤压形成短轴、开阔的等厚褶皱。该类褶皱规模较大，由于断裂后期剪切与走滑改造，形态多不完整，有时呈两翼宽度极不对称的单斜，且枢纽多具倾伏现象。

（四）火山岩浆活动

区内新生代岩浆活动较为明显，主要为查纪永池一带碱性岩和稿涌一带浅成—超浅成中酸性岩浆侵入，是著名的三江构造-岩浆岩带和多金属成矿带的组成部分。碱性岩为霓辉石正长岩，侵位时代为10.71±0.08～10.26±0.16Ma(Ar－Ar)，岩石化学特征显示A型花岗岩特征；中酸性侵入岩为花岗斑岩，侵位时代为50.5～62.9Ma(K－Ar)，岩石化学特征显示具壳内重熔型花岗岩特征，系在新特提斯闭合、雅鲁藏布江洋板块向北俯冲消减的构造背景下，陆内汇聚，在前缘挤压、后缘滞后扩张构造环境中形成碱性、中酸性侵入岩。

（五）河流阶地、洪积扇

区内河流阶地极其发育，主要分布于扎曲、吉曲河谷两岸，一般发育Ⅰ、Ⅱ、Ⅲ级阶地，最高可达Ⅵ级，其中Ⅰ、Ⅱ级由全新世冲积砂砾石层组成，阶差为4～7m，Ⅲ—Ⅵ级阶地由晚更新世冲—洪积砂砾石组成，一般保存不完整，阶差一般为10～20m。两岸阶地发育程度具有差异，多不对称。

在杂多一带的扎曲和解曲河深切割河谷中，一般在河谷口较宽阔地带由晚更新世冲洪积砂砾石构成山前洪积扇，冲洪积扇由于后期大幅度抬升，河流强烈下切，形成前缘高度10～30m不等的洪积扇阶地。

二、高原隆升

（一）高原隆升阶段划分观点及研究史

青藏高原隆升及其对周围环境的影响是青藏高原研究的热点。20世纪60年代，自中国学者首次在希夏邦马峰北坡海拔5000m以上的上新世地层中发现高山栎化石以来，高原在新近纪以来强烈隆升的观点已在学术界得到大多数学者的认可。70—80年代中国学者相继在昆仑山北坡海拔4600m处发现了上新世—早更新世落叶阔叶林植物化石，在藏南吉隆盆地、藏北布隆盆地、喜马拉雅山北坡札达盆地中发现了三趾马动物群和小古长颈鹿化石，指明了上新世早期青藏高原不超过1000m。90年代以来中国学者又通过对古岩溶、夷平面、古土壤、孢粉及古冰川遗迹等的深入系统的研究，为高原在新生代隆升提供了大量证据。特别是“八五”攀登计划有关青藏项目研究开展以来，从天然剖面、古湖泊岩芯和冰芯及大地貌、新构造、冰川沉积物等方面进行详细地质记录的提取，并对古环境进行恢复，从而揭示出了晚新生代以来高原隆升的历程。

有关青藏高原隆升及其对周围环境的影响已有相当多的学者进行过系统研究，根据各自的资料形成了不同的观点。如Harrison等主张青藏高原在8.0Ma之前，大体已达到现代高程接近的高度，并因此强化或激发了印度洋季风(Harrison et al,1992)；Coleman等主张青藏高原在14Ma前已达到最大海拔高度，以后因地壳减薄发生了东西拉伸塌陷，产生了地堑谷，高原平均高度开始下降(Coleman et al,1995)。关于青藏高原在新生代晚期发生突然加速上升的原因，国外学者多数主张用岩石圈下部发生突然的“脱落”或“拆离”来解释(Deway et al,1989；Molnar et al,1993)。李廷栋(1995)将青藏高原的隆升分为三个阶段：俯冲碰撞隆升阶段，发生于晚白垩世、古新世和始新世，时间为35.40Ma前；汇聚挤压隆升阶段，发生于渐新世和中新世，时间为35.4～5.20Ma；均衡调整隆升阶段，发生于上新世、更新世和全新世，时间为5.20Ma以后。并将喜马拉雅运动划分为3个幕，其时间分别为35.40Ma、5.2Ma和1.6Ma。

（二）古近纪—第四纪沉积盆地形成与演化趋势

1. 盆地划分与构造特征

区内新生代盆地是在白垩纪陆内后造山期对冲扩展式盆地的基础上发育起来的，因其间山体的分割而成为两个相对独立的盆地，即治多盆地和解曲-着晓盆地。解曲-着晓盆地处于本图幅内，治多盆地在相邻的治多县幅中。解曲-着晓盆地已被后期的断裂构造所裂解，其中较大的盆地有着晓盆地、解曲河盆地。另有一系列的小盆地，如杂多盆地、尕羊盆地和多改茶哈盆地。这些盆地可以分为两类：一类以近源红色碎屑岩-碳酸盐岩-膏盐沉积组合为主的正常组合，以解曲河盆地为代表；另一类为盆地中含石盐或卤水的盆地，说明其中的地层中有较高含量的盐类，以着晓盆地为代表，另有尕羊盆地和多改茶哈盆地，在这些盆地中多有盐井采盐。

（1）解曲河盆地

该盆地呈北西西向展布于解曲中游一带，盆地呈北北西向的长方形状，北西边界为逆断层。盆地充填物主要为沱沱河组、雅西措组、五道梁组，为一套陆相碎屑岩建造。该盆地与邻幅的治多盆地的不同之处：一是未见曲果组；二是晚更新世冲洪积及全新世冲积的松散堆积物比较发育而不是冰碛物。

（2）着晓盆地

该盆地呈北西向展布于班涌—着晓—巴尔曲一带，为狭长的条带状盆地，北东和南西边界为逆断层。充填物主要为沱沱河组、雅西措组，为一套陆相近源红色碎屑岩-碳酸盐岩。

（3）尕羊盆地

该盆地是以囊谦县尕羊乡为中心的近椭圆状，充填物主要以沱沱河组为主，为一套陆相近源红色碎屑岩-碳酸盐岩。

（4）多改茶哈盆地

该盆地呈北西向展布于沙木曲沟脑一带，为狭长的条带状盆地。其中有残余湖——多改茶哈，其水体含盐量较高，为一咸水湖。北东和南西边界为逆断层，地层产状较陡。充填物主要为沱沱河组、雅西措组，为一套陆相近源红色碎屑岩-碳酸盐岩。

随盆地的形成伴随有强烈的岩浆活动。在盆地形成的早期有一期碱性岩浆事件。而在北邻幅治多县幅中部的纳日贡玛—色的日地区发育了富钾钙碱性的深源浅成的花岗岩和一套以安山质为主的火山沉积地层即查保玛组。

2. 盆地演化与成山作用阶段分析

由于构造抬升作用使上新世以前形成的盆山格局发生多次变形、变位等改造，现今盆山格局已非昔日之面貌。因此，盆地演化与成山作用阶段问题的解决须从沉积、控盆构造、盆地演化历程、成山作用特点等多方面综合研究、精细刻画才能达到正确恢复盆山的原来面貌。现仅根据已有资料作如下初析。

始新世中期随着新特提斯残留海的彻底消失，青藏高原北、东大部分上升为陆，进入陆内演化阶段。与此同时或稍前该地区因受喜马拉雅运动影响，在继白垩纪对冲扩展式前陆盆地的基础上于古近纪因先成断裂的复活开始发育以引张为主兼右旋走滑拉分性质的盆地。在盆地形成的早期有一期碱性岩浆事件。至渐新世，该地区的海拔高度可能在500m以下（结合区域资料）。中新世时，盆地进一步加深扩大，统一的昂纳涌曲—解曲—着晓古湖盆形成。在北邻幅治多县幅中部的纳日贡玛—色的日地区发育了富钾钙碱性的深源浅成花岗岩和一套以安山质为主的火山沉积地层即查保玛组。该区被抬升到近1000m的高度，统一的湖盆逐渐分解为3个次级盆地，在邻近的治多一带形成了治多盆地，在本图幅内以北西西向或近东西的盆山格局雏形出现。

上新世以来，山体强烈抬升与盆地快速沉降相耦合，盆山格局进一步发展壮大。

晚更新世—全新世初，发生于本区的构造运动使该区强烈地差异隆升，图幅西南的纳脚一带抬升到雪线以上，沿山麓发育冰碛堆积。由构造差异隆升造成的盆山格局最终定型。

全新世以来随着差异升降的加大，近南北向盆山格局逐渐发展最终定型，形成当今看到的地貌景观，以图幅西南的纳脚一带为怒江与澜沧江水系的分水岭。

3. 盆地演化与岩浆活动

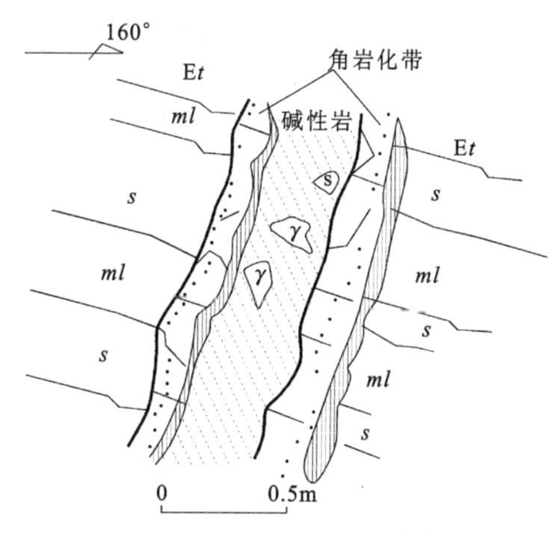

图 5-25　碱性岩侵入沱沱河组地层

在白垩纪造山后伸展机制下形成盆地的过程中伴有碱性岩浆事件，该岩浆事件是在喜马拉雅构造带闭合的大背景下，前缘挤压、后缘滞后扩张的机制下形成的。碱性岩侵入于沱沱河组地层中(图 5-25)，反映出盆地先是在伸展机制下形成、后在先成断裂的复活叠加了走滑拉分性质。具体的碱性岩浆岩分布于南邻幅杂多县幅阿多一带。在进入陆内俯冲造山、在盆山形成的过程中，在盆地间相对上升的山体中有较强的岩浆作用。在该图幅中部的纳日贡玛—色的日地区发育了构造演化进入陆内俯冲造山阶段的背景下，大陆板片俯冲诱发的软流圈物质上涌，导致了加厚的下地壳物质部分熔融形成岩浆，侵位而成富钾钙碱性深源浅成的花岗岩和一套以安山质为主的火山沉积地层即查保玛组。查保玛组喷发不整合于沱沱河组之上，而未见沱沱河等组与花岗岩的接触，该期岩浆活动明显晚于碱性花岗岩事件。

(三) 测区高原隆升与相应的环境变化阶段

1. 测区夷平面特征及其形态

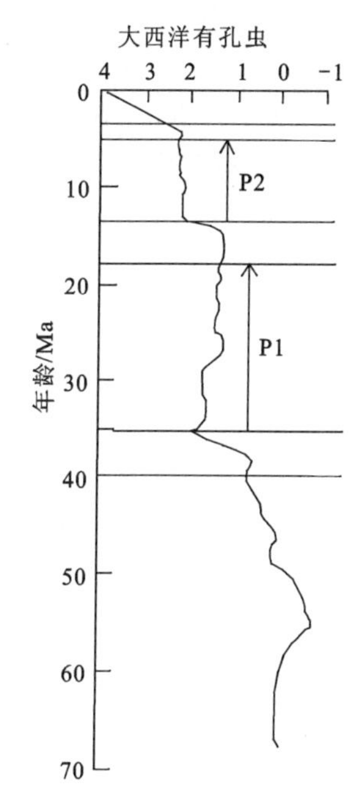

图 5-26　大西洋新生代底栖有孔虫氧同位素变化曲线图
(据 Miller,1987；潘保田等,1989,原图修改)

夷平面是在外力剥蚀夷平作用下形成的近似平坦的地面。它是在构造运动比较缓和的条件下，即在外力剥蚀强度大于微弱的正向上升运动的情况下生成的，其形成需要长期的构造相对稳定期。喜马拉雅运动以来至少有 3 次构造运动相对平静时期，因此，可以大体划分出三级山地夷平面。侯增谦(2004)认为，35Ma 前青藏地区曾有抬升，但高度很有限，总高度在 2000m 以下，因为棕榈和榕树的化石表明当时为湿热气候条件。35～3.4Ma 期间，青藏高原曾有两次抬升，但随后山麓被剥蚀夷平，总高度在 1500～2000m 之间，高山栎、杜鹃、云杉和三趾马等化石的发现证明了这一点。3.4Ma 以后青藏高原整体快速隆升，Miller(1987)及潘保田等(1989)根据大西洋有孔虫氧同位素变化与青藏高原大气候的关系划分了 3 次构造运动：冈底斯运动(40～35Ma)、喜马拉雅运动(18～13Ma)和青藏运动(3.4Ma 为 A 幕、2.5Ma 为 B 幕、1.7Ma 为 C 幕)，并划分了两次夷平面，P1 形成于 35.3～14.6Ma，P2 形成于 13.5～3.6Ma(图 5-26)。

测区划分了两级夷平面(图 5-27)。第Ⅰ级夷平面(山顶面)是最高的一级夷平面，海拔高程一般为 5400～5700m，呈北西西向分布在阿热托尕、贾哂、浦瓜日阿耶玛、沙瓦哂、莫玛和南部的过府热切、俄可日啊巴、茶吉、冬果一带。地貌上呈浑圆平坦的峰顶面，与所在的老构造线方向一致。切割的最新地层为上白垩统，其上除有冻融岩屑和第四纪冰碛物外，无其他堆积物。在测区一带，保存有现代冰川，且呈逐年消退之势。旁侧构造盆地中此级夷平面的相关沉积为第三系，其粒度自下而上逐渐变细，呈现明显的韵律结构。以该夷平面高峰线连线作为测区主分水岭。

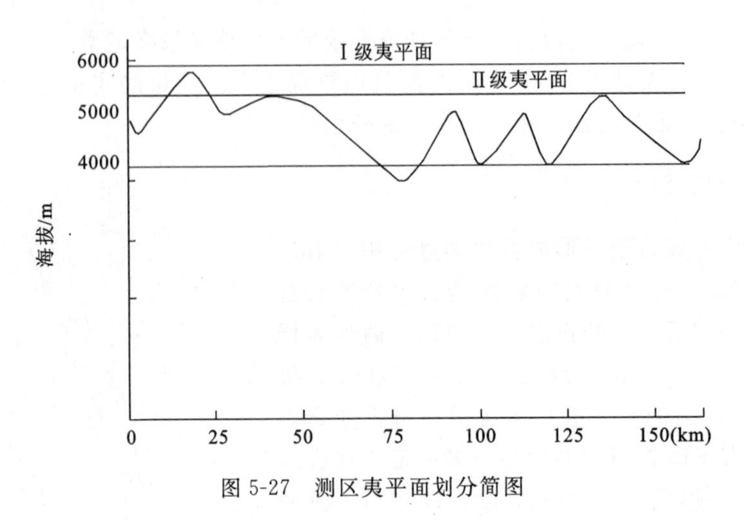

图 5-27　测区夷平面划分简图

第Ⅱ级夷平面。海拔高程一般在 4600～5400m，呈近北西向，主要分布于多改错、巴俄错纳、旦曲，南部的多盖擦喀、亚龙玉错一带的浑圆平坦的山地面上，其上除有冻融碎屑外，还有残余的冰蚀湖。

侵蚀基准面的海拔高程一般为 4100～4400m，呈近东西向或北西西向分布于着晓盆地、解曲河盆地等一些低缓的山顶上，区域上为上新统山顶面切割的最新地层是始新世沉积，推断山顶面形成于 24Ma 以前的渐新世晚期。现代河流均切穿这些盆地，始新世的沉积岩层多成为这些河流阶地底部的基座。解曲等现代河流说明测区近期河流下蚀作用强烈。

从印度洋北部(印度洋的孟加拉湾和阿拉伯湾)海底沿积扇的沿积速率-时间图解(图 5-28)可以清楚地看出，在 12Ma 之前青藏高原隆升和剥蚀程度有限，在 12Ma 以后有明显的沉积加快，推测喜马拉雅山在 9～6Ma 和 4～2Ma 时有过两次最强烈的隆升和剥蚀。

综上所述，可将该区两级夷平面的形成时期与构造抬升时间大体归纳为：第Ⅰ级夷平面形成于古近纪初期，在中新世末(或晚期)的喜马拉雅运动Ⅰ幕开始抬升；第Ⅱ级夷平面形成于中新世末，上新世末至早更新世初的喜马拉雅运动Ⅱ幕开始抬升。此后，随青藏运动的整体隆升与昆黄运动及共和运动的差异抬升形成了现今的地理格局。

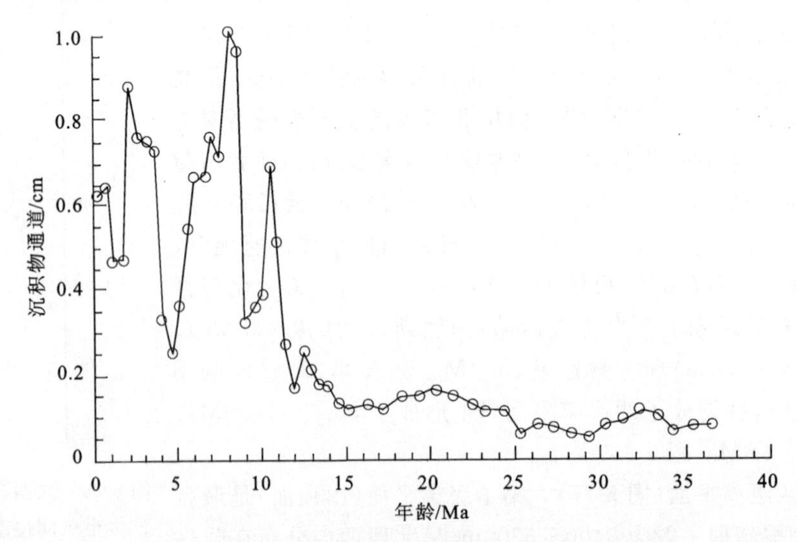

图 5-28　印度洋北部海底沉积扇的沉积速率-时间图解

(据 Rea，1992；潘保田等，1998，原图修改)

2. 测区两次地面抬升期

结合区域资料及测区两级夷平面发育史分析，第一次地面抬升约发生于始新世末的冈底斯运动，抬升至2000m后，又经渐新世夷平至500m以下。据渐新世—中新世沉积记录反映，夷平面形成时为干旱的副热带气候；第二次地面抬升发生于中新世早中期的喜马拉雅运动，但其高原仍不超过2000m，后经中新世中期至上新世中期构造稳定期夷平至1000m以下。此时高原南缘为亚热带潮湿气候，北缘为干燥的荒漠草原环境，而含测区在内的中间地带为亚热带森林和森林草原景观。

3. 青藏运动(3.4～1.7Ma)

该运动由李吉均等(1992,1996,1998)创立。此次运动是以整体隆起青藏高原、瓦解主夷平面形成一系列断陷盆地和浅色沉积替代红色沉积为特点的强烈的构造运动，是从喜马拉雅运动(三幕)中分离出来的一次构造运动。进一步分为A、B、C三幕，分别为3.4Ma、2.5Ma、1.7Ma。

从3.4Ma开始，青藏高原整体强烈隆起，使其周边山地环境发生了巨大的变化，高原统一的主夷平面开始解体。山间和山前盆地中堆积了巨厚的山麓砾石层。地处高原内部的该区，强烈抬升使沱沱河组、雅西措组、五道梁组发生褶皱，甚至被断层推挤碾压。在杂多县结多乡见沱沱河组逆冲于杂多群之上。由于力偶作用甚至某些盆地边界的断裂也发生了褶皱。此次运动以浅色沉积替代红色沉积为标志，表明古气候和古地理格局发生了巨大变化。现代亚洲季风(包括冬季风)基本形成和完善。从区域地貌特征来看，经过这次运动后，高原整体轮廓、构造-沉积格局和当今重大水系格局已基本形成。但就区内而言，尚无贯通的大河存在。此时高原的海拔高度推测仍在1000m以下。

在新近纪末—早更新世(2.5～0.8Ma)，推测高原已逐步隆升至1000～2000m海拔高度，并与全球降温相耦合，迎来了地球史上(主要指北半球)新生代第三次大冰期。于是在区内发育了第一次冰期——托吉涌冰期，堆积了一套早更新世冰碛物。就整个高原所发现的为数不多的该期冰碛物孤立地分布于一些山地的峰顶上分析，其冰川类型属山谷冰川或山麓冰川，可能没有形成一些学者提出的统一的大冰盖。

约1.7Ma的青藏运动C幕，使高原进一步快速隆起。澜沧江上游的扎曲、解曲水系大致于此时切穿该区而诞生。高原西北部和亚洲内陆开始向干旱方向演化。

4. 昆仑-黄河(昆黄)运动(1.1～0.6Ma)

该运动由崔之久、伍永秋(1998)系统总结，是指距今1.1～0.7Ma前后(早更新世末—中更新世初)发生的一次构造运动。这次运动具有突然性和抬升幅度大的特点，是青藏高原隆起的又一阶段。随着昆黄运动的构造抬升和气候变冷，含测区在内的青藏高原已上升到了冰川作用的临界高度3500m，高原上升的降温和称为中更新世革命的全球性轨道转型与降温相耦合，青藏高原迅速响应，并首次全面地进入冰冻圈(张青松等，1998)，导致了高原第四纪以来最大冰期的发生。这期冰期之后测区主要表现为侵蚀期，中更新世冰碛物呈黄褐色，表明气候已变温暖。此次运动引起了大气环流改变、冬季风盛行，并使中更新世以前的古近纪、新近纪植物种属很快消失，之后气候总体向干旱方向迅速发展，地形大切割时期也即将来临。

5. 共和运动(0.15Ma～Rec)

该运动约发生于0.15Ma，使青藏高原经历了又一次强烈的构造运动，受此运动影响共和盆地中的共和组发生了褶皱变形。构造抬升运动使黄河切穿龙羊峡溯源侵蚀，终于在晚更新世末把源头延伸到现在的位置，龙羊峡自150ka以来下切达800m左右。受此运动影响，青藏高原急剧上升，喜马拉雅山终于接近或达到现代6000m以上的高度，测区风火山山地也接近现在的高度。喜马拉雅山强烈的抬升成为印度洋季风北进的严重障碍(潘保田等，1998)，使含测区在内的高原冬季风空前强大，变得更干旱、更寒冷，与此又一次全球性的气候转型相耦合，又一次冰期来临(相当于倒二冰期)，在测区发育了一套晚更新世冰水堆积。区内近南北向山顶裂谷的进一步发展，晚更新世冰水堆积的微弱变形，一些河流的Ⅲ级以上的高阶地、叠置型冲洪积扇形成。

全新世早期(10.4～7.5ka)气候转暖，可能使其早期冰川作用规模明显缩小，发育了一套湖相或湖沼相堆积。间歇性的地壳抬升形成了河流Ⅰ、Ⅱ级阶地。约3.2ka前后，全新世存在突发降温事件，温度和湿度迅速下降，冷湿和冷干频繁波动。此后测区大部分地区处于海拔 4000m 以上，虽然没有冰川活动，但仍处于干、冷冰缘环境，形成了广泛分布的冰缘地貌（融冻湖塘与冻土草沼遍布）和寒冻风化物及冲（洪）积物。随着隆升的进一步加剧，河流以旺盛的侵蚀能力向山体扩展，现今地表切割及地形反差的面貌形成。

据大范围重复水准测量，高原现代仍以 5.8mm/a 的速率继续上升，而川藏公路炉霍以东呈现相对下降，这可能反映了青藏地块东部受东西方向的拉伸而向东挤出滑移的特性。

（四）高原隆升的测量

测区的第四纪沉积史从测年样分析显示为晚更新世，自晚更新世至今这一时期高原的隆升在测区河流沉积物中有一定的反映。河流阶地形成的主要原因是高原不断抬升导致侵蚀基准面相对降低引起河流下蚀的结果。在测区的解曲河阶地中采集孢粉分析成果反映出孢粉组合特征：有针叶植物花粉松属及灌木柽柳科、白刺属、麻黄属；草本植物花粉有蒿属、禾本科、藜科、豆科、茄科、毛茛科、唇形科、小蘖科。此孢粉组合特征反映出荒漠草原-草原植被景观，气候冷、较干。

在测区的解曲河阶地中采集了热释光测年样对高原隆升进行初步研究。在每一级阶地上采有孢粉和热释光样进行分析（表 5-3，图 5-29）。热释光分析成果见表 5-3，其测年样反映时代为晚更新世沉积，时限从 119.77±8.48～47.50±2.79ka。现在河流的河漫滩的海拔高度为 4299.00m，其中的Ⅰ级阶地以现在时代（即为零）来计算显得数值偏小。其余阶地的抬升以前一级阶地为标准来计算，平均抬升速率为 0.37cm/a，这个数值与现代高原隆升相比明显偏低。

表 5-3　青海省杂多县结多乡解曲阶地堆积物热释光测试分析结果表

野外编号	阶地标高（m）	岩性名称	采集地点	年龄（ka）	备注	抬升速率（cm/a）
Ⅷ004P2TL2－1	4301.5	灰色砂砾石层	青海省杂多县结多乡解曲Ⅰ级阶地	47.50±2.79	晚更新世	0.01
Ⅷ004P2TL3－1	4304.85	土黄色泥砂层	青海省杂多县结多乡解曲Ⅱ级阶地	50.08±2.33		0.13
Ⅷ004P2TL5－1	4334.32	灰色泥砂层	青海省杂多县结多乡解曲Ⅲ级阶地	52.09±3.32		1.47
Ⅷ004P2TL6－1	4358.38	土黄色泥砂层	青海省杂多县结多乡解曲Ⅳ级阶地	93.75±4.79		0.06
Ⅷ004P2TL8－1	4376.38	土黄色泥砂层	青海省杂多县结多乡解曲Ⅴ级阶地	98.56±6.58		0.37
Ⅷ004P2TL9－1	4410.71	灰色泥砂层	青海省杂多县结多乡解曲Ⅵ级阶地	119.77±8.48		0.16

在相邻治多县幅的纳日贡玛一带的岩体中采有裂变径迹样来正演该地区的隆升。裂变径迹样采自纳日贡玛北部的花岗岩岩体中，从山顶往下，自海拔标高 5350m 开始，每降低 100m 采一个样，共采集了 5 个样品。分析结果显示的时限为 27.3±2.5～7.7±2.2 Ma，反映时代为中新世。设定中新世的海拔高度为 1500m，现在标高为 5000m，以最大年龄 27Ma 为时间来计算平均抬升速率，则抬升速率为 1.29cm/a。若以后面的年龄计算则速率是不同的，说明在测区的抬升速率不均匀，有快速抬升，也有缓慢抬升。

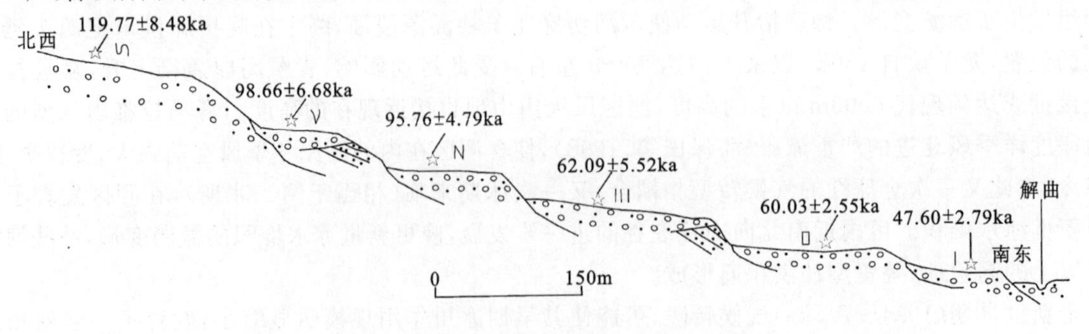

图 5-29　青海省杂多县解曲河阶地剖面图

第四节　构造发展阶段划分

综合研究测区的各种地质作用事件，结合区域地质构造发展，将研究区大地构造演化阶段（图5-30）概括如下。

一、中元古代结晶基底形成演化阶段

该阶段主要为中元古代吉塘岩群酉西岩组原岩建造形成阶段。吉塘岩群以片岩为主，局部夹大理岩，原岩为一套成熟度较高的碎屑岩夹碳酸盐岩建造。在地幔热流作用下，原岩经历了区域动力变质作用，固结成岩，晋宁期发生区域动力热流变质变形，成为三江造山带古老结晶基底的一部分。中元古代吉塘岩群酉西岩组中，中元古代白龙能花岗片麻岩、新元古代亚龙能花岗片麻岩侵入事件，代表四堡期、晋宁期结晶基底处于变质变形状态的重要记录。

二、早古生代前造山构造演化阶段

区内缺失该时期的物质记录，区域上在玉树以南的巴塘一带有早奥陶世青泥洞组浅变质砂板岩夹薄层灰岩的碎屑岩、碳酸盐岩较稳定沉积，系早古生代造山带原特提斯构造演化过程中的物质记录。

三、海西—印支期主造山演化阶段

（一）泥盆纪—石炭纪古特提斯多岛洋扩张阶段

金沙江缝合带区域上在西金乌兰湖一带移山湖、明镜湖北（辉长）辉绿岩墙群贯入（345.8±Ma；345.9±0.91Ma，Ar－Ar），乌兰乌拉湖-澜沧江缝合带区域上在类乌齐北西石炭纪地层中见有洋脊型玄武岩，在乌兰乌拉湖一带见有超基性岩，代表着古特提斯多岛洋已进入初始离散期，并在随后的扩张作用下，宁多群、吉塘岩群变质结晶基底从母体羌塘陆块中裂离出来，散布在古特提斯扩张洋盆中，构成了古特提斯多岛洋板块构造格局。区内表现为早石炭世杂多群、晚石炭世加麦弄群沉积，为活动陆缘浅海陆棚相—海陆交互相含煤碎屑岩、碳酸盐岩及火山岩建造沉积。

（二）二叠纪洋—陆转换阶段

早二叠世古特提斯多岛洋扩张进入高潮，洋盆中开始出现洋壳物质，邻区聂恰曲一带分布的蛇绿岩则是该时期的物质表现。中二叠世，金沙江扩张有限洋盆开始闭合，向南发生B型俯冲，形成中二叠世陆缘火山弧和弧后盆地。与此同时，推测乌兰乌拉湖-澜沧江有限洋盆亦发生俯冲消减，区内中二叠世尕笛考组岛弧型火山岩则是该期事件火山活动的直接表现。中二叠世开心岭群诺日巴尕日保组、九十道班组为弧后盆地碎屑岩、碳酸盐岩、火山岩沉积，侵入于杂多群辉长岩中，辉绿岩（276Ma，Ar－Ar）则为弧后盆地扩张环境下侵位基性岩。晚二叠世呈洋盆闭合，弧-陆碰撞对接，古特提斯多岛洋彻底闭合，西金乌兰—金沙江一带形成蛇绿构造混杂岩带；乌兰乌拉湖-澜沧江结合带在区内形成强变形带，该带内高绿片岩相韧性右行剪切变形系该期事件构造变形的产物，同时发生碰撞型花岗岩侵入（251.4±0.6Ma，U－Pb）。

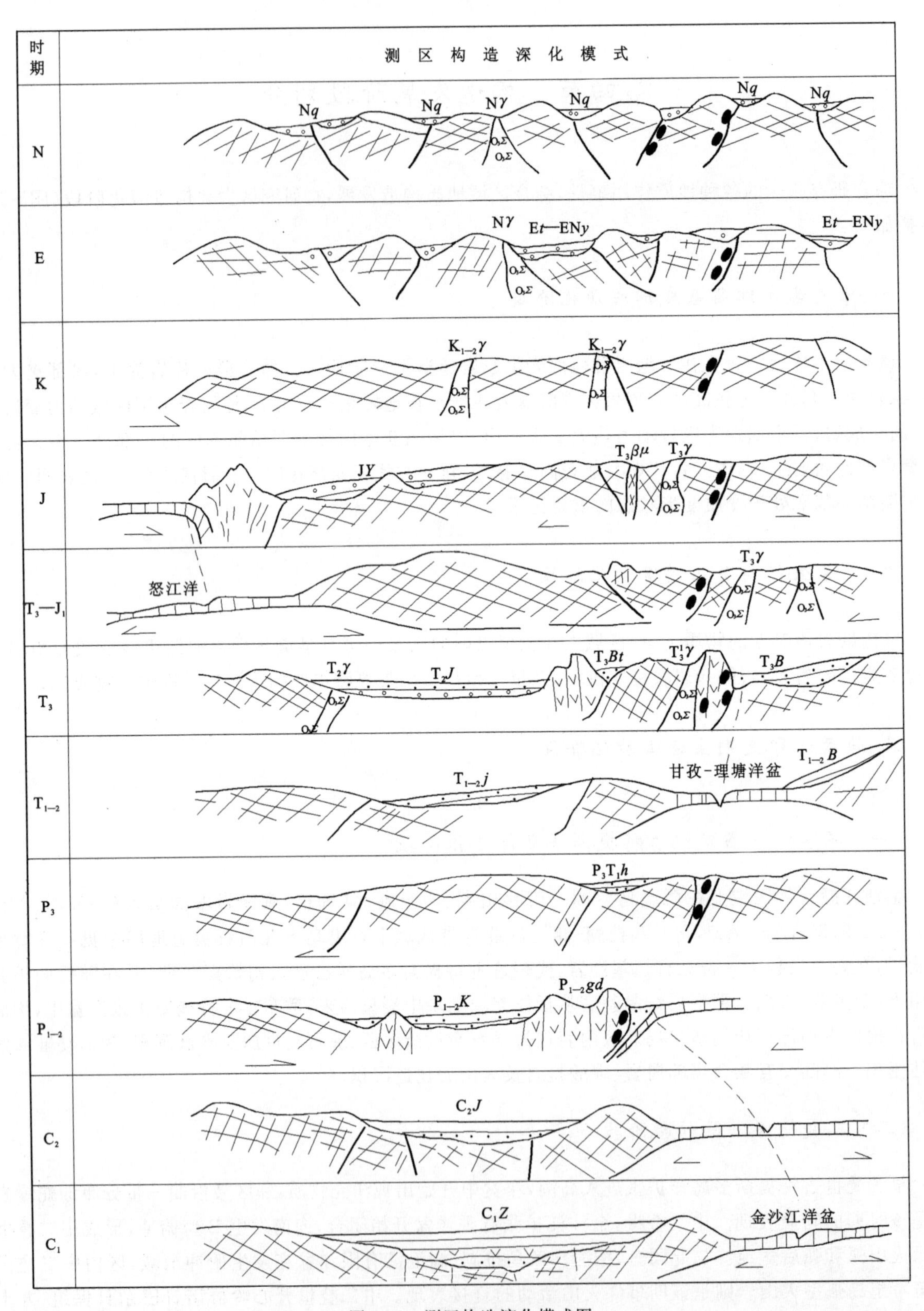

图 5-30　测区构造演化模式图

(三) 三叠纪洋—陆转换阶段

早—中三叠世整个三江北段地带进入陆内造山时期,区域上该时期发生扩张,形成甘孜-理塘有限洋盆,邻区多彩乡北查涌一带分布的蛇绿岩为这一时期的物质记录。区域地质研究成果表明,该洋盆裂陷扩张由南向北逐渐扩张形成，南段（土官村）玄武岩时代为晚二叠世，中段（理塘）放射虫时代为 T_1，北段（甘孜以北）为 T_3^1，表明洋盆的打开时间南部较早，北部较晚。区内中三叠世结隆组碎屑岩、碳酸盐岩沉积为这一时期洋盆沉积组成部分。

晚三叠世早期，研究区内沿金沙江结合带向南发生俯冲，形成甘孜-理塘结合带、巴塘陆缘火山弧，晚期形成通天河蛇绿混杂岩带、巴颜喀拉双向边缘前陆盆地和结扎类弧后前陆盆地；南羌塘-左贡陆块和杂多晚古生代—中生代活动陆缘中，发生大规模中酸性岩浆侵入。至此，整个造山带结束大规模洋—陆转换构造演化，进入侏罗纪陆内造山演化时期。

四、侏罗纪—白垩纪后造山构造演化阶段

侏罗纪随着班公湖-怒江构造带发生伸展和裂陷，形成具有活动性质和蛇绿岩组合的特提斯海盆，区内主要表现为在其解曲以南地带中—晚侏罗世雁石坪群前陆盆地海相—海陆交互相碎屑岩、碳酸盐岩为主沉积，同时在丁青-包清涌构造带和通天河蛇绿混杂岩带内发生韧性右行斜冲性质为主的陆内碰撞型韧性剪切变形，形成北西向展布的晚侏罗世韧性剪切带。白垩纪随着班公湖-怒江洋盆闭合、碰撞，区内局部地段断陷盆地中接受风火山群河湖相粗碎屑岩、碳酸盐岩沉积，陆内冲断作用，在石群涌、车玛拉一带发生壳内重熔型花岗岩侵入。

五、新生代高原隆升阶段

进入新生代，地壳演化进入一个崭新的时期，古近纪—新近纪受印度板块与欧亚板块的碰撞影响，新特提斯洋闭合，区内早期断裂继承性活动；在南北向强烈挤压下，陆内断块差异升降，沿断裂发育一系列北西向延展的断陷盆地、走滑拉分盆地，接受沱沱河组、雅西措组、五道梁组及曲果组等河湖相碎屑岩、碳酸盐岩沉积；在“前缘挤压、后缘滞后扩张”的构造环境下，沿断裂带发生浅成—超浅成中酸性岩浆侵入及碱性花岗岩侵入事件。进入第四纪，高原进一步快速隆升，形成现今的地貌格局。

第六章　专项地质调查

第一节　成矿地质背景

测区位于青藏高原腹地、著名的三江多金属成矿带，自20世纪50年代始，青海省地矿局、冶金、有色、煤炭等部门陆续在该区开展了各有特色的矿产普查评价工作。1994—2000年青海省地勘局遥感站和青海省地质调查院先后开展了1∶100万青海省玉树—果洛地区金矿遥感解译及三江北段矿产资源潜力遥感分析工作；2002—2003年青海省地勘局完成了“青海省第三轮成矿远景区划研究及找矿靶区预测”工作，对区内成矿类型、成矿规律、成矿潜力进行了总结。2001年起青海省地质调查院在测区吉龙、解嘎及其外围等地进行了资源评价工作。通过这些艰苦的地质工作发现了许多矿床、矿(化)点及矿化线索，有黑色金属、有色金属、贵金属、非金属和燃料矿产。其中贵金属矿产往往与有色金属矿产伴生或共生。经统计，共发现铁、铜、钼、铅、锌、金、银等黑金属、有色金属及贵金属矿床、矿(化)点、矿化线索共31处，发现非金属矿产石膏矿点14处，重晶石矿(化)点2处，盐类矿产2处，煤矿点11处，共计矿产地59处。前人对测区矿产工作评价见绪言部分表1-2、图1-2。

本次工作中，经过项目组全体人员的努力工作，发现矿(化)点、矿化线索13处，其中含铜褐铁矿点1处、石墨矿点1处、煤矿点1处、石膏矿点2处、盐矿点1处、铜矿化点5处、铁矿化点2处。

本书中，资料收集齐全，规模较大，成因类型有一定的代表性，在区域上有一定找矿指导意义的矿床、矿点在各论中分别叙述，余者列表说明。

各类矿(化)点、矿化线索不再详细叙述。

一、地球物理、化学特征

(一) 地球物理特征

1. 区域重力特征

测区区域重力异常采用青海省地球物理勘查院完成的1∶100万青海省区域重力异常图资料(图5-1)显示幅值较大的负异常。异常等值线总体呈北西-南东向，与测区大地构造线方向一致，重力异常值一般为$-525\times10^{-5}\sim-510\times10^{-5}m/s^2$。以杂多县线性梯级带为界，表现为两个明显北西向展布的线性重力负异常，两个重力异常值基本一致。这些重力异常与测区大地构造关系密切，但与矿产基本无关联。

2. 区域航磁异常特征

区内1∶50万航空磁测($\triangle T$)异常共12处，以较密集的负异常为主，局部正负异常相间出现。异常形态呈纺锤状、串珠状，呈北西-南东向展布，异常强度峰值为60～110nT，这些磁异常与测区侵入岩的构造关系密切。

（二）地球化学特征

1. 水系重砂异常

测区低密度水系重砂测量共圈定各类水系重砂异常28处。其中甲乙类异常见表6-1。区内重矿物的分布有明显的规律性，它们与地层、岩浆岩及构造关系密切。

表6-1　重砂甲乙类异常

异常名称	位置	异常分类	面积(km²)	主要异常特征描述(粒或克/30kg)
龙补曲舍玛	94°36′ 33°45′*	乙	52	铅矿物：Ⅰ级5粒(4)***；Ⅱ级17～52粒(3)；Ⅲ级0.0022g(1)；n_8**黄铜矿：Ⅰ级1粒(1)；Ⅱ级5～7粒(2)
龙青能	94°50′ 33°52′	乙	43	n_{36}，方铅矿：Ⅰ级1粒(9)；Ⅱ级30～40粒(9)；Ⅲ级0.001～0.0028g(17)；黄铜矿：Ⅱ级4～6粒(16)
刚群能	94°45′ 33°43′	乙	23	n_{10}，方铅矿：Ⅱ级7～30粒；黄铜矿：Ⅰ级7粒(3)；Ⅱ级30～40粒(7)
扎西格群	94°35′ 33°44′	乙	74	n_{16}，闪锌矿：Ⅱ级1粒(10)；黄铜矿：Ⅰ级1粒(6)；Ⅱ级5～7粒(8)；方铅矿：Ⅱ级6～10粒
妥拉	95°39′ 33°38′	乙	94	n_{20}，方铅矿：Ⅰ级1粒(8)；Ⅱ级6～10粒(10)；Ⅲ级20～100粒(2)；闪锌矿：Ⅱ级1～6粒(11)；辉钼矿：Ⅱ级1～5粒(10)
莫海拉哼	95°48′ 32°51′	甲	25	n_{21}，方铅矿：Ⅰ级9～30粒(4)；Ⅱ级31～100粒；Ⅲ级101粒～0.8g(12)
达龙	95°24′ 33°44′	甲	57	n_{30}，方铅矿：Ⅰ级9～30粒(10)；Ⅱ级31～100粒(8)；Ⅲ级＞100粒(7)；辉钼矿：Ⅰ级7～13粒(13)；Ⅱ级14～27粒(5)；Ⅲ级28粒～0.002g(16)；黄铜矿：Ⅰ级7～15粒(10)
马甲能	95°15′ 32°25′	甲	40	n_{21}，重晶石：Ⅱ级0.5～1g(19)；Ⅲ级＞1g(2)
吓纳	95°02′ 32°13′	乙	60	n_{11}，铌钽铁矿：Ⅱ级1～10粒(23)；磷钇矿：Ⅱ级1～10粒(25)
日啊恰切	95°14′ 32°10′	甲		n_{15}，铜矿物：Ⅰ级3～5粒(2)；Ⅱ级6～20粒(4)；Ⅲ级21～50粒(6)；Ⅳ级＞50粒(2)；铅矿物：Ⅰ级25粒～0.000 25g(1)；Ⅱ级0.000 25～0.003g(2)；Ⅲ级0.003～0.006g(2)；Ⅳ级＞0.006g(1)
吉普曲	95°30′ 32°15′	乙	145	n_{28}，曲晶石：Ⅰ级1粒～0.0004g(7)；Ⅱ级0.0004～0.004g(4)；Ⅲ级0.004～0.04g(5)；Ⅳ级＞0.04g(12)；钍石：Ⅱ级1～2粒(2)；辰砂：Ⅰ级1～4粒(8)；Ⅱ级5～10粒(14)；Ⅲ级11～20粒(3)；Ⅳ级＞20粒(2)
多改	95°06′ 32°04′	乙	150	n_{51}，石榴石：Ⅱ级0.1～0.5g(6)；Ⅲ级0.5～1g(13)；Ⅳ级＞1g(28)；磷灰石：Ⅱ级0.000 95～0.01g(14)；Ⅲ级0.01～0.1g(26)；Ⅳ级＞0.1g(29)
多改—布嘎	95°20′ 32°05′	甲	550	n_{166}，铅矿物：Ⅰ级10粒～0.000 25g(61)；Ⅱ级0.000 25～0.003g(72)；Ⅲ级0.003～0.006g(23)；Ⅳ级＞0.006g(2)；白钨矿：Ⅰ级50～0.001g(10)；Ⅱ级0.001～0.005g(7)；Ⅲ级0.005～0.01g(8)；Ⅳ级0.01～0.02g(2)；锡石：Ⅰ级1～5粒(11)；Ⅱ级6～10粒(7)；Ⅲ级11～50粒(8)；Ⅳ级51粒～0.424g(2)；锆石：Ⅰ级0.2～0.5g(10)；Ⅱ级0.5～1g(3)；Ⅲ级＞1g(2)

注：1.坐标为异常中心坐标；2.n为样品数；3.括弧中为重矿物含量达到该级含量的样品数。

铜矿物、铅矿物、辉钼矿、闪锌矿等有色金属矿物集中分布于早石炭世杂多群、晚石炭世加麦弄群及早中二叠世开心岭群地层分布区，且部分重矿物异常与已知成矿事实吻合，表明区内上述地层是这些重砂异常的异常源，是寻找有色金属矿床的有利地段。

重晶石集中分布于苏鲁印支期侵入岩出露地段，与已知成矿事实相符，说明印支期侵入岩与重晶石的成矿关系密切。

锡石、白钨矿、铌钽铁矿、磷钇矿集中分布于印支期、燕山期中酸性侵入岩分布区，侵入岩为异常源，说明印支期、燕山期侵入岩与W、Sn及稀有、稀土元素的成矿关系密切，是寻找该类矿物的有利地段。

石榴石集中分布于中元古代变质岩及中元古代、新元古代变质侵入体分布区。

2. 水系沉积物异常

测区1:20万化探扫面共圈定各类单元素异常及单元素、多元素综合异常数10处，其中甲乙类异常见表6-2，多数与已知的成矿事实相吻合。

表6-2 测区化探异常特征

异常名称	异常分类	异常位置	异常面积(km^2)	元素组合特征		主元素		
				主元素($w_B/10^{-6}$)	其他元素($w_B/10^{-6}$)	峰值($w_B/10^{-6}$)	均值($w_B/10^{-6}$)	衬度
妥拉	乙		180	Pb	Mo、Zn、Cu、Ba、Sr、Hg	600	384	4.21
俄弄	乙		18	Pb	Bi、Sb、Zn、Ag、Sn、Au	101	7.30	2.51
叶龙达	乙		46	Mo	Pb、Zn、Ag	4.50	2.30	1.41
普格涌	乙		145	As	Bi、Mo、Sn、Au、Ni、Th	236.00	177	2.26
日西福赛	乙		7	Zn	Pb	357.29	226	1.90
觉和卡	乙		9	Ag	Hg	632	431	0.70
昂赛	乙		96	Pb	Zn、Bi、V、Cd	84.58	58.30	1.32
吓日啊	乙		63	Pb	Zn、Cd	78.40	52.13	1.64
达龙	乙		26	Pb	Zn、Mo	184.36	78.91	1.22
藏啊赛	乙		31	Mo	Cu	6.00	3.72	1.72
莫海拉哼	乙		163	Zn	Bi、V、Cd、Pb	558.41	261	1.86
吉龙	甲	95°48′,32°31′	81	Cu	Ag、Zn、Cd、Ag、Bi、Ni	153.60	67.49	1.69
				Mo		44.80	9.29	4.65
年治弄	乙		45	Mo	Zn、Pb	10	5.56	1.45
吓纳	乙	95°03′,32°15′	85	Sn	Nb、Tr、Ga、Cr、Co、Y、La	15.70	60	2.73
苏鲁	乙	95°15′,32°28′	240	Sn	Ba、Zn、Sr、La、Nb、Y	15	6.70	1.12
肯刺儿	乙	95°58′,32°11′	30	Cu	Cr、Co、Ni	35	80	1.78
等曲	乙	95°25′,32°06′	33	Cu	Pb、Zn、Ag	38.60	70	1.15
羌作嘎	乙	95°14′,32°09′	152	Cu	Zn、Pb、Ag、Nb、Tr、Y、Sn、Ni、Co	90	400	5.22
旦叶	乙	95°41′,32°23′	30	Sn		5.10	6	0.77
布嘎	乙	95°34′,32°04′	95	Li	Sn、Tr、W、Nb、Y	200	103	1.22

区内错综复杂而有一定规律的地球化学景观是区内长期多体制构造演化的结果。水系沉积物甲乙类异常中的各有益元素在各地质单元中的分布有以下特点。

银、铜、铅、锌、锡、钼、铋等元素集中分布于早石炭世杂多群、晚石炭世加麦弄群、早中二叠世开心岭群及部分侏罗纪雁石坪群地层分布区，且多数与已知成矿事实吻合。上述地层分布区是寻找有色金属、贵金属矿产的有利地段。

钴、镍元素集中分布于早中二叠世开心岭群地层分布区，是地层中的中基性火山岩及其相应的高背景值导致异常。

稀有、稀土元素集中分布于测区南部的印支期、燕山期中酸性侵入岩出露区，侵入岩中的相应高背景值导致异常，是区内寻找稀有、稀土元素矿产的有利区段。

二、成矿作用与成矿规律

（一）与沉积作用有关的矿（床）点的时空分布规律

测区与区域地层有关的沉积作用形成的矿产较多，其中以石膏、煤、有色金属和黄铁矿最具规模，这些沉积作用形成的矿产明显受沉积建造、岩相古地理和古气候的控制，部分有色金属、贵金属矿（床）点虽有后期热液活动的叠加改造，但早期的沉积作用富集了部分矿质是这些矿床点富集成矿的必要条件之一，与地层有一定的依赖关系。测区沉积作用形成的矿产较多，其中以石膏、煤、有色金属和萤铁矿最具规模，成矿期以石炭纪—中晚侏罗纪为主（表 6-3）。

表 6-3　与各时代地层有关的矿床（点）

矿床（点）编号	矿种	矿点名称	赋矿地层	与地层关系	矿床（点）成因类型
39	铁	侧群铁矿点	早石炭世杂多群碎屑岩（C_1Z_1）为一套浅海陆棚滨浅海相—海陆交互相含煤碎屑岩、碳酸盐岩、火山岩建造，岩性为砂岩、粉砂岩、炭质页岩、板岩夹灰岩及煤层，局部夹中酸性火山岩	矿体产于燕山期似斑状二长花岗岩与 C_1Z_1 灰岩接触带中	热液型
1		东补涌铅矿点		矿体产于 C_1Z_1 安山岩、安山质火山角砾岩中的石英脉中	石英脉型
7		乳日宫铜矿点		矿体产于 C_1Z_1 的砂岩中	沉积型
53		刚能铅矿化点		矿体产于燕山期似斑状二长花岗岩与 C_1Z_1 砂岩接触带中	热液型
42		加涌铜矿点		矿体产于 C_1Z_1 砂岩、粉砂岩中	沉积型
13	石膏	沙切涌石膏矿点		石膏矿产于 C_1Z_1 地层中	蒸发沉积型
52		多改荣哈石膏矿点		石膏矿产于 C_1Z_1 地层中	蒸发沉积型
49		日啊绍石膏矿点		石膏矿产于 C_1Z_1 地层中	蒸发沉积型
38	重晶石	邦给木重晶石矿点		矿体产于 C_1Z_1 强蚀变砂岩、粉砂岩中	低温热液充填型
10		结扎煤矿点		煤层产于 C_1Z_1 含煤碎屑岩中	沉积型
48		下根嘎煤矿点		煤层产于 C_1Z_1 含煤碎屑岩中	沉积型
6		俄青龙煤矿点		煤层产于 C_1Z_1 含煤碎屑岩中	沉积型
5		希县嘎煤矿点		煤层产于 C_1Z_1 含煤碎屑岩中	沉积型
20		其涌煤矿点		煤层产于 C_1Z_1 含煤碎屑岩中	沉积型
26		年治弄煤矿点		煤层产于 C_1Z_1 含煤碎屑岩中	沉积型
22	有色金属	莫海先长铅矿点	早石炭世杂多群碳酸盐岩组（C_1Z_1）为一套浅海陆棚滨浅海相碳酸盐岩、碎屑岩、火山岩建造，岩性为灰岩夹砂岩、板岩，局部夹中酸性火山岩	矿体产于 C_1Z_2 的灰岩中	热液型
16		吉龙铜矿点		矿体赋存于 C_1Z_2 火山岩与灰岩接触带上	热液型
41		日啊恰切银铜矿点		矿体赋存于 C_1Z_2 的灰岩、砂岩中	热液型
27	铁	赛多色铁矿化点	晚石炭世加麦弄群碎屑岩组（C_2J_1）为一套浅海陆棚滨浅海相—海陆交互相含煤碎屑岩、碳酸盐岩、火山岩建造，岩性为砂岩、粉砂岩、板岩夹灰岩，煤层局部夹中酸性火山岩	矿体赋存于 C_1J_1 底部砂岩	沉积型
46	有色金属、贵金属	下日啊千碑银铅锌矿点		矿体赋存于 C_1J_1 下部的蚀变灰岩中	沉积-热液改造型
28	煤	折贾能煤矿点		煤产于 C_1J_1 中的含煤碎屑岩中	沉积型
24		迈巴能煤矿点		煤产于 C_1J_1 中的含煤碎屑岩中	沉积型
34		豹草坡煤矿点		煤产于 C_1J_1 中的含煤碎屑岩中	沉积型

续表 6－3

矿床(点)编号	矿种	矿点名称	赋矿地层	与地层关系	矿床(点)成因类型
11	石膏	赛青龙烘能石膏矿点	晚石炭世加麦弄群碳酸盐岩组(C_2J_2)为一套浅海陆棚滨浅海相碳酸盐岩建造;中二叠世诺日巴尕日保组为一套海陆交互相—浅海相含煤碎屑岩、碳酸盐岩、火山岩建造,岩性为灰色—灰绿色砂岩、粉砂岩、板岩夹灰岩、煤层、石膏层,局部夹火山岩、火山碎屑岩	石膏矿产于 P_2nr 的碎屑岩夹灰岩地层中	蒸发沉积型
50		柏树嘎石膏矿点		石膏矿产于 P_2nr 的碎屑岩夹灰岩地层中	蒸发沉积型
12		赛群涌石膏矿点		石膏矿产于 P_2nr 的碎屑岩夹灰岩地层中	蒸发沉积型
19		沙尔加热石膏矿点		石膏矿产于 P_2nr 的碎屑岩夹灰岩地层中	蒸发沉积型
58		角借嘎煤矿点		煤产于 P_2nr 的含煤碎屑岩中	沉积型
9	有色金属	龙拉弄铜矿点	中二叠世九十道班组(P_2j)为一套浅海相碳酸盐岩建造,岩性为灰岩夹少量砂岩、粉砂岩	矿化赋存于 P_2nr 的灰岩裂隙中	热液型
55		大宗云长铜矿点		矿化赋存于 P_2nr 的灰岩裂隙中	热液型
		未见矿化	晚三叠世结扎群甲丕拉组(T_3jp)为一套浅海陆表海相碎屑岩、碳酸盐岩、火山岩建造,岩性为砂岩夹灰岩,局部夹火山岩		
		未见矿化	晚三叠世波里拉组(T_3b)为一套浅海相碳酸盐岩建造,岩性为灰岩夹砂岩,局部夹中基性火山岩、火山碎屑岩		
14	有色金属	先口卧让铅矿化点	晚三叠世巴贡组(T_3bg)为一套海陆交互相含煤碎屑岩建造	铅矿化产于 T_3bg 灰岩中	热液型
		未见矿化	早中侏罗世雁石坪群雀莫错组($J_{1-2}q$),岩性为紫红色粗碎屑岩		
18	有色金属、贵金属	拧青阿依铜矿点	早中侏罗世雁石坪群布曲组($J_{1-2}b$)为一套浅海相碳酸盐岩建造,岩性为灰岩夹粉砂岩及少量砂岩	矿体产于 $J_{1-2}b$ 的砂岩中	沉积型
56		解嘎银铜矿床		矿体产于 $J_{1-2}b$ 的砂岩、灰岩中	沉积-热液叠加改造型
43		郎龙拉铜矿化点		矿体产于 $J_{1-2}b$ 的砂岩中	沉积型
23	石膏	优涌石膏矿点		石膏矿产于 $J_{1-2}b$ 砂岩夹页岩地层中	蒸发沉积型
37	有色金属	者层能铜矿化点	早中侏罗世雁石坪群夏里组($J_{1-2}x$)为一套浅海相紫红色细碎屑岩建造	矿化产于 $J_{1-2}x$ 的砂岩中	热液型
57		尕吉铜矿化点		矿化产于 $J_{1-2}x$ 的灰岩中	沉积-热液改造型
36	石膏	者层能石膏矿点		石膏矿产于 $J_{1-2}x$ 的地层中	蒸发沉积型
		未见矿化	白垩纪风火山群为一套山间上叠盆地杂色碎屑岩夹灰岩、泥岩、石膏组成的河湖相碎屑岩建造		
33	有色金属	巴错弄铜矿化点	古近纪沱沱河组(Et)为一套河湖相粗碎屑岩建造	矿化产于 Et 底部砾岩中	沉积型
30	石膏	恰群能石膏矿点		矿体产于 Et 砖红色碎屑岩中	蒸发沉积型
31		查能石膏矿点		矿体产于 Et 砖红色碎屑岩中	蒸发沉积型
35		过否涌石膏矿点		矿体产于 Et 砖红色碎屑岩中	蒸发沉积型
32	石膏	东坝石膏矿点	古近纪—新近纪雅西措组(ENy),岩性为橘黄色泥灰岩、灰岩夹砂岩	石膏矿产于 ENy 的地层中	蒸发沉积型
		未见矿化	新近纪曲保组(Nq)为一套砖红色碎屑岩夹碳酸盐岩建造		
		未见矿化	古近纪—新近纪查保玛组中酸性火山岩		

1. 沉积型铁、有色金属、贵金属矿产

测区沉积作用形成的铁、有色金属矿产赋存于早石炭世杂多群碎屑岩组和晚石炭世加麦弄群碎屑岩组、侏罗纪雁石坪群布曲组、夏里组和古近纪沱沱河组中，其中铁矿仅赋存于晚石炭世加麦弄群碎屑岩组中。上述赋矿地层均具有铜、铅、锌含量高、变化系数大、有较显著的成矿事实的特点，这些沉积作用形成的有色金属矿产系在上述各时代沉积盆地演化阶段，大量蚀源区物质被带入盆地沉积，具变价性、亲硫性的铜等有色金属离子在酸性介质和氧化条件下也随之被带入盆地、可成矿有利地段，在碱性介质和还原条件下，由于有机质的吸附作用，使其富集或富集成矿。

(1) 早石炭世杂多群碎屑岩组含铜、铅层位

该层位在空间上分布于杂多晚古生代浅海陆棚构造单元中，该地层中的成矿事实有乳日宫铜矿化点、尕压根铅矿化点、加涌铜矿化点等。

(2) 晚石炭世加麦弄群碎屑岩组含铁、铅、锌、银层位

该层位在空间上分布于杂多晚古生代浅海陆棚构造单元中，该地层中的成矿事实有赛多色铁矿化点、下日啊千碑铅、锌、银矿点。必须说明的是，下日啊千碑铅、锌、银矿点虽有后期热液的叠加改造，但早期的沉积作用富集了部分矿质是该矿点成矿的必要条件之一。

(3) 中—晚侏罗纪雁石坪群布曲组含铜、银层位

该地层中的成矿事实有拧青阿依铜矿点、郎龙拉铜矿点和解嘎银铜矿床。解嘎银铜矿床虽有后期热液的叠加改造，但早期沉积作用富集了部分矿质是该矿床成矿的必要条件。

(4) 中—晚侏罗纪雁石坪群夏里组含铜层位

该层位在空间上分布于北羌塘拗陷构造单元中，该地层中的成矿事实有者层能铜矿化点。

(5) 古近纪沱沱河组含铜层位

该层位在空间上分布于新生代拉分盆地构造单元中，该地层中的成矿事实有巴错弄铜矿化点。

2. 含煤层位

根据已知的成矿事实，测区含煤地层共有 4 个，由老到新依次为：早石炭世杂多群碎屑岩组、4 套含煤地层巴贡组为浅海—海陆交互相含煤碎屑岩、火山岩、碳酸盐岩建造；岩石组合特征和古生物组合特征反映了当时古气候或温暖潮湿或温暖潮湿气候与干旱气候交替出现，当气候处于温暖潮湿时，在海陆交界的沼泽地区植物大量繁殖、生长、死亡、堆积而形成煤，但由于植物堆积后，保存条件欠缺，加之植物增殖时间较短，腐殖质难以长期堆积，对煤的形成不利，因此，仅在局部保存和埋藏条件较好地区形成了少量煤矿，这些煤矿可采煤层少、煤层薄且断续出露，含煤层位也不稳定，难以形成规模较大的工业矿床，均为煤矿点。

(1) 早石炭世杂多群碎屑岩组含煤地层

在此地层中发现有煤矿点 7 处，即结扎煤矿点、下根嘎煤矿点、俄青龙煤矿点、希县嘎煤矿点、共涌煤矿点、年治弄煤矿点和阿根杂煤矿点。

(2) 晚石炭世加麦弄群碎屑岩组含煤地层

在此地层中发现煤矿点 3 处。

(3) 早—中二叠世开心岭群诺日巴尕日保组含煤地层

在此地层中发现煤矿点 1 处。

(4) 晚三叠世结扎群巴贡组含煤地层

在此地层中发现煤矿点 2 处。

3. 含石膏层位

石膏是测区主要的沉积矿产之一，分布较为普遍，共发现矿化点 14 处，系干燥炎热气候条件下，经

风化聚积的大量碱金属和碱土金属化合物经地表水被带入海湾泻湖或陆相湖泊中，后期经湖盆萎缩使湖中的卤水浓度愈来愈高，大量的高盐沉淀，形成区内重要的石膏矿产。根据已知的成矿事实，区内含石膏层位由老到新依次如下。

(1) 早石炭世杂多群碎屑岩组

在此地层中共发现石膏矿化点4处，为泻湖相蒸发沉积的石膏矿。

(2) 早—中二叠世开心岭群诺日巴尕日保组

在此地层中共发现石膏矿化点4处，泻湖相蒸发沉积的石膏矿，为测区主要的含石膏矿地层之一。这些石膏矿矿层厚，延展长，质纯。其中色过能石膏矿点规模巨大，质纯，且便于露天开采。

(3) 晚三叠世结扎群甲丕拉组

在此地层中发现石膏矿化点1处，即须毛日石膏矿点，为海湾泻湖相蒸发沉积的石膏矿。

(4) 侏罗纪雁石坪群布曲组、夏里组

在布曲组、夏里组地层中发现石膏矿化点各1处，即优涌石膏矿点和者层能石膏矿化点，为海湾泻湖相蒸发沉积的石膏矿。

(5) 古近纪沱沱河组

在此地层中发现石膏矿化点1处，为陆棚湖泊蒸发沉积的石膏矿，是测区主要含石膏矿的地层之一。

(6) 古—新近纪雅西措组

在此地层中发现石膏矿化点1处，为陆棚湖泊蒸发沉积的石膏矿，是测区主要含石膏矿的地层之一。

4. 含盐层位

根据现有资料，测区含盐层位为古近纪沱沱河组，矿化点有着晓盐泉矿点和尕羊盐泉矿点，即产于古近纪沱沱河组中，是干旱气候条件下陆相湖泊蒸发沉积形成的膏盐矿产。

(二) 与火山作用有关的矿床(点)的时空分布规律

测区火山活动强烈，且具多旋回、多期次的特点，铁、有色金属、贵金属成矿与火山活动关系密切，与火山作用有关的矿床点有两个成矿期，即海西期和印支期，其中以海西期成矿事实最为显著。这些与火山作用有关的矿(床)点层控、时控十分明显。主矿体常呈似层状，与火山岩基本顺层产出，火山作用即是成矿物质的主要来源，又可直接形成容矿场所，同时又与沉积作用交织在一起，再加上后期的各种改造作用，组成了一个较为完整的成矿系列，在这个系列中由于相对于火山体的远近、火山活动时间的先后、火山沉积作用的强弱以及叠加改造作用的形式和程度因素的差异，依次表现为火山气液型、火山沉积型及各种改造型，其中火山沉积型成矿事实最为显著。成矿元素包括铁、铜、铅、锌、银等，各元素或各种矿物均能形成各自独立的矿体，也能形成多元素、多矿物的综合矿体，其中，海西期火山作用常形成以火山沉积型为主、少量火山气液型铁、铜、铅、锌、银等有色金属或贵金属矿体，它们或呈单一元素的独立矿体，或呈多元素综合型矿体，且更容易受后期热液活动的叠加改造，在空间上分布于杂多晚古生代浅海陆棚和开心岭岛弧带中，代表性矿床点有吉龙铜矿点。印支期火山作用未能形成明显的矿化，仅在局部形成少量的火山沉积型和火山气液型有色金属矿化，成矿事实不显著，空间上分布于结扎弧后盆地构造单元中。

(三) 与侵入岩有关的矿床(点)的时空分布规律

测区由于受多期造山事件的影响，岩浆活动较频繁，在中—新元古代、海西期、印支期、燕山期、喜马拉雅期均有规模不等的岩浆活动。根据已知的成矿事实，测区印支期、燕山期侵入岩与成矿关系最为密切，成矿专属性也较为明显。燕山期二长花岗岩与铁多金属矿及重晶石矿关系密切，在岩体外接触带形成热液型铁、铜等多金属矿和重晶石矿，代表性矿点有侧群铁矿点、麻甲能重晶石矿点、日啊恰切铜矿点等。这些矿点距离岩体不远，系侵入岩在冷凝过程中释放大量热能，热能驱动周围的热液系统活动，使成矿元素在成矿有利地段富集成矿。印支期侵入岩与银、铜、铅、贵金属、有色金属关系密切，在岩体内、外接触带形成热液型贵金属、有色金属矿，代表性矿点有姜作口银、铜、铅等矿点。

新元古代海西期变质侵入岩及喜马拉雅期碱性侵入岩和中酸性侵入岩与成矿关系不密切，尚无显著的成矿事实，其成矿专属性不明。

总之，测区矿产成因上虽然与沉积作用、火山作用、岩浆侵入作用紧密相关，但多数规模较大的矿床、矿点在成因与上述成矿作用有关外，后期往往伴随有岩浆期后热液或与断裂活动有关的热液叠加改造，早期的沉积作用、火山作用及岩浆侵入作用富集了部分矿质，后期的热液叠加使矿质在构造有利部位进一步富集，往往形成规模较大的矿床、矿点。

三、成矿带划分与成矿远景区圈定

（一）成矿带划分

“青海省第三轮成矿远景区划研究及找矿靶区预测”将测区由北至南划分为下拉秀印支期 Pb、Ag、(W、Sb、Au、稀有)成矿带、沱沱河—杂多海西期、喜马拉雅期 Cu、Mo、Pb、Zn、Ag(稀有元素、稀土元素、Co、Au)成矿带及雁石坪燕山期水晶(Bi、Sn、Sb)成矿带。根据测区已知的矿产信息的分布特征，结合测区大地构造单元划分，测区由北至南划分为 3 个成矿带，分别为扎曲海西期、印支期有色金属、非金属、煤成矿带，阿热托尕—解嘎海西期、燕山期有色金属、贵金属、非金属、煤成矿带和包青涌有色金属成矿带。

1. 扎曲海西期、印支期有色金属、非金属、煤成矿带

扎曲海西期、印支期有色金属、非金属、煤成矿带与测区二级构造单元——结扎弧后盆地、开心岭岛弧带、杂多晚古生代活动陆缘带基本一致。该成矿带是治多幅索莫不久—子曲海西期、印支期铁、有色金属、非金属、煤成矿亚带的延伸部分，分布于测区北东部，带内岩浆侵入活动较微弱，北西-南东向断裂构造发育，断裂构造对带内地层的展布起控制作用，结扎弧后盆地和开心岭岛弧带总体呈北西-南东向断裂展布，主体由早中二叠世开心岭群诺日巴尕日保组、九十道班组组成。诺日巴尕日保组为浅海—次浅海相泥砂质复理石建造，九十道班组为一套浅海相碳酸盐岩建造。杂多晚古生代活动陆缘带主体由早石炭世杂多群和晚石炭世加麦弄群组成，二者均为浅海—海陆交互相碎屑岩、火山岩、碳酸盐岩建造。该成矿带中以形成火山热液型、沉积型、沉积-热液改造型、火山喷发沉积-热液改造型及与火山活动有关的矽卡岩型铁、有色金属、非金属、煤等矿产为特征，已知的成矿事实有杏龙铜矿点等众多的有色金属矿化点和石膏矿点、煤矿点。这些矿化点控矿因素中时控、层控特征明显，早—中二叠世开心岭群、早石炭世杂多群、晚石炭世加麦弄群、晚三叠世结扎群地层是该成矿带沉积型有色金属、非金属、煤成矿的地质条件保证，石炭纪、二叠纪火山活动是该成矿带火山热液型、火山喷发沉积型及其热液改造型有色金属、贵金属成矿的地质条件保证。

众多赋存于早石炭世杂多群、晚石炭世加麦弄群地层中的有色金属矿化点说明，上述两套地层是良好的矿源层，而二叠纪火山活动又提供了热源和矿源，因此，金沙江、澜沧江两条相向俯冲的岛弧带构成的双向弧间盆地具有形成较大规模的银多金属矿床的构造环境条件，认为该成矿带具有形成大型银、铅多金属矿床的良好地质条件。

该成矿带内区域化探扫面和水系重砂测量共圈定十余个综合异常，多数综合异常与已知的成矿事

实套和良好，是测区最具资源潜力的成矿带之一。

2. 阿热托尕-解嘎海西期、燕山期有色金属、贵金属、非金属成矿带

该成矿带与测区二级构造单元晚古生代活动陆缘带和北羌塘拗陷基本一致。北羌塘拗陷主体由雁石坪群组成，为一套浅海相碎屑岩、碳酸盐岩建造。成矿带内岩浆侵入活动较为强烈，断裂构造发育，断裂构造对地层、侵入岩的展布起控制作用。在该成矿带内以形成热液型、沉积型、沉积-热液改造型及矽卡岩型铁、有色金属、非金属及煤等矿产为特征，其中以与沉积作用关系密切的银多金属矿产及石膏、煤等最具规模。早石炭世杂多群、晚石炭世加麦弄群、侏罗纪雁石坪群及古近纪沱沱河组地层是这些矿产成矿的地质条件保证，部分矿床、矿化点虽有后期热液的改造，但早期的沉积作用集中了部分矿质是这些矿床、矿化点成矿的必要条件之一。已知的成矿事实说明，在晚石炭世加麦弄群、侏罗纪雁石坪群地层分布区，蚀变强烈的断层破碎带是寻找银多金属矿最有利的地区之一。另外，在该成矿带中，侵入岩与成矿关系密切，岩浆岩成矿专属性较为明显。印支期侵入岩与银、铜、铅、锌等有色金属、贵金属关系密切，代表性矿点有姜作口多金属矿点等。燕山期侵入岩与铁、有色金属、非金属—重晶石矿关系密切，代表性矿点有侧群铁矿点、麻甲能重晶石矿等。

因此，带内印支期、燕山期侵入岩分布区是寻找铁、有色金属、贵金属、非金属矿的有利条件。

3. 包青涌成矿带

该成矿带位于测区木曲-包清涌断裂以南，与测区大地构造单元包青涌中生代岩浆岩带一致。包青涌中生代岩浆岩带主体由中—新元古代吉塘岩群高绿片岩相变质岩组成，局部有中晚侏罗世雁石坪群角度不整合覆盖。该单元内加里东期变质侵入体和印支期中酸性侵入呈岩基状分布，岩浆侵入活动强烈，北西-南东向脆性断裂发育，断裂构造对地层、岩浆岩侵入的展布起一定的控制作用，在中—新元古代吉塘岩群变质岩及加里东期变质侵入体中发育中浅构造层次的韧性剪切带。

在包青涌成矿带中，由于研究程度较低，除在多改茶哈地区早石炭世杂多群碎屑岩组中发现有石膏矿产外，未发现其他的成矿事实。该成矿带中中—新元古代吉塘岩群变质岩系出露广泛，寻找与变质作用有关的矿产是该成矿带今后的找矿方向之一。另外，该成矿带中的中—晚侏罗世雁石坪群地层中的石膏矿产和解嘎式银铜矿产也是该带中的找矿方向之一。

（二）成矿远景区预测

成矿远景区一般指在同一区域成矿背景下，成矿地质条件优越、矿化信息事实、有比较明确指导找矿方向的区段。成矿远景区圈定原则如下。

(1) 已知矿化信息丰富，具有显著成矿事实的地区。

(2) 区域对比具有相同或相似的成矿控矿条件、含矿地层，有一定的矿化信息，具有一定找矿潜力的地区。

(3) 成矿地质条件良好，物化探异常明显、峰值好的区段。

根据以上原则，测区圈定成矿远景区 1 个。

调查区内可划分一个吓纳—解嘎银、铜、铅、锌、锡多金属成矿远景区，出露地层有早石炭世杂多群，晚石炭世加麦弄群，中—晚侏罗世雁石坪群雀莫错组、布曲组、夏里组，古近纪沱沱河组；东西向、北西向、近南北向断裂构造发育，断裂构造对区内地层的展布起一定的控制作用，区内印支期、燕山期中酸性岩浆侵入活动较强烈。已发现热液型、沉积型、沉积-热液改造型多金属矿点 10 处，铁矿点 1 处，重晶石矿点 1 处，矿化线索多处。其中，解嘎沉积热液改造型银铜矿床银铜含量高、规模大、储量较丰富，已具小型矿床规模；下日啊千碑沉积-热液改造型锡、铅、锌矿点规模亦较大，因深部工程控制不足，暂定为矿点，但规模已初具小型矿床规模。区内圈定银、铜、铅、锌、锡及稀土化探、重砂异常多处，多数异常与已知成矿事实套合较好，是寻找银、铜、铅、锌矿产的最有利地段。

第二节　生态环境地质

一、生态环境地质现状

测区地处三江源自然保护区腹地。由于深居大陆内部，气候寒冷，四季不明，冬季漫长，夏季短暂，冰冻期长，多年冻土遍布、河网密布，水资源相对丰沛。

近年来，随着全球性气候变暖的趋势，该区变暖趋势也不例外，加之人为因素的影响，导致高海拔极高山区雪线上移，冰川后退，降水及径流量显著减少，造成区域性植被退化、土壤沙化、生物多样性减少及动物种群减少等，生态环境逐渐趋于脆弱化。

受地质内、外动力作用及人为因素的影响，区内生态环境逐渐趋于脆弱化的宏观表征为植被退化及生物多样性减少、荒漠化程度加剧、森林面积日趋减少、水土流失加剧、野生动物种类、数量减少等。

测区内土壤类型以高山荒漠土、高山草甸土、山地灰褐土、栗钙土、沼泽土、高山草原土等为主，植被类型为山地林地、高寒灌丛草甸、高寒草原、高寒草甸、沼泽化草甸、垫状植被等，植被覆盖率为30％～85％，主要分布于昂欠涌曲、东帝涌曲、解曲、扎曲、子曲、众根涌曲及布当涌曲等沿岸及湖泊、沼泽周围、山间盆地、山前倾斜平原、山前坡麓地带等处。野生动物主要有野驴、藏羚羊、岩羊、黄羊、鹿、狼、兔、旱獭、猞猁及鼠类等。禽类有黄鸭、马鸡、岩鸽、胡秃鹫、麻雀等。牲畜主要以牦牛、藏绵羊、玉树马、黄牛等为主。作物品种有青稞、豆类、马铃薯和蔬菜等，经济类植物主要有冬虫夏草、蕨麻、贝母、蘑菇等。森林树种包括川西云杉、紫果云杉、密枝圆柏、大果圆柏等，林区生态环境良好，生态系统结构稳定。

二、生态环境地质特征

（一）土壤环境

1. 土壤基本功能

土壤是生物食物链的首端，其功能主要表现在以下3个方面：土壤从环境条件和营养条件两方面供应和协调植物生长发育的能力。土壤肥力是土壤理化、生物特性的综合反映，是一个动态的过程，可以变好，也可以向劣性发展；土壤是人类环境的一个主要组成要素。它具有同化和代谢外界环境进入土体物质的能力，使许多有毒、有害的污染物变成无毒物质，甚至化害为利，可见，土壤是环保的主要净化体；土壤作为一个生态系统，具有维持本系统生态平衡的自动调节能力，即土壤的缓冲性能。它是土壤的综合协调作用的反映。土壤也是土地资源的主体，在植被及其他物质生产中是不可或缺的资源，也是整个人类社会和生物圈共同繁荣的基础。而一切不良活动都最终导致水土流失、土地荒漠化、土壤盐碱化、土壤化学性质恶化、土壤污染，导致丧失的土壤、植被在短期内难以恢复。

2. 土壤基本类型

土壤类型的分布、性状及其变化较复杂。其形成受地形、气候、生物、成土母质和时间五大因素的制约，在不同母质地域条件下的不同历史时期有着不同的地面形态和气候生物条件，进而所形成的土壤类型及其性状均有所差异。参照《青海省土壤分类系统》，将测区土壤分为类级，即高山寒漠土、高山草甸土、山地草甸土、灰褐土、沼泽土、泥炭土及雪被。

3. 土壤基本特征

(1) 高山寒漠土(A)

由于测区多处于高海拔大起伏高山地区,海拔多在4000m以上,高山寒漠土分布较为广泛,主要分布于阿多、苏鲁、结多、东坝、着晓、昂赛、结扎、开古曲顶等大起伏高山地区。海拔为4700～5500m,该类土地处高峻的山顶,气候恶劣,寒冻机械物理风化明显,成土过程微弱,地表大多为裸岩、碎屑和流石,土被不连续,具特有的高山寒漠景观,地表高等植物稀少,仅在碎石隙间或低洼平坦处有低等植物和地衣苔藓生长。常见的植被有雪莲、红景天、苔状蚤缀等。这类土脱离冰川最晚,成土年龄最短,以寒冻原始成土过程为主。

(2) 高山草甸土(C)

该类土为测区内主要的土壤类型,在区内分布较广,主要分布于阿多、苏鲁、西藏布塔、东补、结多、东坝、着晓、昂赛等地附近的丘陵区、平原区及河谷阶地,或呈条带状或不规则状展布。海拔为4400～4800m,所在地形多为山地阴、阳坡,部分为河谷倾斜的滩地,气候寒冷,半湿润,成土母质多为砂岩和页岩的坡积或残坡积,部分属冲积、洪积母质。

受地形、气候、岩性等诸因素的主导,土壤表层颜色较浑暗,上体坚实、浅薄,风蚀严重,草皮层富有弹性而坚。

(3) 山地草甸土(F)

该类土主要分布于阿多、苏鲁、东补、杂多县附近等地高、宽谷及周围的山地、阳坡及山前倾斜滩地、冲洪积扇及平原地区。海拔为4100～4500m,气候温凉干旱,成土母质为坡积和洪积、冲积物,质地粗,地表常多石块。

这类土为草甸向草原过渡的类型,植被以针茅、苔草、小蒿草等为优势种。成土母质为坡积和洪积物,多为粗疏的粗砾、碎屑物质或砂砾质物质等,草皮层薄而疏松,有机质分解弱。

(4) 灰褐土(G)

该类土为温带干旱、半干旱地区山地垂直带的土壤,主要发育在海拔3900～4500m的山地及山麓地带的滩地、洼形地。成土母质为砂岩、石灰岩。植被以云杉和圆柏为主。在土壤形成过程中不仅具有草甸形成的腐殖质积累过程,同时还具有森林土壤形成过程中的弱黏化和盐基淋溶过程,土层较薄,有机质含量为6%～12%,自表土起即有石灰反应。

(5) 沼泽土(O)

沼泽土是在地形低洼、母质黏重、土质潮湿、地表常年或季节性积水、地下水质高并由古冰碛、冲积物母质参与下发育而成的土壤。

在海拔为4700m的山地阴坡、自地表向下70～100cm处可见冻土层,这些冻土层成为良好的隔水层,为沼泽土的形成创造了良好的条件。生长植物为喜水性的藏蒿草、小蒿草及苔草等,植被盖度在70%～90%以上。为植被高盖度区的主要土壤类型。

属沼泽与草甸的过渡性土壤,生长植被以藏蒿草为优势种,表层无泥炭层,有机质色暗、多锈斑,成土母质为洪积-冲积物。沼泽土泥炭层厚度大于30cm,局部泥炭层厚度大于50cm。

(6) 泥炭土(P)

泥炭土一般分布在沼泽中心腹部及高海拔高山山谷低洼处、河漫滩及封闭的沟谷盆地的滩地外围、河流上游的平缓坡地、分水岭的鞍部,泥炭层厚度大于50cm。表层泥炭厚度在30～50cm,下部为潜育层或冻土,地表一般长年积水,多为水蚀坑,土壤通透性差,因此引起泥炭土的碟形洼地以及山体滑坡中下部生长喜湿性的蒿草、苔草等。成土母质为湖积和冲积土壤,生草过程强烈。

(7) 雪被(X)

测区由于地势高亢、气候严寒,在东补、苏鲁、俄尕根及开古曲顶等高海拔、大起伏、极高山区顶部及缓倾斜坡地段常常堆积着较厚的冰雪层,形成山岳冰川、山麓冰川等地貌景观。

4. 土壤垂直带谱

该区在阿多、苏鲁、东补、莫曲、扎查玛等地土壤垂直带谱较为明显(图 6-1)。

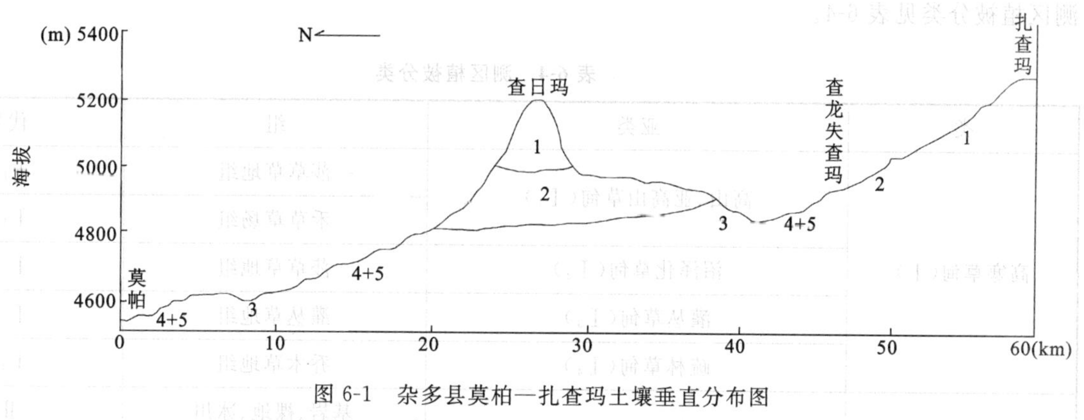

图 6-1　杂多县莫柏—扎查玛土壤垂直分布图

1. 高山寒冻土；2. 高山草甸土；3. 山坡草甸土；4. 泥炭土；5. 沼泽土

常在海拔为 4800～5600m 的高海拔、大起伏、极高山区的高山顶部广布着寒冻机械风化作用强烈的高山碎石和高山寒漠土，植被稀疏，以低级的低等植物为主；在海拔 4400～4800m 的山体中下部与高山坡麓及缓倾斜坡地带，由于气候逐渐温湿，微生物稍有活动，生草作用逐渐强烈，发育着大面积的高山草甸土、山地草原土；在海拔 4100～4400m 的阿多、苏鲁、结多、东坝、着晓、昂赛、结扎、开古曲顶等地区，虽然降水量较充沛，但受气候的影响，土壤石质性强，沙性大，水土流失严重，土壤本身缓冲性能差，生草过程微弱，土壤有机质分解大于积累，因而发育成山地草原土；在地形较为平坦的通天河流域，海拔在 4200m 左右的平原、河谷地及坡麓地带，丰沛的雨水经地下水径流，在河谷地及坡麓地带以泉、泻出带的形式流出，补给地表，在地表形成沼泽湿地、湖泊，经湖水及小积水坑长期浸润，发育沼泽土及泥炭土。局部泥炭土层较厚。

在阿多、苏鲁、东坝、着晓、开古曲顶等地高台地、阶地上，由于风蚀作用强烈，使下伏物质就地剥蚀起砂，经长期的剥蚀、搬运、堆积而在局部地带土壤逐渐沙化，但范围规模较小。随气候的持续干旱及人为因素的影响，沙化范围有进一步扩展的趋势。

（二）植被环境

1. 植被的生态功能

在植被和环境的相互关系中，一方面环境对植被具有生态作用，能影响植被的形态结构和生理、生化特性，另一方面，植被对环境也具有适应性，植被以自身的变异来适应外界环境的变化。由于测区地势高亢，地形复杂多变，生态环境多样，因此，广泛分布于测区的高寒草甸类植被在长期适应高寒环境的过程中，通过趋同适应或趋异适应，形成了一些在生态环境中互有差异的、异地性的个体种群。它们具有稳定的形态、生理和生态特征，并且使这些变异在遗传性上被固定下来，形成了不同的植被类型。因此，同一个种群在不同生态环境下的生长发育和物候特征也各有不同。

由于植被是生态系统的生产者，具有维持生态系统平衡，对生态环境起着天然屏障的作用，对防风固沙、水土保持、净化空气、增加降水、减少地表径流、调节和涵养水源起着重要作用，不仅是牧业经济赖以生存的物质基础，还对改造自然、保护环境起着重要作用。

2. 植被的基本类型

植被类型的形成是气候、地貌、土壤、地质作用等多种自然因素长期共同作用的结果。植被是草地资源的主体和人类利用的直接对象，同时也是自然条件与生物活动等诸因素综合作用的直接反映，在不同植被形成的过程中，植被又反过来影响其周围的环境条件，地形、地貌可引起植被对水、热、光合作用等条件的再分配，制约着草地植被的发生和发展，同时也决定着植被的经营方式和利用特点。由此，采用1984年厦门会议制定的《草场分类原则及系统》，将测区植被分为类、亚类及组，填图单位以组为主。测区植被分类见表6-4。

表6-4　测区植被分类

类	亚类	组	代号
高寒草甸(Ⅰ)	高山、亚高山草甸($Ⅰ_1$)	莎草草地组	$Ⅰ_{1-1}$
		禾草草场组	$Ⅰ_{1-2}$
	沼泽化草甸($Ⅰ_2$)	莎草草地组	$Ⅰ_{2-1}$
	灌丛草甸($Ⅰ_3$)	灌丛草地组	$Ⅰ_{3-1}$
	疏林草甸($Ⅰ_4$)	乔木草地组	$Ⅰ_{4-1}$
非牧地(Ⅱ)		基岩、裸地、冰川	$Ⅱ_1$
		林地	$Ⅱ_2$

类：以水、热、光为中心的气候及植被特征，且地形大致相似，而各类之间具独特的地带性。同时，在自然条件等诸方面具质和量的差异，相互具关联性。用字母Ⅰ、Ⅱ表示。

亚类：具一致的地形及基质条件，用$Ⅰ_1$、$Ⅱ_2$等表示。

组：植被优势种群相同、地境一致，用$Ⅰ_{1-1}$等表示。

3. 植被的主要特征

(1) 高寒草甸类(Ⅰ)

该类植被常占据海拔4000～4800m的滩地、宽谷、河岸阶地及丘陵山坡浑圆山顶地带，气候寒冷、日照充足、植被返青迟、枯黄早、生长期短，一般在110天左右；有机质不易分解，养分释放缓慢，土层薄，一般厚约30～50cm，质地以轻壤和沙壤为主；淋溶作用强，腐殖质含量丰富，水分含量适中；以寒冷旱生、多年生的高山蒿草、矮蒿草、线叶蒿草、异穗苔草为优势种群。

高山、亚高山草甸亚类($Ⅰ_1$)：该亚类是测区主要的植被类型，分布在阿多、苏鲁、结多、东坝、着晓、地呀坎多等地区，多处在山地阳坡、半阳坡、浑圆山顶和山地坡麓、滩地等部位；排水条件较好，气候寒冷湿润，植被生长期短，植被种群繁多，主要优势种为高山蒿草、矮蒿草、线叶蒿草、苔草等；土壤以高山草甸土及沼泽土为主，土层厚；微生物活动强烈，质地以轻壤为主，多呈棕褐—浅棕褐色，腐殖质含量丰富，分解缓慢，因鼠害猖獗，致使该植被盖度降低，植被生产能力下降。

据植被生境及水、热、气等生态因子的异同性，将高山草甸亚类划分为莎草草场组和禾草草场组两个组。

莎草草场组：主要分布在阿多、苏鲁、结多、东坝、着晓等地的浑圆山顶和山地阳坡、半阳坡、阴坡、半阴坡，气候寒冷，湿润，海拔在4400～4800m，土壤湿度中等或稍干燥，牧草生长期不足110天。

该组受土壤、气候、海拔高度、水、热条件的影响，植被种群及层次结构也呈现差异性。土壤以高山草甸土为主，土层厚；微生物活动性强烈，植被优势种主要有蒿草、矮蒿草、线叶蒿草、株芽蓼等，次优势种有早熟禾、凤毛菊、多枝黄芪、扁穗冰草等，草群层次结构明显，种群复杂，为测区主要的草场组。但受气候干旱、地表持续的旱化、沙化，导致鼠害猖獗，植被盖度降低，生态环境趋于恶化。

禾草草场组：主要分布在苏鲁、结多、东坝、着晓等地的滩地，坡麓及阴、阳坡地带，其分布受海拔、高程、水、热、气条件的制约；土壤以高山草甸土为主，基质粗，有机质含量低、淋溶作用强烈，水蚀及风蚀作用严重；土壤保水率低，土壤肥力流失严重，土壤颗粒结构基本已破坏，植被盖度为20%～65%，主要优势种群为禾叶凤毛菊、沙蒿、蓼状点地梅、高山早熟禾、沙生凤毛菊、线叶凤毛菊、火绒草等，层次结构简单。

沼泽化草甸亚类（$Ⅰ_2$）：主要分布于阿多、苏鲁、结多、东坝、着晓等地，生长条件为积水、潮湿的滩地、沟谷、河流阶地，此外，在山顶或较缓坡的鞍部及滩地的低洼地段多呈零星片状展布，海拔为4200～4700m；土壤为沼泽土，地下水位高，地形平缓，排水不畅，气候寒冷而潮湿，土壤冻结期长，在这样的环境条件下，形成了以喜水植物为建群种的植被环境，地表常有冻胀丘、冻土草沼等微地貌，积水坑及热融湖塘星罗棋布；植被群落及层次构造简单，多由湿生和冷湿中生的多年生草本植物组成，以藏嵩草、嵩草、小嵩草、甘肃嵩草、苔草等为建群种。

据植被生境及水、热、气等生态因子的异同性，将沼泽化草甸亚类划分为莎草草场组。

莎草草场组：该草地组是测区主要的草地类型之一，在全区分布广泛，但主要分布在苏鲁、结多、东坝、着晓一带，其生长条件为积水、潮湿的滩地、坡麓、河流阶地、平缓的山顶、坡面、地势低洼地段均有所分布，海拔为4200～4600m；土壤为沼泽土，地下水位较高，土壤冻结期长，甚至伴随永冻层，在这样的生长条件下，形成了以湿生植被为建群种的植被群落，生草过程强烈，腐殖质积累多，分解少，土层较厚。季节性水量充沛，气候寒冷，水土保持良好，有利于地下水位的调蓄。

灌丛草甸亚类（$Ⅰ_3$）：在苏鲁、结多、东坝、着晓、阿多、结扎、开古曲顶附近等地的阴坡中下部和滩地零星分布，海拔为4300～4600m，气候寒冷、潮湿，分布范围小；土壤为高山草甸土，有机质积累过程强烈，分解微弱，土层厚，一般在40～60cm，最厚可达135cm；植被以百里香杜鹃、山生柳、高山绣线菊、箭锦鸡儿、金露梅等为建群种，这类植被能调节气候，改善环境，涵养水源，调节地下水资源。

灌丛草地组：该类草地分布区气候寒冷，干燥，降雨量少，蒸发量大，地势陡峻，坡度为10°～30°，阴冷潮湿；土壤为高山草甸土，土层厚，腐殖质含量高，肥力高、分解缓慢；种群层次结构差异明显，底部为草本植物，株高8～17cm，顶部为灌丛，株高一般为30～75cm，优势种群为高山柳、金露梅、百里香杜鹃、山生柳等。

疏林草甸亚类（$Ⅰ_4$）：该亚类主要分布在川西云杉、紫果云杉、密枝圆柏、大果圆柏等森林的下缘，是川西云杉、紫果云杉、密枝圆柏、大果圆柏林被破坏后的次生类型，仅见于着晓等地，分布区气候相对温暖湿润；土壤为淋溶灰褐土，其土质为堆积、坡积物，质地为中壤，土层厚度小于50cm，有机质含量高；林下灌木不甚发育，不能成层，只有零星散生的金露梅和箭叶锦鸡儿。林下植被生长良好，以粗糙苔草为优势种。群落结构不复杂，仅分为乔木层和草本层，与森林相比，外貌显得不够整齐。

（2）非牧地（Ⅱ）

基岩山区、裸地、冰川（$Ⅱ_1$）：主要分布于阿多、苏鲁、结多、东坝、着晓、开古曲顶等大起伏高山顶部，海拔为4700～5500m，气候恶劣、寒冻机械物理风化明显，地表大多为裸岩、碎屑和流石，土被不连续，具特有的高山寒漠景观，地表高等植物稀少，仅在碎石隙间或低洼平坦处有低等植物和地衣苔藓生长。常见的植被有雪莲、红景天、苔状蚤缀等。

林地（$Ⅱ_2$）：主要分布在测区囊谦县的西南部、开古曲顶、东坝等地的局部，为天然水源涵养的生态林，主要的森林树种包括川西云杉、紫果云杉、密枝圆柏、大果圆柏等；林区生态环境良好，生态系统结构稳定。从生态环境条件看，测区森林植被分布区均在河谷区或高原台，水热条件优越，森林和林下植被发育良好，生物物种丰富，生态系统结构相对复杂而良好，整体生态环境质量稳定。局部地区由于历史时期的开发利用过度，森林植被退化明显，主要表现在森林植被面积的缩减和林相结构的退化。

三、测区植被物种多样性分区评价

从自然地理位置和生态环境的特征来分析，测区基本为构造所控制的高平原地貌，具地势高峻、气候恶劣的特点。在苏鲁、结多、东坝、着晓、阿多、开古曲顶等地多为高山峡谷地区，典型的地理位置及高山地貌造就了测区生态类型相对复杂多样。

1. 相对丰富区

在结多、开古曲顶、东坝、着晓等地一带为生态环境良好区，表现为物种群落相对丰富，植被种群多样，系统结构复杂，稳定性相对较好，为植被物种多样性的丰富区。

该区植被以沼泽化草甸为主，气候相对湿润，生长条件为积水、潮湿的滩地、坡麓、河流阶地、平缓的山顶、坡面、地势低洼地段均有所分布，海拔为4200～4600m；土壤为沼泽土，地下水位较高，土壤冻结期长，地形平缓，排水不畅，气候寒冷而潮湿，在这样的生长条件下，形成了以湿生植被为建群种的植被群落，生草过程强烈。优势种主要有藏嵩草、矮嵩草和苔草等。次优势种群为甘肃藏嵩草、异穗苔草、华扁穗草、及杂类草、毒草等，种群结构分异不明显，株高5～27cm，植被盖度达70%～96%。该生态环境趋于良性循环。

2. 相对中等区

在杂多县附近、结扎、扎青、东坝等地为测区的半干旱气候分布区，植被、土壤发育不全，表现为系统结构简单、稳定性不良，生态环境明显处于恶化状态，局部地带已经发展形成沙漠化，为植被物种多样性的中等区。

该区受地形、海拔高度、水、热、气条件的影响，植被种群及层次结构也呈现差异性。土壤以高山草甸土为主，土层厚、微生物活动性强烈。植被优势种主要有：高山高草、小蒿草、矮蒿草、线叶蒿草、禾叶凤毛菊、垫状点地梅、株芽蓼等，次优势种有早熟禾、凤毛菊、冷蒿、多枝黄芪、扁穗冰草等，草群层次结构明显，种群复杂。

该区受人类活动较为严重的影响，如乱采滥挖、长期超载过牧、人为开采砂矿、交通用地及工程项目的建设等，导致土壤、植被遭受毁灭性破坏，加之鼠虫害猖獗，造成水土保持差、土壤肥力流失严重，植被盖度降低、产草量下降，生态环境趋于恶化。

3. 相对贫乏区

在东补、阿热托尕、俄尕根等地为测区生态环境问题最为突出的地区，处于测区的西侧，由于地形地貌条件的差异、气候条件的不同以及人类活动的影响，总体表现出生态系统脆弱、抗逆性差、生物多样性逆行演替及受到破坏后不易恢复等特点，为植被物种多样性的贫乏区。

植被以寒冷旱生的多年生密丛禾草、扁穗冰草占绝对优势，海拔在4300～4600m，常在山地宽谷、洪积-冲积扇、河岸高阶地、剥蚀高原面和干旱山地分布，气候寒冷、干燥、降雨量少，蒸发量大，土壤保水率低，植物生长期一般在100～110天，土壤为高山草原土及固定风砂土为主，生草过程微弱。

该区土壤A层丧失殆尽，植被严重退化，生物多样性减少，生态环境趋于逆向演替阶段。

总体分析，测区生态环境类型中，虽然各种生态类型内部的差异和变异巨大，但从各种生态类型的总体结构特征、生态系统的稳定性及其外部表现形式来分析，测区内森林生态类型的结构和稳定性最好，生态环境质量现状也处于各种生态类型之首。其次是高寒草甸类型相对稳定，生态环境质量良好。高山、亚高山草甸生态类型的结构相对简单，系统稳定性差，且生态环境的恶化趋势明显，生态环境退化的发生比例较高，生态环境质量较差。

四、生态环境脆弱化的宏观表征

1. 植被退化及生物多样性减少

据有关资料显示，测区结扎、扎青、东坝、苏鲁等地草地平均鲜草产量为400.5kg/公顷（1公顷＝10^4平方米），植被盖度在30%～85%，在植被结构中，优势建群种的比例只占14%，杂毒草呈蔓延趋势。受水蚀、冻融侵蚀及人类生产-工程活动等影响，造成的植被退化与生物多样性减少现象十分普遍。

2. 荒漠化程度加剧

土地荒漠化与被退化密切相关。在植被退化严重地区，土地沙化、次生裸地逐年发生和扩大，水土流失及冻融侵蚀中度以上的地区主要分布在测区内，且局部形成极强烈的侵蚀区。荒漠化主要为水蚀荒漠化及岩漠化。测区暖季多雨，降雨量占全年雨量的80%以上，故水蚀荒漠化尤为显著；融冻为基岩山区主要的外动力地质作用之一，导致陡倾斜坡地段土壤、植被严重退化，寒冻风化岩屑坡下移等现象。

3. 森林面积日趋减少

受严酷的气候、复杂的地形及人类乱砍滥挖等因素的影响，在杂多县、囊谦县等地林区树种日趋减少，森林资源相对贫乏。近年来，随着地区经济的迅速发展，人口数量的急剧增加，乱砍滥伐现象十分严重，破坏了地区水土保持和水资源涵养的绿色屏障。

4. 水土流失加剧

由于暖季受来自孟加拉湾西南气流的影响，造成这一带地区暖季雨量丰沛。丰沛的雨量致使河水暴涨暴落，洪水期泥沙淤积于河道使其行洪不畅，引起岸坡坍塌、侧蚀、淘蚀、溯源侵蚀加剧，河流改道以及滑坡、泥石流、崩塌等地质灾害发生频繁。

5. 土壤侵蚀和土地资源退化

在阿多、苏鲁、结多、东坝、着晓、开古曲顶等地土壤侵蚀和土地资源退化强烈。土壤在水、风、冻融、重力等作用下，土壤、土壤母质及其地面组成物被冲刷、吹失、分离、剥蚀，造成土壤养分流失、性状恶化、生产能力降低、生态功能下降，破坏了土地资源；导致土地支毛沟密布、沟道纵横，使土地失去利用价值；导致下游河床、湖泊、水库淤积，影响其蓄水调洪等作用；污染水体，流失的泥沙使水质下降，严重地影响了水体的利用功能。

五、测区生态环境地质问题综合评价

1. 气候严酷

测区位于三江保护区腹地，具鲜明的内陆高寒气候特征，空气稀薄、严重缺氧，气候条件十分严酷，其表现主要为：气温低寒、昼夜温差大、冷季长、暖季短、光照充沛、辐射强烈、降水多集中于暖季，冷季干旱多风，并多霜冻、冰雹、雪灾、雪暴等。

据资料，扎青乡年平均气温在－3.9℃，扎曲河滩年平均气温－4.0℃，垂直气候变化与复杂多样的小区气候特征显著，一般海拔均在4200m以上。气候异常的寒冷、严酷，导致植被返青期、青草期及生长期较短。

受西南季风的影响，测区降水由南向北、由东至西呈递减趋势，而且降水区集中于暖季，5—9月降水量占全年总量的80%以上，夜雨较多。据资料显示，在阿多、结多、东坝等地年蒸发量是年降水量的2～3倍之多。如此悬殊的差异显示，测区局部地区旱化、沙化及荒漠化程度正日益剧增，生态环境恶化形式不容乐观。

2. 水资源减少

降雨量的逐年减少，蒸发量的增加，使各类含水系统的补给量减少，排泄量增加，且排泄量大于补给量，造成流域内大部分湖泊逐渐萎缩，大部分地区地下水位下降，土壤含水量降低，植被退化、荒漠化加剧，均是由地下水位下降而造成的。

测区河流主要以季节性积雪消融水、冻结层消融水和雨水补给河流，由于经流量补给来源的年际间变化较大，使河流量存在着较为显著的年际间差异。如20世纪60～80年代初期径流量呈增多趋势，在80年代初期达到极值后，开始呈现减少的趋势，进入90年代后期减少趋势更为明显，流量的变化也极不稳定。因补给资源量的减少而引起测区水资源的减少，导致荒漠化加剧，土壤侵蚀、生物多样性减少，植被退化及生态环境趋于恶性循环。

3. 永久性冻土退化

测区大部分地区都存在有永久性冻土层。永久性冻土层上限下移，厚度变薄，永久性冻土层上界面、地表季节性活动层、包气带增厚，区域冻结层上水地下水位下移，短根茎植物枯死，生物多样性减少，表土层水分减少，黏结力减弱，永久性冻土层分布范围减少，导致大面积生态环境恶化。

如解曲、扎曲等流域多数支沟上游广泛发育正在退化的古冻土遗迹，其分布面积较小，表面相对平缓，前缘呈陡坎状，坎高在1～5m之间，小区域内其分布高度基本一致，原因在暖季冻土前缘融化，在自重和地表及地下水作用下产生坍塌流失，向源头逐渐后退所致。

由此，在季节性融化层增厚(多年冻土上限下移)、降水减少与水资源衰减和高原降升—水文网溯源侵蚀强度增大、地下水排泄基准面下降三大因素控制下，则会出现区域地下水位及生态水位下降，相应出现水分不再被局限于近地表土层的深度，使植物可利用水分大为减少，导致短根茎植物枯死，生物多样性减少，植被退化，荒漠化趋势增强。

4. 鼠虫害猖獗

在东补涌、扎西格君、阿多乡等地鼠类肆虐蔓延已成为牧民群众不可抗拒的主要灾害之一，横行无忌的鼠害和密如蛛网的鼠洞使广阔草原变成满目疮痍的鼠类"天堂"。其猖獗程度已让人不寒而栗。

据统计，在东补涌、扎西格君、阿多乡等地每公顷面积上鼠兔的平均洞口数为3200个，有效洞口数为956个，鼠兔密度高达268只/公顷，每公顷鼠类密集度平均达150只左右，而每只鼠每年啃食的鲜草就达47kg。据统计，治多县有40%的退化草场是因鼠害所致，在多彩乡、当江乡等地的大片草场已被荒漠化所吞噬，有些地方几乎已成为不毛之地。

近年来鼠害发生的周期短、规模扩大，无处不在的鼠类不仅破坏了大量的植被，加快了荒漠化的形成，有些地方已达到"鼠进人退"的地步。鼠类的大量繁衍更加剧了疫病的传染，2004年就有人因鼠疫而死，应引起有关部门对鼠疫的预防措施。鼠兔不仅采食大量的优良牧草，更为严重的是其所掘洞穴四通八达、纵横交错，密如蛛网，土壤植被不同程度地受到破坏。这对原本恶化的草原生态无疑是雪上加霜，鼠类大类啃食植被根茎和草籽，草场无法恢复，致使局部草场已荒漠化。

5. 水、风蚀作用强烈

测区由西至东盛行的西风以及由北向南的北风二者叠加在苏鲁、结多、扎多、东补等地一带，形成严重的风蚀区，风蚀地貌较为发育，在破坏土壤、植被的同时，也使土壤表层的有效营养组分流失，造成地表砾石化、旱化，土壤A层遭吹蚀、植被根茎暴露地表、植被大规模枯死，干燥的环境为鼠害提供了栖息之地，鼠类大量繁衍、肆无忌惮，啃食暴露的植被根茎，经鼠类的反复挖掘及牲畜的轮番过牧，已使原本脆弱的生态环境更加恶化。

在这些地区植被稀疏，多以杂类草为主，植被种群及其层次结构破坏严重，生物多样性成倍减少明显。

而在高海拔极高—高起伏的陡峻山地斜坡地带为主要的水蚀作用区，如扎多、东补、解曲等地一带的陡峻斜坡地段水蚀作用极为强烈，形成的支毛细沟既破坏了土壤、植被，又使土壤表层的营养组分流失严重，在雨季受强烈的暴雨冲刷，支毛细沟已沦为切沟、冲沟、深切沟，在局部地段已形成千沟万壑的水蚀地貌，而在解曲、扎曲、托吉曲、子曲等河谷区因河流的侧蚀、淘蚀以及溯源侵蚀，导致河流岸坡坍塌(图6-2)，阶地消失，迂回扇发育，土地资源及生物多样性减少，地下水位下降，地下水调蓄功能锐减，沿河谷区生态环境恶化。

6. 冻融作用

气候的寒冷、严酷，温差大及强烈的寒冻风化作用，导致海拔4700m以上的山地岩屑坡、角砾状岩

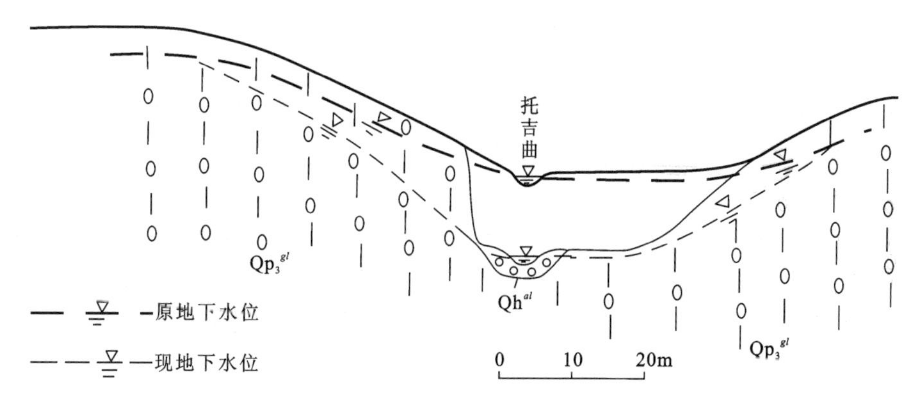

图 6-2 河流侵蚀导致地平水位下降模式图

屑锥、石川石海下移、扩大，不断覆盖缓坡地带的土壤、植被，使植被失去生存空间而枯萎，山体顶部原有的"草戴帽"和因寒冻风化作用而向粗砾化发展，土地覆被随之发生改变。

而在东风乡及得拉考等地的斜坡地带，冻融蠕移现象常见而且发育多级冻融蠕移，被剥离的土壤植被遭毁灭性破坏，后期的剥离区又重新叠加于原来的堆积区上，致使剥离源区和先期堆积区植被丧失严重。

7. 人类经济活动

人类经济活动宏观表征如下。

(1) 过度放牧，长期超载

测区多数地区载畜量过大，长期的超载轮番过牧是土壤侵蚀、生物多样性减少的主要因素之一。长期的蹄蚀、蹄践而造成土壤板结，土壤生产力下降，表层营养组分随风蚀、水蚀而流失，植被低矮、植被种群结构逐渐趋于简单，因风、水蚀作用的强烈，地表砾石化、旱化、盐碱化程度加剧。据调查，在阿涌、托吉曲、阿多等地，由于过度放牧，造成植被结构中优势种群逆向演替。

随着放牧强度的增加，植被的种类组成、层次结构和生物量均发生了明显的变化。在轻度放牧条件下，沼泽化草甸中优良植被种群为矮蒿草、小蒿草、藏蒿草、苔草、早熟禾等，植被资源丰富，植被生长茂盛，成为优势种群。在此种条件下，草原鼠兔类动物数量增多。

在中度过牧的条件下，家畜及野生牲畜对喜食性植被的大量啃食，优良植被生长发育迟缓，植被物种多样性指数、均匀度及优势度均趋于均化，土壤出现板结、潜育化、沙化，地表相对干旱，为喜干燥、隐蔽的鼠兔类动物提供了良好的栖息地，鼠兔类动物数量巨增，黑土滩此起彼伏，生态环境脆弱性明显。

在重度过牧条件下，因牲畜得不到充足的食物资源只得啃食一些禾草及优良植被的根茎，优良植被践踏过度而几乎丧失殆尽，而狼毒、黄花棘豆、蒿草、凤毛菊等杂类草大量滋生，迅速蔓延。在充足的光照、水分及营养条件下，优势种群矮蒿草、小蒿草、藏蒿草、苔草、早熟禾等伴随着风蚀作用的剧烈而失去其建群种的地位，土壤沙化、旱化更为明显，水土流失加剧，生物多样性减少。在此种生境条件下，喜食杂类草根茎的鼠兔动物如高原鼢鼠等大量侵入，营造地下生活，打洞穴居、把大量的土层推到地表，形成的土丘密如蛛网，这些土丘经风、水蚀作用的夷平，导致大面积草场变成不毛之地的黑土滩，使本就脆弱的生态环境雪上加霜。生物多样性减少，生态环境恶化。

由此可见，放牧强度与植被物种多样性及其多样性指数之间存在着显著的正相关联系。

(2) 乱砍滥挖经济类植物

测区经济类植物主要有冬虫夏草、红景天、大黄、秦艽、雪莲、贝母及大片优质原始森林等。近年来此类植物价格一再上涨，采集者蜂拥而至，点状或片状采挖活动不仅直接破坏土壤植被，为了解决生活问题，还大量樵采植被、森林导致植被的严重破坏，是区域人为破坏生态环境的主要因素。

(3) 廊道效应

在阿多、着晓、结扎等地的草原上，交通大多是非固定的土路，雨天泥泞难行，旱天扬灰播尘，草原空旷、平缓，车辆肆意横行，造成植被枯萎，引起一般的道路生态效应。

(4) 乱挖草皮砌围栏

在阿多、结扎、阿涌等地不少网围栏破损处，为防牲畜越栏，牧户就地切挖草皮砌墙护围栏，甚者有些牧户全用切挖的草皮进行围栏，引起局地生态环境恶化。

(5) 修建公路、水库、电站

在杂多县附近对沿路两侧砂石的开挖，车辆在草原上肆意横行，而人为的破坏土壤、植被及人工塑造地形、人工搬运、人工堆积等形成了人类改变的环境，其中尤以修建水库、电站为甚，以大型机械开采挖砂石，开采的砂石就地堆积或异地堆放，致使土壤植被在短期内难以恢复原状。

8. 地质灾害

黄河源区地质灾害与土壤侵蚀、植被退化、生物多样性减少的灾害有：洪涝、土溜、滑坡、崩塌、泥石流等。其空间分布表现为水平重分带性，时间分布表现为同发性。

地质灾害主要分布于东风乡、巴干乡、得拉考、洛曲流域、玛尕曲以及巴颜喀拉山一带，在陡坡、相对高差点大的斜坡地带，地质灾害在重向上具分带性，表现为崩塌、危岩，在斜坡上部、中下部堆积的崩积物、残积物结构松散，裂缝发育易产生滑坡，形成上崩下滑的分布特点，如卡日曲、棒咯曲等流域斜坡滑坡即是如此。

地质灾害在时间上的分布主要集中在每年的 6—9 月，尤其以 7—8 月最为集中，特别是泥石流具有明显的同发性，往往一场暴雨过后，引发相邻区的数条乃至数十条沟谷暴发泥石流、洪涝，在斜坡地带规模不等的滑坡及崩塌比比皆是。

滑坡、崩塌、泥石流等地质灾害发生的同时，也对覆盖的植被造成毁灭性的破坏。

9. 内动力地质作用

测区内动力地质作用主要包括地震、构造断裂及高原隆升等方面，其中以高原隆升效应对生态环境的影响作用最为显著。

(1) 地震

测区地处三江地震的多发地带，据有关资料统计，自 1970—1999 年 20 年间，共发生地震 29 次，其中 ML＝5.0～6.7 级地震就达 12 次，平均每年震数达 1.45 次。测区地震多发生于断裂带上，断裂呈北西向、北西西向展布，地震引起地表塌陷、裂缝及岩体失稳等地质灾害，导致局地植被、土壤破坏严重。

(2) 断裂

测区内活动断裂极其发育，约占断裂总数的 80%，且规模大、延伸远。区内主要活动断裂为木曲-包青涌断裂等，其多期活动易引起区域性、地带性生态环境地质效应。

(3) 高原隆升

测区高原隆升已成为影响与控制测区生态环境地质的主导因素之一，并具有整个青藏高原隆升的共性，由于其所处特殊的地理位置而决定其具有特性。自始新世青藏高原全部脱离海侵（特提斯海消失），晚新生代多次构造应力体系的转换导致测区新构造作用的阶段性和多样性，晚第三纪为青藏高原主夷平面和古岩溶发育区，推测中新世—上新世地面高度大约在 1000m 左右，属亚热带干旱炎热的古气候环境。

更新世以来不同阶段的高原持续隆升，对生态环境也产生了相应的效应。

晚第三纪末至早更新世初，青藏高原经历了一次较强烈的构造抬升，构造变动表现在第三纪地层的构造变形和早更新世之间不整合接触关系上。此时晚第三纪广泛的湖盆开始萎缩，水体面积缩小，以粘土、粉砂为代表的晚第三纪湖相沉积被早更新世河湖相砂砾石层所代替且厚度较大。沉积物堆积期间的古气候环境温和偏干，气温较晚第三纪低但干旱程度相对略高。此时，高原季风作用不明显，表明高原虽已抬升，但并没有影响地球大气环流的高度。

进入更新世高原进一步快速隆升，早更新世后期 1.1～0.6Ma 的昆黄运动，使得测区早更新世之前形成的湖泊消亡或大幅度萎缩。随着气候转冷，测区进入倒数第二次或第三次冰期，也呈最大冰期，此时青藏高原已达到冰川作用的临界高度3000m左右，大气环境发生明显变化，高原季风形成。区内在尕吉格、兴塞莫谷、色的日、托吉涌等地堆积了中更新世冰碛物，呈灰黄色，反映当时气候环境相对较温暖。

进入中更新世，构造运动使高原继续隆升，青藏高原周边山系喜马拉雅山脉的高度已开始成为印度洋季风入侵的屏障，但还远不足以明显阻挡西南温湿季风，因而使得高原内部仍有丰富的降水。当冰期来临时，高原山地的高度和地形恰好最有利于冰川的发育，因而在中更新世发育了高原规模上最大的一次冰川作用。当时冰川最末端可抵达海拔3000m左右，形成树枝状山谷冰川，各冰川均伸入山麓地带成为山麓冰川和高海拔的冰碛平原。而在盆地内部处于冰缘环境，发育多年冻土并产生冻融褶皱等冰缘现象。

更新世晚期，随着进一步抬升，高原达到4000m左右的新高度，喜马拉雅接近或达到现今的6000m以上的高度，而喜马拉雅等高原周边山脉巨大的屏障作用，极大地削弱了来自孟加拉湾西南季风及大部分印度洋暖湿季风进入高原内部的影响，大量的水汽受到高原山地的阻挡而降落在高原外围。因而广大的高原内部变成更加干燥、寒冷的大陆性气候。而降水量逐渐减少，冰川作用的规模和范围亦越来越缩小。早期以山岳冰川为主，晚期以冰斗冰川为主。冰川作用使盆地内再度处于冰缘环境。

更新世晚期0.15Ma的共和运动，促使测区又经历一次较强烈的构造抬升，盆山之间出现强烈的差异构造运动，气候更加强烈波动，经历了冰期和间冰期，水汽来源减少，气候日趋干燥，冰川活动范围不断缩小。此时为较干、寒的气候环境。在测区的解曲河阶地上测制了晚更新世的剖面，更清晰地表征了冰期和间冰期的显著特征。

解曲河高阶地共发育6级阶地，在每一级阶地上采有孢粉和热释光样。热释光分析结果见表5-3，测年样反映其沉积时代为晚更新世。其时限从$(119.77\pm8.48)\times10^3\sim(47.50\pm2.79)\times10^3$a。现在河流的河漫滩海拔高度为4299.00m，其中的Ⅰ级阶地以现在时代(即为零)来计算显示数值偏小。其余阶地的抬升，以前一阶地为标准来计算，平均抬升速率为0.37 cm/a，这个数值与现代高原的隆升相比明显偏低。测区的第四纪沉积史从测年样分析显示为晚更新世，自晚更新世至今，这一时期高原的隆升在测区河流沉积物中有一定的反映。河流阶地形成的主要原因是高原不断抬升导致侵蚀基准面相对降低引起河流下蚀的结果。孢粉分析成果反映出的孢粉组合特征：有针叶植物花粉松属及灌木柽柳科、白刺属、麻黄属；草本植物花粉有蒿属、禾本科、藜科、豆科、茄科、毛茛科、唇形科、小蘖科，此孢粉组合特征反映出荒漠草原-草原植被景观，气候冷较干。

通过对岩性及热释光测试结果等的分析、研究，可将杂多县解曲第四系河流阶地初步划分为5期冰期，与之相应就有5次间冰期和响应的温暖期，经历了多次气候冷暖干湿的交替变化，总的气候变化是湿润—温凉、半干旱—严寒干旱。

全新世早期(10.4～7.5ka)气候转暖，湖相地层沉积于末次冰期的冰碛物之上。进入全新世中期(7.5～3.5ka)，青藏高原为大暖期，气候温暖湿润。由Ⅷ004P11BH孢粉鉴定结果可见，孢粉组合以松科和冷杉占优势，反映此时为温、湿气候下的森林草原植被。约在3.2ka前后，全新世存在突发降温事件，温度和湿度迅速下降，气候波动频繁。此时测区处于4500m以上，Ⅷ004P2BH孢粉鉴定结果显示，草本植物花粉总数多，且以蒿属、禾本科等草本植物占优势，表明此时气候处于寒、干、冷的冰缘环境，最终演化形成现今的寒、冷气候下的森林、植被草原环境。总之，全新世时测区始终处于冰缘环境的笼罩下，即使是冰后期的相对温暖期，气温回升幅度不大，气候仍很干、寒、冷，最后演化成现今的生态格局。

综上所述，测区生态环境的演变和发展既有自然环境要素变迁的综合性影响，同时也有人为因素不合理活动或不规范活动对生态环境产生的影响，而这两者的影响又是相辅相成、互为因果关系。然而，测区生态环境恶化的发展趋势在一定时期内仍然会持续和保持，但其发展速度将会在很大程度上受到人为规范的生产经营活动和能动性在改善区域生态环境方面的能力和水平所控制，最终将趋于良性循环。

第三节　旅游地质

一、探险

在雄伟神奇的青藏高原，旅游者可探险澜沧江水系的发源地，位于测区的纳日贡玛，是长江与澜沧江水系的分水岭，独特的高原冰川地貌、巍峨险峻的雪域群山、高原奇特景观，是挑战人类体能极限的理想旅游地。

二、民族风情

在这世界屋脊之上、离天最近的地方，生活着这样一个民族，他们勤劳、朴实，乐天知命，虔信佛教，热情好客，能歌善舞。该区地处长江水系与澜沧江水系的交汇部位。澜沧江水系的发源地位于测区纳日贡玛一带，长江水系宽广的大草原和澜沧江水系陡峭的山峰、美丽的灌木林等形成独特的自然环境，高原旅游资源丰富。有着独特的生活习俗。藏族人民酷爱歌舞，不论男女老少，聚集于宽阔的草地和家院里，都能放歌起舞，歌声嘹亮，舞姿翩翩，尽情欢舞，抒发他们对劳动、生活及大自然的热爱之情。以民俗风情为内容的藏族舞蹈相当丰富，最常见的有“卓”、“伊”、“则柔”、“热巴”等。“卓”又分为以歌颂山川河流、家业兴旺为内容的“孟卓”和以颂扬宗教寺庙、活佛为内容的“秋卓”两种形式。由于“卓”舞有较丰富的内容和多变的舞姿，在社会上享有盛名。“伊”是流行极广的一种藏族民间舞蹈，动作起伏大，节奏对比性强，是歌舞结合的一种形式。“则柔”汉语意为“玩要”，是另一种以舞伴歌的表演艺术形式，多在婚嫁、迎宾、祝寿、添丁等欢庆宴席中出现。“热巴”汉语为“流浪艺人”之意，是由民间训练有素的艺人组成班子，到各地流动表演的一种舞蹈。这种舞蹈技巧娴熟、表演诙谐。

玉树——天然美丽富饶的草原。每年的7、8月，玉树草原牧草茂盛，一片碧绿，到处盛开着一束束、一簇簇姹紫嫣红、灿若云霞的各种野花。草原上一年一度的大型歌舞表演、赛马会拉开了康巴艺术节帷幕。届时，会场周围几公里内搭满了各式各样、五彩缤纷的帐篷，远远望去，犹如一座独具风情的帐篷城。玉树歌舞在青海民族歌舞中独树一帜。

三、佛教圣地

调查区分布着规模大小不等、具有民族风情的许多寺院，寺内有造型各异的佛像、佛画、经堂、佛殿，典雅庄重，别具风格，具有极高的艺术欣赏价值。

第七章　遥感解译

在自然地理条件恶劣、地域跨度大、通行不便、工作环境艰险的高海拔半荒漠地区的地质调研工作中，应用通过对地物的凝缩而再现、反演自然界并逆向认识自然的遥感手段来补充地面调查的不足和进行地质宏观分析是不可或缺的，其技术优势也是显而易见的。作为青藏高原艰险区（B类区）区域地质调查工作的先导和重要环节，遥感工作应发挥遥感影像对下垫面高度概括、多元性、综合性、波谱量化性、信息量大和遥感调查不受地面条件限制的优势来配合地面调查，共同推进填图研究工作的深入，提高区域地质调查的高科技含量、质量与效率。测区基岩裸露程度相对较高，所以全面翔实、多层次的遥感解译对研究地质单元间的分界性质及划分特征，结合路线调查精确圈绘各类地质填图单元及隐伏地质体的形态、空间展布，探究其属性、相互关系等都很有利。本次影像学研究将通过先行一步的遥感地质解译和与路线调查紧密配合的实地解译来增强填图工作的地质预见性、观察的主动性和成果的可靠性，指导总体工作部署。在保证填图精度的前提下，通过有序、高质量的遥感解译，减少艰险区野外实地地面调查的工作量，提高图幅整体调查水平、效率和专题研究效果，同时也将侧重于测区矿产资源和生态环境的遥感信息提取，强调解译者立足实地与影像间的感性认识，区域地质系统构成要素解译与地质问题解释并举。

第一节　遥感资料收集与遥感工作方法

一、遥感信息源配置和信息提取平台

目前在陆地资源及环境调查中较常使用的遥感信息源是LandsatTM/ETM、LandsatMSS、SPOT、CBERS等卫星图像数据和红外、全色航空像片。本项目已由中国地质调查局提供了测区ETM数据，项目组根据需要补充了一些遥感数据和图像，使其可以作为一个遥感信息系统库加以利用（宁书年等，1995）。遥感信息源按经济适用、易于获取的原则并兼顾地质环境问题解译中图像的时相要求作如下配置。

1. ETM数据

测区涉及4个景，PATH－ROW号分别为136－37、135－37、136－38、135－38，分别系2000年12月21日、2000年12月1日、2000年12月21日、2000年12月14日接收，去噪、提高增益等预处理。该数据的图像可解性较高，地面分辨率多波段为30m，全色波段分辨率为15m，波段融合后图像分辨率达15m。数据噪音低，基本无云层、云影覆盖（CC分值接近0），雪覆盖面小（5%以下），波谱范围广（0.45～2.35μm、10.4～12.5μm），便于结合20世纪70年代MSS图像、90年代TM图像进行短时间尺度的下垫面变迁的对照研究，是本区区域地质全面解译和反映现势景观的主要遥感信息源。

2. TM数据

测区涉及的景数及PATH－ROW号同ETM数据。136－37景系1994年11月11日接收，135－37景系1999年4月24日接收，136－38景系1994年12月29日接收，135－38景系1999年9月23日接收。波谱范围为0.45～2.35μm和10.4～12.5μm，图像地面分辨率为30m，云层、云影、雪覆盖均小。它便于与ETM数据的分辨率、相似波谱合成对照分析，代表了本区20世纪90年代中—后期的影像或景观。由于该数据波段间的相关系数明显比上述ETM数据要小（ETM数据可能在接收时处于融雪期间，地表湿度大，造成波谱特征单调，异物同谱现象较多），所以其波谱信息相对丰富，是区域宏观解译和

配合 ETM 数据进行全面地质解译的良好遥感信息源。

MSS 图像涉及的景数基本上同 ETM、TM，系 1974—1976 年接收制作的分景纸介质图，经扫描输入、几何纠正、镶嵌匹配制成。波谱范围为 0.45～1.64μm，地面分辨率为 120m，受云层、云影、雪覆盖影响较大。它代表了 20 世纪 70 年代本区的影像或景观，也是本区时间较早、利用较为方便的影像资料，解译中可将其作为地质环境变化因子动态对照中的"原始标尺"。

地理信息源采用空间数据库生成的 1∶25 万地理底图(等高距 100m、1954 年北京坐标系、1956 年黄海高程系)、1∶10 万纸介质地形图(等高距 20m)作为全区解译、图像镶嵌配准及三维立体模型构建的背景信息层和地理依据。DEM 高程矢量化直接采用空间数据库的地理数据。以上资料分别源自国家基础地理信息中心 1∶25 万空间数据库与中国人民解放军总参部 1969 年航测成果。

图像处理、信息提取操作平台配置有 PⅣ 型台式微机，Windows 平台上运行 PCI、ENVI、MAPGIS、PHOTOSHOP 等图形图像处理和数据集成软件，CD－ROM 及 1200dpi 扫描仪支持输入，A0 幅面 1200dpi 彩喷绘图仪、A3 幅面 1200dpi 激光彩色打印机支持输出。

二、遥感工作方法

1. 遥感工作程序及质量保证体系

在先期充分收集遥感信息源和熟悉区域地质资料的基础上，解译工作以图像处理优化→概略解译＋解译标志初建→野外实地验证＋补充修改解译标志→全面详细解译→重点解译＋专题信息提取的程序贯穿于从设计编写到最终成果整理的整个过程之中，贯彻从宏观到局部、从易解信息到难解信息、从定性信息到定量信息过渡的原则，循序渐进、逐步深化。前期解译从划分较大的影像分区入手，建立总体概念。继而划分影像构造带(块)和影像地理带(块)，同时区分不同解译程度的地段或单元，为下一步解译、图像处理和主干调查路线布置做好准备。

解译工作参照执行"中国地质调查局 1∶25 万遥感地质调查技术规定(DD2001—01)"、"区域地质调查中遥感技术规定(1∶5 万，DZ/T 0151—95)"、"区域环境地质勘查遥感技术规程(DZ/T 0190—1997)"、"卫星遥感图像产品质量控制规范(DZ/T 0143—94)"、"中国地质调查局青藏高原艰险区(B 类区)1∶25 万区域地质调查技术要求(DD2003—01)"、"青海省地质调查院标准—遥感地质勘查运作控制程序(QB/B—15—2001A/1)"等技术规范。

上述应该遵从的作业程序、技术规范和各个作业阶段的质量检查工作构成本次解译的质量保证体系，藉以保障遥感工作的顺利实施和最终成果质量。

2. 遥感解译的主要内容和侧重方向

客观地提取区内三大岩类、褶皱、断裂构造的时空分布信息并按地质属性加以分类，区分冲积、冰积等不同成因的松散堆积物，识别水蚀、冰蚀地貌和构造地貌是本次地质解译的主要内容。详细解译的主要工作量放在野外调查中难以涉足的地段，以减少地质盲区，并以遥感解译点、路线及剖面的形式予以表达。地质构造复杂区施以重点解译。

沉积岩、浅变质岩类应通过解译识别其岩性、接触关系和产状变化，填图单位尽量划分到组或岩性段。侵入岩类以侵入体为单位，应尽可能地识别其接触关系及接触变质带范围。火山岩区着重解译火山机构。环形构造应注意有无色带异常存在，分析其形成原因。构造解译主要是对构造形迹的识别和其性质及相互关系甄别，对线性构造的穿插、交切、限制、牵引、旋扭特点都应解译，并按规模大小和延伸方向分级分组，应注意分析是否存在推覆体和滑脱、拉伸构造，对高原隆升盆—山格局形成机制的构造因素应力所能及地在影像上予以分析。

地调工作是公益性的，服务于地区经济发展和环境保护也是其宗旨所在，所以矿产地质和生态环境的影像学研究是本区遥感工作的侧重方向。应将化探异常区、矿(化)点所处部位和岩浆活动带、构造复杂地段作为遥感重点解译区，通过有重点的遥感信息挖掘来提高测区矿产地质研究程度，给地面找矿工作提供宏观认识上的支持和各种与矿产有关的遥感信息。主要研究地段有：纳日贡玛、多彩等花岗斑岩体分布地段，巴塘群火山岩分布地带及羌北地块中的北西向断裂带，它们都是区内多金属成矿有利部位；分布中生代油页岩的桑龙等地段，主要研究方法有：深断裂带、岩浆活动区的蚀变岩或色异常圈划；赋矿地质体、构造薄弱区空间展布的影像追索;已知矿(化)点的遥感地面模式归纳,其次解译工作将充分利用遥感技术空间宏观性、多元性、波谱量化性、便于动态分析的优势对区内生态环境主要因子的分布特征和变化趋势进行研究,了解高寒、高海拔地区荒漠化发生、发展的机制。具体方法为:在科学地建立本区生态环境分类系统的基础上进行不同时相图像的冰川、湿地、沙砾地、寒冻风化岩屑坡等可定量信息的计算机直接提取,掌握本区土地覆盖、冰川萎缩、植被退化、地表沙砾化的进程,并结合新生代活动构造解译结果分析它们之间的耦合关系,认识其带性规律和高原隆升对气候、地貌、水域、植被变化的驱动作用。

3. 野外实地验证

该项工作一般与地面路线、剖面地质调查同步进行。在进行路线调查、剖面研究时,均可先行制作解译简图,携带大比例尺图像至野外工作现场,进行各种地质要素一对一的对比、分析,寻求异同、查找造成差异的原因之所在,积累经验使后续解译工作更好地完成。遥感图像原始数据需备份携至野外,及时进行专题信息提取、机助解译等工作,最大程度地将遥感技术融合在区域地质调查工作之中,二者相辅相成,共同推进地调研究工作。

三、遥感图像优化处理与专题信息提取

为满足区域地质解译和不同类型专题解译的需求,应充分利用遥感信息提取平台进行多类型图像制备和有用信息的计算机提取模式借鉴研究工作。

1. 区域解译主导图像的常规处理及其质量评述

分析 TM/ETM 原始波段数据的波谱特征可以发现,可见光波段(1、2、3)之间、红外波段(5、7)之间相关性高,近红外(4)与它们的相关性最低。因此,解译工作基础图像制作首选 4 波段作为合成波段之一。7 波段对粘土类、碳酸盐岩类岩石敏感,是岩石制图的最佳波段。蓝色波段(1)系水体吸收强波谱段,对岩石裂隙、片理发育程度和小线性构造反映良好。经比较鉴别,ETM 数据选取 8、7、4、1 波段作融合彩色处理,TM 数据选取 7、4、1 做 RGB 合成。图像地理配准采用多项式运算,单幅 1:25 万图幅选取 13 对以上的控制点,景间镶接用直方图匹配法平滑过渡,并通过图像重叠区优选及掩膜拼贴最大程度地消除云及云影影响,经反差扩展后输出基本全像素的 1:25 万两幅、1:10 万 18 个分幅,两种比例尺假彩色纸介质图像分别作为区域解译、路线解译的主导图像。

上述图像经各作业阶段使用后认定图像质量较佳,层次分明,岩石构造格架和地表景观反映清楚,对各类地质要素表现力强,与地形图配合精度经检校不大于两个像元,地面分辨率 ETM、TM 图像仍分别保持在 15m、30m,极少云及云影影响,能满足全区地质多要素的详细解译。其中 1:10 万分幅图像应用于野外实地解译,配合野外路线调查效果良好,已在踏勘工作中充分利用。不足之处为:ETM 图像由于数据接收的时相选择不佳,色调不够丰富,波谱特征单调,异物同谱现象较多,使解译难度加大;TM 图像雪覆盖较大,造成部分地段可解性低。

2. 三维立体影像图及三维飞行画面的制作

DEM 层:为国家基础地理信息中心空间数据库,矢量要素为等高线、高程点,生成 16 位栅格文件;图像层:增强方式为低频对数拉伸反差扩展,同 DEM 严格配准。该图对本区的地貌景观及生态(地理)梯度带表现力强。三维飞行选择了冰蚀地带、构造盆地等区段制作,以突出宏观特征。

3. 基于计算机技术矿产信息等地质专题信息提取

在操作平台上有针对性地进行,视目标区解译需求而定,主要有突出线理纹形显示的空间信息增强和区分细微灰阶差异的波谱信息提取,以减轻“同物异谱”、“同谱异物”现象的困扰。可选用的方法有:单向滤波模设置、波谱相关分析、彩色坐标转换、热红外波谱叠加、差值比值运算、图像分割、人工-智能分类器分类等。

解译过程中对赋矿层、构造关键部位、侵入体边部和影像不够清晰地段(包括有疑点的问题地段)均应及时进行多种处理,供反复对比解译综合分析使用。

在已识别确认蚀变矿化或含矿地质体(如纳日贡玛铜钼矿床)的标志性波谱信息的情况下,应按该标志信息进行计算机影像归类的全区提取。

区内已有遥感信息源由于其数据接收时间主要处于冬季,对生态环境信息的提取不能给予很好的支持,如生态环境的主要因子——植被及其盖度,就无法利用归一化植被指数(NDVI)等方法提取。区内生态环境现势信息及动态变化信息的提取针对沼泽湿地、冰川这些环境变化的敏感因子尽可能地进行已有遥感资料之间的定量分析。

本阶段已通过上述一些信息提取手段对区内的遥感矿产信息和环境信息作了一些定性或定量的提取工作并取得了良好效果。

(1) 采用变量主成分分析与比值运算相结合的方法进行斑岩体信息图像增强处理,在区内很多地段提取到了可基本代表斑岩体出露的图像异常色调。经对纳日贡玛等地野外踏勘查证,均发现了斑岩体的存在,图像上提取的结果与实地吻合率达80%以上,这对本区针对斑岩型铜、钼矿的找矿工作提供了极大的便利。

(2) 利用MSS与TM两种不同时相的遥感信息源,运用波谱分割、掩膜处理技术对昂欠涌曲一带大面积分布的现代冰川进行精确对比统计,发现1999年的冰川面积只有1974年冰川面积的53.28%,即25年来昂欠涌曲一带的冰川消融了近一半。

(3) 根据前人关于含铁氧化物和羟基矿物的热液蚀变岩在可见光和近红外光谱区域的波谱特征研究成果,采取TM5/7、3/1、5等比值差值方法针对岩浆活动区段和断裂构造发育地段进行矿化蚀变的色调微弱异常提取,在结多南的巴纳涌等地提取到了一些以含羟基类和含铁离子两类近矿围岩蚀变矿物为主的矿化蚀变信息,这些有着积极找矿意义的信息有待于在下一步工作中予以查证。

四、遥感地质编图及精度要求

遥感地质编图以充分反映测区各类可鉴别遥感信息为原则,不囿于已有的地质资料。在详细解译的基础上初步完成于野外填图之前,完善于野外填图过程中。编图内容包括区域地质构造、岩浆活动、新生代高原隆升地质地貌、矿产地质特征、水资源、土地资源以及生态环境变异等内容,以系列图的形式进行表达。

编图基本单位、精度与1:25万区域地质图保持一致。直径或长度大于500m的影像体都应准确圈绘,重点区段直径大于100m的影像体和长度大于250m的线状体都应解译出,特殊的小影像体应有标注。对环状、晕状特殊影像就其主要特征准确表示于图中,有重要指示意义的微小特征影像如标志层、层纹、水点、地质灾害点等均应反映,必要时做夸大表示。

解译点密度比路线观测点的密度可适当减小,原则是所有主要地质界线、各类填图实体均有一定数量的解译点控制,布置重点在解译标志有代表意义或路线观测难以实施的地段,矿化蚀变部位、构造关键部位等重点区段相应地加密解译点,进行精细解译。

第二节 遥感影像景观区划分

一、影像景观区划分

测区的地质景观、生态景观在解译基础图像上是显而易见的,可以按宏观影像特征划分为4个影像景观区。不同的影像景观区反映不同的地质构造特征和自然环境特征,有着明显的地貌类型、岩石组合和构造背景反差,与初步划分的区域地质构造单元相互印证,从北至南为:①扎曲、结多、羊木涌深色调弧带状高山影像景观区;②色汪涌曲、郭涌暖色调团块状中高山影像景观区;③阿涌-吉曲浅色调菱块状盆地丘陵影像景观区;④木曲南深色调条块状高山影像景观区。

二、各影像景观区地质涵义及影像可解程度综述

1. 扎曲、结多、羊木涌深色调弧带状高山影像景观区

该景观区总体呈北西向展布于测区中南部，以细长的弧带状高山蜿蜒展布为特征，色调深而杂，南北两侧均被线性构造围限。主要地质体为早石炭世杂多群和晚石炭世加麦弄群，侵入体影像广布，线、环构造发育，中南部岩石破碎且蚀变信息丰富，是变质热液型成矿及构造蚀变成矿的有利地段。

2. 汪涌曲、郭涌暖色调团块状中高山影像景观区

该景观区呈不规则团块状分布于莫云、郭涌一带，主体沉积建造为早白垩世风火山群错居日组、洛力卡组，其岩石组合为一套山间上叠盆地杂色粗碎屑岩夹灰岩、泥岩、含铜砂岩、石膏组成的河湖相碎屑岩建造，岩浆侵入活动反映不明显，发育宽缓的褶皱构造。该景观区图案特征与背景反差大，地质体解译标志易建，属可解译程度较高的影像区。

3. 阿涌-吉曲浅色调菱块状盆地丘陵影像景观区

该景观区浅褐、黄、蓝、绿色调菱块状或块状间杂，山地丘陵与山间盆地南北间列，地层主体建造由中—晚侏罗世雁石坪群组成，局部出露少量中—新元古代中深变质结晶基底岩系吉塘岩群。该景观区中部分布新生代构造特征复杂的复合盆地，根据该区所处构造部位、线性构造展布特征和块体轮廓初步判断，盆地系基底北西西向活动断裂右旋、左旋分期走滑拉分后复合形成，其中右旋走滑拉分盆地形成的时间较早。盆地充填新近纪沱沱河组、雅西措组碎屑岩类。盆地内河流追踪断裂发育，形成转折汇聚的树枝状水系形态，南北对偶断裂显示清晰，各类沉积物容易辨识，但山地丘陵前的第四纪地层因剥蚀强烈不易判别，故可解译程度属中等。

4. 木曲南深色调条块状高山影像景观区

该影像景观区实际上是一条岩浆岩带，沿带分布有大量中酸性侵入岩影像体，并零星出露前寒武纪变质结晶基底吉塘岩群，构成高山地貌。其北以丁青-包青涌构造混杂岩带线形影像为界，地质体总体轮廓清楚，但因积雪影响可解译程度仅属中等。

上述影像分区与区域构造单元分区对照，扎曲、结多、羊木涌深色调弧带状高山影像景观区对应的杂多晚古生代浅海陆棚横亘于测区中部，色汪涌曲、郭涌暖色调团块状中高山影像景观区是其莫云等两个上叠盆地的影像反映，阿涌-吉曲浅色调菱块状盆地丘陵影像景观区为地质构造单元分区中的北羌塘拗陷，其南侧的线形影像反映了丁青-包青涌构造混杂岩带的存在；测区南西端的木曲南深色调条块状高山影像景观区反映了丁青中生代岩浆岩带的出露。

第三节　地质体遥感解译

经设计阶段的初步解译和野外踏勘过程中的验证，测区主要地质体的解译标志已作初步总结。这些解译标志将纳入各解译者的遥感知识经验库，使后续解译工作有据可依。

一、线形影像遥感解译特征

1. 断裂构造

解译勾绘出了大小不等的断裂100余条，大多属活动构造。其中压性断裂、走滑断裂居优势，张性断裂甚

少;延伸方向以北西西向、北西向为主,北东向次之,近南北向最少。

断裂构造解译标志为:具醒目的或依稀可辨的线形延伸特征,常构成色调界面、纹形几何界面,有时表现为地貌单元、地质体、水文地质单元的分界界线(如直线、弧线状坡麓带、山脊线、地下水泄出带)及色带、密集微纹理带,负地形、陡峭岩壁等构造地貌在大比例尺影像上有清楚显示。

活动断裂的解译标志为:线形形迹清楚,水系、微地貌、植被响应明显,常构成不同色调和纹形区块的分界,控制湖泊水系分布和盆/岭展布,线性特征在河谷平原区也有所显示。现代地貌的齐整边界及新生代地层中破坏褶皱构造线形体、水系直线状展布及同步弯转、地质体的明显错移都是活动断裂在影像上的反映,且走滑性质易于辨认。连续折线状负地形则被认为是张性断裂的标志。北西西向断线一般呈压扭性质,北东向断线多具右行雁列走滑性质,近南北向断线为张性断裂。

吉曲线形影像:色调、纹形界面及地貌转换界面明显,为一条北西西向延伸、贯穿测区、断面总体北倾的活动断裂,控制了吉曲河新近纪走滑拉分盆地的形成及中侏罗世雁石坪群地层的展布,构成北羌塘拗陷北缘分界。

2. 褶皱构造

解译区褶皱构造的解译标志显著,特别是雁石坪群地层中的褶皱以平行密集的圆滑曲线为骨架,不同的色调、纹形对称重复出现,线理转折端显示清晰,多呈浑圆状或尖棱状,构成封闭、半封闭的弧状影像体。褶皱形态、展布受大的线性构造制约,可从整体轮廓反推线性构造的性质。

二、面状影像遥感解译特征

1. 夷平面

影像上有两级夷平面标志。区内广泛分布的中山、低山丘陵,影像上其山体顶部均舒缓平滑,有的呈小块平顶山状,总体上处于一个向南微倾的准平面上,认为其属区域上可对比的Ⅱ级夷平面(MS),海拔高程在4700～5000m之间。区内广泛发育的中高山,山顶常见截顶台地影像,也是岩屑质荒漠(裸岩、寒冻风化岩屑坡)影像体集中分布区,为高度统一的山顶面(SS)存在标志,海拔高程在5300～5400m之间,北部地区比南部稍高。此外,新生代盆地的红层沉积多出露于山间低洼处,但丘陵区和中山区亦分布有该地层,它反映了测区在新生代时期发生高原隆升事件。其分布上限也处于一个准平面上,海拔高度约为4200～4400m。

2. 阶地

阶地在ETM影像上可较好识别,表现为河谷区台阶状微地貌。沿区内主要河流河谷一般分布3级河流阶地,由冲-洪积砂砾石构成,阶面平坦呈不连续的带状。Ⅰ级、Ⅱ级阶地阶面狭窄,阶差小,分布零星,说明对应时期抬升幅度小、与上次抬升间隔时间短。上迭的Ⅲ级阶地阶差大(阶坡呈较高的陡坎)、阶面宽阔,其抬升幅度大、间隔长。

3. 冰夷面

冰夷面主要分布在纳日贡玛南侧附近,系中晚更新世冰川夷平作用形成。冰夷面北高南低,表示当时冰川活动中心在北部地区。

三、地质填图单位影像特征

1. 地层

测区出露的地层体,其不同的岩石组合和结构构造在影像上反映为不同的块状形态的影像特征。各地层单位遥感影像特征见表7-1。

表 7-1　地层单位解译标志

地质年代		岩石地层单位		代号	遥感影像特征		
					色调	形状、纹形	水系
第四纪	全新世		沼泽堆积	Qh^{f}	无覆盖时呈暗绿色	地形低缓，有时具环带状影纹和台阶状、漏斗状地形，富含暗色点状影纹	曲流、辫状水系
			冲积	Qh^{al}	灰白、灰色浅色调	带状、扇状分布于山麓下及沟谷间	
			冰碛	Qh^{gl}	浅黄色	不均匀斑点，有时具流线影纹，边界清楚	
	晚更新世		冲积	Qp_3^{al}	呈均匀的浅黄绿色	分布于现代河床及河谷地带地势平坦，面状或台状地形，边界清晰	
			冰水沉积	Qp_3^{fgl}	深浅不一的灰褐色	点状纹形突出，丘状、垄状地形	
			冰碛	Qp_3^{gl}	色调较基岩浅，比松散层深	表面光滑，有时具流线影纹	
	中更新世		冰碛	Qp_2^{gl}	色调较基岩浅，比松散层深	表面光滑，有时具流线影纹	
古近纪			曲果组	Nq	灰褐色、灰紫色、褐黄色	微条带状间杂，垂直山脊的平行沟谷密集分布，单面山地形，影纹结构粗糙	树枝状水系
			五道梁组	ENw		微条带状间杂，垂直山脊的平行沟谷密集分布	树枝状水系
新近纪			雅西措组	ENy	黄色、浅橙色、浅黄褐色间杂	表面具粗糙感。岩层层理可辨，弧状微线理影纹，低山丘陵地貌	树枝状水系
			沱沱河组	Et	黄色或浅黄褐色	地貌特征为平缓起伏的低山丘陵，发育细小纹理，影纹结构细腻，表面光滑	放射状水系
白垩纪		风火山群	洛力卡组	Kl	浅绿黄色、褐黄色	弧带状图案，岩石层理较明显，山脊宽缓、浑圆	树枝状水系
			错居日组	Kc	均匀的黄绿色、灰黄色	粗大醒目的条带图案特征，层理清晰，弧状、半环状线理发育，褶曲轮廓分明。高山地貌，流线状山脊线，多见凸形坡及陡直坡。边界常具波状、齿状角度不整合特征	树枝状、平行状、羽状均有分布
侏罗纪		雁石坪群	夏里组	Jx	浅橙色—黄色均匀过渡	斑块状、细条状图案，中高山地貌，山脊较尖棱，表面光滑细腻	树枝状水系十分发育
			布曲组	Jb	灰白色—棕色，较均匀	块状纹形，脊线不甚明显，地貌上多为块状山，顶半浑圆—浑圆	
			雀莫错组	Jq	深黄绿色、灰紫色	中山地貌，山脊浑圆，碎斑块状纹形，发育褶皱	
三叠纪	晚世	结扎群	波里拉组	T_3b	浅黄色—浅橙色，色调均匀	细条带状图案，构成山脊尖棱的中高山	羽状水系
			甲丕拉组	T_3jp	灰黄色—灰紫色，色调边界清楚	细小的条块状展布，山脊线短促紊乱，凹形坡居优，表面细腻光滑	羽状、格状水系
	中世		结隆组	T_2j	黄色、灰白色	斑块状纹形，表面可见麻点、疙瘩状纹形，较粗糙	树枝状水系
二叠纪	中世	开心岭群	九十道班组	P_2j	浅黄色、浅橙色，色调明显较周围浅	山脊线不分明，陡直坡，沟谷不发育，斑块状图案，表面光滑	
			诺日巴尕日保组	P_2nr	黄褐色、灰绿色带状相间	山体破碎低缓，冲沟凌乱分布，表面有粗糙感，条带状图案，常构成中山及丘陵	
石炭纪	晚世	加麦弄群	碳酸盐岩组	C_2J_2	呈灰色—灰白色	块状纹形，多形成中等规模的块状山体，脊线清楚	树枝状水系较发育
			碎屑岩组	C_2J_1	呈浅黄红色、浅黄褐色	岩层层理可辨，弧状微线理影纹，低山丘陵地貌	树枝状水系
	早世	杂多群	碳酸盐岩组	C_1Z_2	灰白色—浅灰色	条带状纹形，表面粗糙不平、脊线尖棱、清楚	羽状水系较为发育
			碎屑岩组	C_1Z_1	灰褐色、灰紫色、褐黄色	微条带状间杂，垂直山脊的平行沟谷密集分布，影纹结构细腻	
中元古代		吉塘岩群	酉西岩组	Pt_2y	深蓝灰色、黑灰色、深绿色	高山地貌，山坡较陡，条带状纹形	

2. 侵入岩

各类侵入体特别是中酸性侵入体一般在影像上呈团状轮廓，构造侵位的侵入岩虽呈带状分布，但内部结构也呈团块状形态。环形影像多因底部岩浆活动形成，有时是断裂构造、火山喷发引致。测区不同地质属性的该类影像解译标志见表 7-2。

表 7-2　中酸性侵入岩岩石序列遥感影像特征

地质年代	岩石序列	代号	遥感影像特征		
			色调	形状、纹形	水系
中新世	阿多霓辉石正长岩	$N_1\chi\xi$	灰黄色、灰紫色或紫褐色	瘤状形态，孤立的正地形或构成中高山地，团状轮廓清晰，色调内深外浅，表面光滑	
古新世	稿涌花岗斑岩	$E_1\gamma\pi$	灰黄色、灰紫色或紫褐色	瘤状形态，孤立的正地形或构成中高山地	
晚白垩世	莫海闪长玢岩	$K_2\delta\mu$	灰紫色或紫褐色	瘤状形态，构成中高山地貌，团状轮廓清晰，色调均匀，表面光滑	树枝状水系
	开古曲顶石英闪长岩	$K_2\delta o$	灰紫色或紫褐色		
早白垩世	吓纳正长花岗岩	$K_1\xi\gamma$	灰黄色、灰紫色	弧状山脊线，凹形或陡直坡	平行树枝状水系
	尼青塞二长花岗岩	$K_1\eta\gamma$			
晚三叠世	借金英云闪长岩	$T_3\gamma\delta o$	明亮的黄色、黄绿色	山脊浑圆，表面光滑，与围岩界线清楚	
	苏鲁石英闪长岩	$T_3\delta o$	黄色、黄褐色及褐红色	具齿状或波状边界的团块，表面光滑，影纹单调	
	巴纳涌闪长岩	$T_3\delta$	黄色、黄褐色及褐红色	具齿状或波状边界的团块，表面光滑，影纹单调	
	茶群二长花岗岩	$T_3\eta\gamma$	灰紫色或紫褐色	中低山，尖棱状山脊，表面光滑，影纹单调	树枝状水系
	多改花岗闪长岩	$T_3\gamma\delta$			
晚二叠世	布嘎正长花岗岩	$P_3\xi\gamma$	灰黄色、灰紫色	弧状山脊线，凹形或陡直坡	平行树枝状水系
新元古代	亚龙能花岗片麻岩	$Pt_3\eta\gamma gn$	紫褐色	中高山，尖棱状山脊，均匀表面光滑，影纹单调	平行树枝状水系
中元古代	白龙能花岗片麻岩	$Pt_2\gamma\delta gn$	紫褐色、暗紫色	高山，浑圆状山脊，均匀表面粗糙，影纹单调	

第八章　总　结

青海省地质调查院区调八分队承担的1∶25万治多县幅(I46C003004)、杂多县幅(I46C004004)区域地质调查(联测)项目是中国地质调查局布置的中国西部青藏高原空白区1∶25万区调大调查开发项目之一，1∶25万杂多县幅(I46C004004)区域地质调查项目在3年多的工作过程中，在各级领导的指导下，经过分队全体同志的艰苦努力、辛勤劳动和奋力拼搏，克服工区气候恶劣、高寒缺氧、交通不便及外部环境较差等种种困难，按照项目任务书、设计书及中国地质调查局有关指南的要求，全面完成了任务书所规定的各项任务和指标，取得了丰富的基础地质、矿产方面的一批重要地质新成果、新进展，达到了预期目标。

一、主要结论及进展

(一) 地层方面

查明了测区内的地层序列、接触关系，合理地建立了地层系统。依据测区地层发育特点，对不同类型的沉积地层体采用了不同的填图方法，对测区内出露的地层体在岩石地层、年代地层、生物地层等方面进行了较详细的调查研究，厘定出前第四纪填图单元群级为7个、群级正式岩石地层单位为7个、组级岩石地层单位为20个，其中新厘定的群级、组级岩石地层单位3个。

通过对测区晚三叠世古生物地层的研究，划分出Norian期 *Oxycolpella-Rhaetinopsis* 腕足类组合，*Neomegalodon-Cardium(Tulongocardium) Pergamidia* 双壳类组合等生物地层单位，*Hyrcanopterissinensis-Clathropteris* 植物组合带。Carnian期 *Koninckina-Yidunella-Zeilleria-lingulata* 腕足类组合和 *Neocalamites* sp. 植物层等生物地层单位。

对区内建立的早石炭世杂多群、晚石炭世加麦弄群，准确厘定了岩石地层填图单位，调查认为1∶20万区调划分的早石炭世杂多群4个岩组为构造叠置，实由2个岩组组成，即下部碎屑岩组和上部碳酸盐岩组。

首次将区内建立的早石炭世杂多群划分为海陆交互相、浅海相下部碎屑岩组不同相沉积环境地层，二者为断层接触。认为自西金乌兰-金沙江结合带至南侧丁青结合带在石炭纪属统一陆块。

将晚石炭世加麦弄群1∶20万区调划分为3个岩组，调查认为1∶20万区调划分的3个岩组为构造叠置，实由2个岩组组成，即下部碎屑岩组和上部碳酸盐岩组。

通过对第三纪地层的综合研究，厘定出五道梁组和曲果组地层，完善了测区第三纪地层内容。

(二) 岩石方面

基本查明了测区内不同时代岩浆活动的时空分布关系、岩石类型、组构及演化规律，合理地建立了测区中酸性侵入岩岩石序列单位。根据岩石序列单位的划分原则和岩体的矿物成分及结构构造特征不同，将区内中酸性侵入岩划分为107个侵入岩体，划分为2个构造岩浆岩带、14个中酸性侵入岩和1个基性杂岩单元。确定了测区晋宁期、加里东期、印支期、燕山期和喜马拉雅期5个岩浆旋回。

在杂多构造带中发现辉长岩岩株侵入于早石炭世杂多群碎屑岩组中，在杂多以南的洼里涌辉长杂岩的角闪石辉石橄榄岩中取角闪石的$^{40}Ar/^{39}Ar$同位素测年，获得Total age=277.7Ma和非常平坦的坪年龄为275.3±1.9Ma，确定岩浆活动时期为早二叠世。岩石化学、岩石类型反映为钙碱性岩，物源较深，形成于伸展构造环境，认为属澜沧江结合带在测区的表现。对于研究澜沧江结合带在该地区的走向和地质演化具有重要意义。

在测区西南部吉塘岩群变质地层中新发现白龙能黑云更长片麻岩变质侵入体，呈长英质条带状构造或片麻状构造，局部尚发育有眼球状构造。获得1245±24Ma(U－Pb)锆石等时线上交点年龄。

分布在阿多一带的碱性岩体侵位于中晚侏罗世雁石坪群地层中，其上被新近纪上新世的曲果组砂砾岩层不整合覆盖。在霓辉石正长斑岩中取黑云母和正长石的$^{40}Ar/^{39}Ar$同位素测年，获得10.71±0.08Ma和10.26±0.16Ma的坪年龄，K－Ar同位素年龄为8.99Ma，其侵位时代为中新世晚期。对于研究青藏高原隆升形成机制及演化具有十分重要的地质意义。

对测区内各时代的火山岩采用岩性-岩相双重填图法，对其成因、形成环境进行了详细研究，划分了火山岩韵律和旋回。

在测区新发现多条岛弧构造环境成因的钙碱性火山岩，其时代为早中二叠世和晚三叠世，对于研究调查区的构造演化具有重要意义。

在测区尕羊乡一带，新发现晚二叠世碰撞弧构造环境成因的碰撞型花岗岩，获得251.4±0.6Ma(U－Pb)锆石等时线同位素年龄。

基本查明了测区内各类变质岩特征，划分了变质期次和变质作用类型，总结了各构造带的变质作用特点。测区内以区域低温动力变质作用及变质岩、糜棱岩化作用及变质岩为主要变质特征，大致划分为5次变质变形期。对区内中深变质岩从不同的构造变形层次、变质作用等方面进行了详细研究。应用现代变质地学的新理论、新方法，将测区内变质作用划分为区域变质作用、动力变质作用及接触变质作用，其中对区域变质作用，根据变质岩系中所出现的特征矿物、变质矿物共生组合及其矿物组合特征，进一步划分为区域动力热液变质作用和区域低温动力变质作用。

（三）构造方面

本次工作运用现代造山带研究理论，收集了丰富的构造形迹和岩石变形资料。将测区划分为杂多活动陆缘带、羌南-左贡地块等构造单元。依据基性杂岩、岛弧型火山岩分析认为，测区内明显存在澜沧江结合带的地质记录，裂解于早二叠世，闭合时间与金沙江结合带的时间基本一致，为晚二叠世。

首次对晚古生代地层进行了系统的岩石化学及年代学研究，查明了早中二叠世诺日巴尕日保组火山岩属碱性系列，具初始弧后盆地伸展构造环境；尕笛考组钙碱性系列火山岩构造环境为岛弧环境。反映晚古生代杂多-昂谦岛弧带可能分属西金乌兰-金沙江岛弧带和澜沧江岛弧带。

测区内木曲-包清涌断裂表现为中浅层次韧性右行剪切，印支期陆内冲断，发生大规模中酸性岩浆侵入，控制作用明显；喜马拉雅期该断裂发生继承性活动，是重要的构造单元分界线，为区域上双湖-澜沧江结合带的组成部分。

高原隆升方面在解曲上游新发现了Ⅵ级河流阶地，取得了丰富的热释光年龄和反映古气候演化的资料。裂变径迹样分析成果显示的时限为27.3±2.5～7.7±2.2Ma，反映时代为中新世。计算的平均上升速率为1.29cm/a，反映有一个在21～15Ma之间的快速抬升，说明在测区抬升的速率不均匀。

（四）矿产资源方面

测区属著名的三江多金属成矿带，前人发现了许多矿床、矿(化)点及矿化线索。有黑色金属、有色金属、贵金属、非金属和燃料矿产。铜、钼、铅、锌、金、银等贵金属及有色金属矿床、矿(化)点60处(包括砂金矿化点4处)、重晶石矿(化)点2处、石棉矿化点1处、彩石矿点1处、膏矿点17处、盐类矿产2处、煤矿点15处、共计102处。

本次工作发现矿(化)点、矿化线索13处，其中含铜褐铁矿点1处、石墨矿点1处、煤矿点1处、石膏矿点2处、盐矿点1处、铜矿化点5处、铁矿化点2处。

测区内存在许多铜、铅、锌、银等贵金属矿(化)点、小型矿床，特别是隆孔铅矿和解嘎铅、银矿，具有很好的找矿意义。通过对含矿地层、岩浆热液、控矿构造等成矿背景分析，该类矿分布在杂多—昂谦早中二叠世西金乌兰-金沙江岛弧带和澜沧江岛弧带之间的弧间盆地，该类构造环境是世界上许多大型铅银金属矿的产出环境。对于加强在三江地区找矿预测具有较好的指导意义

根据测区已知矿产信息的分布特征，结合测区大地构造单元划分，由北至南划分为杂多银、多金属、非金属成矿带和丁青多金属成矿带。

（五）其他方面

针对测区位于三江源的独特位置、保护三江源生态环境的需求，初步查明了测区旅游资源状况，收集了土壤、植被等资料，编制了测区生态环境地质图。

二、存在的问题

受自然条件的限制，加上项目周期较短，分析结果严重滞后，以至于一些地质问题无法及早补做。

主要参考文献

成都地质矿产研究所.中国西部特提斯构造演化及成矿作用[M].成都:电子科技大学出版社,1991.

杜乐天.地幔流体与玄武岩及碱性岩岩浆成因[J].地学前缘,1998,5(3):145-158.

杜恒俭.地貌学及第四纪地质学[M].北京:地质出版社,1980.

莫宣学,等.三江特提斯火山作用与成矿[M].北京:地质出版社,1993.

余光明,等.西藏特提斯沉积地质[M].北京:地质出版社,1990.

地质矿产部直属单位管理局.花岗岩区 1:5万区域地质填图方法指南[M].武汉:中国地质大学出版社,1991.

地质矿产部直属单位管理局.变质岩区 1:5万区域地质填图方法指南[M].武汉:中国地质大学出版社,1991.

丰茂森.遥感图像数字处理[M].北京:测绘出版社,1988.

高振家,陈克强,魏家庸.中国岩石地层辞典[M].武汉:中国地质大学出版社,2000.

郭新峰,张元丑,程庆云,等.青藏高原亚东-格尔木地学断面岩石圈电性研究[J].中国地质科学院院报,1990(2):191-202.

卢得源,陈纪平.青藏高原北部沱沱河—格尔木一带地壳深部结构[J].地质论评,1987,33(2):122-128.

李昌年.火山岩微量元素岩石学[M].武汉:中国地质大学出版社,1992.

李光明.藏北羌塘地区新生代火山岩岩石特征及其成因探讨[J].地质地球化学,2000,28(2):38-44.

李春昱,郭令智,朱夏,等.板块构造基本问题[M].北京:地震出版社,1986.

刘宝珺.沉积岩石学[M].北京:地质出版社,1980.

刘和甫.前陆盆地类型及褶皱-冲断层样式[J].地学前缘,1995,2(3—4):59-63,67,65-68.

刘和甫.盆地-山岭耦合体系与地球动力学机制[J].地球科学,1995,26(6):581-597.

刘增乾.青藏高原大地构造与形成演化[M].北京:地质出版社,1990.

楼性满,葛榜军.遥感找矿预测方法[M].北京:地质出版社,1994.

赖少聪.青藏高原北部新生代火山岩的成因机制[J].岩石学报,1991,15(1):98-104.

宁书年,等.遥感图像处理与应用[M].北京:地震出版社,1995.

潘桂棠,等.青藏高原新生代构造演化[M].北京:地质出版社,1990.

区域地质矿产地质司.火山岩地区区域调查方法指南[M].北京:地质出版社,1987.

青海省地质矿产局.青海省区域地质志[M].北京:地质出版社,1991.

青海省地质矿产局.青海省岩石地层[M].武汉:中国地质大学出版社,1991.

青海地质科学研究所与中国科学院南京古生物研究所.青海玉树地区泥盆纪—三叠纪地层和古生物(下册)[M].南京:南京大学出版社,1991.

施雅凤,李吉均,李炳元.青藏高原晚新生代隆升与环境变化[M].广州:广东科技出版社,1998.

施雅凤,孔昭宸,王苏民,等.中国全新世大暖期鼎盛阶段的气候与环境[J].中国科学(B辑),1993(8):865-873.

孙鸿烈,郑度.青藏高原形成演化与发展[M].广州:广东科技出版社,1998.

王成善,尹海生,等.西藏羌塘盆地地质演化与油气远景评价[M].北京:地质出版社,2001.

王云山,陈基娘.青海省及毗邻地区变质地带与变质作用[M].北京:地质出版社,1987.

西藏自治区地质矿产局.西藏自治区区域地质志[M].北京:地质出版社,1991.

西藏自治区地质矿产局.西藏自治区岩石地层[M].武汉:中国地质大学出版社,1991.

许志琴,等.中国松潘-甘孜造山带的造山过程[M].北京:地质出版社,1992.

中-英青藏高原综合地质考察队.青藏高原地质演化[M].北京:科学出版社,1990.

中国地质调查局成都地质矿产研究所.1:150 万青藏高原及邻区地质图说明书[M].成都:成都地图出版社,2004.

赵嘉明,周光第.东昆仑山西段上石炭统的四射珊瑚[J].古生物学报,2000,39(2):177-188.

张旗.蛇绿岩与地球动力学研究[M].北京:地质出版社,1996.

张樵英,闻立峰.遥感图像目视地质解译方法[M].北京:地质出版社,1986.

图版说明及图版

图版Ⅰ

1. 东坝乡Ⅷ004P10剖面古近纪沱沱河组与雅西措组整合接触关系
2. 东坝乡Ⅷ004P10剖面古近纪沱沱河组河道相砾岩
3. 东坝乡Ⅷ004P10剖面新近纪五道梁组砂岩中交错层理
4. 解曲上游侏罗纪雁石坪群与石炭纪杂多群角度不整合接触关系
5. 解曲上游侏罗纪雁石坪群布曲组灰岩中波痕沉积构造
6. 解曲上游侏罗纪雁石坪群布曲组灰岩中顶面印模构造
7. 解曲上游侏罗纪雁石坪群布曲组灰岩中底面印模构造
8. 解曲上游侏罗纪雁石坪群布曲组介壳灰岩

图版Ⅱ

1. 西藏丁青县布塔乡西北辉长岩
2. 木曲三叠纪闪长岩与二长花岗岩的侵入接触关系
3. 阿多乡西一带碱性花岗岩中闪长岩包体
4. 杂多县阿多乡西古近纪碱性岩体侵入侏罗纪雁石坪群组砂岩接触关系
5. 西藏丁青县亚龙能中新元古代吉塘岩群酉西岩组云母石英片岩(Ⅷ004P5)
6. 西藏丁青县亚龙能区域性木曲-包清涌断裂走滑特征变形构造(Ⅷ004P5)
7. 杂多县城南东白垩纪风火山群洛力卡组钙质砂岩中植物化石错居日组
8. 杂多县城南东白垩纪风火山群错居日组复成分砾岩

图版Ⅲ

1. 苏鲁乡侏罗纪雁石坪群地层不整合在三叠纪花岗岩之上接触关系
2. 昂谦县东坝乡东晚石炭世加麦弄群碎屑岩组地层中膝折褶皱
3. 昂谦县尕羊乡解曲边脆性断层
4. 解曲中结多乡北西解曲河Ⅵ级河流阶地
5. 调查区内由四川至西藏拉萨路上的虔诚佛教徒
6. 西藏境内路线地质调查中小搬家
7. 昂谦县尕羊乡澜沧江水系(解曲)裸鱼
8. 昂谦县尕羊乡解曲野山果

图版Ⅳ

1—2. Ⅷ004HS0608? 斯图伯勒南褶贝(比较种) *Austronoplia* cf. *stuebeli*(Ulrich) D_3

3—5. Ⅷ004P4HS20-1? 假犹他前光嘴贝 *Prelissorhynchia pseudoutah*(Huang) P_3

6. Ⅷ004HS0643-1 粗褶疹石燕 *Punctospirifer scabricosta* North C_1^2

7—9. Ⅷ004HS0643-1 长身贝型长身贝(比较种) *Productus* cf. *productus*(Martin) C_1^3

10. Ⅷ004HS0643-1 球状接合贝(比较种) *Composita* cf. *globosa*(Phillips) C_1^1

11. Ⅷ004HS1223-1 雅美轮刺贝 *Echinocnchus elegans*(McCoy) C_{1-2}

12—14. Ⅷ004HS0643-1 皱纹纹线长身贝 *Linoproductus corrugatus*(McCoy) C_1^2

15—18. Ⅷ004HS1224-1 典型发刺贝 *Setigeritis setigerus*(Hall) C_{1-2}

19. Ⅷ004HS918 考克德沙尔细综贝 *Striatifera kokdscharensis*(Grober) C_1^2

20. Ⅷ004HS918　横宽戴利比贝 *Delepina transversa* Yang　C_1^2

图版Ⅴ

1—2. Ⅷ004P4HS20 - 3918　笛管珊瑚(未定种)*Syringopora* sp.;产址:西藏层位　$C—P_1$

3. Ⅷ003H1510 - 1　梁山珊瑚(未定种) *Liangshanophyllun* sp.;横切面×4;产址:西藏　P_1

4. Ⅷ003H0638 - 1　刺毛海绵(未定种) *Chaetetes* sp.;横切面×4;产址:西藏层位　C

图版Ⅵ

1—2. Ⅷ004P4H0660 - 1　古剑珊瑚(未定种) *Palaeosmlia* sp.;横切面×2;纵切面×2;产址:西藏　C_1

3—4. Ⅷ004H0642 - 1　古剑珊瑚(未定种) *Palaeosmlia* sp.;横切面×2;纵切面×2;产址:西藏　C_1

5—6. Ⅷ004H15 - 1　亚曾珊瑚(未定种) *Yatsengia* sp.;横切面×4;纵切面×4;产址:西藏　P_1

7—8. Ⅷ004H0638 - 1　刺毛海绵(未定种) *Chaetetes* sp.;横切面×4;纵切面×4;产址:西藏　C

9. Ⅷ004H0638 - 1　刺毛海绵(未定种) *Chaetetes* sp.;纵切面×6;产址:西藏　C

图版Ⅶ

1—2. Ⅷ004H0665 - 1　鱼鳞木 *Lepidodendron aolungpyluense*　C_{1-2}

3. Ⅷ004H0665 - 4　似铁线蕨(未定种) *Adiantites* sp.　C

图版 I

1 2 3 4 5 6 7 8

图版Ⅱ

1 2 3 4 5 6 7 8

图版Ⅲ

1 2 3 4 5 6 7 8

图版Ⅳ

图版 V

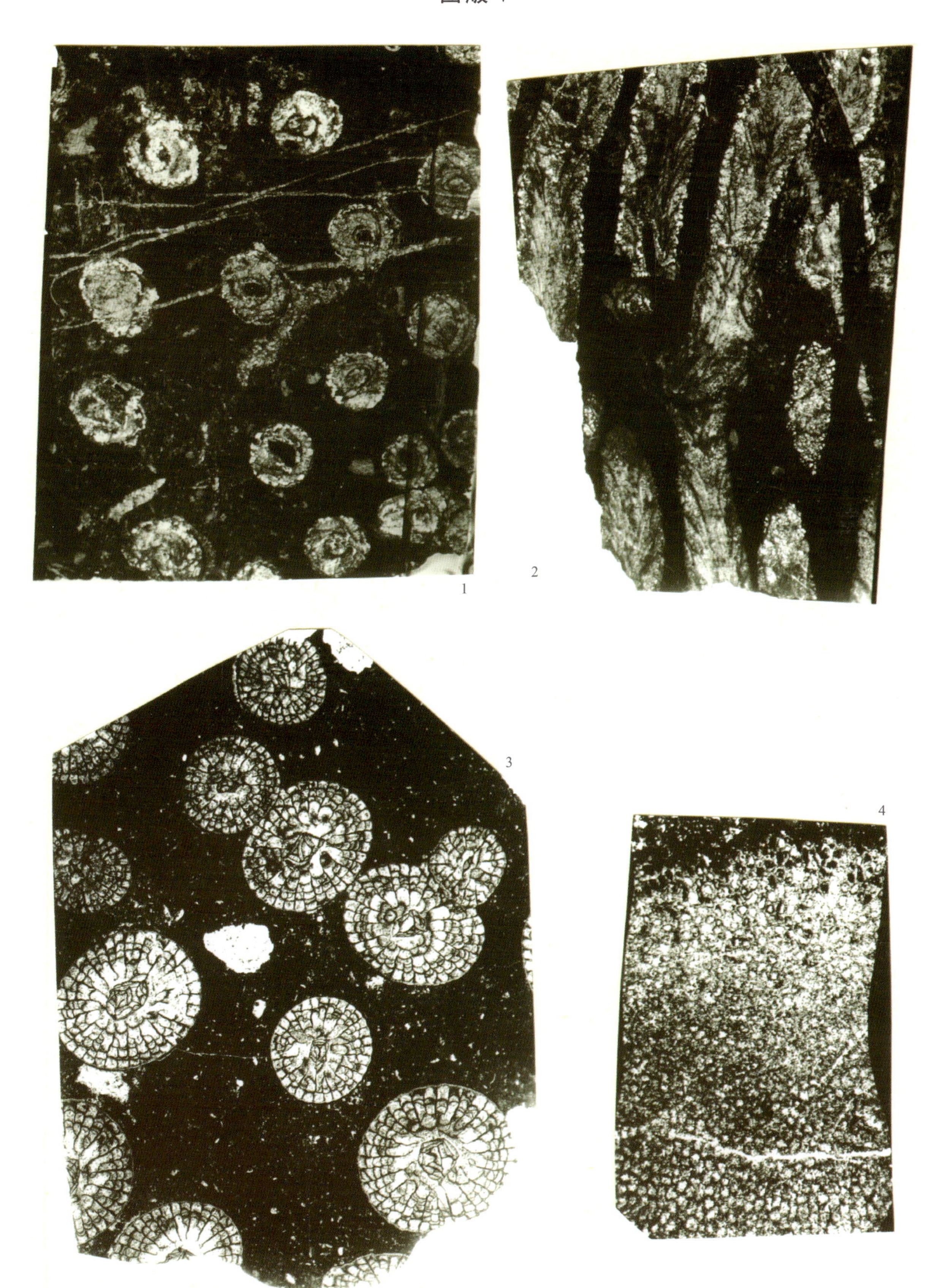

图版 Ⅵ

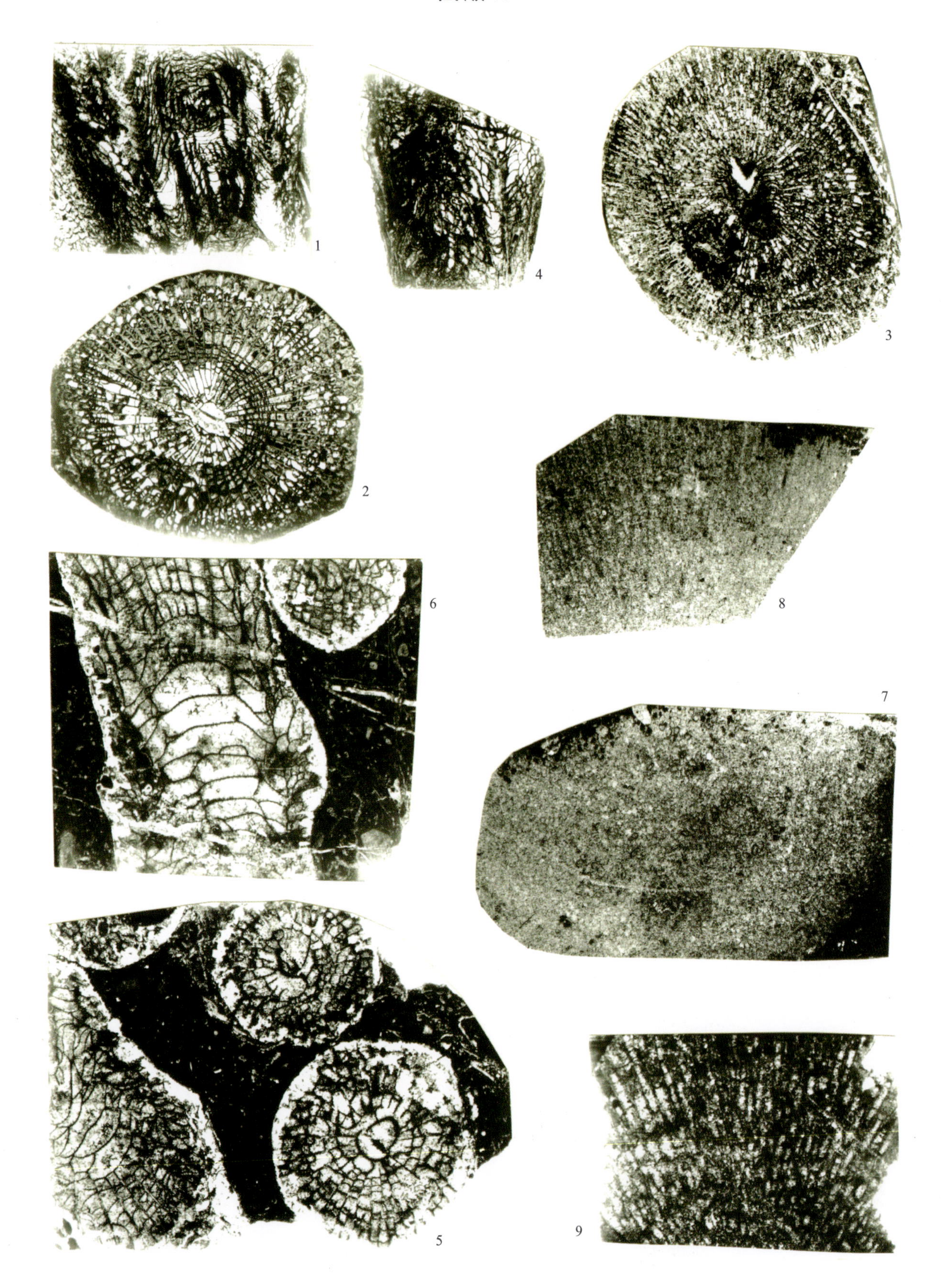

图版Ⅶ

1

3

2